한 발 앞서나가는
출판사, **구민사**

독자분들도 **구민사**와 함께
한 발 앞서나가길 바랍니다.

구민사는
항상 여러분의 참여를 기다립니다.
www.kuhminsa.co.kr

----- [수험서 계열]

🌐 **전국 도서 판매처**

KYOBO 교보문고	YP BOOKS 영풍문고
BANDI & LUNI'S BOOKSTORE	INTERPARK
YES24.COM	알라딘	영광도서

- 일산남부서점　- 마포검정서적　- 인천대한서림
- 안산대동서적　- 대전계룡서점　- 목동검정서적
- 대구북앤북스　- 대구하나도서　- 포항학원사
- 울산처용서림　- 부산영광도서　- 부산브레인박스
- 창원그랜드문고　- 순천중앙서점　- 광주조은서림

전문가를 위한 첫걸음, 구민사는 그 이상을 봅니다!

www.kuhminsa.co.kr

자격검정 CBT(컴퓨터 기반 시험) 응시 안내

1. 상시시험 안내

- 접수기간은 회별 원서접수 첫날 10:00부터 마지막날 18:00까지임(토요일, 일요일 접수 불가)
- 상시시험 원서접수는 정기시험과 같이 공고한 기간에만 접수 가능하며, 선착순 방식이므로 회별 접수기간 종료 전에 마감될 수도 있음

● 필기(CBT) 부별 시험시간 ●

시행 구분	수험자 교육(입실시간)	시험 시간	비고
1 부	08:40~09:00(08:40)	09:00~10:00	입실시간 (시험시작 20분전)
2 부	10:10~10:30(10:10)	10:30~11:30	
3 부	12:10~12:30(12:10)	12:30~13:30	
4 부	13:40~14:00(13:40)	14:00~15:00	
5 부	15:10~15:30(15:10)	15:30~16:30	
6 부	16:40~17:00(16:40)	17:00~18:00	
7 부	18:10~18:30(18:10)	18:30~19:30	
8 부	19:40~20:00(19:40)	20:00~21:00	

2. 원서접수 방법

- 원서접수 및 시행
    - **원서접수 방법** : 인터넷접수(t.q-net.or.kr)
    정해진 회별 접수기간 동안 접수하며 년단 시행계획을 기준으로 자체 실정에 맞게 시행

3. 실시지역

- 시행지역 : 24개 지역
    - 서울, 서울동부, 서울남부, 경기북부, 부산, 부산남부, 울산, 경남, 경인, 경기, 성남, 대구, 경북, 포항, 광주, 전북, 전남, 목포, 대전, 충북, 충남, 강원, 강릉, 제주

4. 합격자 발표

- CBT 필기시험 : 수험자 답안 제출과 동시에 합격여부 확인(별도 ARS 없음)

www.kuhminsa.co.kr

합격 | 한 발 앞서나가는 출판사,
구민사에서 시작하세요!

5 CBT 필기시험 미리보기

① http://www.q-net.or.kr
큐넷에 접속한 후, 메인화면 하단의
《CBT 체험하기》 버튼을 클릭한다.

① http://www.q-net.or.kr
/cbt/index.html

《CBT 웹 체험 서비스》를 시행한다.

시험장 가기전에 TIP!

Q : 계산기를 따로 가져가야 하나요?
A : 시험을 치루는 PC에 설치된 계산기를 이용하실 수 있습니다.(개인 계산기 지참 가능)

Q : PC로 시험을 치루면 종이는 못쓰나요?
A : 시험장에서 필요한 사람에 한해 종이를 제공합니다. 시험장마다 상황이 다를 수 있으니 전화로 해당 시험장
　　의 상황을 파악해보시길 권장합니다. 이때, 시험 끝나고 종이 반납은 필수 입니다.

CBT 2000제 문제은행을 출간하며

  2016년 5회 기능사 필기시험을 시작으로 전면시행 된 CBT시험은 기존의 종이 시험지와 OMR 카드에 정답을 마킹하는 시험방식에서 컴퓨터 화면의 문제를 보며 정답을 체크하고 시험 종료 후 바로 결과를 확인할 수 있도록 변경된 시험방식입니다.

  이에 시험 주관사인 한국산업인력공단에서는 보다 간편하게 기능사 시험을 시행할 수 있게 되었으며, 수검자 또한 연 4회 시험에서 연 70여 회로 많은 응시 기회를 갖게 되었습니다.

  기능사 한 종목의 문제은행은 2,000~3,600여 문제로 매 시험마다 60문제씩 무작위로 출제됩니다.

CBT 시행에 따라 기능사 시험에 기출되는 문제들을 뜻함

  본서는 지금까지 공개된 8개년 이상의 과년도 기출문제를 재구성 했으며, 앞으로 CBT 기능사 시험에 출제될 2,000~3,600여 문제 또한 여기서 크게 벗어나지 않을 것으로 사료됩니다. **(주의! 똑같은 문제가 나올 것이라 생각하여 답만 외우지 말 것!!)**

  본서의 기획의도대로 2000제 문제를 충분히 공부한다면 기능사 합격점인 60점을 넘길 수 있으리라 생각됩니다.

  앞으로도 CBT시행에 따른 출제문제를 분석하여 적중률을 높이기 위한 노력을 멈추지 않겠습니다.

감사합니다.

2000제 문제은행 나의 합격 다이어리

공략한 문제를 체크하여 나의 스케줄을 만들어 보세요!

📢 내가 푼 문제수

◎ 2008년 2월 3일 시행	3	☐
◎ 2008년 3월 30일 시행	15	☐
◎ 2008년 7월 13일 시행	27	☐
◎ 2008년 10월 5일 시행	39	☐

240

◎ 2009년 1월 18일 시행	51	☐
◎ 2009년 3월 29일 시행	63	☐
◎ 2009년 7월 12일 시행	75	☐
◎ 2009년 9월 27일 시행	87	☐

480

◎ 2010년 1월 31일 시행	98	☐
◎ 2010년 3월 28일 시행	110	☐
◎ 2010년 7월 11일 시행	121	☐
◎ 2010년 10월 3일 시행	136	☐

720

예상문제를 다 통과하셨나요? 지금부터는 점수 관리를 해보세요!

		점수	pass	fail
◎ 2011년 2월 13일 시행	148	☐	☐	☐
◎ 2011년 4월 17일 시행	161	☐	☐	☐
◎ 2011년 7월 31일 시행	173	☐	☐	☐
◎ 2011년 10월 9일 시행	187	☐	☐	☐

960

📢 걱정마세요! 벌써 이만큼 왔어요~

해설을 최대한 활용하여 점수를 높여 보세요!

📢 내가 푼 문제수

		점수	pass	fail
◎ 2012년 2월 12일 시행	200			
◎ 2012년 4월 8일 시행	214			
◎ 2012년 7월 22일 시행	227			
◎ 2012년 10월 20일 시행	240			

🏷 1200

		점수	pass	fail
◎ 2013년 1월 27일 시행	254			
◎ 2013년 4월 14일 시행	268			
◎ 2013년 7월 21일 시행	281			
◎ 2013년 10월 12일 시행	295			

🏷 1440

		점수	pass	fail
◎ 2014년 1월 26일 시행	309			
◎ 2014년 4월 6일 시행	322			
◎ 2014년 7월 20일 시행	335			
◎ 2014년 10월 12일 시행	348			

🏷 1680

		점수	pass	fail
◎ 2015년 1월 25일 시행	361			
◎ 2015년 4월 4일 시행	375			
◎ 2015년 7월 19일 시행	388			
◎ 2015년 10월 10일 시행	402			

🏷 1920

		점수	pass	fail
◎ 2016년 1월 24일 시행	417			
◎ 2016년 4월 2일 시행	431			
◎ 2016년 7월 10일 시행	446			
◎ 2016년 CBT 5회 기출복원 문제	460			

🏷 2160

- **기출복원 문제란?**
  2016년 5회부터 반영되는 CBT시행에 따라 저자께서 수검자들의 도움으로 최대한 유형에 가깝게 복원한 문제입니다. 앞으로도 높은 적중률을 위해 노력하겠습니다.

여기까지 오시느라 고생많으셨습니다! 해설과 정답이 따로 있는 문제로 마무리 해보세요!

⭐ 나의 시험일은   월   일

출제기준 안내

직무분야	기계	중직무분야	기계장비설비·설치
자격종목	공조냉동기계기능사	적용기간	2015. 1. 1 ~ 2019. 12. 31
직무내용	건축물 및 기타공작물, 산업공장의 기반시설과 현장조건을 바탕으로 최적의 실내 환경을 조성함과 더불어 생산제품의 냉각가열공정과 제품의 위생적 관리 및 물류를 위해 냉동냉장설비를 주어진 조건으로 유지하는 동시에 신·재생에너지의 적용 등 에너지를 절약할 수 있는 방안을 구축하기 위하여 건축물 및 공작물과 산업공장의 공조냉동, 유틸리티 등 필요한 설비를 조작하고 유지관리 하는 일			
필기검정방법	객관식	문제수	60	시험시간	1시간

필기과목명	문제수	주요항목	세부항목	세세항목
공조냉동 안전관리, 냉동기계, 공기조화	60	1. 공조냉동안전관리	1. 안전관리의 개요	1. 안전관리의 개요 2. 재해 및 안전점검 3. 보호구 및 안전표시 4. 고압가스안전관리법(냉동 관련) 5. 산업안전 보건법
			2. 안전관리	1. 기계설비의 안전 2. 각종 기계 안전 3. 운반기계 안전 4. 전격재해 및 정전기의 재해 안전 5. 전기설비기기 안전 6. 가스 및 위험물 안전 7. 보일러 안전 8. 냉동기 안전 9. 공구취급 안전 10. 화재 안전
		2. 냉동기계	1. 냉동의 기초	1. 단위 및 용어 2. 냉동의 원리 3. 기초 열역학
			2. 냉매	1. 냉매 2. 신냉매 및 천연냉매 3. 브라인 4. 냉동기유
			3. 냉동 사이클	1. 모리엘 선도와 상변화 2. 카르노 및 이론 실제 사이클 3. 단단 압축 사이클 4. 다단 압축 사이클 5. 이원 냉동 사이클

guidelines for making questions

		4. 냉동장치의 종류	1. 용적식 냉동기 2. 원심식 냉동기 3. 흡수식 냉동기 4. 신·재생에너지(지열, 태양열 이용 히트펌프 등)
		5. 냉동장치의 구조	1. 압축기 2. 응축기 3. 증발기 4. 팽창밸브 5. 부속장치 6. 제어용 부속기기
		6. 냉동장치의 응용	1. 제빙 및 동결장치 2. 열펌프 및 축열장치
		7. 배관	1. 배관재료 2. 배관도시법 3. 배관시공 4. 배관공작
		8. 전기 및 자동제어	1. 직류회로 2. 교류회로 3. 시퀀스회로
		9. 냉동장치유지 및 운전	1. 냉동장치유지 및 운전
	3. 공기조화	1. 공기조화의 기초	1. 공기조화의 개요 2. 공기의 성질과 상태 3. 공기조화의 부하
		2. 공기조화방식	1. 중앙 공기조화 방식 2. 개별 공기조화 방식
		3. 공기조화기기	1. 송풍기 및 에어필터 2. 공기 냉각 및 가열코일 3. 가습. 감습장치 4. 열교환기 5. 열원기기 6. 기타 공기조화 부속기기
		4. 덕트 및 급배기설비	1. 덕트 및 덕트의 부속품 2. 급·배기설비
		5. 난방	1. 직접난방 2. 간접난방

CBT 시험대비

공조냉동기계기능사 2000제 문제은행

Craftsman Air-Conditioning and Refrigerating Machinery

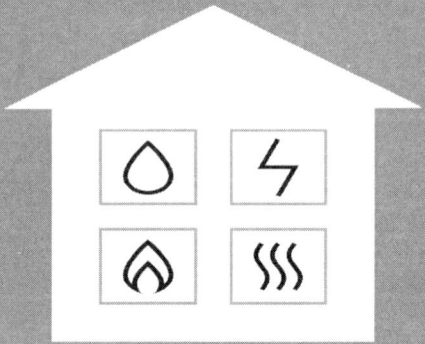

Craftsman Air-Conditioning and Refrigerating Machinery

공조냉동기계기능사 2000제 문제은행

공조냉동기계기능사 2000제 문제은행

CBT 시험대비
▶ 2008년 2월 3일 시행

01 보일러 수위가 낮으면 어떤 현상이 일어나는가?
① 증기 발생의 원인이 된다.
② 수면계에 물때가 붙는다.
③ 보일러가 과열되기 쉽다.
④ 습증기압이 높아 누설된다.

해설 보일러 저수위시에는 보일러의 과열 또는 폭발이 우려된다.

02 공구와 그 사용법을 바르게 연결한 것은?
① 바이스 – 암나사 내기
② 그라인더 – 공작물 연마
③ 리머 – 공작물을 고정
④ 핸드 탭 – 구멍 내면 다듬질

해설
① 바이스 : 숫 나사 내기 도움 공구
② 그라인더 : 공작물 연마
③ 리머 : 거스러미 제거
④ 핸드 탭 : 암나사 내기

03 다음 중 가스용접 작업시 가장 많이 발생되는 사고는?
① 가스 누설에 의한 폭발
② 자외선에 의한 망막 손상
③ 누전에 의한 감전사고
④ 유해 가스에 의한 중독

해설 가스 용접 작업시에는 가스 누설에 의한 폭발이 우려된다.

04 다음 중 소화효과의 원리가 아닌 것은?
① 질식 효과
② 제거 효과
③ 냉각 효과
④ 단열 효과

해설 • 소화효과
① 질식 효과 ② 제거 효과 ③ 냉각 효과

05 교류 아크 용접기에서 감전을 방지하기 위해 전격방지기를 사용하는데 전격 방지기는 무엇을 조정하는가?
① 1차측 전류   ② 2차측 전류
③ 1차측 전압   ④ 2차측 전압

해설 • 전격 방지기 : 2차측 전압 조정

Answer 1. ③ 2. ② 3. ① 4. ④ 5. ④

06 냉동제조의 시설 및 기술기준으로 적당하지 못한 것은?

① 냉동제조설비 중 특정설비는 검사에 합격한 것일 것
② 냉동제조시설 중 냉매설비는 자동제어 장치를 설치할 것
③ 제조설비는 진동, 충격, 부식 등으로 냉매가스가 누설되지 아니할 것
④ 압축기 최종단에 설치한 안전장치는 2년에 1회 이상 압력시험을 할 것

해설 압축기 최종단에 설치한 안전장치는 1년에 1회 이상 그 밖의 안전장치는 2년에 1회 이상 압력시험이 필요하다.

07 냉동기를 운전하기 전에 준비해야 할 사항으로 옳지 않은 것은?

① 압축기 유면 및 냉매량을 확인한다.
② 응축기, 유냉각기의 냉각수 입·출구 밸브를 연다.
③ 냉각수 펌프를 운전하여 응축기 및 실린더 소켓의 통수를 확인한다.
④ 암모니아 냉동기의 경우는 오일 히터를 기동 30~60분 전에 통전한다.

해설 터보식 냉동기는 오일 히터를 기동 30~60분 전에 통전한다.

08 냉동장치 안전운전을 위한 주의사항 중 틀린 것은?

① 압축기와 응축기 간에 스톱 밸브가 닫혀있는 것을 확인한 후가 아니면 압축기를 가동시키지 말 것
② 주기적으로 유압을 체크할 것
③ 운전휴지 중 실내온도가 빙점 이하로 내려갈 가능성이 있을 때는 응축기 및 수배관에서 물을 완전히 뽑아 동파를 방지할 것
④ 압축기를 처음 가동시에는 정상으로 가동되는가를 확인할 것

해설 압축기와 응축기간의 스톱 밸브가 열려 있을 때 압축기 가동이 이루어져야 한다.

09 다음 중 재해발생의 3요소가 아닌 것은?

① 교육   ② 인간
③ 환경   ④ 기계

해설 • 재해 발생의 3요소 : 인간, 환경, 기계

10 보일러 운전 중 주시해야 할 사항으로 옳지 못한 것은?

① 연소상태   ② 수면
③ 압력   ④ 밀도

해설 • 보일러 운전 중 주시사항
① 연소상태
② 수면높이
③ 압력
④ 가스누설

Answer 6. ④ 7. ④ 8. ① 9. ① 10. ④

11 방폭성능을 가진 전기기기의 구조 분류에 해당되지 않는 것은?

① 내압 방폭구조
② 유입 방폭구조
③ 압력 방폭구조
④ 자체 방폭구조

해설 • 방폭구조 분류
① 내압 방폭구조
② 유입 방폭구조
③ 압력 방폭구조
④ 안전증 방폭구조
⑤ 본질안전 방폭구조

12 산업안전기준상 작업장의 계단의 폭은 얼마 이상으로 하여야 하는가?

① 50[cm]   ② 100[cm]
③ 150[cm]   ④ 200[cm]

해설 • 작업장 계단의 폭 : 100[cm] 이상

13 폭발 인화성 위험물 취급에서 주의할 사항 중 틀린 것은?

① 위험물 부근에는 화기를 사용하지 않는다.
② 위험물은 습기가 없고 양지바르고 온도가 높은 곳에 둔다.
③ 위험물은 취급자 외에 취급해서는 안된다.
④ 위험물이 든 용기에 충격을 주든지 난폭하게 취급해서는 안된다.

해설 폭발인화성 위험물은 습기가 없고 음지에서 온도가 낮은 곳에 저장한다.

14 다음 마스크 중 공기 중에 부유하는 유해한 미립자 물질을 흡입함으로써 건강 장해의 우려성이 있는 경우 사용하는 것은?

① 방진 마스크   ② 방독 마스크
③ 방수 마스크   ④ 송기 마스크

해설 • 방진 마스크 : 공기 중에 부유하는 미립자 물질을 제거한다.

15 재해 형태에서 물건에 끼워지거나 말려든 상태를 무엇이라고 하는가?

① 추락   ② 충돌
③ 협착   ④ 전도

해설 • 협착 : 재해 형태에서 물건에 끼워지거나 말려든 상태

16 2원 냉동장치의 설명으로 볼 수가 없는 것은?

① -70[℃] 이하의 저온을 얻는데 사용된다.
② 비등점이 높은 냉매는 고온측 냉동기에 사용된다.
③ 저온측 압축기의 흡입관에는 팽창탱크가 설치되어 있다.
④ 중간 냉각기를 설치하여 고온측과 저온측을 열 교환시킨다.

해설 • 2단 압축기 : 중간 냉각기를 설치하여 고, 저온측을 열 교환시킨다.

Answer 11. ④ 12. ② 13. ② 14. ① 15. ③ 16. ④

17 다음 중 단수 릴레이의 종류에 속하지 않는 것은?

① 단압식 릴레이 ② 차압식 릴레이
③ 수류식 릴레이 ④ 온도식 릴레이

해설 • 단수 릴레이
① 단압식 ② 차압식 ③ 수류식

18 가역 사이클인 냉동기의 능력이 20[RT], 증발온도 −10[℃], 응축온도 20[℃]에서 작동하고 있다. 이 냉동기의 이론적인 소요동력은 몇 마력인가?

① 17.74[PS] ② 11.98[PS]
③ 10.76[PS] ④ 9.87[PS]

해설
성적계수(COP)
$$= \frac{273-10}{(273+20)-(273-10)} = 8.76$$

동력(PS)
$$= \frac{Q_e}{632 \times COP} = \frac{20 \times 3320}{632 \times 8.76} = 11.98[PS]$$

19 다음 설명 중 맞는 것은?

① 윤활유와 혼합된 후레온 냉매는 오일 포밍현상이 일어나기 쉽다.
② 윤활유 중에 냉매가 용해하는 정도는 압력이 낮을수록 많아진다.
③ 윤활유 중에 냉매가 용해하는 정도는 온도가 높을수록 많아진다.
④ 장치내의 온도가 낮을수록 동 부착현상을 일으킨다.

해설 후레온 냉매는 윤활유와 혼합되면 오일 포밍 현상이 발생될 우려가 있다.

20 증발식 응축기 설계시 1[RT]당 전열면적은? (단, 응축온도는 43[℃]로 한다.)

① 1.2[m²/RT]
② 3.5[m²/RT]
③ 6.5[m²/RT]
④ 7.5[m²/RT]

해설 • 증발식 응축기 전열면적
① 암모니아 : 1.5[m²/RT]
② 후레온 : 1.3[m²/RT]

21 냉동장치에서 자동제어를 위하여 전자밸브가 많이 쓰이고 있는데 그 사용예가 아닌 것은?

① 액압축 방지
② 냉매 및 브라인 물의 흐름제어
③ 용량 및 액면 조정
④ 고수위 경보

해설 고수위시는 경보를 울리며, 오버플로우(물넘침) 관으로 흐르게 한다. 전자밸브 사용하지 않음

Answer 17. ④ 18. ② 19. ① 20. ① 21. ④

22 제빙공장에서 냉동기를 가동하여 30[℃]의 물 1[ton]을 24시간 동안에 −9[℃] 얼음으로 만들고자 한다. 이 때 필요한 열량은 약 얼마인가? (단, 외부로부터 열침입은 전혀 없는 것으로 하고, 물의 응고잠열은 80[kcal/kg]으로 한다.)

① 420[kcal/h] ② 4770[kcal/h]
③ 9540[kcal/h] ④ 110000[kcal/h]

해설 ① 물의 현열 $= 1000 \times 1 \times 30 = 30000$[kcal]
② 얼음의 융해 잠열(물의 응고 잠열)
 $= 1000 \times 80 = 80000$[kcal]
③ 얼음의 현열 $= 1000 \times 0.5 \times [0-(-9)]$
 $= 4500$[kcal]
∴ $Q = \dfrac{30000+80000+4500}{24} = 4770$[kcal/h]

23 터보식 냉동기와 왕복동식 냉동기를 비교했을 때 터보식 냉동기의 특징으로 맞는 것은?

① 회전수가 매우 빠르므로 동작 밸런스나 진동이 크다.
② 보수가 어렵고 수명이 짧다.
③ 소용량의 냉동기에는 한계가 있고 생산가가 비싸다.
④ 저온장치에서도 압축단수가 적어지므로 사용도가 넓다.

해설 터보식(원심식)은 소용량의 제작에는 한계가 있어서 생산가가 비싸다.

24 액순환식 증발기에 대한 설명 중 알맞은 것은?

① 오일이 체류할 우려가 크고 제상 자동화가 어렵다.
② 전열을 양호하게 하기 위하여 공랭식에 주로 사용된다.
③ 증발기 출구에서 액은 80[%] 정도이고 기체는 20[%] 정도까지 차지한다.
④ 다른 증발기에 비해 전열작용이 80[%] 정도 양호한다.

해설 액순환식 증발기는 증발기 출구에서 냉매액(80[%]), 기체(가스)가 20[%] 정도

25 고체 이산화탄소가 기화할 때 필요한 열은?

① 융해열 ② 응고열
③ 승화열 ④ 증발열

해설 고체 CO_2는 승화열이 필요하다.

26 강관의 나사 이음용 이음쇠 중 벤드의 종류에 해당하지 않는 것은?

① 암수 롱 벤드
② 45° 롱 벤드
③ 리턴 벤드
④ 크로스 벤드

해설 T.Y. 크로스는 관의 분기용

Answer 22. ② 23. ③ 24. ③ 25. ③ 26. ④

27 다음 중 암모니아 불응축 가스 분리기의 작용에 대한 설명으로 옳은 것은?

① 분리되어진 공기는 수조로 방출된다.
② 암모니아 가스는 냉각되어 응축액으로 되어 유분리기로 되돌아간다.
③ 분리기내에서 분리되어진 공기는 온도가 상승한다.
④ 분리된 암모니아 가스는 압축기로 흡입되어진다.

해설 암모니아용 불응축가스는 분리되어진 공기는 물탱크(수조)로 방출된다.

28 회전식과 비교하여 왕복동식 압축기의 특징이 아닌 것은?

① 압축이 단속적이다.
② 진동이 크다.
③ 크랭크 케이스 내부압력이 저압이다.
④ 압축능력이 적다.

해설 회전식 압축기는 압축이 연속적이나 일반적으로 소용량이다.

29 저항이 5[Ω]인 도체에 2[A]의 전류가 1분간 흘렀을 때 발생하는 열량은 몇 [J]인가?

① 50 ② 100
③ 600 ④ 1200

해설 전위차$(V) = \dfrac{W}{Q}$=(J)

전력량$(W) = VIt = Pt(J) = RI^2 t(J)$

∴ $5 \times (2)^2 \times 60[\text{sec}] = 1200[J]$

30 1냉동톤(한국 RT)이란?

① 65[kcal/min]
② 3320[kcal/hr]
③ 1.92[kcal/sec]
④ 55680[kcal/day]

해설
① 한국 : 1[RT] = 3320[kcal/h]
② 미국 : 1[RT] = 3024[kcal/h]
③ 흡수식 : 1[RT] = 6640[kcal/h]
④ 냉각탑 : 1[RT] = 3900[kcal/h]

31 2단 압축 1단 팽창 사이클에서 중간냉각기 주위에 연결되는 장치로서 적당하지 못한 것은?

① (1) : 수액기로부터
② (2) : 고단측 압축기로
③ (3) : 응축기로부터
④ (4) : 증발기로

해설 (3) 저단 압축기로부터

Answer 27. ① 28. ④ 29. ④ 30. ② 31. ③

32 다음의 역 카르노 사이클에서 냉동장치의 각 기기에 해당되는 구간이 바르게 연결된 것은?

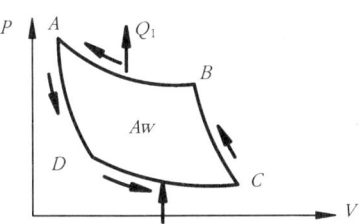

① $B \to A$: 응축기, $C \to B$: 팽창밸브,
   $D \to C$: 증발기, $A \to D$: 압축기
② $B \to A$: 증발기, $C \to B$: 압축기,
   $D \to C$: 응축기, $A \to D$: 팽창밸브
③ $B \to A$: 응축기, $C \to B$: 압축기,
   $D \to C$: 증발기, $A \to D$: 팽창밸브
④ $B \to A$: 압축기, $C \to B$: 응축기,
   $D \to C$: 증발기, $A \to D$: 팽창밸브

해설 • 역카르노 사이클(냉동 사이클)
① $B \to A$: 응축기
② $D \to C$: 증발기
③ $C \to B$: 압축기
④ $A \to D$: 팽창밸브

33 다음 회전식(rotary) 압축기의 설명 중 틀린 것은?

① 흡입밸브가 없다.
② 압축이 연속적이다.
③ 회전수가 100[rpm] 정도로 매우 적다.
④ 왕복동에 비해 구조가 간단하다.

해설 회전식 압축기는 압축이 연속적이라서 rpm이 크다.

34 가스관의 맞대기 용접을 할 때 유의사항 중 틀린 것은?

① 관 단면을 V형으로 가공한다.
② 관을 지지대에 올려놓고 편심이 되지 않게 고정한다.
③ 관의 중심축을 맞춘 후 3~4개소에 가접을 한다.
④ 가접 후 본 용접은 하향 용접보다 상향 용접을 하는 것이 좋다.

해설 가스관의 맞대기 용접의 경우 하향 용접이 상향 용접보다 편리하다.

35 매설 주철관 파이프를 절단할 때 가장 많이 사용하는 것은?

① 원판 그라인더
② 링크형 파이프 커터
③ 오스타
④ 체인 블럭

해설 링크형 파이프 커터는 200[A] 이상의 매설 주철관 절단용이다.

36 비체적의 단위로 맞는 것은?

① m^3/kg_f ② $m^2/kg_f \cdot s$
③ $kg_f/m^3 \cdot ℃$ ④ $m^3/kg_f \cdot h$

해설 ① 비체적의 단위 : m^3/kg_f
② 밀도의 단위 : kg_f/m^3

Answer 32. ③ 33. ③ 34. ④ 35. ② 36. ①

37 파이프의 표시법 중 틀린 것은?
① 가스관은 G자로 표시한다.
② 파이프는 하나의 실선으로 표시한다.
③ 수증기 관은 S자로 표시한다.
④ 관을 파단하여 표시하는 경우에는 화살표 방향으로 표시한다.

해설 화살표는 유체의 흐름방향 표시

38 압력과 온도를 동시에 낮추어 주는 곳은?
① 증발기   ② 압축기
③ 응축기   ④ 팽창 밸브

해설 • 팽창 밸브 : 압력, 온도 하강

39 브라인에 대한 설명 중 옳은 것은?
① 브라인은 냉동능력을 낼 때 잠열 형태로 열을 운반한다.
② 에틸렌글리콜, 프로필렌 글로콜, 염화칼슘 용액은 유기질 브라인이다.
③ 염화칼슘 브라인은 그 중에 용해되고 있는 산소량이 많을수록 부식성이 적다.
④ 프로필렌글리콜은 부식성, 독성이 없어 냉동식품의 동결용으로 사용된다.

해설 프로필렌글리콜 브라인 냉매는 부식성이 없고 식품 동결에 사용된다.

40 다음의 내용 중 잘못 설명된 것은?
① CFC 후레온 냉매는 안전하므로 누출되어도 환경에 전혀 문제가 없다.
② 물을 냉매로 하면 증발 온도를 0[℃] 이하로 운전하는 것은 불가능하다.
③ 응축기 내에 들어있는 불응축가스는 전열효과를 저하시킨다.
④ 2원 냉동장치는 초저온 냉각에 사용되는 것이다.

해설 후레온 냉매가 누설되면 오존층의 파괴로 환경에 막대한 지장을 준다.

41 냉동장치내에 냉매가 부족할 때 일어나는 현상이 아닌 것은?
① 냉동능력이 감소한다.
② 고압이 상승한다.
③ 흡입관에 상이 붙지 않는다.
④ 흡입가스가 과열된다.

해설 냉매가 부족하면 고압 및 저압이 저하한다.

42 배관재료 부식방지를 위하여 사용하는 도료가 아닌 것은?
① 타르   ② 아스팔트
③ 광명단   ④ 아교

해설 • 아교 : 접착제

Answer 37. ④ 38. ④ 39. ④ 40. ① 41. ② 42. ④

43 압축기가 냉매를 압축할 때 단열 압축과정에서 변하지 않는 것은? (단, 외부에 열손실이 없는 표준 냉동사이클을 기준으로 할 것)
① 엔탈피
② 엔트로피
③ 온도
④ 압력

해설 • 단열압축 : 엔트로피 불변

44 그림은 8핀 타이머의 내부회로도이다. ⑤, ⑧접점을 표시한 것은 무엇인가?

① ⑤ —∘∘∘— ⑧
② ⑤ —⌒— ⑧
③ ⑤ —∘ ∘— ⑧
④ ⑤ —∘ ∘— ⑧

해설 ⑤ —∘∘∘— ⑧ : 한시 b접점
• 타이머 : 타임스위치, 가정용, 장치의 자동화, 시퀀스 제어의 중요 부속품(전동식, 제동식, 기계식, 전자식이 있다.)

45 흡수식 냉동장치에서 냉매인 물이 5[℃] 전후의 온도로 증발하고 있다. 이 때 증발기 내부의 압력은?
① 약 7[mmHg] (933[Pa])·a 정도
② 약 32[mmHg] (4266[Pa])·a 정도
③ 약 75[mmHg] (9999[Pa])·a 정도
④ 약 108[mmHg] (1439[Pa])·a 정도

해설 흡수식 냉동기 증발기내 압력 7[mmHg]상태 : 비점 온도 약 5[℃]

46 난방부하가 3500[kcal/h]인 방의 온수 방열량의 방열 면적은 몇 m² 인가?
① 5.4 ② 6.6
③ 7.8 ④ 8.9

해설

$$EDR = \frac{H_R}{450} = \frac{3500}{450} = 7.8[m^2]$$

47 다음 중 펌프의 종류에서 작동부분이 왕복운동을 하는 왕복식 펌프는?
① 벌류트 펌프
② 기어 펌프
③ 플런저 펌프
④ 베인 펌프

해설 • 왕복식 펌프 : 플런저, 피스톤, 워싱턴

Answer 43. ② 44. ① 45. ① 46. ③ 47. ③

48 송풍기에서 오버로드(over load)가 일어나는 경우로 옳은 것은?

① 풍량이 과잉인 경우
② 풍량이 과소인 경우
③ 풍량이 적정인 경우
④ 장치저항이 적은 경우

해설 • 송풍기 오버로드 : 풍량 과잉

49 틈새 바람량 $Q[m^3/h]$, 실내온도 t_r, 외기온도 t_0라 할 때 틈새바람에 의한 현열부하를 구하는 식은?

① $0.24Q(t_r - t_0)$
② $597Q(t_r - t_0)$
③ $717Q(t_r - t_0)$
④ $0.29Q(t_r - t_0)$

해설 • 공기의 비열 = 0.29[kcal/m³℃]
 (0.24 × 1.2 = 0.29)
 $Q = 0.29 \times Q \times (t_r - t_0)$[kcal/h]

50 다음 공조방식 중 에너지 손실이 가장 큰 공조방식은?

① 2중 덕트방식
② 각층 유닛 방식
③ F.C 유닛 방식
④ 유인 유닛 방식

해설 • 2중 덕트방식 : 에너지 손실이 크다.

51 다음 중 건조 공기의 구성요소가 아닌 것은?

① 산소
② 질소
③ 수증기
④ 이산화탄소

해설 건조공기에는 수증기가 없다.

52 다음의 공기선도에서 (2)에서 (1)로 냉각, 감습을 할 때 현열비(SHF)의 값을 구하면 어떻게 표시되는가?

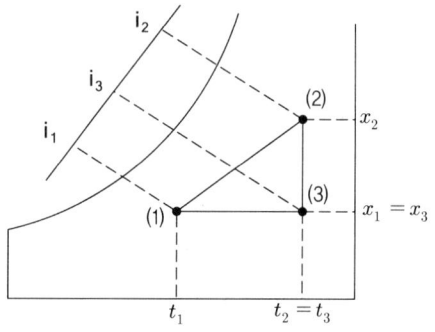

① $SHF = \dfrac{i_2 - i_3}{i_2 - i_1}$
② $SHF = \dfrac{i_3 - i_1}{i_2 - i_1}$
③ $SHF = \dfrac{i_2 - i_1}{i_3 - i_1}$
④ $SHF = \dfrac{i_3 + i_2}{i_2 + i_1}$

해설 현열비(SHF) = $\dfrac{i_3 - i_1}{i_2 - i_1}$ $\left(\dfrac{현열량}{현열량 + 잠열량}\right)$

Answer 48. ① 49. ④ 50. ① 51. ③ 52. ②

53 다음은 증기난방과 온수난방을 비교한 것이다. 틀린 것은?

① 증기난방보다 온수난방의 쾌적도가 더 좋다.
② 증기난방보다 온수난방의 취급이 더 용이하다.
③ 온수난방보다 증기난방의 가열 시간이 더 빠르다.
④ 온수난방보다 증기난방의 설비비가 더 많이 든다.

해설 ▶ 온수난방은 관 지름이 커서 증기난방 설비비보다 더 많이 든다.

54 다음 중 환기의 효과가 가장 큰 환기법은?

① 제1종 환기
② 제2종 환기
③ 제3종 환기
④ 제4종 환기

해설 ▶ • 제1종 환기 : 급기팬, 배기팬 사용으로 환기 효과가 가장 좋다.

55 5[℃]인 450[kg/h]의 공기를 65[℃]가 될 때까지 가열기로 가열하는 경우 필요한 열량은 몇 kcal/h 인가? (단, 공기의 비열은 0.24[kcal/kg℃]이다.)

① 6480
② 6490
③ 6580
④ 6590

해설 ▶ $Q = 450 \times 0.24 \times (65-5) = 6480$ [kcal/h]

56 실내에 있는 사람이 느끼는 더위, 추위의 체감에 영향을 미치는 수정 유효온도의 주요 요소는?

① 기온, 습도, 기류, 복사열
② 기온, 기류, 불쾌지수, 복사열
③ 기온, 사람의 체온, 기류, 복사열
④ 기온, 주위의 벽면온도, 기류, 복사열

해설 ▶ • 수정유효온도(CEF : Corrected Effective Temperature) : 기온, 습도, 기류, 복사열 등이 수정유효 온도의 주요 요소

57 온수 베이스 보드 난방(hot water base board heating)에서 가열면의 공기 유동을 조절하기 위한 장치?

① 라디에이터
② 드레인 밸브
③ 그릴
④ 서모 스탯

해설 ▶ • 그릴 : 온수 베이스 보드 난방에서 가열면의 공기유동을 조절한다.

58 냉동기의 증발기에서 공조기의 코일로 공급되는 것은?

① 냉매
② 냉수
③ 냉각수
④ 냉풍

해설 ▶ • 냉동기 증발기에서 공조기의 코일로 공급되는 것은 냉수이다.

Answer 53. ④ 54. ① 55. ① 56. ① 57. ③ 58. ②

59 다음의 냉방부하 중 현열 부하만 생기는 것은?

① 인체
② 틈새바람
③ 외기
④ 유리창

해설 유리창의 냉방부하는 현열부하이다.

60 다음 설명 중 개별식 공기조화방식으로 볼 수 있는 것은?

① 사무실 내에 패케이지형 공조기를 설치하고, 여기에서 조화된 공기는 패케이지 상부에 있는 취출구로 실내에 송풍한다.
② 사무실 내에 유인 유닛형 공조기를 설치하고, 외부의 공기조화기로부터 유인 유닛에 공기를 공급한다.
③ 사무실 내에 팬 코일 유닛형 공조기를 설치하고, 외부의 열원기기로부터 팬 코일 유닛에 냉 온수를 공급한다.
④ 사무실내에는 덕트만 설치하고, 외부의 공기조화기로부터 덕트 내에 공기를 공급한다.

해설 • 사무실 패케이지형 공조기 : 개별식 공기조화

Answer 59. ④ 60. ①

Craftsman Air-Conditioning and Refrigerating Machinery

공조냉동기계기능사 2000제 문제은행

CBT 시험대비
▶ 2008년 3월 30일 시행

01 냉동기 운전 중 증발기로부터 리퀴드백으로 인하여 압축기의 흡입 밸브 및 토출 밸브 등의 파손을 방지하기 위해 설치하는 것은?

① 증발압력조정 밸브
② 흡입압력조정 밸브
③ 고압차단 스위치
④ 저압차단 스위치

해설 • 흡입압력조정 밸브
 ① 압축기 과부하 방지
 ② 압축기 운전 안정
 ③ 리퀴드백 방지

02 전동공구 사용상의 안전수칙이 아닌 것은?

① 전기 드릴로 아주 작은 물건이나 긴 물건에 작업할 때에는 지그를 사용한다.
② 전기 그라인더나 샌더가 회전하고 있을 때 작업대 위에 공구를 놓아서는 안 된다.
③ 수직 휴대용 연삭기의 숫돌의 노출각도는 90°까지만 허용된다.
④ 이동식 전기 드릴 작업시는 장갑을 끼지 말아야 한다.

해설 • 연삭기 최대노출각도(안전 커버 노출각도)
 ① 스탠드용 : 125°
 ② 평면용 : 150°
 ③ 원통용 : 180°

03 안전대책의 3원칙에 속하지 않는 것은?

① 기술
② 자본
③ 교육
④ 관리

해설 • 안전대책 3원칙
 ① 기술 ② 교육 ③ 관리

04 다음 중 산업안전 표지의 색과 표시하는 의미가 서로 맞게 되어 있는 것은?

① 적색 : 진행표시
② 황색 : 금지표시
③ 청색 : 지시표지
④ 녹색 : 권고표시

해설 ① 적색 : 방화금지, 방향표지
 ② 황색 : 주의 표지
 ③ 녹색 : 안전 진행, 구급 표지

Answer 1. ② 2. ③ 3. ② 4. ③

05 가스 용접 작업시 안전관리 조치사항으로 틀린 것은?

① 역화 되었을 때는 산소 밸브를 열도록 한다.
② 작업하기 전에 안전기와 산소 조정기의 상태를 점검한다.
③ 가스의 누설검사는 비눗물을 사용하도록 한다.
④ 작업장은 환기가 잘 되게 한다.

해설
- 가스 용접작업시 역화되면 산소 밸브를 차단시킨다.

06 작업장의 출입구 설치기준으로 옳지 않은 것은?

① 출입구의 위치·수 및 크기가 작업장의 용도와 특성에 적합하도록 할 것
② 출입구에 문을 설치하는 경우에는 근로자가 쉽게 열고 닫을 수 있도록 할 것
③ 주목적이 하역운반기계용인 출입구에는 보행자용 출입구를 따로 설치하지 말 것
④ 계단이 출입구와 바로 연결된 경우에는 작업자의 안전한 통행을 위하여 그 사이에 충분한 거리를 둘 것

해설 작업장 출입구가 하역운반기계용인 경우 출입구에는 보행자용 출입구를 따로 설치하여야 한다.

07 소화제로 물을 사용하는 이유로 가장 적당한 것은?

① 산소를 잘 흡수하기 때문에
② 증발잠열이 크기 때문에
③ 연소하지 않기 때문에
④ 산소와 가열물질을 분리시키기 때문에

해설 물을 소화제로 사용하는 이유는 증발잠열이 매우 크기 때문이다.

08 보일러의 휴지 보존법 중 장기보존법에 해당되지 않는 것은?

① 석회밀폐건조법
② 질소가스봉입법
③ 소다만수보존법
④ 가열건조법

해설
- 보일러 휴지 보존법
  ① 석회밀폐건조법
  ② 질소가스봉입법
  ③ 소다만수보존법

09 전기 용접기에 의한 감전사망의 위험성은 체내를 통과한 다음 어느 것에 의해서 결정되는가?

① 속도값
② 전류값
③ 수용값
④ 주행값

해설 전기 용접기에 의한 감전사망의 위험성은 체내를 통과한 전류값에 의해 결정된다.

Answer 5. ① 6. ③ 7. ② 8. ④ 9. ②

10 재해발생의 원인 중 간접 원인으로서 안전관리 조직 결함 안전수칙 미제정, 작업준비 불충분 등은 다음 중 어느 요인에 해당하는가?

① 신체적 원인
② 정신적 원인
③ 교육적 원인
④ 관리적 원인

해설 • 관리적 원인 : 재해발생의 원인 중 간접원인으로서 안전관리 조직결함, 안전수칙 미제정, 작업준비 불충분 등에 해당된다.

11 안전관리의 목적을 올바르게 나타낸 것은?

① 기능향상을 도모한다.
② 경영의 혁신을 도모한다.
③ 기업의 시설투자를 확대한다.
④ 근로자의 안전과 능률을 향상시킨다.

해설 안전관리 목적은 근로자의 안전과 능률을 향상시킨다.

12 연삭숫돌을 갈아 끼운 후 시운전시 몇 분 동안 공회전을 시켜야 하는가?

① 1분 이상
② 3분 이상
③ 5분 이상
④ 10분 이상

해설 연삭숫돌을 갈아 끼운 후 시운전은 3분 이상 공회전을 시켜야 한다.

13 냉동설비에 설치된 수액기의 방류둑 용량에 관한 설명으로 옳은 것은?

① 방류둑 용량은 설치된 수액기 내용적의 90[%] 이상으로 할 것
② 방류둑 용량은 설치된 수액기 내용적의 80[%] 이상으로 할 것
③ 방류둑 용량은 설치된 수액기 내용적의 70[%] 이상으로 할 것
④ 방류둑 용량은 설치된 수액기 내용적의 60[%] 이상으로 할 것

해설 냉동설비 수액기의 방류둑 용량은 설치된 수액기 내용적의 90[%] 이상이 되어야 한다.

14 가스용접 중 고무호스에 역화가 일어났을 때 제일 먼저 해야 할 일은?

① 토치에서 고무관을 뗀다.
② 즉시 용기를 눕힌다.
③ 즉시 아세틸렌 용기의 밸브를 닫는다.
④ 안전기에 규정의 물을 넣어 다시 사용하도록 한다.

해설 가스용접 중 고무호스에 역화발생시 C_2H_2 용기 밸브를 가장 먼저 차단시킨다.

Answer 10. ④ 11. ④ 12. ② 13. ① 14. ③

15 프레온 냉동장치에 수분이 침입하였을 경우 장치에 미치는 영향이 아닌 것은?

① 동 부착현상
② 팽창 밸브 동결
③ 장치 부식촉진
④ 유탁액 현상

해설 에멀존 현상(유탁액 emulsion)은 NH_3를 사용하는 냉동장치에 수분이 반응하여 알칼리성 암모니아수가 발생하여($NH_3 + H_2O \longrightarrow NH_4OH$) 오일과 접촉 오일 입자를 미세하게 갈라놓아 오일이 우유빛으로 변화시키는 현상

16 터보 냉동기의 특징을 설명한 것이다. 옳은 것은?

① 마찰부분이 많아 마모가 크다.
② 소 용량 제작이 용이하며 가격이 싸다.
③ 저온장치에서는 압축단수가 작아지며 효율이 좋다.
④ 저압냉매를 사용하므로 취급이 용이하고 위험이 적다.

해설 터보 냉동기는 R-11 저압냉매를 사용하므로 취급이 간편하고 위험성이 적다.

17 2원 냉동장치에 대한 설명 중 틀린 것은?

① 냉매는 저온용과 고온용을 50:50으로 주로 섞어서 사용한다.
② 고온측 냉매로는 응축압력이 낮은 냉매를 주로 사용한다.
③ 저온측 냉매로는 비점이 낮은 냉매를 주로 사용한다.
④ $-80 \sim -70[℃]$ 정도 이하의 초저온 냉동장치에 주로 사용된다.

해설
• 2원 냉동냉매($-70[℃]$ 이하의 초저온을 얻는 냉매)
 ① 고온측 냉매 : R-12, R-22
 ② 저온측 냉매 : R-13, R-14, 에틸렌, 에탄, 프로판

18 만액식 증발기에서 전열을 좋게 하는 조건 중 틀린 것은?

① 냉각관이 냉매에 잠겨 있거나 접촉해 있을 것
② 관 간격이 넓을 것
③ 유막이 존재하지 않을 것
④ 평균 온도차가 클 것

해설 만액식 증발기(액냉매 75[%], 기체 냉매 25[%])는 전열을 양호하게 하려면 관의 폭이 좁고 관지름이 작을 것

Answer 15. ④ 16. ④ 17. ① 18. ②

19 브라인의 구비조건으로 적당하지 못한 것은?

① 응고점이 낮아야 한다.
② 전열이 좋아야 한다.
③ 화학 반응을 일으키지 않아야 한다.
④ 점성이 커야 한다.

해설 • 브라인 냉매(간접 2차 냉매)
  ① 비열이 클 것
  ② 점성이 작고 응고점이 낮을 것
  ③ 전열이 양호할 것

20 다음에 해당하는 법칙은?

[들어오는 전류와 나가는 전류의 대수 합은 0이다.]

① 쿨롱의 법칙
② 옴의 법칙
③ 키르히호프의 제1법칙
④ 줄의 법칙

해설 • 키르히호프의 제1법칙 : 들어오는 전류와 나가는 전류의 대수합은 0이다.

21 전기저항에 관한 설명 중 틀린 것은?

① 전류가 흐르기 힘든 정도를 저항이라 한다.
② 도체의 길이가 길수록 저항이 커진다.
③ 저항은 도체의 단면적에 반비례한다.
④ 금속의 저항은 온도가 상승하면 감소한다.

해설 금속의 전기저항은 온도가 상승하면 증가한다.

22 2단 압축냉동 사이클에서 저압이 0 atg, 고압이 16 atg 일 때 중간 압력(ata)은?

① $\dfrac{0+16}{2}$
② $\dfrac{1.033+17.033}{2}$
③ $1.033 + \dfrac{16}{2}$
④ $\sqrt{1.033 \times 17.033}$

해설 • 2단압축의 중간압력

$$P_0 = \sqrt{P_1 \times P_2} = \sqrt{(1.033+0) \times (16+1.033)}$$

23 열펌프에 대한 설명 중 옳은 것은?

① 저온부에서 열을 흡수하여 고온부에서 열을 방출한다.
② 성적계수는 냉동기 성적계수보다 압축소요동력만큼 낮다.
③ 제빙용으로 사용이 가능하다.
④ 성적계수는 증발온도가 높고, 응축온도가 낮을수록 작다.

해설 • 열펌프(히트 펌프)는 저온부에서 열을 흡수하여 고온부에 열을 방출한다.

24 표준 냉동 사이클을 몰리에르 선도상에 나타내었을 때 온도와 압력이 변하지 않는 과정은?

① 과냉각과정   ② 팽창과정
③ 증발과정   ④ 압축과정

해설 • 냉동기에서 몰리에르선도(h-S 선도) 상에서 증발과정에서는 온도와 압력이 변하지 않는다.

Answer 19. ④ 20. ③ 21. ④ 22. ④ 23. ① 24. ③

25 회전식 압축기의 특징 설명으로 틀린 것은?
① 회전식 압축기는 조립이나 조정에 있어 고도의 공작 정밀도가 요구되지 않는다.
② 잔류가스의 재팽창에 의한 체적효율의 감소가 적다.
③ 직결구동에 용이하며 왕복동에 비해 부품수가 적고 구조가 간단하다.
④ 왕복동식에 비해 진동과 소음이 적다.

해설 • 회전식 압축기(고정익형, 회전익형)는 조립이나 조정에 있어 고도의 정밀도가 요구된다.

26 몰리에르 선도를 이용하여 압축기 피스톤 경 130[mm], 행정 90[mm], 4기통, 1200[rpm]으로서 표준상태로 작동하고 있다. 이 때 냉매 순환량은 약 몇 kg/h 인가?

(R-22 몰리엘 선도)

① 26.7   ② 343.8
③ 1257.4   ④ 4438.1

해설
$$V = \frac{3.14}{4} \times (0.13)^2 \times 0.09 \times 4 \times 1200 \times 60$$
$$= 343.87 [\text{m}^3/\text{h}]$$
$$G = \frac{343.87}{12.9} = 26.66 [\text{kg/h}]$$

27 시퀀스 제어에 속하지 않는 것은?
① 자동 전기밥솥
② 전기세탁기
③ 가정용 전기냉장고
④ 네온사인

해설 • 가정용 전기냉장고 : on-off 제어

28 다단 증기압축식 이론 냉동 사이클에서 응축 부하가 10[kW]이고 냉동능력이 6[kW]일 때 이론 성적계수는 얼마인가?
① 0.6   ② 1.5
③ 1.67   ④ 2.5

해설
10[kW] − 6[kW] = 4[kW]

$$\therefore \frac{6}{4} = 1.5$$

29 암모니아(NH_3) 냉매에 대한 설명으로 옳지 않은 것은?
① 누설검지가 대체적으로 쉽다.
② 응고점이 비교적 낮아 초저온용 냉동에 적합하다.
③ 독성, 가연성, 폭발성이 있다.
④ 경제적으로 우수하여 대규모 냉동장치에 널리 사용되고 있다.

해설 • 암모니아 냉매 응고점 : −77.7[℃]이나 임계온도가 133[℃]로 높아 상온에서 쉽게 액화가 용이하나 응고 온도가 별로 낮지 않아서 초저온에는 부적당하다.

Answer 25. ① 26. ① 27. ③ 28. ② 29. ②

30 다음 중 냉각수 계통에서 발생하는 장애가 아닌 것은?
① 부식 장애 ② 스케일 장애
③ 슬라임 장애 ④ 오일 장애

해설 • 냉각수 계통 장액
① 부식장애, ② 스케일 장애, ③ 슬라임 장애

31 압축기의 톱 클리어런스가 크면 어떠한 영향이 나타나는가?
① 체적효율이 증대한다.
② 냉동능력이 감소한다.
③ 토출가스 온도가 저하한다.
④ 윤활유가 열화하지 않는다.

해설 압축기의 톱 클리어런스(간극)가 크면 냉동능력이 감소한다.

32 다음 중 게이트 밸브의 도시기호는?

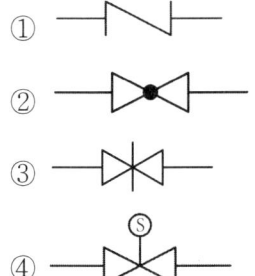

해설 ① 체크 밸브
② 글로브 밸브
③ 게이트 밸브
④ 전자 밸브

33 관 절단 후 절단부에 생기는 비트(거스러미)를 제거하는 공구는?
① 클립 ② 사이징 툴
③ 파이프 리머 ④ 쇠톱

해설 • 파이프 리머 : 관을 절단한 후 절단부 가장자리에 생기는 거스러미를 제거하는 공구

34 다음 중 양모나 우모를 사용한 피복 재료이며, 아스팔트로 방습 피복한 보냉용 또는 곡면의 시공에 사용되는 것은?
① 펠트 ② 코르크
③ 기포성 수지 ④ 암면

해설 펠트(양모, 우모)는 방로 피복용이며 아스팔트로 방습한 것은 −60[℃]까지 유지가 가능하다. 100[℃] 이하용이다.

35 온도 작동식 자동팽창 밸브에 대한 설명이다. 옳은 것은?
① 실온을 서모스탯에 의하여 감지하고, 밸브의 개도를 조정한다.
② 팽창 밸브 직전의 냉매온도에 의하여 자동적으로 개도를 조정한다.
③ 증발기 출구의 냉매온도에 의하여 자동적으로 개도를 조정한다.
④ 압축기의 토출 냉매온도에 의하여 자동적으로 개도를 조정한다.

해설 • 온도 작동식 자동 팽창 밸브는 증발기 출구의 냉매온도에 의하여 자동적으로 개도가 조정되는 팽창 밸브이다.(T.E.V) 주로 프레온 냉매 건식 증발기에 사용되고 감온통이 사용된다.

Answer 30. ④ 31. ② 32. ③ 33. ③ 34. ① 35. ③

36 동력의 단위 중 그 값이 큰 순서대로 나열된 것은?

① 1[kW] > 1[PS] > 1[kg$_f$·m/sec] > 1[kcal/h]
② 1[kW] > 1[kcal/h] > 1[kg$_f$·m/sec] > 1[PS]
③ 1[PS] > 1[kg$_f$·m/sec] > 1[kcal/h] > 1[kW]
④ 1[PS] > 1[kg$_f$·m/sec] > 1[kW] > 1[kcal/h]

해설 kW > PS > kg$_f$·m/sec > kcal/h
1kW=860[kcal/h], 1PS=632[kcal/h]
kg$_f$·m/sec=8.4[kcal/h]

37 금속 패킹의 재료로 적당치 않은 것은?

① 납   ② 구리
③ 연강   ④ 탄산마그네슘

해설 • 금속 패킹
① 납   ② 구리   ③ 연강

38 압축기에서 보통 안전밸브의 작동압력으로 옳은 것은?

① 저압 차단 스위치 작동압력보다 다소 낮게 한다.
② 고압 차단 스위치 작동압력보다 다소 높게 한다.
③ 유압 보호 스위치 작동압력과 같게 한다.
④ 고저압 차단 스위치 작동압력보다 낮게 한다.

해설 압축기의 안전밸브 작동조절 압력은 고압차단 스위치 작동조절 압력보다 설정값이 다소 높다.

39 다음 중 반도체를 이용하는 냉동기는?

① 흡수식 냉동기
② 전자식 냉동기
③ 증기분사식 냉동기
④ 스크루식 냉동기

해설 • 전자식 냉동기(펠티어 효과 이용)
① 비스무트 텔루루
② 안티몬 텔루루
③ 비스무트 셀렌

40 다음 중 흡수식 냉동장치의 적용대상이 아닌 것은?

① 백화점 공조용
② 산업 공조용
③ 제빙공장용
④ 냉난방장치용

해설 흡수식 냉동기는 냉·난방에 관여한다.

41 다음 중 저장품을 동결하기 위한 동결부하 계산에 속하지 않는 것은?

① 동결 전 부하   ② 동결 후 부하
③ 동결 잠열   ④ 환기 부하

해설 • 저장품 동결부하
① 동결 전 부하
② 동결 후 부하
③ 동결 잠열

Answer 36. ① 37. ④ 38. ② 39. ② 40. ③ 41. ④

42 냉매가 냉동기유에 다량으로 융해되어 압축기 가동시 크랭크 케이스 내의 압력이 급격히 낮아지면서 발생하는 현상은?

① 오일 흡착 현상
② 오일 에멀전 현상
③ 오일 포밍 현상
④ 오일 캐비테이션 현상

해설 • 오일 포밍 현상: 냉매가 냉동기유에 다량으로 융해되어 압축기 가동시 크랭크 케이스 내의 압력이 급격히 낮아지면서 냉매가 분리하며 유면이 약동하면서 윤활유 거품이 일어나는 프레온 냉동기 이상현상

43 다음은 열과 온도에 관한 설명이다. 이 중 틀린 것은?

① 물체의 온도를 내리거나 올리는데 그 원인이 되는 것을 열이라 한다.
② 물체가 뜨겁고 찬 정도를 나타내는 것을 온도라 하며 단위로는 섭씨(℃)와 화씨(℉) 등이 사용된다.
③ 온도가 낮은 물에 손을 담그면 차게 느껴지는 것은 물의 열이 손으로 이동하기 때문이다.
④ 두 물체 사이의 온도 차이가 클수록 열의 이동이 잘 된다.

해설 • 온도가 낮은 물에 손을 담그면 차게 느껴지는 것은 손의 열이 물로 이동하기 때문이다.

44 응축기에 관한 설명 중 옳은 것은?

① 입형 쉘 앤 튜브 응축기보다 횡형 쉘 앤 튜브 응축기가 다량의 냉각수를 필요로 한다.
② 증발식 응축기는 다량의 물을 필요로 하기 때문에 널리 사용되지 않는다.
③ 프레온용 횡형 쉘 앤 튜브 응축기에 핀을 붙일 때는 물 측에 붙이는 것보다 냉매측에 붙이는 것이 보통이다.
④ 응축기는 수액기의 밑에 설치하는 것이 좋다.

해설 ① 입형 쉘 앤 튜브 응축기: 냉각수 소비량이 많다.
② 증발식 응축기: 물의 증발을 이용하므로 냉각수량이 적게 든다.
③ 수액기의 설치: 응축기의 하부

45 2단 압축장치의 중간 냉각기의 역할이 아닌 것은?

① 압축기로 흡입되는 액냉매를 방지하기 위함이다.
② 고압응축액을 냉각시켜 냉동능력을 증대시킨다.
③ 저단측 압축기 토출가스의 과열을 제거한다.
④ 냉매액을 냉각하여 그 중에 포함되어 있는 수분을 동결시킨다.

해설 ①, ②, ③ 내용은 2단 압축기의 중간 냉각기 역할이다. 그 외에도 성적계수가 향상된다.

Answer 42. ③ 43. ③ 44. ③ 45. ④

46 패키지 유닛 공조방식의 특징이 아닌 것은?

① 취급이 간단해서 단독운전을 할 수 있고 대규모 건물의 부분 공조가 용이하다.
② 실내에 설치하는 경우 급기를 위한 덕트 샤프트가 필요 없다.
③ 압축기를 실외기에 설치함으로써 소음을 적게 할 수 있다.
④ 기계실이 필요하고 실내부하 및 운전시간이 다른 방에는 부적당하다.

해설 패키지 공조기는 하나의 케이스에 내장하기 때문에 별도의 기계실이 필요하지 않고 운전 시간이 다른 방에 적합하다.

47 환기를 계획할 때 실내 허용 오염도의 한계를 말하며 %나 ppm으로 나타내는 용어는?

① 불쾌지수 ② 유효온도
③ 쾌감온도 ④ 서한도

해설 • 서한도 : 실내 허용 오염도의 한계(%, PPm 등)를 나타내는 용어

48 실내 상태 점을 통과하는 현열비선과 포화 곡선과의 교점이 나타내는 온도로 취출 공기가 실내 잠열부하에 상당하는 수분을 제거하는데 필요한 코일 표면온도는?

① 코일 장치노점온도
② 바이패스 온도
③ 실내 장치노점온도
④ 설계온도

해설 • 실내장치 노점온도 : 취출공기가 실내 잠열 부하에 상당하는 수분을 제거하는데 필요한 코일 표면온도이다.

49 실내 냉방부하 중에서 현열부하가 2500 [kcal/h], 잠열부하가 500[kcal/h] 일 때 현열비는 약 얼마인가?

① 0.2   ② 0.83
③ 1   ④ 1.2

해설
총부하 = 2500 + 500 = 3000[kcal/h]

$\therefore \dfrac{2500}{3000} = 0.83$

현열비 : $\dfrac{현열부하}{현열부하 + 잠열부하}$

50 원심 송풍기의 번호가 NO_2일 때 회전날개의 지름은 얼마인가? (단, 단위는 mm)

① 150   ② 200
③ 250   ④ 300

해설
$NO_1 = 150[mm]$

$\therefore 150 \times 2 = 300[mm]$

51 보일러의 부속품 중 온수 보일러에 사용하지 않는 것은?

① 순환 펌프
② 수면계
③ 릴리프관
④ 릴리프 밸브

해설 • 수면계 : 증기 보일러 및 증기 드럼 내 수위 측정 계측기

Answer 46. ④ 47. ④ 48. ③ 49. ② 50. ④ 51. ②

52 다음의 그림은 열 흐름을 나타낸 것이다. 열 흐름에 대한 용어로 틀린 것은?

① ① → ② : 열전달
② ② → ③ : 열관류
③ ③ → ④ : 열전달
④ ① → ④ : 열통과

해설 ②-③ : 열전도 과정
※ 열관류(열통과) : 열전달 → 열전도 → 열전달 과정을 거치는 과정

53 에어 필터의 선정 및 설치에 관해 설명한 것이다. 잘못된 것은?

① 공조기내의 에어필터는 송풍기의 흡입측, 코일의 앞쪽에 설치한다.
② 고성능의 HEPA 필터나 전기식 필터는 송풍기의 출구측에 설치한다.
③ 고성능의 HEPA 필터를 사용하는 경우는 프리필터를 설치하는 것이 좋다.
④ 성능 표시로서 포집 효율을 측정 방법에 따라 계수법 > 비색법 > 중량법 순으로 나타난다.

해설 • 에어 필터 효율 측정법 : 중량법 > 비색법 > 계수법

54 2중 덕트 방식에 대한 설명 중 잘못된 것은?

① 실의 냉·난방 부하가 감소되어도 취출공기의 부족현상이 없다.
② 실내습도의 완전한 조절이 가능하다.
③ 동시에 냉·난방을 행하기가 용이하다.
④ 설비비 및 운전비가 많이 든다.

해설 2중 덕트 방식은 전공기 방식이므로 송풍량이 많아서 실내 습도의 완전한 조절이 어렵다.

55 다음 중 진공환수식 증기난방에 관한 설명으로 틀린 것은?

① 보통 큰 건물에 적용된다.
② 구배를 경감시킬 수 있다.
③ 환수를 원활하게 유통시킬 수 있다.
④ 파이프 치수가 커진다.

해설 진공환수식 증기난방(100~250[mmHg] 진공도)은 응축수의 배출이 빨라서 파이프 치수가 작아도 된다.

56 쾌감용 공기조화에 해당하는 것은?

① 제품창고
② 전자 계산실
③ 전화국 기계실
④ 학교

해설 • 공기조화
① 보건용 공기조화 : ④
② 산업용 공기조화 : ①, ②, ③

57 대형 덕트에서 덕트의 강도를 높이기 위해 덕트의 옆면 철판에 주름을 잡아주는 것을 무엇이라 하는가?

① 보강 바
② 다이아몬드 브레이크
③ 보강 앵글
④ 슬립

해설 • 다이아몬드 브레이크 : 대형 덕트에서 덕트의 강도를 높이기 위해 덕트의 옆면 철판에 주름을 잡아주는 것

58 공기에서 수분을 제거하여 습도를 조정하기 위해서는 어떻게 하는 것이 옳은가?

① 공기의 유로 중에 가열 코일을 설치한다.
② 공기의 유로 중에 공기의 노점온도보다 높은 온도의 코일을 설치한다.
③ 공기의 유로 중에 공기의 노점온도와 같은 온도의 코일을 설치한다.
④ 공기의 유로 중에 공기의 노점온도보다 낮은 온도의 코일을 설치한다.

해설 공기에서 수분을 제거하기 위해서는 공기의 유로 중에 공기의 노점보다 낮은 온도의 코일을 설치하면 습도가 조정된다.

59 온풍난방에 대한 설명 중 맞는 것은?

① 설비비는 다른 난방에 비해 고가이다.
② 열용량이 크고 예열시간이 길다.
③ 토출 공기온도가 높으므로 쾌적도가 떨어진다.
④ 실내층고가 높을 경우에는 상하의 온도차가 작다.

해설 온풍난방은 토출공기온도가 높아서 쾌적도가 떨어진다.

60 공기 세정기에서 유입되는 공기를 정화시키기 위한 것은?

① 루버
② 댐퍼
③ 분무노즐
④ 엘리미네이터

해설 • 루버(louver) : 공기 세정기에서 유입되는 공기를 정화시키는 기기이다.

Answer 57. ② 58. ④ 59. ③ 60. ①

공조냉동기계기능사 2000제 문제은행
CBT 시험대비
2008년 7월 13일 시행

01. 보일러의 파열사고 중 제작상의 사고로 볼 수 없는 것은?
   ① 급수처리 불량 ② 용접불량
   ③ 설계불량   ④ 재료불량

   해설) • 급수처리 불량 : 취급상의 사고

02. 가연성 가스 냉매설비에 설치하는 방출관의 방출구 위치 기준으로 옳은 것은?
   ① 지상으로부터 2[m] 이상의 높이
   ② 지상으로부터 3[m] 이상의 높이
   ③ 지상으로부터 4[m] 이상의 높이
   ④ 지상으로부터 5[m] 이상의 높이

   해설) • 방출관의 방출구 높이 : 지상 5[m] 이상 높이

03. 패키지형 에어컨에서 냉방운전은 되나, 풍량이 부족하여 냉각속도가 늦어질 때 조치 방법으로 잘못된 것은?
   ① 덕트 댐퍼를 닫는다.
   ② 공기 통로의 불량 이물질을 제거한다.
   ③ 팬벨트의 장력을 조정한다.
   ④ 취출 그릴을 열어준다.

   해설) • 풍량이 부족하면 덕트의 댐퍼를 연다.

04. 다음 중 보일러에서 점화전에 운전원이 점검 확인하여야 할 사항은?
   ① 증기압력관리
   ② 집진장치의 매진처리
   ③ 노내 여열로 인한 압력상승
   ④ 연소실 내 잔류가스 측정

   해설) 보일러 점화전 연소실내 잔류가스가 있으면 프러퍼지(치환)가 우선이다.

05. 전기사고 중 감전의 위험 인자를 설명한 것이다. 이 중 옳지 않은 것은?
   ① 전류량이 클수록 위험하다.
   ② 통전시간이 길수록 위험하다.
   ③ 심장에 가까운 곳에서 통전되면 위험하다.
   ④ 인체에 습기가 있으면 저항이 감소하여 위험하다.

   해설) 인체에 습기가 없으면 저항이 증가하여 위험이 감소된다.

Answer 1. ① 2. ④ 3. ① 4. ④ 5. ④

06 방폭전기 기기를 선정할 경우 중요하지 않은 것은?

① 대상가스의 종류
② 방호벽의 종류
③ 폭발성 가스의 폭발 등급
④ 발화도

해설 • 방폭전기 기기 선정시 고려사항
① 가스 종류
② 가스 폭발 등급
③ 발화도

07 전기용 고무장갑은 몇 V 이하의 전기회로 작업에서의 감전방지를 위해 사용하는 보호구인가?

① 7000[V]   ② 12000[V]
③ 17000[V] ④ 20000[V]

해설 전기용 고무장갑은 7000[V] 이하 감전방지용 보호구

08 교류 아크 용접기 사용시 안전 유의사항으로 옳지 않은 것은?

① 용접변압기의 1차측 전로는 하나의 용접기에 대해서 2개의 개폐기로 할 것
② 2차측 전로는 용접봉 케이블 또는 캡 타이어 케이블을 사용할 것
③ 용접기의 외함은 접지하고 누전차단기를 설치할 것
④ 일정 조건하에서 용접기를 사용할 때는 자동전격방지장치를 사용할 것

해설 하나의 용접기에는 용접변압기 개폐기도 1개일 것

09 수공구 사용방법 중 옳은 것은?

① 스패너는 깊이 물리고 바깥쪽으로 밀면서 풀고 죈다.
② 정작업시 끝날 무렵에는 힘을 빼고 천천히 타격한다.
③ 쇠톱 작업시 톱날을 고정한 후에는 재조정을 하지 않는다.
④ 장갑을 낀 손이나 기름 묻은 손으로 해머를 잡고 작업해도 된다.

해설 ① ③ ④항은 수공구 취급시 옳지 못한 안전관리 사항이다.

10 경고신호의 구비조건이 아닌 것은?

① 주의를 끌 수 있어야 한다.
② 신호의 뜻과 동작의 절차를 제시하여야 한다.
③ 심리적 불안감을 제거할 수 있어야 한다.
④ 경고를 받고 행동하기까지의 시간적 여유가 있어야 한다.

해설 경고신호는 심리적 불안감 제거와는 관련이 없다.

Answer 6. ② 7. ① 8. ① 9. ② 10. ③

11 가연성 가스가 있는 고압가스 저장실 주위에는 화기를 취급해서는 안 된다. 이 때 화기를 취급하는 장소와 몇 m 이상의 우회거리를 두어야 하는가?

① 1   ② 2
③ 7   ④ 8

해설 8[m] 우회거리

가연성 가스 ←——→ 화기취급

12 작업장에서 계단을 설치할 때 폭은 몇 m 이상으로 하여야 하는가?

① 0.2   ② 1
③ 3   ④ 5

해설 작업장 계단폭은 1[m] 이상유지

13 유류 화재시 가장 적합한 소화기는?

① 무상수 소화기   ② 봉상수 소화기
③ 분말 소화기   ④ 방화수

해설 • 유류화재 소화기 : 분말소화기

14 가스용접 작업시 유의해야 할 사항으로 옳지 않은 것은?

① 용접 전 반드시 소화기, 방화사 등을 준비할 것
② 아세틸렌의 사용압력은 5[kg/cm^2] 이상으로 할 것
③ 작업하기 전에 안전기와 산소조정기의 상태를 점검할 것
④ 과열되었을 때 재점화시 역화에 주의할 것

해설 아세틸렌 가스용접은 1.05[kg/cm^2] 이하에서 사용하면 안전하다.

15 사람이 평면상으로 넘어졌을 때의 재해를 무엇이라고 하는가?

① 추락   ② 전도
③ 비래   ④ 도괴

해설 • 전도사고 : 사람이 평면상으로 넘어졌을 때의 사고이다.

16 압력이 일정한 조건하에서 냉매가 가열, 냉각에 의해 일어나는 상태 변화에 대해 다음 설명 중 틀린 것은?

① 과냉각액을 냉각하면 액체의 상태에서 온도만 내려간다.
② 건포화증기를 가열하면 온도가 상승하고 과열증기로 된다.
③ 포화액이 주위에서 열을 흡수하여 가열되면 온도가 변하고 일부가 증발하여 습증기로 된다.
④ 습증기를 냉각하면 온도가 변하지 않고 건조도가 감소한다.

해설 포화액은 동일 압력하에서는 온도가 동일한 습증기가 발생된다.

Answer   11. ④   12. ②   13. ③   14. ②   15. ②   16. ③

17 브라인에 암모니아 냉매가 누설되었을 때, 적합한 누설검사 방법은?

① 리트머스 시험지로 검사한다.
② 누설 검지기로 검사한다.
③ 헬라이드 토치로 검사한다.
④ 네슬러 시약으로 검사한다.

해설) 브라인 냉매에 암모니아 냉매가 누설되면 네슬러시약을 떨어뜨리면 (소량: 황색, 다량: 자색)

18 표준 사이클을 유지하고 암모니아의 순환량을 186[kg/h]로 운전했을 때의 소요동력은 약 몇 kW인가? (단, NH_3 1[kg]을 압축하는데 필요한 열량은 몰리엘 선도상에서는 56[kcal/kg]이라 한다.)

① 12.1 ② 24.2
③ 28.6 ④ 36.4

해설)
1[kW − h] = 860[kcal]
186 × 56 = 10416[kcal/h]
∴ $\frac{10416}{860}$ = 12.11[kW]

19 다음 증발기에 대한 설명 중 옳은 것은?

① 증발기에 많은 성애가 끼는 것은 냉동 능력에 영향을 주지 않는다.
② 직접 팽창식보다 간접 팽창식 증발기가 RT당 냉매 충전량이 적다.
③ 만액식 증발기에서 냉매측의 전열을 좋게하기 위한 방법으로는 관지름을 크고 관 간격을 넓게하는 방법이 있다.
④ 액순환식의 증발기에서는 냉매액만이 흐르고 냉매증기는 전혀 없다.

해설) 직접팽창식보다 간접팽창식이 RT당 냉매충전량이 적다.

20 압축기에 대한 설명으로 옳은 것은?

① 토출가스 온도는 압축기의 흡입가스 과열도가 클수록 높아진다.
② 프레온 12를 사용하는 압축기에는 토출 온도가 낮아 워터 재킷(water jacket)을 부착한다.
③ 톱 클리어런스(top clearance)가 클수록 부피 효율이 커진다.
④ 토출가스 온도가 상승하여도 부피 효율은 변하지 않는다.

해설) 압축기에서 흡입가스 과열도가 클수록 토출가스 온도는 높아진다.

21 팽창 밸브 선정시 고려할 사항 중 관계없는 것은?

① 관 두께
② 냉동능력
③ 사용냉매 종류
④ 증발기의 형식 및 크기

해설) • 팽창 밸브 선정시 고려사항
① 냉동능력
② 사용냉매
③ 증발기 형식 및 크기

Answer 17. ④ 18. ① 19. ② 20. ① 21. ①

22 다음 냉동장치에 대한 설명 중 옳은 것은?

① 고압 차단스위치 작동압력은 안전밸브 작동압력보다 조금 높게 한다.
② 온도식 자동 팽창 밸브의 감온통은 증발기의 입구측에 붙인다.
③ 가용전은 프레온 냉동장치의 응축기나 수액기 보호를 위하여 사용된다.
④ 파열판은 암모니아 왕복동 냉동장치에만 사용된다.

해설 ① 안전밸브 작동 압력 > 고압차단 스위치 압력
② 감온통 위치 : 증발기 출구
③ 파열판 안전장치 : 응축기, 수액기에 부착

23 냉매 건조기(dryer)에 관한 설명 중 맞는 것은?

① 암모니아 가스관에 설치하여 수분을 제거한다.
② 압축기와 응축기 사이에 설치한다.
③ 프레온은 수분과 잘 용해하지 않으므로 팽창 밸브에서의 동결을 방지하기 위하여 설치한다.
④ 건조제로는 황산, 염화칼슘 등의 물질을 사용한다.

해설 냉매 건조기(드라이어) 설치 목적은 프레온 냉매는 수분과 잘 용해하지 않으므로 팽창밸브에서 동결방지를 위해 설치한다.

24 냉방능력 1냉동톤인 응축기에 10[l/min]의 냉각수가 사용되었다. 냉각수 입구의 온도가 32[℃]이면, 출구 온도는 약 몇 ℃인가? (단, 방열계수는 1.2로 한다.)

① 12.5[℃]
② 22.6[℃]
③ 38.6[℃]
④ 49.5[℃]

해설
1[RT] = 3320[kcal/h]
3320 × 1.2 = 3984[kcal/h]
3984 = 10 × 1 × 60 × (x − 32)

∴ $x = 32 + \dfrac{3984}{10 \times 1 \times 60} = 38.6[℃]$

25 터보 냉동기 윤활 사이클에서 마그네틱 플러그가 하는 역할은?

① 오일 쿨러의 냉각수 온도를 일정하게 유지하는 역할
② 오일 중의 수분을 제거하는 역할
③ 윤활 사이클로 공급되는 유압을 일정하게 하여주는 역할
④ 윤활 사이클로 공급되는 철분을 제거하여 장치의 마모를 방지하는 역할

해설 터보냉동기 윤활 사이클 마그네틱 플러그
• 역할 : 철분을 제거하여 장치의 마모방지

Answer 22. ③ 23. ③ 24. ③ 25. ④

26 다음 보온재의 구비조건 중 틀린 것은?
① 열전도성이 적을 것
② 수분 흡수가 좋을 것
③ 내구성이 있을 것
④ 설치공사가 쉬울 것

해설 보온재는 흡수성이나 흡습성이 적을 것

27 다음 중 유기질 보온재인 코르크에 대한 설명이 옳지 않은 것은?
① 액체나 기체를 잘 통과시키지 않는다.
② 입상(粒狀), 판상(版狀) 및 원통으로 가공되어 있다.
③ 굽힘성이 좋아 곡면시공에 사용해도 균열이 생기지 않는다.
④ 냉수, 냉매배관, 냉각기, 펌프 등의 보냉용에 사용된다.

해설 코르크는 곡면 등 시공시 균열이 생긴다.

28 동관의 납땜 이음시 이음쇠와 동관의 틈새는 몇 mm 정도가 가장 적당한가?
① 0.04 ~ 0.2[mm]
② 0.5 ~ 1.0[mm]
③ 1.2 ~ 1.8[mm]
④ 2.0 ~ 3.5[mm]

해설

29 다음 그림은 냉동용 그림기호(KS B 0063)에서 무엇을 표시하는가?

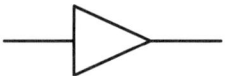

① 리듀서
② 디스트리뷰터
③ 줄임 플랜지
④ 플러그

해설 • 리듀서(줄임쇠) : ─▷──

30 불연속 제어에 속하는 것은?
① ON-OFF 제어
② 비례 제어
③ 미분 제어
④ 적분 제어

해설 ① ON-OFF 제어 : 불연속 제어
② 연속제어
  ㉠ 비례 제어 ㉡ 미분 제어 ㉢ 적분 제어

31 가스의 비열비에 대한 설명 중 맞는 것은?
① 비열비는 항상 1보다 작다.
② 정적비열을 정압비열로 나눈값이다.
③ 비열비는 항상 1보다 크기도 하고 1보다 작기도 한다.
④ 비열비의 값이 커질수록 압축기 토출가스 온도는 상승된다.

해설 비열비의 값이 커질수록 압축기의 토출가스 온도가 상승된다.

Answer 26. ② 27. ③ 28. ① 29. ① 30. ① 31. ④

32 냉동톤(RT)에 대한 설명 중 맞는 것은?
① 한국 1냉동톤은 미국 1냉동톤보다 크다.
② 한국 1냉동톤은 3024[kcal/h]이다.
③ 제빙기가 1일 동안 생산할 수 있는 얼음의 톤수를 1냉동톤이라고 한다.
④ 1냉동톤은 0[℃]의 얼음이 1시간에 0[℃]의 물이 되는데 필요한 열량이다.

해설 ① 미국 1[RT] = 3024[kcal/h]
② 한국 1[RT] = 3320[kcal/h]
③ 냉각탑 1[RT] = 3900[kcal/h]
④ 제빙톤 1[RT] = 1.65[한국 RT]

33 R-21의 분자식은?
① $CHCl_2F$ ② $CClF_3$
③ $C\ HClF_2$ ④ CCl_2F_2

해설

CH_4계는 $Cl - \underset{F}{\overset{H}{\underset{|}{\overset{|}{C}}}} - Cl$ ∴ $CHCl_2F$

34 스크루 압축기의 특징이 아닌 것은?
① 오일펌프를 따로 설치하여야 한다.
② 소형 경량으로 설치면적이 작다.
③ 액 해머 및 오일 해머가 크다.
④ 밸브와 피스톤이 없어 장시간의 연속운전이 가능하다.

해설 스크루 압축기는 급유 또는 무급유식이므로 오일 해머에는 영향이 없다.

35 다음 단상 유도 전동기 중 기동전류가 가장 큰 것은?
① 콘덴서 기동형
② 분상 기동형
③ 반발 기동형
④ 콘덴서·모터 기동형

해설 • 분상 기동형 : 단상 유도전동기 중 기동전류가 가장 크다.

36 1대의 압축기로 증발온도를 저온도로 낮출 경우 장치에 미치는 영향이 아닌 것은?
① 압축기 토출 가스의 온도 상승
② 압축비 증대
③ 압축기 체적효율 감소
④ 압축기 행정 체적의 증가

해설 증발온도 저하와 압축기 행정 체적과는 관련이 없다.

37 흡수식 냉동기에 사용되는 흡수제의 구비조건으로 맞지 않는 것은?
① 용액의 증기압이 낮을 것
② 농도변화에 의한 증기압의 변화가 적을 것
③ 재생에 많은 열량을 필요로 하지 않을 것
④ 점도가 높을 것

해설 흡수제(LiBr)는 점도가 적어야 한다.

Answer 32. ① 33. ① 34. ③ 35. ② 36. ④ 37. ④

38 강제급유식에 기어 펌프를 주로 사용하는 이유는?

① 유체의 마찰저항이 크다.
② 저속으로도 일정한 압력을 얻을 수 있다.
③ 구조가 복잡하다.
④ 대형으로만 높은 압력을 얻을 수 있다.

해설 • 기어 펌프(회전식 펌프) : 저속으로도 공급 압력이 일정한 오일펌프

39 2원 냉동장치에 사용하는 냉매로서 저온측의 냉매로 옳은 것은?

① R-717　② R-718
③ R-14　　④ R-22

해설 • 저온냉매 : R-13, R-14, 에틸렌, 메탄, 에탄, 프로판가스

40 공정점이 -55[℃]로 얼음제조에 사용되는 무기질 브라인으로 우리나라에서 가장 일반적으로 쓰이는 것은?

① 염화칼슘 수용액
② 염화마그네슘 수용액
③ 에틸렌글리콜
④ 에틸렌글리콜 수용액

해설 • 염화칼슘 냉매 공정점 : -55[℃]

41 냉동기의 정상적인 운전 상태를 파악하기 위하여 운전관리상 검토해야 할 사항이 아닌 것은?

① 윤활유의 압력, 온도 및 청정도
② 냉각수 온도 또는 냉각공기 온도
③ 정지 중의 소음 및 진동
④ 압축기용 전동기의 전압 및 전류

해설 정지 중에는 소음 및 진동이 억제된다.

42 흡수식 냉동기의 발생기(재생기)가 하는 역할을 올바르게 설명한 것은?

① 냉수 출구온도를 감지하여 부하변동에 대응하는 증기량을 조절한다.
② 흡수액과 냉매를 분리하여 냉매는 응축기로 흡수제는 흡수기로 보낸다.
③ 냉매증기의 열을 대기 중으로 방출하여 액화시킨 다음 증발기로 보낸다.
④ 응축기에서 넘어온 냉매를 이용하여 피 냉각물체로부터 열을 흡수한다.

해설 • 재생기(고온, 저온 재생기) : 흡수액 중 냉매(H_2O)와 흡수제(리튬브로마이드)를 분리하는 곳

Answer 38. ② 39. ③ 40. ① 41. ③ 42. ②

43 표준냉동 사이클의 P(압력)-h(엔탈피) 선도에 대한 설명 중 틀린 것은?

① 응축과정에서는 압력이 일정하다.
② 압축과정에서는 엔트로피가 일정하다.
③ 증발과정에서는 온도와 압력이 일정하다.
④ 팽창과정에서는 엔탈피와 압력이 일정하다.

해설 • 팽창과정 : 온도와 압력강하

44 열 펌프에서 압축기 이론 축동력이 3[kW]이고, 저온부에서 얻은 열량이 7[kW]일 때 이론 성적계수는 약 얼마인가?

① 1.43   ② 1.75
③ 2.33   ④ 3.33

해설
$3[kW-h] = 3 \times 860[kcal] = 2580[kcal]$
$7[kW-h] = 7 \times 860[kcal] = 6020[kcal]$
$\therefore COP = \dfrac{2,580+6,020}{2,580} = 3.33$

45 다음 중 전압계의 측정범위를 넓히기 위해서 사용되는 것은?

① 분류기
② 피스톤 브리지
③ 배율기
④ 변압기

해설 • 배율기 : 전압계의 측정범위를 넓힌다.

46 다음 중 현열비를 구하는 식은?

① 현열비 = $\dfrac{현열부하}{잠열부하}$

② 현열비 = $\dfrac{잠열부하}{잠열부하+현열부하}$

③ 현열비 = $\dfrac{현열부하}{잠열부하+잠열부하}$

④ 현열비 = $\dfrac{잠열부하}{현열부하}$

해설
현열비 = $\dfrac{현열부하}{잠열부하+잠열부하}$

47 100[℃] 물의 증발 잠열은 몇 kcal/kg인가?

① 539
② 600
③ 627
④ 700

해설 1[atm]에서 100[℃]의 물의 증발잠열은 539[kcal/kg]

48 냉동기의 용량 결정에 있어서 실내취득 열량이 아닌 것은?

① 벽체로부터의 열량
② 인체발생 열량
③ 기구발생 열량
④ 덕트로부터의 열량

해설 • 덕트로부터 취득열량 : 기기로부터 취득열량

Answer 43. ④ 44. ④ 45. ③ 46. ③ 47. ① 48. ④

49 다음 기기 중 공기의 온도와 습도를 변화시킬 수 없는 것은?

① 공기 재열기　② 공기 필터
③ 공기 가습기　④ 공기 예냉기

해설 • 공기 필터 : 실내에서 발생되는 오염물질 제거기(건성, 점성, 전기, 활성탄 사용)

50 수분이 많이 함유된 증기가 보일러에서 발생될 때의 해에 대한 설명 중 틀린 것은?

① 건조도를 증가시킨다.
② 기관의 열효율을 저하시킨다.
③ 배관에 부식이 발생하기 쉽다.
④ 열손실이 증가한다.

해설 건조도가 증가하면 수격작용(워터 해머)이 방지되고 엔탈피가 증가한다.

51 냉각기 입구 및 출구의 냉수 온도는 각각 12[℃]와 6[℃] 그리고, 응축기로 들어오는 냉각수 온도는 32[℃], 출구 온도는 37[℃]인 100[RT] 용량을 가진 터보 냉동기에 순환되는 냉각수량(l/min)은 약 얼마인가? (단, 방열계수는 1.2로 한다.)

① 1992　② 1328
③ 1107　④ 922

해설
$Q = 100 \times 3320 \times 1.2 = 398400 [kcal/h]$
$398400 = G \times 1 \times 60 \times (37-32)$
$G = \dfrac{398,400}{1 \times 60 \times 5} = 1328 [l/min]$

52 독립계통으로 운전이 자유롭고 냉수 배관이나 복잡한 덕트 등이 없기 때문에 소규모 상점이나 사무실 등에서 사용되는 경제적인 공조 방식은?

① 중앙식 공기 방식
② 팬 코일 유닛 공조 방식
③ 패키지 유닛 공조 방식
④ AHU 공조 방식

해설 • 패키지 유닛 공조방식 : 소규모 상점, 사무실, 개인 사무실에 사용이 용이하다.

53 공조기의 필터 저항을 10[mmAq], 냉각 코일 저항을 20[mmAq], 가열 코일 저항을 7[mmAq]라 하고, 취출구와 토출 덕트의 전저항은 각각 5[mmAq]라 할 때 팬의 전압(mmAq)은?

① 10
② 25
③ 34
④ 47

해설
$10 + 20 + 7 + (5 \times 2) = 47 [mmAq]$

Answer　49. ②　50. ①　51. ②　52. ③　53. ④

54 증기난방과 온수난방을 비교한 것 중 맞는 것은?

① 쾌적도에서는 온수난방이 좋다.
② 온수난방이 증기난방보다 부식이 크다.
③ 증기난방은 현열을 이용하고, 온수난방은 잠열을 이용한다.
④ 증기난방은 예열 및 냉각이 늦으며 동결위험이 적다.

해설 ① 부식은 증기난방이 크다.
② 증기난방은 잠열 이용, 온수난방은 현열 이용
③ 증기난방은 예열이 빠르고 냉각도 빠르다.

55 덕트 각부에 있어서의 풍속이 일정하게 될 수 있도록 치수를 정하는 덕트의 설계법은?

① 등온법   ② 등속도법
③ 등마찰손실법 ④ 정압재취득법

해설 • 등속도법 : 덕트내 풍속이 일정하게 되도록 치수를 정한다.

56 다음 공기의 성질에 대한 설명 중 틀린 것은?

① 최대한도의 수증기를 포함한 공기를 포화공기라 한다.
② 습공기의 온도를 낮추면 물방울이 맺히기 시작하는 온도를 그 공기의 노점온도라고 한다.
③ 건조공기 1[kg]에 혼합된 수증기의 질량비를 절대습도라 한다.
④ 우리 주변에 있는 공기는 대부분의 경우 건조공기이다.

해설 • 우리 주변의 공기 : 습공기

57 온풍난방에 대한 설명으로 옳지 않은 것은?

① 예열시간이 짧고 간헐 운전이 가능하다.
② 가스연소로 덕트나 연도의 과열에 따른 화재 우려가 없다.
③ 설치가 간단하여 전문 기술자를 필요로 하지 않는다.
④ 송풍온도가 고온이 되므로 덕트를 소형으로 할 수 있다.

해설 • 온풍난방 : 공기온도 상승으로 과열에 따른 화재우려가 있다.

58 다음 중 배관 및 덕트에 사용되는 보온 단열재가 갖추어야 할 조건이 아닌 것은?

① 열전도율이 클 것
② 불연성 재료로서 흡습성이 작을 것
③ 안전 사용 온도 범위에 적합할 것
④ 물리·화학적 강도가 크고 시공이 용이할 것

해설 • 보온, 단열재 : 열전도율이 작을 것

Answer 54. ① 55. ② 56. ④ 57. ② 58. ①

59 세주형 주철방열기 호칭법에서 원을 3등분 하여 상단에 표시하는 것은?

① 유입관의 크기
② 유출관의 크기
③ 절(섹션)수
④ 방열기의 종류와 높이

해설 주철제 방열기 표기법

60 다음과 같은 특징을 갖고 있는 공조방식은?

Ⓐ 각 유닛마다 제어가 가능하므로 개별식 제어가 가능하다.
Ⓑ 고속 덕트를 사용하므로 덕트 스페이스를 작게 할 수 있다.
Ⓒ 1차 공기와 2차 냉온수를 공급하므로 실내환경 변화에 대응이 용이하다.

① 유인 유닛 방식
② 패키지 유닛 방식
③ 단일 덕트 정풍량 방식
④ 덕트 병용 패키지 방식

해설 유인 유닛 방식은 Ⓐ, Ⓑ, Ⓒ 내용에 따른 공조방식이다.

Answer 59. ③ 60. ①

공조냉동기계기능사 2000제 문제은행

2008년 10월 5일 시행

---

01 안전대용 로프의 구비 조건과 관련이 없는 것은?

① 완충성이 높을 것
② 질기고 되도록 매끄러울 것
③ 내마모성이 높을 것
④ 내열성이 높을 것

해설 안전대용 로프는 매끄러우면 사용이 매우 불편하다.

02 재해 발생 중 사람이 건축물, 비계, 기계, 사다리, 계단 등에서 떨어지는 것을 무엇이라고 하는가?

① 도괴   ② 낙하
③ 비래   ④ 추락

해설 • 추락 : 상부에서 작업 중 하부로 떨어지는 현상

03 물을 소화제로 사용하는 가장 큰 이유는?

① 연소하지 않는다.
② 산소를 잘 흡수한다.
② 기화잠열이 크다.
③ 취급하기가 편리하다.

해설 0℃에서 물의 기화잠열은 600kcal/kg으로 매우 크다.

04 연삭기 숫돌의 파괴원인에 해당되지 않는 것은?

① 숫돌의 속도가 너무 빠를 때
② 숫돌에 균열이 있을 때
③ 플랜지가 현저히 클 때
④ 숫돌에 과대한 충격을 줄 때

해설 플랜지 대, 소와 연삭기 숫돌의 파괴와는 관련성이 없다.

05 냉동 제조시설 중 압축기 최종단에 설치한 안전장치의 작동 점검실시 시 기준으로 옳은 것은?

① 3월에 1회 이상
② 6월에 1회 이상
② 1년에 1회 이상
④ 2년에 1회 이상

해설 냉동기 압축기 최종단에 설치한 안전밸브는 1년에 1회 이상 점검이 필요하다.(그 외에는 2년에 1회)

Answer 1. ② 2. ④ 3. ③ 4. ③ 5. ③

06 스패너(spanner)사용시 주의할 사항 중 틀린 것은?

① 스패너가 벗겨지거나 미끄러짐에 주의한다.
② 스패너의 입이 너트 폭과 잘 맞는 것을 사용한다.
③ 스패너 길이가 짧은 경우에는 파이프를 끼워서 사용한다.
④ 무리하게 힘을 주지 말고 조심스럽게 사용한다.

해설 스패너에 파이프를 끼워서 사용은 금한다.

07 냉동장치를 정상적으로 운전하기 위한 것이 아닌 것은?

① 이상고압이 되지 않도록 주의한다.
② 냉매부족이 없도록 한다.
③ 습압축이 되도록 한다.
④ 각부의 가스 누설이 없도록 유의한다.

해설 냉매는 항상 건조압축이 되도록 한다.

08 다음 중 보호구로서 갖추어야 할 조건이 아닌 것은?

① 착용시 작업에 지장이 없을 것
② 대상물에 대하여 방호가 충분할 것
③ 보호구 재료의 품질이 우수할 것
④ 성능보다는 외관이 좋을 것

해설 보호구는 외관보다 성능이 우수해야 한다.

09 다음 중 고압선과 저압 가공선이 병가된 경우 접촉으로 인해 발생하는 것과 1, 2차 코일의 절연파괴로 인하여 발생하는 현상과 관계있는 것은?

① 단락
② 지락
③ 혼촉
④ 누전

해설 • 혼촉 : 1, 2차 코일의 절연 파괴로 인하여 발생한다.

10 다음 중 안전관리에 대한 설명으로 적절하지 못한 것은?

① 인간의 생명과 재산 보호
② 비체계적인 제반 활동
③ 체계적인 제반 활동
④ 인간생활의 복지 향상

해설 비계획적이 아닌 계획적이어야 한다.

11 다음 중 정전기 방전의 종류가 아닌 것은?

① 불꽃 방전
② 열면 방전
② 분기 방전
④ 코로나 방전

해설 • 방전 : 불꽃 방전, 열면 방전, 코로나 방전

Answer 6. ③ 7. ③ 8. ④ 9. ③ 10. ② 11. ③

12 운반기계에 의한 운반 작업시 안전수칙에 어긋나는 것은?

① 운반대위에는 여러 사람이 타지 말 것
② 미는 운반차에 화물을 실을 때에는 앞을 볼 수 있는 시야를 확보할 것
③ 운반차의 출입구는 운반차의 출입에 지장이 없는 크기로 할 것
④ 운반차에 물건을 쌓을 때 될 수 있는 대로 전체의 중심이 위가 되도록 쌓을 것

해설 운반차에 물건을 쌓을 때 될 수 있는 대로 전체의 중심이 아래가 되도록 한다.

13 냉동장치 운전 중 안전상 별로 위험이 없는 경우에 해당되는 것은?

① 액면계 파손 시 볼밸브가 작동불량인 경우
② 고압측에 안전밸브가 설치되지 않는 경우
③ 수액기와 응축기를 연락하는 균압관의 스톱 밸브를 닫지 않았을 경우
④ 팽창밸브 직전에 전자밸브가 있는 경우 압축기 출구 밸브를 닫고 장시간 운전했을 경우

해설 균압관의 스톱밸브는 별다른 경우가 아닌 이상 운전 중 개방이 원칙이다.

14 보일러 사고원인 중 제작상의 원인이 아닌 것은?

① 재료불량
② 설계불량
③ 급수처리불량
④ 구조불량

해설 • 급수처리불량 : 취급운전상의 원인

15 아크 용접작업에서 전격의 방지대책으로 올바르지 못한 것은?

① 용접기의 내부에 함부로 손을 대지 않는다.
② 절연 홀더의 절연부분이 노출·파손되면 곧 보수하거나 교체한다.
③ TIG 용접이나 MIG 용접기가 수냉식 토치에서 냉각수가 새어나오면 사용을 시작한다.
④ 맨홀 등과 같이 밀폐된 구조물 안이나 앞쪽에 막혀 잘 보이지 않는 장소에서 작업을 할 때에는 자동전격방지기를 부착하여 사용한다.

해설 불활성가스 아크용접(TIG, MIG)에서 수냉식 토치를 사용하는 경우 만일 물의 흐름이 정지되면 토치와 케이블이 소손될 우려가 있으므로 냉각수가 흐르지 않을 때 자동으로 전류의 흐름이 정지되도록 하는 보호장치가 필요하다.

Answer 12. ④ 13. ③ 14. ③ 15. ③

16 냉동기에서 압축기의 기능이라 할 수 없는 것은?

① 냉매를 순환시킨다.
② 응축기에 냉각수를 순환시킨다.
③ 냉매의 응축을 돕는다.
④ 저압을 고압으로 상승시킨다.

해설 응축기에 냉각수 순환은 쿨링타워(냉각탑) 기능이다.

17 단열압축, 등온압축, 폴리트로픽 압축에 관한 다음 사항 중 틀린 것은?

① 압축일량은 단열압축이 제일 크다.
② 압축일량은 등온압축이 제일 작다.
③ 실제 냉동기의 압축 방식은 폴리트로픽 압축이다.
④ 압축가스 온도는 폴리트로픽 압축이 제일 높다.

해설 단열 압축시 압축가스온도가 높다.

18 다음 브라인(Brine)에 관한 설명 중 옳은 것은?

① 식염수 브라인의 공정점보다 염화칼슘 브라인의 공정점이 높다.
② 브라인의 부식성을 없애기 위해 되도록 공기와 접촉 시키지 않는 것이 좋다.
③ 무기질 브라인보다 유기질 브라인이 부식성이 더 크다.
④ 브라인은 약한 산성이 좋다.

해설 브라인 냉매의 부식성을 없애기 위해 되도록 공기와 접촉시키지 않는 것이 좋다.

19 온도 자동팽창 밸브에서 감온통의 부착위치는?

① 팽창밸브 출구
② 증발기 입구
③ 증발기 출구
④ 수액기 출구

해설 • 감온통의 부착위치 : 증발기 출구

20 유접점 시퀀스의 특징으로 틀린 것은?

① 수명이 길다.
② 소비전력이 많다.
③ 작동 속도가 늦다.
④ 장치 외형이 크다.

해설 유접점은 무접점에 비해 수명이 짧다.

21 다음 중 수소, 염소, 불소, 탄소로 구성된 냉매계열은?

① HFC계
② HCFC계
③ CFC계
④ 할론 계

해설 H : 수소, C : 탄소, F_2 : 불소, Cl_2 : 염소

Answer 16. ② 17. ④ 18. ② 19. ③ 20. ① 21. ②

22
소요 냉각수량 120ℓ/min, 냉각수 입출구 온도차 6℃ 인 수냉 응축기의 응축부하는?

① 43200kcal/h   ② 14400kcal/h
③ 12000kcal/h   ④ 6400kcal/h

해설
$(120 \times 1 \times 6) \times 60 = 43200\text{kcal/h}$

∴ 1시간은 60분, 물의비열은 1kcal/kg℃

23
어떤 냉동기를 사용하여 25℃의 순수한 물 100ℓ를 -10℃의 얼음으로 만드는 데 10분이 걸렸다고 한다면, 이 냉동기는 약 몇 냉동톤인가? (단, 1냉동톤은 3320kcal/h, 냉동기의 모든 효율 100%이다.)

① 3 냉동톤   ② 16 냉동톤
③ 20 냉동톤   ④ 25 냉동톤

해설
- 물의 현열 = $100 \times 1 \times 25 = 2500$ kcal
- 물의 응고잠열 = $100 \times 80 = 8000$ kcal
- 얼음의 현열 = $100 \times 0.5 \times [(0-(-10)]$
  $= 500\text{kcal}$

∴ $Q = 2500 + 8000 + 500 = 11000\text{kcal}$

∴ $\dfrac{11000 \times \dfrac{60}{10}}{3320} \fallingdotseq 20\text{RT}$

24
시트 모양에 따라 삽입형, 홈꼴형, 유합형 등이 있으며, 냉매 배관용으로 사용되는 이음법은?

① 플레어 이음   ② 나사 이음
③ 납땜 이음   ④ 플랜지 이음

해설
- 플랜지 이음 : ㉠ 삽입형 ㉡ 홈꼴형 ㉢ 유합형 ㉣ 전면 ㉤ 대평면 ㉥ 소평면

25
관속을 흐르는 유체가 가스관을 나타내는 것은?

①

②

③

④

해설 ㉠ O : 오일 ㉡ G : 가스
㉢ S : 스팀 ㉣ A : 공기

26
그림에서 습 압축 냉동사이클은 어느 것인가?

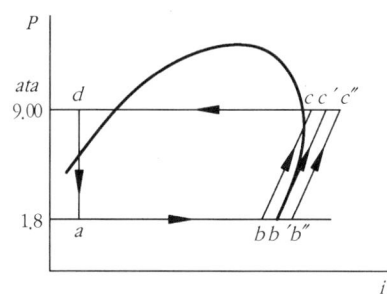

① ab'c'da
② bb"c"cb
③ ab"c"da
④ abcda

해설 ① 건압축 ③ 과열압축 ④ 습압축

Answer 22. ① 23. ③ 24. ④ 25. ② 26. ④

27 열과 일의 관계를 바르게 나타낸 것은? (단, J = 열의 일당량, A = 일의 열당량, W = 소요되는 일, Q = 발생열량이다.)

① $Q = AW$ ② $W = \dfrac{1}{J}Q$
③ $W = AQ$ ④ $J = AW$

해설 $Q = AW$

28 저단측 토출가스의 온도를 냉각시켜 고단측 압축기가 과열되는 것을 방지하는 것은?

① 부스터
② 인터쿨러
③ 콤파운드 압축기
④ 익스펜션탱크

해설 • 인터쿨러 : 고단측 압축기 과열방지용

29 다음 회로에서 2Ω의 양단에 걸리는 전압강하 V는?

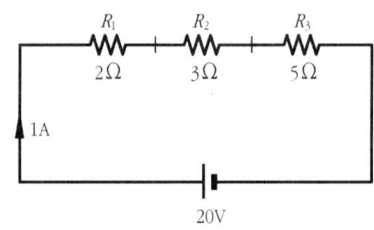

① 2 ② 4
③ 6 ④ 10

해설 $V = \dfrac{R_1}{R_1+R_2+R_3} \times V = \dfrac{2}{2+3+5} \times 20 = 4$

30 다음 중 비등점이 가장 낮은 냉매는? (단, 대기압에서)

① R-500
② R-22
③ NH₃
④ R-12

해설 • R-12 : -29.8℃, • R-22 : -40.8℃,
• NH₃ : -33.3℃, • R-500 : -33.3℃

31 1 제빙톤은 몇 냉동톤인가? (단, 원료수의 온도는 25℃ 기준임)

① 1.25 RT
② 1.45 RT
③ 1.65 RT
④ 1.85 RT

해설 1 제빙톤 = 1.65RT(5478 kcal/h)

32 냉동장치 배관 설치시 주의 사항으로 틀린 것은?

① 관통부 외에는 매설하지 않는다.
② 배관내 응력 발생이 있는 곳에 루프형 배관을 한다.
③ 기기 조작, 보수, 점검에 지장이 없도록 한다.
④ 전체 길이는 짧게 하며 곡률반경을 작게 한다.

해설 배관의 곡률반경은 저항을 방지하기위해 다소 크게 한다.

Answer 27. ① 28. ② 29. ② 30. ② 31. ③ 32. ④

33 다단압축을 하는 목적은?

① 압축비 증가와 체적 효율 감소
② 압축비와 체적 효율 증가
③ 압축비와 체적 효율 감소
④ 압축비 감소와 체적 효율 증가

해설 • 다단압축의 목적 : ㉠ 압축비 감소
　　　　　　　　　　㉡ 체적효율 증가

34 냉동능력 20톤 이상의 냉동설비의 압력계에 관한 설명 중 틀린 것은?

① 냉매설비에는 압축기의 토출 및 흡입압력을 표시하는 압력계를 부착할 것
② 압축기가 강제윤활방식인 경우에는 윤활유 압력을 표시하는 압력계를 부착할 것
③ 발생기에는 냉매가스의 압력을 표시하는 압력계를 부착할 것
④ 압력계 눈금판의 최고눈금 수치는 당해 압력계의 설치장소에 따른 시설의 기밀시험압력이상이고 그 압력의 1배 이하일 것

해설 냉동능력 20톤 이상의 냉동설비 압력계는 압력계 눈금판의 최고 눈금 수치는 당해 압력계의 설치장소에 따른 시설의 기밀시험압력 이상이고 그 압력의 2배 이하 일 것, 진공부는 그 최저눈금이 76cmHg 이상일 것

35 부하측(저압측)압력을 일정하게 유지시켜 주는 밸브는?

① 감압밸브
② 안전밸브
③ 체크밸브
④ 앵글밸브

해설 • 감압밸브 : 부하측의 압력을 일정하게 유지

36 동관을 용접 이음하려고 한다. 다음 용접법 중 가장 적당한 것은?

① 가스 용접
② 프라즈마 용접
③ 테르밋 용접
④ 스폿 용접

해설 • 동관용접 : 가스용접

37 전류계로 회로에서 전류를 측정하고자 한다. 전류계의 설명으로 틀린 것은?

① 전류계는 회로와 직렬로 연결하여 측정한다.
② 큰 전류를 측정하기 위해 분류기를 가동코일 계기와 병렬로 접속한다.
③ 전류계의 내부 저항은 전류를 못 흐르게 할 만큼 커야 한다.
④ 전류계 단자 사이의 전압강하는 40~100mV 정도이다.

해설 전류계 내부저항은 전류가 흐르도록 저항이 적어야 한다.

Answer 33. ④ 34. ④ 35. ① 36. ① 37. ③

38 냉동장치의 배관공사에서 옳지 않은 것은?

① 두 계통의 토출관이 합류하는 곳은 Y형 접속으로 한다.
② 압축기 토출관의 수평부분은 응축기를 향해 상향 구배를 한다.
③ 응축기와 수액기의 균압관은 압력을 같게 하기 위한 것이다.
④ 압력 손실은 되도록 작게 하기 위해 굴곡부의 개수를 적게 한다.

해설 압축기 토출관의 수평부분은 응축기를 향해 하향구배 한다.

39 흡수식 냉동장치에서 냉매와 흡수제를 분리하는 것은?

① 발생기   ② 응축기
③ 증발기   ④ 흡수기

해설 • 발생기 : 냉매(H_2O)와 흡수제(LiBr)와 분리시킨다.

40 원심(Turbo)식 압축기의 특징이 아닌 것은?

① 임펠러(Impeller)에 의해 압축된다.
② 보통 전동기 직결에서는 증속장치가 필요하다.
③ 부하가 감소되면 서징이 일어난다.
④ 주로 공기 냉각용으로 직접 팽창방식을 사용한다.

해설 원심식은 흡입관 및 배출관이 직접 팽창식에서는 아주 굵어지므로 브라인식이 필요하다.

41 NH_3 냉매를 사용하는 냉동장치에서는 열교환기를 설치하지 않는다. 그 이유는?

① 응축 압력이 낮기 때문에
② 증발 압력이 낮기 때문에
③ 비열비 값이 크기 때문에
④ 임계점이 높기 때문에

해설 암모니아 냉매는 비열비 값이 커서 열교환기 설치가 불필요하다.

42 다음 보온재 중 최고사용온도가 가장 큰 것은?

① 탄산마그네슘   ② 규조토
③ 암면   ④ 펄라이트

해설
• 탄산마그네슘 : 250℃ 이하
• 규조토 : 250℃
• 암면 : 400℃ 이하
• 펄라이트 : 650℃

43 압축비의 설명 중 알맞는 것은?

① 고압 압력계가 나타내는 압력을 저압 압력계가 나타내는 압력으로 나눈 값에다 1을 더한 값이다.
② 흡입압력이 동일할 때 압축비가 클수록 토출가스 온도는 저하된다.
③ 압축비가 적어지면 소요동력이 증가한다.
④ 응축압력이 동일할 때 압축비가 커지면 냉동능력이 감소한다.

해설 응축압력이 동일한 경우 압축비가 커지면 냉동능력이 감소한다.

Answer 38. ② 39. ① 40. ④ 41. ③ 42. ④ 43. ④

44 기준 냉동사이클에서 흡입압력이 높은 순서대로 나열된 것은?

① R-12 > R-22 > NH₃
② R-22 > NH₃ > R-12
③ NH₃ > R-22 > R-12
④ R-12 > NH₃ > R-22

해설
- −15℃에서 증발압력
- R-22 : 3.03 kg/cm²
- NH₃ : 2.41 kg/cm²
- R-12 : 1.862 kg/cm²

45 증발기에 대한 다음 설명 중 틀린 것은?

① 건식 증발기에서 냉매액 공급을 상·하부 어디로 하나 전열효과는 같다.
② 프레온을 사용하는 만액식 증발기에서 증발기내 오일이 체류할 수 있으므로 유회수 장치가 필요하다.
③ 만액식 증발기에서 오일(oil)이 프레온 냉매에 용해하면 냉동능력이 떨어진다.
④ 프레온을 사용하는 건식 증발기에서는 냉매액을 상부로 공급하는 것이 보통이다.

해설 건식증발기는 냉매공급은 위에서 아래로 한다.

46 덕트의 부속품에 대한 설명으로 잘못된 것은?

① 소형의 풍량 조절용으로는 버터플라이 댐퍼를 사용한다.
② 공조덕트의 분기부에는 베인형 댐퍼를 사용한다.
③ 화재시 화염이 덕트내에 침입하였을 때 자동적으로 폐쇄되도록 방화댐퍼를 사용한다.
④ 화재초기시 연기감지로 다른 방화구역에 연기가 침입하는 것을 방지하는 방연댐퍼를 사용한다.

해설 분기부에는 스프릿 댐퍼(split damper)를 사용한다. 버터플라이 댐퍼는 소형덕트에 사용

47 팬 코일 유닛과 관계없는 것은?

① 송풍기　② 여과기
③ 냉온수 코일　④ 가습기

해설 가습기는 공기에 직접 가습시킨다.

48 공기조화기의 송풍기의 축동력을 산출할 때 필요한 값과 거리가 먼 것은?

① 송풍량
② 현열비
③ 송풍기 전압효율
④ 송풍기 전압

해설 송풍기의 축 동력 산출시 필요할 때 송풍량, 송풍기 전압효율, 송풍 전압이 필요하다.

Answer　44. ②　45. ①　46. ②　47. ④　48. ②

49 온수난방에 이용되는 밀폐형 팽창탱크에 관한 설명으로 옳지 않은 것은?

① 공기층의 용적을 작게 할수록 압력의 변동은 감소한다.
② 개방형에 비해 용적은 크다.
③ 통상 보일러 근처에 설치되므로 동결의 염려가 없다.
④ 개방형에 비해 보수점검이 유리하고 가압실이 필요하다.

해설 밀폐형 팽창탱크는 공기층의 용적을 크게 할수록 압력의 변동은 감소한다.

50 난방을 하고 있는 사무실 내의 거주 환경에서 가장 적합한 건구온도는 몇 ℃ 인가?

① 22　　② 28
③ 30　　④ 33

해설 • 사무실 난방 건구온도 : 22℃

51 냉방부하의 취득열량에는 현열부하와 잠열부하가 있다. 잠열부하를 포함하는 것은?

① 덕트로부터의 취득열량
② 인체로부터의 취득열량
③ 벽체의 전도에 의해 침입하는 열량
④ 일사에 의한 취득열량

해설 인체에는 현열 및 잠열부하가 포함된다.

52 다음 환기에 대한 설명으로 틀린 것은?

① 실내의 오염공기를 신선공기로 희석하거나 확산시키지 않고 배출한다.
② 실내에서 발생하는 열이나 수증기를 제거한다.
③ 실내압력을 +압력상태로 유지시키면서 환기하는 방식이 제3종 환기법이다.
④ 재실자의 건강, 안전, 쾌적성, 작업능률을 향상시킨다.

해설 • 제3종 환기법 : ㉠ 급기는 자연급기 ㉡ 배기는 기계(강제)배기

53 다음 중 소규모인 건물에 가장 적합한 공조방식은?

① 패키지 유닛 방식
② 인덕션 유니트 방식
③ 이중 덕트 방식
④ 복사 냉난방 방식

해설 • 패키지 유닛방식 : 소규모 건물에 적합하다.

54 에어필터(air filter)의 제진효율에 관한 식으로 올바른 것은? (단, 입구측의 공기중의 먼지농도 : C_1, 출구측 먼지농도 : C_2 이다.)

① 제진효율 $= \dfrac{C_2}{C_1} \times 100$

② 제진효율 $= \dfrac{C_1}{C_2} \times 100$

③ 제진효율 $= \left[1 - \dfrac{C_2}{C_1}\right] \times 100$

④ 제진효율 $= \left[1 - \dfrac{C_1}{C_2}\right] \times 100$

해설 • 제진효율 $= \left[1 - \dfrac{C_2}{C_1}\right] \times 100(\%)$

55 다음은 어느 실의 열 발생에 따른 부하를 처리하기 위한 급기풍량(m^3/h)의 계산식이다. 계산식에서 Δt는 무엇을 나타내는가?

$$Q(풍량) = \frac{qs}{\rho \times C_p \times \Delta t}$$

① 상당외기 온도차
② 실내·외 온도차
③ 실내설정온도와 실내취출 온도차
④ 유효 온도차

해설 Δt : 실내설정온도와 실내취출 온도차

56 물과 공기의 접촉면적을 크게 하기 위해 증발포를 사용하여 수분을 자연스럽게 증발시키는 가습방식은?

① 초음파식   ② 가열식
③ 원심분리식 ④ 기화식

해설 기화식 가습방식은 증발포를 사용한다.

57 셸튜브형 열교환기에 관한 설명이다. 옳은 것은?

① 전열관 내 유속은 내식성이나 내마모성을 고려하여 1.8m/s 이하가 되도록 하는 것이 바람직하다.
② 동관을 전열관으로 사용할 경우 유체 온도가 150℃ 이상이 좋다.
③ 증기와 온수의 흐름은 열교환 측면에서 병행류가 바람직하다.
④ 열관류율은 재료와 유체의 종류에 따라 거의 일정하다.

해설 셸튜브형 열교환기 전열관 내 유속은 1.8m/s 이하가 바람직하다.

58 다음 설명 중 옳지 않은 것은?

① 공기조화장치에서 취급하는 공기는 모두 건공기이다.
② 건공기는 수증기를 포함하지 않는 공기이다.
③ 습공기의 전압은 건공기분압과 수증기분압의 합과 같다.
④ 포화공기란 최대한도의 수증기를 포함한 공기를 말한다.

해설 공기조화장치에서 취급하는 공기는 모두 습공기이다.

59 온수난방에 설치되는 팽창탱크에 대한 설명으로 틀린 것은?

① 팽창된 물을 밖으로 배출하여 장치를 안전하게 유지한다.
② 운전 중 장치내 압력을 소정의 압력으로 유지하고, 온수온도를 유지한다.
③ 운전 중 장치내의 온도상승에 의한 물의 체적팽창과 압력을 흡수한다.
④ 개방식은 장치내의 주된 공기배출구로 이용되고, 온수보일러의 도피관으로도 이용된다.

해설 • 팽창탱크 : 팽창된 물을 팽창탱크 내부에 저장하였다가 운전정지 후 보일러내로 다시 공급한다.

Answer 55. ③ 56. ④ 57. ① 58. ① 59. ①

60 다음 펌프 중에서 비속도가 가장 작은 펌프는?

① 축류펌프
② 사류펌프
③ 벌류트펌프
④ 터빈펌프

해설
- 비속도가 큰 순서
  축류펌프 > 사류펌프 > 벌류트펌프 > 터빈펌프

- 비속도 $(Ns) = \dfrac{n \times Q^{\frac{1}{2}}}{H^{\frac{3}{4}}}$

  여기서, n = 펌프회전수[rpm]
  Q = 토출량[m³/min]
  H = 전양정[m]

Answer 60. ④

공조냉동기계기능사 2000제 문제은행

CBT 시험대비
2009년 1월 18일 시행

01 냉동제조시설이 적합하게 설치 또는 유지·관리되고 있는지 확인하기 위한 검사의 종류가 아닌 것은?
① 중간검사 ② 완성검사
③ 불시검사 ④ 정기검사

해설 검사의 종류 : 중간검사, 완성검사, 정기검사

02 보일러의 안전한 운전을 위하여 근로자에게 보일러의 운전방법을 교육하여 안전사고를 방지하여야 한다. 다음 중 교육내용에 해당되지 않는 것은?
① 가동 중인 보일러에는 작업자가 항상 정위치를 떠나지 아니할 것
② 압력방출장치·압력제한스위치·화염 검출기의 설치 및 정상 작동 여부를 점검할 것
③ 압력방출장치의 개방된 상태를 확인할 것
④ 고저수위조절장치와 급수펌프와의 상호 기능 상태를 점검할 것

해설 압력방출장치는 정상점에 도달하지 않는 이상 밀폐되어야 한다.(방출밸브는 온수온도가 120℃ 이하에서 사용)

03 기계설비에서 일어나는 사고의 위험점이 아닌 것은?
① 협착점 ② 끼임점
③ 고정점 ④ 절단점

해설 고정점 : 고정된 상태에서는 사고빈도가 매우 낮다.

04 구내 운반차를 사용하여 운반 작업을 하고자 한다. 사전 점검사항에 해당되지 않는 것은?
① 제동장치 및 조종 장치 기능의 이상 유무
② 바퀴의 이상 유무
③ 와이어로프 등의 이상 유무
④ 충전장치를 포함한 홀더 등의 결합 상태의 이상 유무

해설 와이어로프는 구내 운반차와는 관련성이 없다.

05 냉동기 운전 중 액 압축이 일어난 경우에 나타나는 현상으로 옳은 것은?
① 토출배관이 따뜻해진다.
② 실린더에 서리가 낀다.
③ 실린더가 과열된다.
④ 축수하중이 감소된다.

해설 냉동기 운전 중 액-압축(리퀴드 햄머)이 일어나면 실린더에 서리가 낀다.

Answer 1. ③ 2. ③ 3. ③ 4. ③ 5. ②

06 감전되었을 경우 위험도가 가장 큰 것은?
① 통전 전류의 크기
② 통전 경로
③ 전원의 종류
④ 통전시간과 전격의 인가 위상

해설 • 통전전류
① 5 mA(아픔을 느낀다.)
② 20 mA(회로에서 떨어질 수 없다.)
③ 100 mA(치명적이다.)

07 가스보일러 점화시 주의사항 중 맞지 않는 것은?
① 연소실 내의 용적 4배 이상의 공기로 충분히 환기를 행할 것
② 점화는 3~4회로 착화될 수 있도록 할 것
③ 갑작스런 실화시에는 연료공급을 즉시 차단할 것
④ 점화버너의 스파크 상태가 정상인가 확인할 것

해설 보일러 점화시 착화는 한 번에 점화가 되도록 한다.

08 산업안전보건법의 제정 목적과 가장 관계가 적은 것은?
① 산업재해 예방
② 쾌적한 작업환경 조성
③ 근로자의 안전과 보건을 유지·증진
④ 산업안전에 관한 정책수립

해설 산업안전보건법 제정목적은 ①, ②, ③항이 관계되는 내용이다.

09 가스용접 작업 중에 발생되는 재해가 아닌 것은?
① 전격   ② 화재
③ 가스폭발   ④ 가스중독

해설 전격(감전) : 전기시설에서 부주의나 공사의 불비 등으로 인체에 전기를 받는 것
100mA 이상이면 치명적이다.

10 연소에 관한 설명이 잘못된 것은?
① 온도가 높을수록 연소속도가 빨라진다.
② 입자가 작을수록 연소속도가 빨라진다.
③ 촉매가 작용하면 연소속도가 빨라진다.
④ 산화되기 어려운 물질일수록 연소속도가 빨라진다.

해설 산화되기 어려운 물질은 연소속도가 느려진다.

11 가스 용접 작업시 아세틸렌가스와 접촉하는 부분에 사용해서는 안 되는 것은?
① 알루미늄   ② 납
③ 구리   ④ 탄소강

해설 아세틸렌가스는 동, 은, 수은 등과의 직접 반응하여 폭발성 아세틸라이트를 만든다.

Answer 6. ① 7. ② 8. ④ 9. ① 10. ④ 11. ③

12 가연성가스(암모니아, 브롬화메탄 및 공기 중에서 자기 발화하는 가스 제외)설비의 전기설비는 어떤 기능을 갖는 구조이어야 하는가?

① 방수기능 ② 내화기능
③ 방폭기능 ④ 일반기능

해설 가연성가스의 설비시 전기설비에는 방폭기능을 갖는 구조이어야 한다.

13 안전보건표지에서 비상구 및 피난소, 사람 또는 차량의 통행표지의 색채는?

① 빨강 ② 녹색
③ 파랑 ④ 노랑

해설 녹색 : 안전보건표지에서 비상구 및 피난소, 사람 또는 차량의 통행표지 색채

14 가스 용접기를 이용하여 동관을 용접하였다. 용접을 마친 후 조치로서 올바른 것은? (단, 용기의 메인 밸브는 추후 닫는 것으로 한다.)

① 산소 밸브를 먼저 닫고 아세틸렌 밸브를 닫을 것
② 아세틸렌 밸브를 먼저 닫고 산소 밸브를 닫을 것
③ 산소 및 아세틸렌 밸브를 동시에 닫을 것
④ 가스 압력 조정기를 닫은 후 호스 내 가스를 유지시킬 것

해설 동관 가스 용접시 용접을 마친 후 산소밸브를 먼저 닫고 아세틸렌 밸브를 닫을 것

15 감전 되거나 전기 화상을 입을 위험이 있는 작업에서 인체의 전부나 일부를 보호하기 위해 구비 할 것은?

① 보호구
② 구명구
③ 구급용구
④ 비상등

해설 보호구 : 감전되거나 전기화상을 입을 위험이 있는 작업에서 인체의 전부나 일부를 보호하기 위해 구비하는 것

16 다음 설명 중 내용이 맞는 것은?

① 1 [BTU] 는 물 1[lb]를 물 1 [℃]높이는데 필요한 열량이다.
② 절대압력은 대기압의 상태를 0으로 기준하여 측정한 압력이다.
③ 이상기체를 단열팽창 시켰을 때 온도는 내려간다.
④ 보일-샤를의 법칙이란 기체의 부피는 압력에 반비례하고 절대온도에 반비례한다.

해설 ① 1 [BTU] : 물 1 [lb]를 1°F 높인다.
② 절대압력은 완전진공상태에서 측정한 압력
③ 보일-샤를의 법칙은 기체의 부피는 압력에 반비례, 절대온도에 비례한다.

Answer 12. ③ 13. ② 14. ① 15. ① 16. ③

17 암모니아 냉매 배관을 설치할 때 시공방법으로 틀린 것은?

① 관이음 패킹재료는 천연고무를 사용한다.
② 흡입관에는 U트랩을 설치한다.
③ 토출관의 합류는 Y접속으로 한다.
④ 액관의 트랩부에는 오일 드레인 밸브를 설치한다.

해설 냉매배관에서 U트랩을 설치하면 오일이 고이므로 가급적 피한다.

18 냉매와 화학 분자식이 옳게 짝지어진 것은?

① R113 : CCl_3F_3
② R114 : CCl_2F_4
③ R500 : $CCl_2F_2 + CH_2CHF_2$
④ R502 : $CHClF_2 + C_2ClF_5$

해설 R113 : $C_2Cl_3F_3$
R114 : $C_2Cl_2F_4$ R500 : $CCl_2F_2 + CH_3CHF_2$

19 냉동장치에서 전자밸브를 사용하는데 그 사용목적 중 거리가 먼 것은?

① 리키드 백(Liquid back)방지
② 냉매, 브라인의 흐름제어
③ 습도 제어
④ 온도 제어

해설 전자밸브기능 : 리키드 백 방지, 냉매브라인의 흐름제어, 온도제어

20 다음 중 냉동기유에 가장 용해하기 쉬운 냉매는 어느 것인가?

① R-11   ② R-13
③ R-14   ④ R-502

해설 오일에 비교적 용해가 잘되는 냉매 : R-11, R-12, R-21, R-113

21 2단 압축 냉동 사이클에 대한 설명으로 틀린 것은?

① 2단 압축이란 증발기에서 증발한 냉매 가스를 저단 압축기와 고단 압축기로 구성되는 2대의 압축기를 사용하여 압축하는 방식이다.
② NH_3 냉동장치에서 증발온도가 -35℃ 정도 이하가 되면 2단 압축을 하는 것이 유리하다.
③ 압축비가 10 이상이 되는 냉동장치인 경우에만 2단 압축을 해야 한다.
④ 최근에는 한 대의 압축기로써 각각 다른 2대의 압축기 역할을 할 수 있는 콤파운드 압축기를 사용하기도 한다.

해설 압축비가 6이상이면 이단 압축이 필요하다.

22 다음 중 열펌프(Heat Pump)의 열원이 아닌 것은?

① 대기   ② 지열
③ 태양열   ④ 빙축열

해설 빙축열 : 심야전기를 이용한 냉방 방식

Answer 17. ② 18. ④ 19. ③ 20. ① 21. ③ 22. ④

23 "회로 내의 임의의 점에서 들어오는 전류와 나가는 전류의 총합은 0 이다." 이것은 무슨 법칙에 해당하는가?

① 키르히호프의 제1법칙
② 키르히호프의 제2법칙
③ 줄의 법칙
④ 앙페르의 오른나사법칙

해설 키르히호프의 제1법칙 : 회로 내의 임의의 점에서 들어오는 전류와 나가는 전류의 총합은 0이다.

24 25A 배관용 탄소강 강관의 관용 나사산수는 길이 25.4mm에 대하여 몇 산이 표준인가?

① 19산 ② 14산
③ 11산 ④ 8산

해설
㉠ 6A : 28산
㉡ 8A ~ 10A : 19산
㉢ 15A ~ 20A : 14산
㉣ 25A 이상 : 11산

25 2개 이상의 엘보를 사용하여 배관의 신축을 흡수하는 신축이음은?

① 루프형 이음
② 벨루즈형 이음
③ 슬리브형 이음
④ 스위블형 이음

해설 스위블형 이음 : 2개 이상의 엘보를 사용하여 배관의 신축을 흡수하는 신축이음

26 시간적으로 변화하지 않는 일정한 입력신호를 단속신호로 변환하는 회로로서 경보용 부저 신호의 발생 등에 많이 사용하는 것은?

① 선택 회로
② 플리커 회로
③ 인터로크 회로
④ 자기유지 회로

해설 플리커 회로 : 시간적으로 변화하지 않는 일정한 입력신호를 단속신호로 변환하는 회로로서 경보용 부저 신호의 발생 등에 많이 사용한다.

27 고압 수액기에 부착되지 않는 것은?

① 액면계
② 안전밸브
③ 전자밸브
④ 오일드레인 밸브

해설 고압 수액기 부속품 : 액면계, 안전밸브, 오일드레인 밸브

28 간접식과 비교한 직접 팽창식 냉동기의 특징이 아닌 것은?

① 냉매 순환량이 적다.
② 냉매의 증발 온도가 높다.
③ 구조가 간단하다.
④ 냉매 소비량(충전량)이 적다.

해설 직접 팽창식 냉동기는 냉매 충전량이 간접식에 비해 많다.

Answer 23. ① 24. ③ 25. ④ 26. ② 27. ③ 28. ④

29 스크롤 압축기의 장점으로 맞는 것은?

① 토크 변동이 많다.
② 압축요소의 미끄럼 속도가 빠르다.
③ 흡입밸브나 토출밸브가 없으며 부품수가 적다.
④ 고효율, 고소음, 고진동 및 고신뢰성을 갖는다.

해설 스크롤 압축기는 흡입밸브나 토출밸브가 없으며 부품수가 적다.

30 냉각탑의 엘리미네이터(Eliminator) 역할은?

① 물의 증발을 양호하게 한다.
② 공기를 흡수하는 장치다.
③ 물이 과냉각되는 것을 방지한다.
④ 수분이 대기중에 방출하는 것을 막아주는 장치이다.

해설 엘리미네이터 : 수분이 대기중에 방출하는 것을 막아준다.

31 공정점이 −55℃이고 저온용 브라인으로서 일반적으로 제빙, 냉장 및 공업용으로 많이 사용되고 있는 것은?

① 염화칼슘   ② 염화나트륨
③ 염화마그네슘 ④ 프로필렌글리콜

해설
- 염화칼슘 수용액 : 공정점 −55℃
- 염화나트륨 수용액 : 공정점 −21℃
- 염화마그네슘 : 공정점 −33.6℃

32 감온식 팽창 밸브(T.E.V)작동에 관계없는 것은?

① 압축기의 압력
② 증발기내 냉매 증발 압력
③ 스프링의 압력
④ 감온통 내의 가스 압력

해설
- TEV작동에 관계 되는 압력
  P_1 : 감온통 내의 압력
  P_2 : 과열도 스프링 압력
  P_3 : 증발기내의 증발 압력

33 고압(응축압력)이 18[kg/cm² · a], 저압(증발압력)이 5[kg/cm² · a]일 때 압축비는?

① 2
② 3.6
③ 4.5
④ 6.0

해설 압축비 $= \dfrac{18}{5} = 3.6$ 압축비가 6이상이면 2단 압축이 필요하다.

Answer 29. ③ 30. ④ 31. ① 32. ① 33. ②

34
다음과 같이 25A×25A×25A의 티에 20A관을 직접 A부(압력게이지)에 연결하고자 할 때 필요한 이음쇠는?

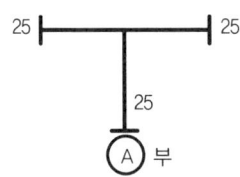

① 유니언
② 캡
③ 이경부싱
④ 플러그

해설

35
다음 중 이상적인 냉동사이클에 해당되는 것은?

① 오토 사이클
② 카르노 사이클
③ 사바데 사이클
④ 역카르노 사이클

해설 이상적 냉동사이클 : 역카르노 사이클

36
2중 효용 흡수식 냉동기에 대한 설명 중 옳지 않은 것은?

① 단중 효용 흡수식 냉동기에 비해 효율이 높다.
② 2개의 재생기가 있다.
③ 2개의 증발기가 있다.
④ 2개의 열교환기를 가지고 있다.

해설
① 흡수식에서는 증발기는 1개이다.
② 2중 효용 흡수식냉동기는 고온재생기, 저온재생기가 설치된다.
③ 흡수식은 고온 열교환기, 저온 열교환기가 있다.

37
원심식 냉동기의 서징 현상에 대한 설명 중 옳지 않은 것은?

① 흡입가스 유량이 증가되어 냉매가 어느 한계치 이상으로 운전될 때 주로 발생한다.
② 전류계의 지침이 심하게 움직인다.
③ 고압이 저하하며, 저압이 상승한다.
④ 소음과 진동을 수반하고 베어링 등 운동부분에서 급격한 마모현상이 발생한다.

해설 원심식은 유량이 어느 한계치 이하에서 Surging 현상 발생

Answer 34. ③ 35. ④ 36. ③ 37. ①

38 -15℃에서 건조도 0인 암모니아 가스를 교축 팽창시켰을 때 변화가 없는 것은?

① 비체적
② 압력
③ 엔탈피
④ 온도

해설 교축과정 : 엔탈피 변화가 없다.
단열압축 : 엔트로피 변화가 없다.

39 대기압이 1.005at일 때 1300mmHg·a는 계기압력으로 몇 kPa인가?

① 22.56
② 34.76
③ 52.96
④ 74.76

해설
$$1.0332 \times \frac{1300}{760} = 1.7669 \text{kg/cm}^2$$
$$1.0332 \text{kg/cm}^2 = 101.325 \text{kPa}$$
$$\left(101.325 \times \frac{1.7669}{1.033}\right) - 101.325 = 71.98 \text{kPa}$$
$$\therefore 71.98 \times \frac{1.033}{1.005} = 74 \text{kPa}$$

40 고속 다기통 압축기의 정상유압으로 옳은 것은?

① 정상저압 + 0.5~1.5kg/cm²
② 정상저압 + 1.5~3.0kg/cm²
③ 정상저압 + 4.5~5.5kg/cm²
④ 정상저압 + 6.5~8.5kg/cm²

해설 ①는 입형저속 유압, ②는 고속다기통 유압

41 이원냉동사이클에 대한 설명 중 틀린 것은?

① 다단압축 방식보다 저온에서 좋은 효율을 얻을 수 있다.
② 저온 측 냉매와 고온 측 냉매를 구분하여 사용한다.
③ 저온 측 응축기의 열은 냉각수를 이용하여 냉각시킨다.
④ 이원냉동은 -100℃ 정도의 저온을 얻고자 할 때 사용한다.

해설 이원냉동사이클에서 가스 케이드 콘덴서는 고온측 증발기와 저온측 응축기를 열 교환 할 수 있도록 조립한 것을 말한다.

42 제빙장치 중 결빙한 얼음을 제빙관에서 떼어낼 때 관내의 얼음 표면을 녹이기 위해 사용하는 기기는?

① 주수조   ② 양빙기
③ 저빙고   ④ 용빙조

해설 용빙조 : 결빙한 얼음을 제빙관에서 떼어낼 때 관내의 얼음 표면을 녹이기 위해 사용한다.

43 증발잠열을 이용하는 물질로서 맞지 않는 것은?

① 알콜   ② 암모니아
③ 물   ④ 수증기

해설 수증기는 이미 증발잠열을 이용한 물질이며 다만 대류방열기에서는 잠열을 난방에는 사용이 가능하나 냉방에서는 불가능하다.

Answer 38. ③ 39. ④ 40. ② 41. ③ 42. ④ 43. ④

44 냉동 윤활장치에서 유압이 낮아지는 원인이 아닌 것은?

① 오일이 부족할 때
② 유온이 낮을 때
③ 유 여과망이 막혔을 때
④ 유압조정 밸브가 많이 열렸을 때

해설 ① 유온이 높을 때 유압의 저하가 온다.
② 유온이 낮으면 유압이 상승한다.

45 20℃에서 4Ω 의 동선이 온도 80℃로 상승하였을 때 저항은 몇 Ω 이 되는가? (단, 동선의 저항온도계수 = 0.00393 이다.)

① 3.94 ② 4.94
③ 5.94 ④ 6.94

해설
$R = 4 \times (80 - 20) \times 0.00393 = 0.9432$
$\therefore R' = 4 + 0.9432 = 4.9432 \Omega$

46 원형 덕트의 지름을 사각 덕트로 변형시킬 때, 원형 덕트 지름 d와 사각 덕트의 긴 변 길이 a, 짧은 변 길이 b의 관계식을 옳게 나타낸 것은?

① $d = \left[\dfrac{a \times b^5}{(a \times b)^2}\right]^{1/8}$

② $d = 1.3 \times \left[\dfrac{a^5 \times b}{(a+b)^2}\right]^{1/8}$

③ $d = 1.3 \times \left[\dfrac{(a \times b)^5}{(a+b)^2}\right]^{1/8}$

④ $d = \left[\dfrac{a^5 \times b}{(a+b)^2}\right]^{1/8}$

해설
$$d = 1.3 \times \left[\dfrac{(a \times b)^5}{(a+b)^2}\right]^{1/8}$$

47 가열코일에 사용되는 핀의 형태 중에서 공기측 열 전달률이 가장 높은 것은?

① 평판 핀
② 파형 핀
③ 슬릿 핀
④ 슈퍼 슬릿 핀

해설 슈퍼 슬릿 핀 : 가열코일에 사용되는 핀 중에서 공기측 열전달률이 가장 높다.

48 1대의 응축기(실외기)로 여러 대의 냉각코일(실내기)을 운영하는 방식으로 실외기의 설치면적을 줄일 수 있어 많이 사용되는 형식을 무엇이라 하는가?

① 룸쿨러 방식
② 패키지유닛 방식
③ 멀티유닛 방식
④ 히트펌프 방식

해설 멀티유닛 방식 : 1대의 실외기 응축기로 여러 대의 실내기 냉각 코일을 운영한다.

Answer 44. ② 45. ② 46. ③ 47. ④ 48. ③

49 공조 덕트의 취출구에 대한 설명이다. 옳지 않는 것은?

① 천정 취출구의 경우 온풍 취출이면 도달거리가 짧아진다.
② 취출구의 배치는 최소 확산반경이 겹치지 않도록 해야 한다.
③ 베인형 취출구에서 베인 각도를 확대하면 소음을 줄일 수 있다.
④ 베인형 취출구의 천정 설치의 경우 냉방시는 베인 각도를 작게 한다.

해설 베인의 각도는 0~45°까지 확대가 가능하나 그 이상이면 소음이 커진다.

50 200rpm으로 운전되는 송풍기가 4kW의 성능을 나타내고 있다. 회전수를 250rpm으로 상승시키면 동력은 몇 kW가 소요되는가?

① 5.5   ② 7.8
③ 8.3   ④ 8.8

해설 $4 \times \left(\dfrac{250}{200}\right)^3 = 7.8125\text{kW}$ 동력은 회전수 증가의 3승에 비례한다.

51 겨울철 창면을 따라서 존재하는 냉기에 의해 외기와 접한 창면에 존재하는 사람은 더욱 추위를 느끼게 되는 현상을 콜드 드래프트라 한다. 다음 중 콜드 드래프트의 원인으로 볼 수 없는 것은?

① 인체 주위의 온도가 너무 낮을 때
② 주위벽면의 온도가 너무 낮을 때
③ 창문의 틈새가 많을 때
④ 인체 주위 기류속도가 너무 느릴 때

해설 인체 주위의 기류속도가 너무 크면 콜드 드래프트(cold draft)의 원인이 된다.

52 다음 중 공기의 감습방법에 해당되지 않는 것은?

① 흡수식
② 흡착식
③ 냉각식
④ 가열식

해설 감습방법 : 흡수식, 흡착식, 냉각식

53 거실의 창문 밑에 설치할 주철제 방열기의 상당방열면적은 6m²로 산출되었다. 표준상태에서 이 방열기가 가지는 방열량은 몇 kcal/h 인가? (단, 증기난방인 경우)

① 2700   ② 3300
③ 3900   ④ 4500

해설 방열기 증기 표준 방열량 : 650 kcal/m² · h
650×6 = 3900 kcal/h

54 13500m³/h의 풍량을 나타낸 것으로 맞는 것은?

① 225 CMM
② 225 CMS
③ 13500 CMM
④ 13500 CMS

해설
$$\text{풍량} = \dfrac{13500}{60} = 225\text{CMM}(\text{m}^3/\text{min})$$

Answer 49. ③ 50. ②   51. ④ 52. ④ 53. ③ 54. ①

55 공기가 노점온도보다 낮은 냉각코일을 통과 하였을 때의 상태를 기술한 것 중 틀린 것은?

① 상대습도 저하
② 절대습도 저하
③ 비체적 저하
④ 건구온도 저하

해설 공기가 노점온도보다 낮으면 이슬점이 맺히며 상대습도가 냉각코일을 통과할 때 증가한다.

56 온풍난방법에서의 특징에 대한 설명 중 맞는 것은?

① 예열부하가 작아 예열시간이 짧다.
② 송풍기의 전력소비가 작다.
③ 송풍 덕트의 스페이스가 필요 없다.
④ 실온과 동시에 실내의 습도와 기류의 조정이 어렵다.

해설 온풍난방에서 공기의 비열이 낮아서 예열부하가 작아 예열시간이 짧다.

57 (a), (b), (c)와 같은 관로의 국부저항계수(전압기준)가 큰 것부터 작은 순서로 나열한 것은?

① (a) > (b) > (c)
② (a) > (c) > (b)
③ (b) > (c) > (a)
④ (c) > (b) > (a)

해설 국부 저항계수가 큰 것 : (c) > (b) > (a)

58 건축물의 내벽, 내창, 천정 등을 통하여 손실 되는 열량을 계산할 때 관계없는 것은?

① 열 통과율
② 면적
③ 인접실과 온도차
④ 방위계수

해설 방위계수는 건축물의 동서남북 방위에 따라 열손실 계수가 달라진다.

59 공조용 전열 교환기의 이용에 관한 설명이다. 옳은 것은?

① 배열회수에 이용되는 배기는 탕비실, 주방등을 포함한 모든 공간의 배기를 포함한다.
② 회전형 전열교환기의 로터 구동 모터와 급배기 팬은 반드시 연동 운전할 필요가 없다.
③ 중간기 외기냉방을 행하는 공조시스템의 경우에도 별도의 덕트 없이 이용할 수 있다.
④ 외기량과 배기량의 밸런스를 조정할 때 배기량은 외기량의 40% 이상을 확보해야 한다.

해설 전열교환기 외기(OA), 배기(EA)량의 밸런스 조정시 배기량은 외기 도입량의 40% 이상을 확보해야 한다.

Answer 55. ① 56. ① 57. ④ 58. ④ 59. ④

60 EDR = $\dfrac{\text{방열기의 전방열량}}{\text{표준반영량}}$ 에서 EDR은 무엇인가?

① 증발량
② 상당방열면적
③ 응축수량
④ 실제방열량

해설 EDR(Equivalent, Direct, Radition : 상당방열면적(m^2))

Answer 60. ②

공조냉동기계기능사 2000제 문제은행
2009년 3월 29일 시행

01 작업자의 안전태도를 형성하기 위한 가장 유효한 방법은?

① 안전에 관한 훈시
② 안전한 환경의 조성
③ 안전표지판의 부착
④ 안전에 관한 교육실시

해설 작업자 안전태도의 가장 유효한 방법은 안전에 관한 교육실시

02 안전관리자의 직무에 해당하지 않는 것은?

① 산업재해 발생의 원인조사 및 재발방지를 위한 기술적 지도, 조언
② 안전에 관한 조직편성 및 예산책정
③ 안전에 관련된 보호구의 구입시 적격품 선정
④ 당해 사업장 안전교육 계획의 수립 및 실시

해설 안전에 관한 조직편성 및 예산책정은 안전관리 총괄자의 직무사항

03 공구취급 안전관리 일반사항으로 옳지 않은 것은?

① 결함이 없는 완전한 공구를 사용한다.
② 공구는 사용전에 반드시 점검한다.
③ 불량공구는 일단 수리하여 사용하고 반납한다.
④ 공구는 항상 일정한 장소에 비치하여 놓는다.

해설 불량공구는 교체하여 사용한다.

04 냉동설비 사업소의 경계표지 방법으로 적당한 것은?

① 사업소의 경계표지는 출입구를 제외한 울타리, 담 등에 게시할 것
② 이동식 냉동 설비에는 표시를 생략할 것
③ 외부사람이 명확하게 식별할 수 있는 크기로 할 것
④ 당해 시설에 접근할 수 있는 장소가 여러 방향 일 때는 대표적인 장소에만 게시할 것

해설 냉동설비 사업소의 경계표지 방법은 외부사람이 명확하게 식별할 수 있는 크기로 한다.

Answer 1. ④ 2. ② 3. ③ 4. ③

05 산업안전의 관심과 이해증진으로 얻을 수 있는 이점이라 볼 수 없는 것은?
① 기업의 신뢰도를 높여준다.
② 기업의 투자경비를 증대시킬 수 있다.
③ 이직률이 감소된다.
④ 고유기술이 축적되어 품질이 향상된다.

해설 산업안전의 관심과 이해증진은 기업의 투자경비를 감소시킬 수 있다.

06 가스 집합 용접장치를 사용하여 금속의 용접·용단 및 가열작업을 하는 때에 가스 집합 용접장치의 관리상 준수하여야 하는 사항이 아닌 것은?
① 사용하는 가스의 명칭 및 최대가스 저장량을 가스장치실의 보기 쉬운 장소에 게시할 것
② 밸브·콕 등의 조작 및 점검요령을 가스장치실의 보기 쉬운 장소에 게시할 것
③ 가스집합장치로부터 5m 이내의 장소에서는 흡연, 화기의 사용 또는 불꽃을 발생시킬 우려가 있는 행위를 금지 시킬 것
④ 이동식 가스 집합 용접장치는 고온의 장소, 통풍이나 환기가 불충분한 장소 또는 진동이 많은 장소에 설치하여 사용할 것

해설 가스는 환기가 원활한 장소, 진동이 적은 장소에 사용하여야 한다.

07 냉동 장치 취급에 있어서 안전관리를 위한 사항이 아닌 것은?
① 고압가스 안전관리에 관계되는 법규를 이해한다.
② 안전 검사를 위하여 구체적인 계획을 세우고 실천해야 한다.
③ 냉매의 특성을 이해하는 것은 안전관리에 별 다른 도움을 주지 않는다.
④ 압력계, 온도계, 전류계 등 각종 계기의 수치와 단위에 대하여 이해한다.

해설 냉매의 특성을 이해하면 안전관리에 도움을 준다.

08 교류 용접기의 규격란에 AW 200이라고 표시되어 있을 때 200이 나타내는 값은?
① 정격 1차 전류값
② 정격 2차 전류값
③ 1차 전류 최대값
④ 2차 전류 최대값

해설 교류 용접기 AW : 정격 2차 전류값

09 근로자가 안전하게 통행할 수 있도록 통로에는 몇 럭스 이상의 조명시설을 해야 하는가?
① 10   ② 30
③ 45   ④ 75

해설 근로자의 안전통로 조명 밝기 : 75[Lux] 럭스 이상

Answer 5. ② 6. ④ 7. ③ 8. ② 9. ④

10 가연성 가스 또는 가연성 분진 등이 체류하는 장소에 설치해야 하는 것으로 옳은 것은?

① 진동설비　② 배수설비
③ 소음설비　④ 환기설비

해설 가연성 가스 설치 장소에는 환기설비나 경보설비가 필요하다.

11 가스보일러의 점화전 주의사항 중 연소실 용적의 약 몇 배 이상의 공기량을 보내어 충분히 환기를 행해야 되는가?

① 2　② 4
③ 6　④ 8

해설 가스보일러는 점화전 연소실 용적의 약 4배 이상의 공기량을 충분히 환기시킨다.

12 발화온도가 낮아지는 조건과 관계가 없는 것은?

① 발열량이 높을수록 발화온도는 낮아진다.
② 분자구조가 간단할수록 발화온도는 낮아진다.
③ 압력이 높을수록 발화온도는 낮아진다.
④ 산소농도가 높을수록 발화온도는 낮아진다.

해설 분자구조가 복잡할수록 발화온도는 낮아진다.

13 가스 용접장치에 대한 안전수칙으로 틀린 것은?

① 가스용기의 밸브는 빨리 열고 닫는다.
② 가스의 누설검사는 비눗물로 한다.
③ 용접 작업 전에 소화기 및 방화사 등을 준비한다.
④ 역화의 위험을 방지하기 위하여 역화방지기를 설치하여 역화를 방지한다.

해설 가스용기를 열 때는 서서히, 닫을 때는 신속히 닫는다.

14 가스 용접 작업에서 일어날 수 있는 재해가 아닌 것은?

① 화재　② 전격
③ 폭발　④ 중독

해설 전격은 전기용 접시 감전우려피해를 줄이기 위해 감전방지 장치가 필요하다.

15 전기의 접지 목적에 해당되지 않는 것은?

① 화재방지
② 설비 증설 방지
③ 감전방지
④ 기기손상방지

해설 전기 접지 목적
㉠ 화재방지
㉡ 감전방지
㉢ 기기손상 방지

Answer　10. ④　11. ②　12. ②　13. ①　14. ②　15. ②

16 옴의 법칙에 대한 설명 중 옳은 것은?

① 전류는 전압에 비례한다.
② 전류는 저항에 비례한다.
③ 전류는 전압의 2승에 비례한다.
④ 전류는 저항의 2승에 비례한다.

해설 전류는 전압에 비례하여 흐른다.

17 절대 압력과 게이지 압력과의 관계식으로 옳은 것은?

① 절대압력 = 대기압력 + 게이지 압력
② 절대압력 = 대기압력 − 게이지 압력
③ 절대압력 = 대기압력 × 게이지 압력
④ 절대압력 = 대기압력 ÷ 게이지 압력

해설 절대압력 = 대기압력 + 게이지 압력

18 가용전(fusible plug)에 대한 설명으로 틀린 것은?

① 프레온 장치의 수액기, 응축기 등에 사용한다.
② 용융점은 냉동기에서 68~75℃ 이하로 한다.
③ 구성 성분은 주석, 구리, 납으로 되어있다.
④ 토출가스의 영향을 직접 받지 않는 곳에 설치해야 한다.

해설 냉동기 가용전 : 비스무스, 카드뮴, 납, 주석이며 용융온도는 68~75℃

19 다음 중 압축기와 관계없는 효율은?

① 체적효율
② 기계효율
③ 압축효율
④ 팽창효율

해설 압축기 효율 : ㉠ 체적효율
㉡ 기계효율
㉢ 압축효율

20 다음 중 액순환식 증발기와 액펌프 사이에 부착하는 것은?

① 감압 밸브
② 여과기
③ 역지 밸브
④ 건조기

해설 역지 밸브 : 액순환식 증발기와 액펌프 사이에 설치한다.

Answer 16. ① 17. ① 18. ③ 19. ④ 20. ③

21 반가산기의 더한 합 S와 자리올림 C에 대한 논리식이 적절하게 설명된 것은?

① $S = \overline{A}B + A\overline{B}, \ C = A + B$
② $S = \overline{A}B + A\overline{B}, \ C = A \cdot B$
③ $S = AB + \overline{AB}, \ C = A + B$
④ $S = AB + \overline{AB}, \ C = A \cdot B$

해설
㉠ $S = \overline{A}B + A\overline{B} = \overline{\overline{\overline{A}B + A\overline{B}}}$
㉡ $C = AB = \overline{\overline{AB}} = \overline{\overline{A} + \overline{B}}$
㉢ 반가산기(half adder) : 2진수의 1자리 덧셈을 행하는 회로 OR, AND, NOT 소자를 합쳐서 만든다.
㉣ 진리표

AB	S(합)	C(자리올)
00	0	0
01	1	0
10	1	0
11	0	1

㉤ 논리식
$\overline{\overline{A}} = A$
$\overline{A + B} = \overline{A} \cdot \overline{B}$
$\overline{\overline{A + B}} = A + B$
$\overline{\overline{A} \cdot \overline{B}} = A + B$

22 열에 관한 설명으로 틀린 것은?

① 감열은 건구온도계로서 측정할 수 있다
② 잠열은 물체의 상태를 바꾸는 작용을 하는 열이다.
③ 감열은 상태 변화 없이 온도 변화에 필요한 열이다.
④ 융해열은 감열의 일종이며, 고체를 액체로 바꾸는데 필요한 열이다.

해설 감열 : 현열, 융해열 : 잠열, 증발열 : 잠열

23 암모니아 냉동장치에서 실린더 직경150mm, 행정이 90mm, 회전수 1170rpm, 기통수 6기통 일대 법정 냉동능력(RT)은? (단, 냉매상수는 8.4 이다.)

① 98.2 ② 79.7
③ 59.2 ④ 38.9

해설
$$RT = \frac{\frac{3.14}{4} \times (0.15)^2 \times 0.09 \times 1170 \times 6 \times 60분}{8.4}$$
$= 79.7$

24 제빙장치에서 브라인의 온도가 -10°C이고, 결빙소요 시간이 48시간일 때 얼음의 두께는 약 몇 mm인가? (단, 결빙계수는 0.56이다.)

① 253 mm ② 273 mm
③ 293 mm ④ 313 mm

해설
$$결빙시간 = \frac{0.56 \times t^2}{-(tb)} = \frac{0.56 \times t^2}{-(-10)} = 48$$
$$48 \times 10 = 480, \ t^2 = \frac{480}{0.56} = 857.1428$$
$\therefore t = \sqrt{857.1428} = 29.3 \text{cm} = 293 \text{mm}$

25 냉동기에 사용하는 윤활유의 구비 조건으로서 틀린 것은?

① 불순물을 함유하지 않을 것
② 인화점이 높을 것
③ 냉매와 분리되지 않을 것
④ 응고점이 낮을 것

해설 냉동기의 냉매와 윤활유는 반드시 분리되어야 한다.

Answer 21. ② 22. ④ 23. ② 24. ③ 25. ③

26 전류 I, 시간 t, 전기량 Q 라고 할 때 전기량은?

① $Q = I \cdot t$
② $Q = \dfrac{1}{t}$
③ $Q = \dfrac{t}{I}$
④ $Q = \dfrac{1}{[I \cdot t]}$

해설 $Q = I \cdot t$

27 브라인 부식 방지처리에 관한 설명으로 틀린 것은?

① 공기와 접촉하면 부식성이 증대하므로 공기와 접촉하지 않는 순환 방식을 채택한다.
② $CaCl_2$ 브라인 1ℓ에는 중크롬산소다 1.6g을 첨가하고 중크롬산소다 100g마다 가성소다 27g씩 첨가한다.
③ 브라인은 산성을 띠게 되면 부식성이 커지므로 pH7.5~8.2로 유지되도록 한다.
④ NaCl 브라인 1ℓ에 대하여 중크롬산소다 0.6g을 첨가하고 중크롬산소다 100g마다 가성소다 2.7g씩 첨가한다.

해설 NaCl 1ℓ에 대하여 중크롬산소다 3.2g씩 첨가하고 중크롬산소다 100g마다 가성소다 27g씩 첨가하여 부식을 방지한다.

28 관이음 KS(B 0063) 도시 기호 중 틀린 것은?

① 플랜지이음
② 소켓이음
③ 유니언 이음
④ 용접이음

해설
• 용접이음 : ⎯×⎯
• 역류방지 밸브 : ⎯⧢⎯

29 나사식 강관 이음쇠에 대한 설명 중 옳은 것은?

① 소구경(小口經)이고 저압의 배관에 사용한다.
② 충격, 진동, 부식 등이 생길 우려가 있는 곳에 사용한다.
③ 저압 대구경의 파이프에 사용한다.
④ 고압용 일반 배관에 사용한다.

해설 나사식 강관 이음쇠는 소구경, 저압의 배관에 사용

30 표준 냉동사이클에서 과냉각도는 얼마인가?

① 45℃
② 30℃
③ 15℃
④ 5℃

해설
• 표준냉동 사이클
  ㉠ 증발온도 : -15℃(5°F)
  ㉡ 응축온도 : 30℃(86°F)
  ㉢ 팽창밸브 직전 온도 : 25℃(77°F)
  ㉣ 압축기 흡입가스 온도 : -15℃ 건조증기
  ∴ 30 - 25 = 5℃(과냉각도)

Answer 26. ① 27. ④ 28. ④ 29. ① 30. ④

31 아래 그림에서 온도식 자동 팽창밸브의 감온통 부착 위치로 가장 적당한 곳은?

① 1 ② 2 ③ 3 ④ 4

해설 ㉠ 흡입관경이 $\frac{7}{8}''$(20mm) 이하 : 관의 상부에 부착
㉡ 흡입관경이 $\frac{7}{8}''$(20mm) 이상 : 관의 중앙부에서 45° 하부에 설치

32 간접 팽창식과 비교한 직접 팽창식 냉동장치의 설명으로 틀린 것은?

① 소요동력이 적다.
② 냉동톤(RT)당 냉매 순환량이 적다.
③ 감열에 의해 냉각시키는 방법이다.
④ 냉매의 증발 온도가 높다.

해설 직접 팽창식은 냉매의 잠열에 의해 냉각시킨다.

33 냉동장치 운전 중 유압이 이상저하 되었다. 원인으로 옳은 것은?

① 유온이 너무 낮을 때
② 오일 배관계통이 막혀있을 때
③ 유압조정밸브 개도가 과소할 때
④ 크랑크케이스 내의 유 여과기가 막혀 있을 때

해설 유압의 이상 저하 : 크랑크케이스 내의 유 여과기 폐쇄

34 다음 중 흡수식 냉동기의 특징이 아닌 것은?

① 운전시의 소음 및 진동이 거의 없다.
② 증기, 온수 등 배열을 이용할 수 있다.
③ 압축식에 비해서 설치면적 및 중량이 크다.
④ 압축식에 비해서 예냉시간이 짧다.

해설 흡수식 냉동기는 증기압축식 냉동기에 비해 예냉시간이 길다.

35 다음 중 체적 압축식 냉동장치에 해당되지 않는 것은?

① 스크류식 냉동기
② 회전식 냉동기
③ 흡수식 냉동기
④ 왕복동식 냉동기

해설 흡수식 냉동기는 냉매가 물이며 압축기가 필요 없고 재생기가 필요하다.

36 냉매 배관의 시공에 대한 설명 중 맞지 않는 것은?

① 기기 상호간의 길이는 가능한 길게 한다.
② 관의 가공에 의한 재질의 변질을 최소화 한다.
③ 압력손실은 지나치게 크지 않도록 한다.
④ 냉매의 온도와 압력에 충분히 견딜 수 있어야 한다.

해설 냉매 배관의 기기상호간의 길이는 가능한 짧게 한다.

Answer 31. ② 32. ③ 33. ④ 34. ④ 35. ③ 36. ①

37 수냉식 응축기의 응축압력에 관한 설명 중 옳은 것은?

① 수온이 일정한 경우 유막 물때가 두껍게 부착 하여도 수량을 증가하면 응축압력에는 영향이 없다.
② 냉각관내의 냉각수 속도는 열통과율에 영향을 준다.
③ 냉각수량이 풍부한 경우에는 불응축 가스의 혼입 영향이 없다.
④ 냉각수량이 일정한 경우에는 수온에 의한 영향은 없다.

해설 수냉식 응축기는 냉각관 내 냉각수 속도는 열통과율에 영향을 미친다.

38 이원냉동사이클에 사용하는 냉매 중 저온측 냉매로 가장 적당한 것은?

① R-11   ② R-12
③ R-21   ④ R-13

해설 이원냉동기
㉠ 저온측 냉매는 R-13, R-14, R-503, 에탄, 메탄, 프로판
㉡ 고온측 냉매는 R-22, R-12

39 터보 압축기의 특징으로 맞지 않는 것은?

① 임펠러에 의한 원심력을 이용하여 압축한다.
② 응축기에서 가스가 응축하지 않을 경우 이상고압이 발생된다.
③ 부하가 감소하면 서징을 일으킨다.
④ 진동이 적고, 1대로도 대용량이 가능하다.

해설 터보형 압축기는 일정압력이상이 오르지 않는다.

40 다음 중 불에 잘 타지 않으며 보완성, 보냉성이 좋고 흡수성은 좋지 않으나 굽힘성이 풍부한 유기질 보온재는?

① 기포성수지   ② 콜크
③ 우모펠트   ④ 유리섬유

해설 기포성수지 : 불에 잘 타지 않으며 보온성, 보냉성이 좋다.
흡수성은 좋지 않으나 굽힘성이 풍부한 유기질 보온재이다.

41 다음 중 암모니아 냉매의 특성에 속하지 않는 것은?

① 폭발 및 가연성이 있다.
② 독성이 있다.
③ 사용되는 냉매 중 증발잠열이 가장 작다.
④ 물에 잘 용해된다.

해설 암모니아 냉매는 증발잠열이 313kcal/kg 이므로 가장 크다.

42 지열을 이용하는 열펌프(Heat Pump)의 종류가 아닌 것은?

① 엔진구동 열펌프(GHP)
② 지하수 이용 열펌프(GWHP)
③ 지표수 이용 열펌프(SWHP)
④ 지중열 이용 열펌프(GCHP)

해설 엔진구동 열펌프는 가스엔진구동 GHP이다.

Answer 37. ② 38. ④ 39. ② 40. ① 41. ③ 42. ①

43 다음은 2단 압축 2단 팽창 냉동사이클을 모리엘 선도에 표시한 것이다. 옳은 것은?

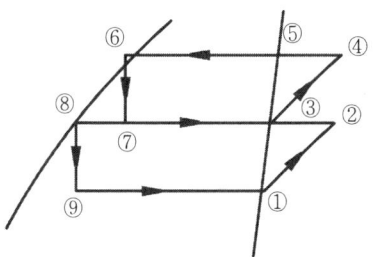

① 중간냉각기의 냉동효과 : ③ - ⑦
② 증발기의 냉동효과 : ② - ⑨
③ 팽창변 통과직후의 냉매위치 : ④ - ⑤
④ 응축기의 방출열량 : ⑧ - ②

해설 중간냉각기의 냉동효과 : ③ - ⑦

44 압축기 운전상태가 다음 P-h선도와 같이 나타났을 때 냉동능력은 약 몇 RT인가? (단, 피스톤 압출량은 350m³/h이고, 압축기의 체적효율은 75%이다.)

① 30.57   ② 40.86
③ 50.57   ④ 60.86

해설 $\dfrac{V_a \times q_s \times \eta_v}{3320 \times V} = \dfrac{350 \times (147.91 - 107.7) \times 0.75}{3320 \times 0.0778}$
     $= 40.86 RT$

45 회전식 압축기의 특징 설명으로 틀린 것은?

① 용량제어가 없고 분해조립 및 정비에 특수한 기술이 필요하다.
② 대형 압축기와 저온용 압축기로 사용하기 적당하다.
③ 왕복동식처럼 격간이 없어 체적효율, 성능계수가 양호하다.
④ 소형이고 설치면적이 적다.

해설 회전식 압축기(연속 압축기)는 일반적으로 소용량이다.

46 다음의 습공기 선도에 나타낸 공기의 상태점에서 노점 온도는?

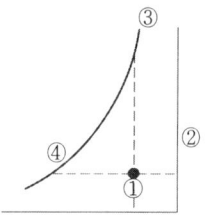

① ①   ② ②
③ ③   ④ ④

해설 ① : 습구온도하강
     ② : 건구온도상승
     ③ : 습구온도상승

Answer 43. ① 44. ② 45. ② 46. ④

47 가습팬에 의한 가습장치의 설명으로 틀린 것은?

① 온수가열용에는 증기 또는 전기가 열기가 사용된다.
② 가습장치 중 효율이 가장 우수하다.
③ 응답속도가 느리다.
④ 패키지 등의 소형 공조기에 사용한다.

해설 증기가습이 가습장치 중 효율이 가장 높다.

48 다음 설명 중 ( )안에 적당한 용어는?

> 『강제 순환식 온수난방에서는 순환펌프의 양정이 그대로 온수의 ( )가 (이) 된다.』

① 비중량 ② 순환량
③ 순환수두 ④ 마찰계수

해설 순환펌프의 양정 = 순환수두가 된다.

49 건구온도 30℃, 상대습도 50%인 습공기 500m³/h를 냉각 코일에 의하여 냉각한다. 코일의 장치노점온도는 10℃이고 바이패스 팩터가 0.1이라면 냉각된 공기의 온도(℃)는 얼마인가?

① 10 ② 12
③ 24 ④ 28

해설
$t_2 = t_s + (t_1 - t_s) BF = 10 + (30 - 10) \times 0.1$
$= 10 + 2 = 12℃$

∴ 12℃

50 공기조화에 관한 설명으로 틀린 것은?

① 공기조화는 일반적으로 보건용 공기조화와 산업용 공기조화로 대별된다.
② 공장, 연구소, 전산실 등과 같은 곳은 보건용 공기조화이다.
③ 보건용 공조는 실내 인원에 대한 쾌적한 환경을 만드는 것을 목적으로 한다.
④ 산업용 공조는 생산공정이나 물품의 환경조성을 목적으로 한다.

해설 보건용은 학교, 병원, 주거공간, 사무실, 점포, 오락실의 근무 환경용

51 각종 공조방식 중에서 개별공조방식의 장점으로 틀린 것은?

① 개별제어가 가능하다.
② 실내유닛이 분리되어 있지 않는 경우는 소음과 진동이 있다.
③ 취급이 용이하다.
④ 외기냉방이 용이하다.

해설 개별공조방식은 외기 냉방이 어렵다.

52 정방형 저속덕트 장변의 길이가 850mm일 때 시공하여야 할 아연도 강판의 두께로 가장 적당한 것은?

① 0.3mm ② 0.5mm
③ 0.8mm ④ 1.2mm

해설
• 450mm 이하 : 0.5mm
• 760mm ~ 1500mm : 0.8mm
• 2210mm 이상 : 1.2mm

Answer 47. ② 48. ③ 49. ② 50. ② 51. ④ 52. ③

53 다음의 난방방식 중 방열체가 필요 없는 것은?

① 온수난방
② 증기난방
③ 복사난방
④ 온풍난방

해설 온풍난방은 방열체가 필요 없이 팬에 의해 열풍이 방열된다.

54 공기조화설비 중에서 열원장치의 구성 요소가 아닌 것은?

① 냉각탑
② 냉동기
③ 보일러
④ 덕트

해설 ① 열원장치 : 냉각탑, 냉동기, 보일러
② 열 운반장치 : 송풍기, 덕트, 펌프, 배관

55 이중 덕트방식에 대한 설명으로 틀린 것은?

① 실의 냉난방 부하가 감소되어도 취출공기의 부족현상은 없다.
② 실내부하에 따라 각실 제어나 존(zone)별 제어가 가능하다.
③ 방의 설계변경이나 완성 후 용도변경에도 쉽게 대처할 수 있다.
④ 단일 덕트방식에 비해 에너지 소비량이 적다.

해설 이중 덕트방식은 단일 덕트방식에 의해 에너지 소비량이 크다.

56 공기선도에 관한 아래 그림에서 구성요소의 연결이 올바르게 된 것은?

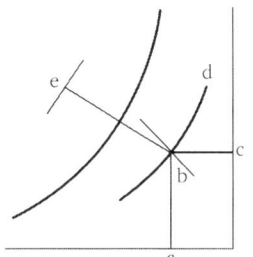

① a : 건구온도, b : 비체적, c : 노점온도
② a : 습구온도, c : 절대습도, d : 엔탈피
③ b : 비체적, c : 절대습도, e : 엔탈피
④ c : 상대습도, d : 절대습도, e : 열수분비

해설 a : 건구온도, b : 비체적, c : 절대습도, d : 상대습도, e : 엔탈피

57 HEPA 필터의 성능시험 방법으로 적당한 것은?

① 중량법
② 변색도법
③ DOP 법
④ 여과법

해설 HEPA : 고성능 필터(건성여과식)는 송풍기 출구에 설치하고 먼지 제거율이 99.9% DOP법의 성능을 가진다.

Answer 53. ④ 54. ④ 55. ④ 56. ③ 57. ③

58 1kW를 열량으로 환산하면 몇 kcal/h 인가?
① 860　② 750
③ 632　④ 427

해설

$$1kW \times 10^2 kg \cdot m/s \times \frac{1}{427} kcal/kg \cdot m \times 3600 sec/h$$
$$= 859.953 \ kcal$$

59 기계환기 중 1종 환기(병용식)인 것은?
① 강제급기와 강제배기
② 강제급기와 자연배기
③ 자연급기와 강제배기
④ 자연급기와 자연배기

해설
㉠ 제 1종 환기 : 급기는 기계, 배기는 기계팬
㉡ 제 2종 환기 : 급기는 기계, 배기는 자연
㉢ 제 3종 환기 : 급기는 자연, 배기는 기계팬

60 공기 세정기에서 물방울이 출구공기에 섞여 나가는 것을 방지하는 비산방지장치는?
① 루버　② 분무노즐
③ 플러딩노즐　④ 엘리미네이터

해설 엘리미네이터 : 물방울 비산방지

Answer　58. ①　59. ①　60. ④

공조냉동기계기능사 2000제 문제은행

2009년 7월 12일 시행

01 냉동설비의 설치공사 완료 후 시운전 또는 기밀시험을 실시할 때 사용할 수 없는 것은?
① 헬륨 ② 산소
③ 질소 ④ 탄산가스

해설 조연성 가스인 산소는 금속의 산화·가연성 냉매와의 산화 폭발 등의 염려로 사용은 금물

02 일정기간마다 정기적으로 점검하는 것을 말하며, 일반적으로 매주 또는 매월 1회씩 담당분야별로 당해 분야의 작업책임자가 점검하는 것은?
① 계획점검 ② 수시점검
③ 임시점검 ④ 특별점검

해설 계획점검 : 매주 또는 매월 1회씩 당해 분야별 책임자가 점검하는 것

03 가스용접 작업시 주의사항이 아닌 것은?
① 용기밸브는 서서히 열고 닫는다.
② 용접 전에 소화기 및 방화사를 준비한다.
③ 용접 전에 전격방지가 설치 유무를 확인한다.
④ 역화방지를 위하여 안전기를 사용한다.

해설 가스용접에서는 전격(감전)이 발생되지 않는다.

04 전기 기구에 사용하는 퓨즈(Fuse)의 재료로 부적당한 것은?
① 납 ② 주석
③ 아연 ④ 구리

해설 구리는 용융점이 1000℃ 이상이므로 퓨즈 재료로는 사용이 부적당하다.

05 안전한 작업을 하기 위한 작업복에 관한 설명으로 옳지 않은 것은?
① 직종에 따라 여러 색채로 나누는 것도 효과적이다.
② 작업기간에는 세탁을 하지 않는다.
③ 주머니는 가급적 수가 적어야 한다.
④ 화학약품에 대한 내성이 강해야 한다.

해설 작업복은 위생상 세탁은 필수적이다.

06 작업장에서 가장 높은 비율을 차지하는 사고원인이라 할 수 있는 것은?
① 작업방법
② 시설장비의 결함
③ 작업환경
④ 근로자의 불안전한 행동

해설 근로자의 불안전한 행동 : 가장 높은 사고의 원인이 된다.

Answer 1. ② 2. ① 3. ③ 4. ④ 5. ② 6. ④

07 보호장구는 필요할 때 언제라도 착용할 수 있도록 청결하고 성능이 유지된 상태에서 보관되어야 한다. 보관방법으로 틀린 것은?
① 광선을 피하고 통풍이 잘되는 장소에 보관할 것
② 부식성, 유해성, 인화성 액체 등과 혼합하여 보관하지 말 것
③ 모래, 진흙 등이 묻은 경우는 깨끗이 씻고 햇빛에서 말릴 것
④ 발열성 물질을 보관하는 주변에 가까이 두지 말 것

해설 보호장구는 햇빛 등 광선을 피하고 통풍이 잘되는 장소에 보관한다.

08 보일러에서 점화시 점화 불량의 원인이 아닌 것은?
① 공기의 조성비가 나쁠 때
② 점화용 트랜스의 전기 스파크 불량일 때
③ 주전원 전압이 맞지 않을 때
④ 기름의 온도가 적당할 때

해설 기름의 온도가 적당하면 점화가 용이하다.

09 압축기 운전 중 이상 음이 발생하는 원인이 아닌 것은?
① 기초볼트의 이완
② 토출밸브, 흡입 밸브의 파손
③ 피스톤 하부에 오일이 고임
④ 크랭크·샤프트 및 피스톤 핀 등의 마모

해설 피스톤 핀, 연결봉 베어링 등이 마모되면 운전 중 이상음 발생

10 연료계통에 화재 발생시 가장 적합한 소화 작업에 해당되는 것은?
① 찬물을 붓는다.
② 산소를 공급해 준다.
③ 점화원을 차단한다.
④ 가연성 물질을 차단한다.

해설 가연성 물질을 차단하면 소화는 즉시 해결된다.

11 줄 작업시 안전사항으로 옳지 않은 것은?
① 줄의 균열 유무를 확인한다.
② 줄은 손잡이가 정상인 것만을 사용한다.
③ 땜질한 줄은 사용하지 않는다.
④ 줄 작업에서 생긴 가루는 입으로 불어 제거한다.

해설 줄 작업시 생긴 가루는 털어서 제거한다.

Answer 7. ③ 8. ④ 9. ③ 10. ④ 11. ④

12 다음 중 감전사고 예방을 위한 방법이 아닌 것은?

① 전기 설비의 점검을 철저히 한다.
② 전기기기에 위험 표시를 해 둔다.
③ 설비의 필요 부분에는 보호 접지를 한다.
④ 전기기계 기구의 조작은 필요시 아무나 할 수 있게 한다.

해설▶ 전기기계 기구조작은 전문 책임자가 조작하여야 한다.

13 기계설비를 안전하게 사용하고자 한다. 다음 [보기]와 같은 작업을 하고자 할 때 필요한 보호구인 것은?

[보기]
물체가 떨어지거나 날아올 위험 또는 근로자가 감전되거나 추락할 위험이 있는 작업

① 안전모
② 안전벨트
③ 방열복
④ 보안면

해설▶ 안전모는 물체가 떨어지거나 근로자가 감전시 또는 추락시 위험으로부터 보호하는 장비이다.

14 수공구 중 정 작업시 안전 작업수칙으로 옳지 않은 것은?

① 정의 머리가 둥글게 된 것은 사용하지 말 것
② 처음에는 가볍게 때리고 점차 타격을 가할 것
③ 철재를 절단할 때에는 철편이 날아 튀는 것에 주의할 것
④ 표면이 단단한 열처리 부분은 정으로 가공 할 것

해설▶ 열처리에 의해 표면이 단단한 부분은 정 작업이 불가능 하다.

15 컨베이어 등에 근로자의 신체의 일부가 말려드는 등 근로자에게 위험을 미칠 우려가 있을 때는 무엇을 설치하여야 하는가?

① 권과 방지 장치
② 비상정지장치
③ 해지장치
④ 이탈 및 역주행 방지장치

해설▶ 컨베이어 등 위험성이 내포된 작업 기계를 다룰시 에는 비상정지 장치를 반드시 설치한다.

16 다음 K.S 배관도시 기호 중 신축 관이음을 표시하는 기호는?

① ——|
② —[ ]—
③ —◇—
④ —▷—

해설▶ —[ ]— : 슬리브형 신축이음

Answer 12. ④ 13. ① 14. ④ 15. ② 16. ②

17 1냉동톤(한국)에 대한 설명으로 옳은 것은?

① 0℃의 물 1000kg을 24시간 동안에 0℃의 얼음으로 만드는 냉동 능력
② 25℃의 물 1000kg을 24시간 동안에 0℃의 얼음으로 만드는 냉동 능력
③ 0℃의 물 1000kg을 24시간 동안에 −10℃의 얼음으로 만드는 냉동 능력
④ 0℃의 물 1000kg을 1시간 동안에 0℃의 얼음으로 만드는 냉동능력

해설 1RT : 0℃의 물 1000kg을 24시간 동안 0℃의 얼음으로 만들 수 있는 능력

18 팽창밸브 직후의 냉매 건조도를 0.23, 증발 잠열을 52kcal/kg이라 할 때 이 냉매의 냉동 효과는 약 몇 kcal/kg인가?

① 226   ② 40
③ 38   ④ 12

해설
$$52 \times 0.23 = 11.96 \text{ kcal/kg}$$
∴ 52 − 11.96 = 40.04 kcal/kg

19 1PS는 1시간당 약 몇 kcal에 해당되는가?

① 860   ② 550
③ 632   ④ 427

해설
1PS − h = 75kg·m/s × $\frac{1}{427}$ kcal/kg·m × 1h × 3600 sec/h ≒ 632kcal

20 팽창밸브에 관한 설명 중 틀린 것은?

① 팽창밸브의 조절이 양호하면 증발기를 나올 때 가스 상태를 건조포화 증기로 할 수 있다.
② 팽창밸브에 될 수 있는 대로 낮은 온도의 냉매 액을 보내면 냉동능력이 증대한다.
③ 팽창밸브를 과도하게 조이면 증발기 출구의 가스가 과열되므로 압축기는 과열압축이 된다.
④ 팽창밸브를 조절할 때는 서서히 개폐하는 것보다 급히 개폐하는 것이 빨리 안정된 운전 상태로 들어갈 수 있으므로 좋다.

해설 팽창밸브를 조절 할 때는 반드시 서서히 개폐하여 조정하여야 한다.

21 수직형 셸 앤 튜브 응축기의 설명으로 틀린 것은?

① 설치면적이 적어도 되며 옥외 설치가 가능하다.
② 유분리기와 응축기사이는 균압관을 설치하는 것이 좋다.
③ 대형 NH_3 냉동장치에 사용된다.
④ 응축열량은 증발기에서 흡수한 열량과 압축기 열량의 합과 같다.

해설 균압관은 응축기와 수액기 사이에 연결하여 부착한다.

Answer 17. ① 18. ② 19. ③ 20. ④ 21. ②

22 스윙(swing)형 체크밸브에 관한 설명으로 틀린 것은?

① 호칭치수가 큰 관에 사용된다.
② 유체의 저항이 리프트(lift)형보다 적다.
③ 수평배관에만 사용할 수 있다.
④ 판을 축으로 하여 회전시켜 개폐한다.

해설 스윙형 체크밸브 : 수평, 수직배관에 사용

23 다음 중 보온재를 선정할 때의 유의사항이 아닌 것은?

① 열전도율
② 물리적·화학적 성질
③ 전기 전도율
④ 사용온도 범위

해설 보온재는 전기 전도율이 극히 미미하다.

24 다음 중 단수 릴레이의 종류에 속하지 않는 것은?

① 단압식 릴레이
② 차압식 릴레이
③ 수류식 릴레이
④ 비례식 릴레이

해설 단수 릴레이
㉠ 단압식 릴레이
㉡ 차압식 릴레이
㉢ 수류식 릴레이

25 터보식 냉동기와 왕복동식 냉동기를 비교 했을 때 터보식 냉동기의 특징으로 맞는 것은?

① 회전수가 매우 빠르므로 동작밸런스나 진동이 크다.
② 고압냉매를 사용하므로 취급이 어렵다.
③ 소용량의 냉동기에는 한계가 있고 생산가가 비싸다.
④ 저온장치에서도 압축단수가 적어지므로 사용도가 넓다.

해설 터보식 냉동기는 대용량 냉동기로서 소용량 사용에는 한계가 있고 소형으로 제작시에는 생산가가 비싸게 제작된다. 일명 원심식 압축기이다.

26 루프형 신축이음의 곡률 반경은 관지름의 몇 배 이상이 좋은가?

① 1배
② 2배
③ 4배
④ 6배

해설 R : (관지름의) 6~8배

Answer 22. ③ 23. ③ 24. ④ 25. ③ 26. ④

27 고온가스를 이용하는 제상 장치 중 고온가스를 증발기에 유입시키기 위한 적합한 인출 위치는?

① 액분리기와 압축기 사이
② 증발기와 압축기 사이
③ 유분리기와 응축기 사이
④ 수액기와 팽창밸브 사이

해설

28 전류계의 측정범위를 넓히는데 사용되는 것은?

① 배율기 ② 분류기
③ 역률기 ④ 용량분압기

해설 분류기 : 전류계의 측정범위를 넓힌다.

29 정전시 조치 사항 내용으로 틀린 것은?

① 냉각수 공급을 중단한다.
② 수액기 출구 밸브를 닫는다.
③ 흡입밸브를 닫고 모터가 정지한 후 토출밸브를 닫는다.
④ 냉동기의 주 전원 스위치는 계속 통전 시킨다.

해설 정전시에는 반드시 냉동기의 주 전원 스위치를 내려 통전을 정지시킨다.

30 CA 냉장고란 무엇을 말하는가?

① 제빙용 냉동고를 CA 냉장고라 한다.
② 공조용 냉장고를 CA 냉장고라 한다.
③ 해산물 냉동고를 CA 냉장고라 한다.
④ 청과물 냉장고를 CA 냉장고라 한다.

해설 CA 냉장고 : 청과물의 신선도를 높이고 산화를 지연시키는 냉장고이다.

31 증기를 교축 시킬 때 변화가 없는 것은?

① 비체적
② 엔탈피
③ 압력
④ 엔트로피

해설 증기의 교축 변화시 엔탈피(kcal/kg)의 변화는 발생되지 않는다.

32 스크류 압축기의 장점이 아닌 것은?

① 흡입·토출밸브가 없으므로 마모 부분이 없어 고장이 적다.
② 냉매의 압력 손실이 크다.
③ 무단계 용량제어가 가능하며 연속적으로 행할 수 있다.
④ 체적 효율이 좋다.

해설 스크류 압축기(screw compressor)는 숫로우터와 암로우터가 맞물려 회전하는 압축기로서 냉매의 압력손실이 없어 체적효율이 향상된다.

Answer 27. ③ 28. ② 29. ④ 30. ④ 31. ② 32. ②

33 냉동기유의 구비조건 중 옳지 않은 것은?

① 응고점과 유동점이 높을 것
② 인화점이 높을 것
③ 점도가 적당할 것
④ 전기절연 내력이 클 것

해설 냉동기의 오일은 응고점이 낮고 인화점은 높아야하며 점도가 적당해야 한다.

34 냉동장치 운전에 관한 설명으로 옳은 것은?

① 흡입압력이 저하되면 토출가스 온도가 저하된다.
② 냉각수온이 높으면 응축압력이 저하된다.
③ 냉매가 부족하면 증발압력이 상승한다.
④ 응축압력이 상승되면 소요동력이 증가한다.

해설 응축압력이 상승되거나 증발압력이 낮아지면 압축비가 커지고 소요동력이 증가한다.

35 2원냉동 사이클에 대한 설명으로 틀린 것은?

① -70℃이하의 저온을 얻기 위해 이용한다.
② 2종류의 냉매를 이용한다.
③ 저온측 냉매는 수냉각으로 응축시켜야 한다.
④ 저압측에 팽창탱크를 설치한다.

해설 2원냉동기는 서로 다른 냉매를 각각의 독립된 냉동사이클을 온도적으로 2단계로 분리하여 저온측의 응축기와 고온측의 증발기를 열교환시키는 카스케이드 콘덴서를 사용한다.

36 저온을 얻기 위해 2단 압축을 했을 때의 장점은?

① 성적계수가 향상된다.
② 설비비가 적게 된다.
③ 체적효율이 저하한다.
④ 증발압력이 높아진다.

해설 2단 압축을 하면
① 성적계수 향상
② 냉동능력 증가
③ 체적효율 증가

37 다음 논리 기호의 논리식으로 적절한 것은?

① $A \cdot B$ ② $A+B$
③ $\overline{A \cdot B}$ ④ $\overline{A+B}$

해설 $\overline{A \cdot B} = \overline{A} + \overline{B}$

NOT기호

AND기호

∴ A B 는 AND의 연산을 부정하는 회로로서 NAND기호이며

A B Y로 변환

Answer 33. ① 34. ④ 35. ③ 36. ① 37. ③

38 흡수식 냉동장치에서 냉매인 물이 5℃ 전후의 온도로 증발하고 있다. 이 때 증발기 내부의 압력은?

① 약 7 mmHg(933Pa)·a 정도
② 약 32 mmHg(4266Pa)·a 정도
③ 약 75 mmHg(9999Pa)·a 정도
④ 약 108 mmHg(14398Pa)·a 정도

해설 비등점 5℃에서 증발압력 : 6.5 mmHg

39 1 [psi]는 몇 [g_f/cm^2]인가?

① 64.5 ② 70.3
③ 82.5 ④ 98.1

해설
$$14.7\text{psi} = 1.0332\text{kgf/cm}^2 = 1033.2\text{gf/cm}^2$$
$$\therefore 1033.2 \times \frac{1}{14.7} = 70.2857 \text{gf/cm}^2$$

40 브라인에 대한 설명 중 옳은 것은?

① 브라인은 냉동능력을 낼 때 잠열 형태로 열을 운반한다.
② 에틸렌글리콜, 프로필렌글리콜, 염화칼슘 용액은 유기질 브라인이다.
③ 염화칼슘 브라인은 그 중에 용해되고 있는 산소량이 많을수록 부식성이 적다.
④ 프로필렌글리콜은 부식성이 적고, 독성이 없어 냉동식품의 동결용으로 사용된다.

해설
① 브라인냉매는 현열이용
② 염화칼슘($CaCl_2$)은 무기질 브라인이며 산소가 많으면 산화된다.
③ 프로필렌글리콜은 유기질 브라인이며 부식성이 적고 독성이 없어 식품 동결용 냉매이다.

41 용적형 압축기에 대한 설명으로 맞지 않는 것은?

① 압축실내의 체적을 감소시켜 냉매의 압력을 증가 시킨다.
② 압축기의 성능은 냉동능력, 소비동력, 소음, 진동값 및 수명 등 종합적인 평가가 요구된다.
③ 압축기의 성능을 측정하는데 유용한 두 가지 방법은 성능계수와 단위 냉동능력당 소비동력을 측정하는 것이다.
④ 개방형 압축기의 성능계수는 전동기와 압축기의 운전효율을 포함하는 반면, 밀폐형 압축기의 성능계수에는 전동기효율이 포함되지 않는다.

해설
$$성능계수 = \frac{냉매 냉동 효과}{압축기 압축일의 열당량}$$

(개방식, 밀폐식 모두 전동기 효율이 포함된다.)

Answer 38. ① 39. ② 40. ④ 41. ④

42 다음 중 실제 증기압축 냉동사이클의 설명으로 맞지 않는 것은?

① 실제 냉동사이클과 이론적인 냉동사이클과의 차이는 주로 압축기에서 발생한다.
② 압축기를 제외한 시스템의 모든 부분에서 냉매배관의 마찰저항 때문에 냉매유동의 압력강하가 존재한다.
③ 실제 냉동사이클의 압축과정에서 소요되는 일량은 표준증기 압축사이클 보다 감소하게 된다.
④ 사이클의 작동유체는 순수물질이 아니라 냉매와 오일의 혼합물로 구성되어 있다.

해설 ① 압축일의 열당량(AW)=(압축기 토출가스 냉매 엔탈피-증발기 출구 냉매가스 엔탈피)
② 실제 압축과정에서 소요되는 일량은 표준 상태보다 증가한다.

43 가스엔진 구동형 열펌프(GHP)의 장점이 아닌 것은?

① 폐열의 유효이용으로 외기온도 저하에 따른 난방능력의 저하를 보충한다.
② 소음 및 진동이 없다.
③ 제상운전이 필요 없다.
④ 난방시 기동 특성이 빨라 쾌적난방이 가능하다.

해설 가스엔진 구동형 열펌프는 엔진과 압축기의 운전시 소음이나 진동이 발생한다.

44 다음 중 2단 압축 2단 팽창 냉동사이클에서 사용되는 중간 냉각기의 형식은?

① 플래쉬형   ② 액냉각형
③ 직접팽창식   ④ 저압수액기식

해설 중간 냉각기 : ① 고단 압축기 과열방지
② 고압 냉매액을 과냉시켜 냉동효과 증대
③ 고압측의 액을 분리하여 리키드 백 방지

45 출력이 5kW인 직류 전동기 효율이 80%이다. 이 직류 전동기의 손실은 몇 W인가?

① 1250   ② 1350
③ 1450   ④ 1550

해설 5kW = 5000 W
5000 × 0.8 = 4000 W, 5000 × 0.2 = 4000 W
직류전동기 = 타여자 전동기, 자여자 전동기
(직권 전동기, 분권전동기, 복권전동기)

$$효율 = \frac{출력}{출력+손실} \times 100 = 80\%$$

$$\therefore \frac{5000}{5000+x} = 0.8 \quad x = \frac{5000}{0.8} = 6250$$

∴ 6250 − 5000 = 1250W

46 강제 순환식 난방에서 실내손실 열량이 3000kcal/h이고, 방열기 입구수온이 50℃, 출구수온이 42℃일 때 온수 순환량은 몇 kg/h인가? (단, 평균 온수온도의 비열을 1kcal/kg·℃이다.)

① 254   ② 313
③ 342   ④ 375

해설
$$3000 = G \times 1 \times (50-42)$$
$$G = \frac{3000}{1 \times (50-42)} = 375 \text{ kg/h}$$

Answer 42. ③ 43. ② 44. ① 45. ① 46. ④

47 다음 중 풍량 조절용 댐퍼가 아닌 것은?

① 버터플라이 댐퍼
② 배인 댐퍼
③ 루버 댐퍼
④ 릴리프 댐퍼

해설 릴리프 : 방출

48 가습효율이 100%에 가까우며 무균이면서 응답성이 좋아 정밀한 습도제어가 가능한 가습기는?

① 물분무식 가습기
② 증발팬 가습기
③ 증기 가습기
④ 소형 초음파 가습기

해설 증기 가습기 : 가습효율이 100%가까우며 무균성, 응답성이 좋은 가습기

49 습공기를 절대습도의 변화 없이 가열하거나 냉각하면 실내 현열비(SHF)의 변화는 어떻게 되는가?

① SHF=0선상을 이동한다.
② SHF=0.5선상을 이동한다.
③ SHF=1선상을 이동한다.
④ SHF는 나타나지 않는다.

해설

50 온풍 난방기에서 사용되는 배기통 공사시의 주의 사항으로 틀린 것은?

① 배기통이 가연성 벽이나 천장을 통과하는 부분에는 슬리브를 사용한다.
② 배기통의 직경은 온풍난방기의 배기통 접속구 치수와 같은 규격을 사용하도록 한다.
③ 배기통의 가로길이는 되도록 길게 하고 구부리는 곳은 4개소 이내로 하여 통풍저항을 줄인다.
④ 배기통 선단은 옥외로 내고, 우수 침입 및 역풍을 방지하는 배기통 톱을 고정시키고 모든 방향으로 통풍이 되는 위치에서 풍압대가 아닌 것으로 한다.

해설 배기통의 가로길이는 되도록 짧게 하며 구부리는 곳은 3개소 이내가 이상적이다.

51 최근 공기조화 방식을 설계하는 데 있어서 중점적으로 고려되고 있는 사항과 거리가 먼 것은?

① 건물의 모양
② 에너지 절약 대책
③ 잔업시간에 대한 경제적인 운전대책
④ 설비의 수명과 지출비용의 경제성 비교

해설 공기조화 방식을 설계하는데 건물의 모양과는 관련이 없다.

Answer 47. ④ 48. ③ 49. ③ 50. ③ 51. ①

52 공기조화기에 속하지 않는 것은?
① 공기가열기
② 공기냉각기
③ 덕트
④ 공기여과기(에어필터)

해설 덕트 : 열 운반장치

53 다음 중 조명부하를 쉽게 처리할 수 있는 취출구는?
① 아네모스텟
② 축류형 취출구
③ 웨이형 취출구
④ 라이트 트로퍼

해설 라이트 트로퍼(light-troffer)형 취출구 : 천장취출구이며 양쪽에 취출구가 부착되며 조명등을 갖추고 있다. 조명등의 외관으로 취출구 역할을 겸한다.

54 다음 중 보일러 스케일 방지책으로 적합하지 않는 것은?
① 청정제를 사용한다.
② 급수 중의 불순물을 제거한다.
③ 보일러 판을 미끄럽게 한다.
④ 수질분석을 통한 급수의 한계값을 유지한다.

해설 스케일 방지책은 ①, ②, ④항 외에도 연수기 사용, 세관작업 등을 실시한다.

55 공기조화기에서 사용하는 에어필터 중에서 병원의 수술실이나 클린룸 시설에 가장 적합한 필터는?
① 룰 필터
② 프리 필터
③ HEPA필터
④ 활성탄 필터

해설 HEPA(High Efficiency Perticulate Air)필터 : 건성여과식 고성능 필터는 유닛형으로 방사성 물질을 취급하는 등 크린룸, 바이오 크린룸 등에서 미립자를 여과시킨다. 99.9% 성능을 가진다.

56 겨울철 창문의 창면을 따라서 존재하는 냉기가 토출기류에 의하여 밀려 내려와서 바닥을 따라 거주구역으로 흘러 들어와 인체의 과도한 차가움을 느끼는 현상을 무엇이라 하는가?
① 쇼크 현상
② 콜드 드래프트
③ 도달거리
④ 확산 반경

해설 콜드 드래프트 : 창문 냉기가 토출기류에 의하여 밀려 내려와 인체의 과도한 차가움을 느끼게 하는 현상

Answer 52. ③ 53. ④ 54. ③ 55. ③ 56. ②

57 공연장의 건물에서 관람객이 500명이고 1인당 CO_2발생량이 0.05m³/h일 때 환기량(m³/h)은? (단, 실내 허용 CO_2 농도는 600ppm, 외기 CO_2 농도는 100ppm이다.)

① 30000   ② 35000
③ 40000   ④ 50000

해설 $G = 500 \times 0.05 = 25$m³/h

환기량 = $\dfrac{건물내\ CO_2발생량}{실내\ 허용\ CO_2\ 농도 - 외기의 CO_2\ 농도} \times 10^6$m³/h

58 실내에서 폐기되는 공기 중의 열을 이용하여 외기 공기를 예열하는 열 회수방식은?

① 열펌프 방식
② 열 파이프 방식
③ 런 어라운드 방식
④ 팬 코일 방식

해설 런 어라운드 방식 : 실내에서 폐기되는 공기 중의 열을 이용하여 외기 공기를 예열하는 열 회수방식이다.

59 드럼이 없이 수관만으로 되어 있으며 가동시간이 짧으며 과열되어 파손되어도 비교적 안전한 보일러는?

① 주철제 보일러
② 관류 보일러
③ 원통형 보일러
④ 노통연관식 보일러

해설 관류 보일러 : 드럼이 없고 가동시간이 짧으며 효율이 높고 파열시 피해가 적다.

60 밀폐식 수열원 히트 펌프 유닛방식의 설명으로 옳지 않은 것은?

① 유닛마다 제어기구가 있어 개별운전이 가능하다.
② 냉·난방부하를 동시에 발생하는 건물에서 열 회수가 용이하다.
③ 외기냉방이 가능하다.
④ 사무소, 백화점 등에 적합하다.

해설 ① 각층유닛방식은 외기 냉방이 가능하다.
② 수열원은 동절기 지하수에 의해 냉매를 증발시키는 히트펌프로서 외기냉방은 불가능 하다.

Answer 57. ④ 58. ③ 59. ② 60. ③

2009년 9월 27일 시행

01 다음은 드릴작업에 대한 내용이다. 틀린 것은?
① 드릴 회전시에는 테이블을 조정하지 않는다.
② 드릴을 끼운 후에 척 렌치를 반드시 뺀다.
③ 전기드릴을 사용할 때에는 반드시 접지(earth) 시킨다.
④ 공작물을 손으로 고정시는 반드시 장갑을 낀다.

해설 드릴 작업시 장갑착용은 금지사항이다.

02 아세틸렌 용접장치를 사용하여 금속의 용접·용단 또는 가열작업을 하는 때에는 게이지압력이 얼마를 초과하는 압력의 아세틸렌을 발생시켜 사용하여서는 안 되는가?
① 1.0 kg/cm^2
② 1.3 kg/cm^2
③ 2.0 kg/cm^2
④ 15.5 kg/cm^2

해설 아세틸렌은 분해폭발을 방지하기 위하여 1.3 kg/cm^2 이하에서 사용한다.

03 아크 용접작업 시 사망재해의 주 원인은?
① 아크광선에 의한 재해
② 전격에 의한 재해
③ 가스 중독에 의한 재해
④ 가스폭발에 의한 재해

해설 아크 용접시 전격(감전)에 의한 사고가 가장 위험하다.

04 화물을 벨트, 롤러 등을 이용하여 연속적으로 운반하는 컨베이어의 방호장치에 해당되지 않는 것은?
① 이탈 및 역주행 방지장치
② 비상 정지 장치
③ 덮개 또는 울
④ 권과 방지 장치

해설 권과 방지 장치 : 크레인이나 리프트의 권과를 방지하기 위하여 자동적으로 동력을 차단하고 작동을 제동하는 장치

Answer 1. ④ 2. ② 3. ② 4. ④

05 아세틸렌 용접장치 사용시 역화의 원인으로 틀린 것은?
① 과열 되었을 때
② 산소공급 압력이 과소할 때
③ 압력조정기가 불량할 때
④ 토치 팁에 이물질이 묻었을 때

해설 산소공급압력이 과대할 때 역화가 발생될 수 있다.

06 기계 설비의 안전 조건에 들지 않는 것은?
① 구조의 안전화
② 설치상의 안전화
③ 기능의 안전화
④ 외형의 안전화

해설 기계 설비의 안전 조건에 설치상의 안전화는 해당되지 않는다.

07 냉동기 운전 중 토출합력이 높아져 안전장치가 작동할 때 점검하지 않아도 되는 것은?
① 계통내에 공기혼입 유무
② 응축기의 냉각수량, 풍량의 감소여부
③ 토출배관 중의 밸브 잠김 이상여부
④ 냉매액이 넘어오는 유무

해설 냉매액은 액분리기로 처리한다.

08 안전모와 안전벨트의 용도로 적당한 것은?
① 물체 비산 방지용이다.
② 추락재해 방지용이다.
③ 전도 방지용이다.
④ 용접작업 보호용이다.

해설 안전모, 안전벨트용도 : 추락재해 방지용

09 휘발유, 벤젠 등 액상 또는 기체상의 연료성 화재는 무슨 화재로 분류되는가?
① A급 ② B급
③ C급 ④ D급

해설 ㉠ 오일화재 : B급화재
㉡ 일반화재 : A급화재
㉢ 전기화재 : C급화재
㉣ 금속화재 : D급화재
㉤ 가스화재 : E급화재

10 보일러 사고원인 중 파열사고의 취급상 원인이 될 수 없는 것은?
① 과열
② 저수위
③ 고수위
④ 압력초과

해설 고수위운전 : 습증기발생 원인 제공

Answer 5. ② 6. ② 7. ④ 8. ② 9. ② 10. ③

11 냉동기 검사시 냉동기에 각인되지 않아도 되는 것은?

① 원동기 소요전력 및 전류
② 제조 번호
③ 내압 시험 압력(기호 : TP, 단위 : MPa)
④ 최저 사용 압력(기호 : DP, 단위 : MPa)

해설 냉동기는 최고사용압력(MPa)이 각인된다.

12 피뢰기가 구비해야 할 성능조건으로 옳지 않은 것은?

① 반복동작이 가능할 것
② 견고하고 특성변화가 없을 것
③ 충격방전 개시전압이 높을 것
④ 뇌 전류의 방전능력이 클 것

해설 충격방전 개시전압이 낮을 것, 속류의 차단이 확실할 것, 점검 및 보수가 용이할 것 등

13 다음 중 가스 용접 작업시 가장 많이 발생되는 사고는?

① 가스폭발
② 자외선에 의한 망막 손상
③ 누전에 의한 감전사고
④ 유해가스에 의한 중독

해설 가스 용접시 가연성가스는 가스폭발에 주의한다.

14 추락을 방지하기 위해 작업발판을 설치해야 하는 높이는 몇 m 이상 인가?

① 2
② 3
③ 4
④ 5

해설 추락방지를 위해 작업발판을 설치해야하는 높이는 2m 이상 설치한다.

15 안전관리에 대한 제반활동을 설명한 것이다. 이 중 옳지 않은 것은?

① 재해로부터 인명과 재산을 보호하기 위한 계획적인 안전활동이다.
② 재해의 원인을 찾아내고 그 원인을 사전에 제거하는 안전활동이다.
③ 근로자에게 쾌적한 작업환경을 조성해 주고 경영자에게는 재해손실을 줄여 준다.
④ 안전 활동을 수행하기 위해서는 경영자를 제외한 모든 종업원이 참여해야 한다.

해설 안전활동 수행에는 경영자가 반드시 참여해야 한다.

Answer 11. ④ 12. ③ 13. ① 14. ① 15. ④

16 동결장치 상부에 냉각코일을 집중적으로 설치하고 공기를 유동시켜 피 냉각물체를 동결시키는 장치는?

① 송풍 동결장치
② 공기 동결장치
③ 접촉 동결장치
④ 브라인 동결장치

해설 공기를 유동시키는 동결장치에서 냉각물체를 동결시키는 장치는 송풍 동결장치이다.

17 다음은 8핀 타이머의 내부회로도이다. ⑤, ⑧접점을 옳게 표시한 것은?

① ⑤ ─△─ ⑧
② ⑤ ─/─ ⑧
③ ⑤ ─△─ ⑧
④ ⑤ ─o─o─ ⑧

해설 ㉠ : 한시동작 B접점
㉡ : 한시동작 A접점
㉢ : 전기접점 A접점
㉣ : 전기접점 B접점

18 브라인 동파방지 대책이 아닌 것은?

① 동결방지용 온도 조절기를 사용한다.
② 브라인 부동액을 첨가한다.
③ 응축압력 조정밸브를 설치한다.
④ 단수 릴레이를 설치한다.

해설 응축압력을 조절시키면 성적계수 향상

19 암모니아 기준 냉동 싸이클에서 1RT를 얻기 위한 시간당 냉매 순환량은?

① 11.32kg/hr
② 12.34kg/hr
③ 13.32kg/hr
④ 14.34kg/hr

해설 1RT=3,320kcal/h
NH_3냉매 냉동효과=269kcal/kg
∴ $G = \frac{3320}{269} = 12.342$kg/h

20 암모니아 냉동기의 압축기에 공냉식을 채택하지 않는 이유는?

① 토출가스의 온도가 높기 때문에
② 압축비가 작기 때문에
③ 냉동능력이 크기 때문에
④ 독성가스이기 때문에

해설 암모니아 냉동기에서 공냉식을 채택하지 않는 이유는 압축기의 토출가스 온도가 높기 때문이다.

Answer 16. ① 17. ① 18. ③ 19. ② 20. ①

21 냉동장치의 기기 중 직접 압축기의 보호역할을 하는 것과 관계없는 것은?

① 안전밸브
② 유압보호 스위치
③ 고압차단 스위치
④ 증발압력 조정 밸브

해설 증발압력조정밸브(EPR) : 한 대의 압축기로 유지온도가 다른 여러대의 증발실을 운용할 때 제일 온도가 낮은 냉장실의 압력을 기준으로 운전되기 때문에 고온측의 증발기에 EPR을 설치하여 압력이 한계치 이하가 되지 않게 조정한다.

22 다음 중 불응축 가스가 주로 모이는 곳은?

① 증발기
② 액분리기
③ 압축기
④ 응축기

해설 불응축가스가 주로 모이는 곳은 응축기이다.

23 일정 전압의 직류 전원에 저항을 접속하고 전류를 흘릴 때 이 전류의 값을 50%증가시키면 저항 값은 약 몇 배로 되는가?

① 0.12
② 0.36
③ 0.67
④ 1.53

해설 전류$(I) = \frac{Q}{t}(A)$, 저항$(R) = \frac{1}{G}(\Omega)$
$R = \frac{V}{I}$, $V = IR(V)$, $I = \frac{V}{R}(A)$, 전압은 전류에 비례하고 전류는 저항크기에 반비례하므로,
$\therefore R = \frac{V}{I} = \frac{V}{1+0.5} = 0.67$

24 배관의 부식방지를 위해 사용하는 도료가 아닌 것은?

① 광명단
② 연산칼슘
③ 크롬산아연
④ 탄산마그네슘

해설 탄산마그네슘 : 무기질 보온재(250℃ 이하용)

25 강관의 용접접합에 전기용접을 많이 이용하는 이유는?

① 응용범위가 넓다.
② 용접속도가 빠르고 변형이 적다.
③ 박판용접에 적당하다.
④ 가열조절이 자유롭다.

해설 전기용접은 용접속도가 빠르고 변형이 적다.

26 관의 입체적 표시방법 중 관 A가 화면에 직각으로 앞쪽에서 있으며, 관 B에 접속되어 있는 경우의 도면은?

① ─A─○─B─
② ─A─○─B─
③ ─A─○─B─
④ ─A─⊙─B─

해설

Answer 21. ④ 22. ④ 23. ③ 24. ④ 25. ② 26. ③

27 증발 온도가 낮을 때 미치는 영향 중 틀린 것은?

① 냉동능력 감소
② 소요동력 감소
③ 압축비 증대로 인한 실린더 과열
④ 성적 계수 저하

해설 증발온도가 낮으면 소요동력이 증가한다.

28 바깥지름 54mm, 길이 2.66m, 냉각관수 28개로 된 응축기가 있다. 입구 냉각수온 22℃, 출구 냉각수온 28℃이며 응축온도는 30℃이다. 이때의 응축부하 Q(kcal/h)는 약 얼마인가? (단, 냉각관의 열통과율 (K)은 900kcal/m²h℃이고, 온도차는 산술 평균 온도차를 이용한다.)

① 25300　　② 43700
③ 56858　　④ 79682

해설
응축면적 =
$\pi \cdot D \cdot L = 3.14 \times 0.054 \times 2.66 \times 28 = 12.63 m^2$
$\Delta t = \frac{28+22}{2} = 25, \ 30-25 = 5\ ℃$
$\therefore Q = 12.63 \times 900 \times 5 = 56835 \ kcal/h$

29 용접 접합을 나사 접합에 비교한 것 중 옳지 않은 것은?

① 누수의 우려가 적다.
② 유체의 마찰 손실이 많다.
③ 배관상으로 공간효율이 좋다.
④ 접합부의 강도가 크다.

해설 용접 접합은 유체의 마찰손실이 적다.

30 터보 냉동기 용량제어와 관계없는 것은?

① 흡입 가이드 베인 조절법
② 회전수 가감법
③ 클리어런스 증대법
④ 냉각수량 조절법

해설 클리어런스 증대법(간극증대법)은 왕복동 압축기 용량제어방법이다.

31 축열장치 중 수축열 장치의 특징으로 틀린 것은?

① 냉수 및 온수 축열이 가능하다.
② 축열조의 설계 및 시공이 용이하다.
③ 열 용량이 큰 물을 축열재로 이용한다.
④ 방축열에 비하여 축열 공간이 작아진다.

해설 수축열장치는 빙축열방식에 비해 축열공간이 크다.

32 증기 압축식 냉동기와 흡수식 냉동기에 대한 설명 중 잘못된 것은?

① 증기를 값싸게 얻을 수 있는 장소에서는 흡수식이 경제적으로 유리하다.
② 냉매를 압축하기 위해 압축식에서는 기계적 에너지를, 흡수식에서는 화학적 에너지를 이용한다.
③ 흡수식에 비해 압축식이 열효율이 높다.
④ 동일한 냉동능력을 갖기 위해서 흡수식은 압축식에 비해 장치가 커진다.

해설 흡수식에서는 냉매를 흡수시키는 흡수제 LiBr(리튬브로마이드)가 필요하다. (흡수열 제거를 위해 냉각탑 설치)

Answer　27. ②　28. ③　29. ②　30. ③　31. ④　32. ②

33 [kcal/mh℃]의 단위는 무엇인가?
① 열전도율　② 비열
③ 열관류율　④ 오염계수

해설 열전도율 단위 : kcal/mh℃

34 냉매에 대한 설명으로 틀린 것은?
① 암모니아에는 동 또는 동합금을 사용해도 좋다.
② R-12, R-22에는 강관을 사용해도 좋다.
③ 암모니아는 물에 잘 용해한다.
④ 암모니아액은 냉동기유 보다 가볍다.

해설 암모니아 냉매는 동이나 동합금 사용은 금물이다.(동 부식 발생)

35 다음 중 자연적인 냉동 방법이 아닌 것은?
① 증기분사식을 이용하는 방법
② 융해열을 이용하는 방법
③ 증발잠열을 이용하는 방법
④ 승화열을 이용하는 방법

해설 증기 분사식 냉동기 : 증기 이젝터(ejector)를 이용하여 대량의 증기 분사시 분압작용에 의해 증발기내의 압력저하로 물의 일부를 증발시키고 동시에 냉각된다.

36 정압식 팽창밸브의 설명으로 틀린 것은?
① 부하변동에 따라 자동적으로 냉매 유량을 조절한다.
② 증발기 내의 압력을 자동으로 항상 일정하게 유지한다.
③ 냉동부하의 변동이 적은 냉동장치에 주로 사용된다.
④ 냉수 브라인 동결방지용으로 사용한다.

해설 정압식 팽창밸브는 증발기내의 압력을 일정하게 유지한다.(부하변동은 반대로 작동하므로 부하변동으로는 유량제어가 불가능)

37 2원 냉동장치의 캐스케이드 콘덴서(Cascade Condenser)에 대한 설명 중 맞는 것은?
① 고온측 응축기와 저온측 증발기를 열교환기 형식으로 조합한 것이다.
② 저온측 응축기와 고온측 증발기를 열교환기 형식으로 조합한 것이다.
③ 고온측 응축기의 열을 저온측 증발기로 이동한다.
④ 저온측 응축기의 열을 고온측 증발기로 이동한다.

해설 캐스케이드 콘덴서 : 저온측 응축기와 고온측 증발기를 열교환기 형식으로 조합한 것

Answer 33. ①　34. ①　35. ①　36. ①　37. ②

38 만액식 냉각기에 있어서 냉매측의 열전달율을 좋게 하는 것이 아닌 것은?

① 냉각관이 액 냉매에 접촉하거나 잠겨 있을 것
② 관 간격이 좁을 것
③ 유막이 존재하지 않을 것
④ 관면이 매끄러울 것

해설 만액식 증발기에서 전열을 좋게 하려면 관면이나 내부가 거칠게 하거나 핀을 부착한다.

39 도선에 전류가 흐를 때 발생하는 열량으로 옳은 것은?

① 전류의 세기에 비례한다.
② 전류의 세기에 반비례한다.
③ 전류의 세기에 제곱에 비례한다.
④ 전류의 세기에 제곱에 반비례한다.

해설 도선에 전류가 흐를 때 발생열량은 전류세기의 제곱에 비례한다.

40 냉동기유의 구비조건으로 맞지 않는 것은?

① 냉매와 접하여도 화학적 작용을 하지 않을 것
② 왁스 성분이 많을 것
③ 유성이 좋을 것
④ 인화점이 높을 것

해설 냉동기유는 산에 대한 안전성이 좋고 왁스(Wax)성분이 적어야 한다.

41 스크류 압축기의 장점이 아닌 것은?

① 흡입 및 토출밸브가 없다.
② 크랭크샤프트, 피스톤링 등의 마모 부분이 없어 고장이 적다.
③ 냉매의 압력손실이 없어 체적효율이 향상된다.
④ 고속회전으로 인하여 소음이 적다.

해설 스크류 압축기는 고속회전으로 인하여 소음이 크다.

42 SI 단위에서 비체적 설명으로 맞는 것은?

① 단위 엔트로피당 체적이다.
② 단위 체적당 중량이다.
③ 단위 체적당 엔탈피이다.
④ 단위 질량당 체적이다.

해설 비체적(m^3/kg) : 단위 질량당 체적

43 부스터(Booster)압축기 설명으로 옳은 것은?

① 2단 압축 냉동에서 저단 압축기를 말한다.
② 2원 냉동에서 저온용 냉동장치의 압축기를 말한다.
③ 회전식 압축기를 말한다.
④ 다효 압축을 하는 압축기를 말한다.

해설 부스터 압축기 : 2단 압축 냉동에서 저단 압축기를 말한다.

Answer 38. ④ 39. ③ 40. ② 41. ④ 42. ④ 43. ①

44 역카르노 사이클은 어떤 상태변화 과정으로 이루어져 있는가?

① 2개의 등온과정, 1개의 등압과정
② 2개의 등압과정, 2개의 단열과정
③ 2개의 단열과정, 1개의 교축과정
④ 2개의 단열과정, 2개의 등온과정

해설 역카르노 사이클(냉동사이클)
㉠ 2개의 단열과정(단열압축, 단열팽창)
㉡ 2개의 등온과정(등온팽창, 등온압축)

45 $p-h$ 선도상의 $[a-b]$ 변화과정 중 맞는 것은?

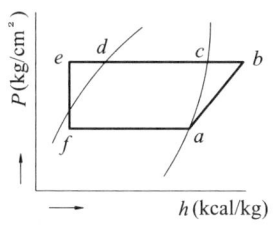

① 압력저하
② 온도저하
③ 엔탈피증가
④ 비체적증가

해설
• a : 압축기 입구
• b : 압축기 출구
• 엔탈피증가
• 온도압력 및 압력 상승
• 비체적 감소

46 패키지 개별공조방식은 열매체에 의한 분류 중 어느 방식에 해당 되는가?

① 냉매방식
② 공기방식
③ 수방식
④ 수-공기 방식

해설 패키지 개별공조 방식 : 냉매방식

47 온수 및 증기 코일의 설계에 대한 설명 중 틀린 것은?

① 온수코일의 헤더 상부에는 공기배출 밸브를 설치한다.
② 증기코일의 전면풍속은 6~9 m/s 정도로 선정한다.
③ 온수코일의 유량제어는 2방 또는 3방 밸브를 쓴다.
④ 증기코일은 온수에 비하여 열 수를 작게 할 수 있다.

해설 증기코일의 정면풍속은 3~4 m/s 계산한다.

48 공기조화에서 덕트 외면을 단열 시공하는 이유가 아닌 것은?

① 외부로부터의 열침입방지
② 외부로부터의 소음차단
③ 외부로부터의 습기차단
④ 외부로부터의 충격차단

해설 덕트 단열시공과 외부 충격차단과는 관련성이 없다.

Answer 44. ④ 45. ③ 46. ① 47. ② 48. ④

49 실내의 현열부하가 45000kcal/h이고, 잠열부하가 15000kcal/h 일 때 현열비(SHF)는 얼마인가?

① 0.75　　② 0.67
③ 0.33　　④ 0.25

해설
$$현열비 = \frac{현열부하}{현열부하 + 잠열부하} = \frac{45000}{45000 + 15000} = 0.75$$

50 송풍기의 축동력 산출시 필요한 값이 아닌 것은?

① 송풍량　　② 덕트의 길이
③ 전압효율　　④ 전압

해설
$$송풍기\ 축동력 = \frac{전압 \times 송풍량}{75 \times 60 \times 전압효율} (ps)$$

51 실리카겔, 활성알루미나 등의 고체 흡착제를 사용하여 공기의 수분을 제거하는 감습 방법은?

① 냉각감습　　② 압축감습
③ 흡수감습　　④ 흡착감습

해설 실리카겔, 활성알루미나 흡수제 사용원리는 흡착감습작용이다.

52 다음 중 습공기 선도의 종류에 속하지 않는 것은? (단, h는 엔탈피, x는 절대습도, t는 건구온도, P는 압력을 각각 나타낸다.)

① $h-x$선도　　② $t-x$선도
③ $t-h$선도　　④ $P-h$선도

해설 습공기선도 : $P-S$선도가 있다.

53 다음은 노통연관식 보일러의 특징을 열거한 것이다. 옳지 않은 것은?

① 부하변동에 따른 압력변동이 적다.
② 크기에 비하여 전열면적이 작다.
③ 보유수량이 크므로 기동시간이 약간 길다.
④ 분할반입이 불가능하다.

해설 노통연관식 보일러는 원통형보일러 중 전열면적이 가장 크고 열효율이 높다.

54 인체 활동시의 대사를 표시하는 단위는?

① RMR　　② BMR
③ MET　　④ CET

해설 1met : 대사량을 나타내는 단위 이며 열적으로 쾌적상태에서의 안정시 대사를 기준으로 한다. 1met = 50kcal/m²h

55 열교환기에서 냉수코일 출구측의 공기와 물의 온도차를 6℃, 냉수코일 입구측의 공기와 물의 온도차를 16℃라고하면 대수평균 온도차(℃)는 약 얼마인가?

① 2.67　　② 8.37
③ 10.0　　④ 10.2

해설
$$\Delta tm = \frac{16-6}{2.3\log\frac{16}{6}} = \frac{10}{0.9646} = 10.4$$

Answer　49. ①　50. ②　51. ④　52. ④　53. ②　54. ③　55. ④

56 온도, 습도, 기류속도의 3요소를 조합하여 인체에 주는 감각을 온도로 표시하는 것은?

① 유효온도   ② 습구온도
③ 작용온도   ④ 건구온도

해설 유효온도 : 온도, 습도, 기류속도의 3요소를 조합하여 인체에 주는 감각을 온도로 표시

57 다음 중 환기의 효과가 가장 큰 환기법은?

① 제1종 환기   ② 제2종 환기
③ 제3종 환기   ④ 제4종 환기

해설 제1종환기
㉠ 급기는 기계사용
㉡ 배기는 기계사용
㉢ 환기효과가 크다.
㉣ 내압이 정압, 부압의 유지가능

58 다음 취출구 중 내부유인성능을 가지고 있으며 취출온도차를 크게 반영할 수 있는 것은?

① 아네모스탯형 취출구
② 라인형 취출구
③ 노즐형 취출구
④ 유니버셜형 취출구

해설 아네모스탯형 취출구 : 내부유인성능을 가지고 있으며 취출온도차를 크게 반영할 수 있는 취출구이다.

59 증기난방의 부속기기인 감압밸브의 사용목적에 해당하지 않는 것은?

① 증기의 질을 향상시킨다.
② 방열기나 증기 사용기기에 적합한 온도로 조절하기 위한 수단으로 사용된다.
③ 고압증기는 저압증기에 비하여 비체적이 크므로 배관 경을 크게 설치해야 한다.
④ 증기사용설비에서 사용 압력조건, 즉 온도조건으로 운전하기 위해서 사용된다.

해설 고압증기는 저압증기에 비하여 비체적(m^3/kg)이 작아서 배관 경을 작게 할 수 있다.

60 중앙식 공기조화 장치의 장점이 아닌 것은?

① 중앙기계실에 집중되어 있으므로 보수관리가 용이하다.
② 설치이동이 용이하므로 이미 건축된 건물에 적합하다.
③ 대규모 건물에서 공기조화를 할 때 설비비, 경상비가 저렴하다.
④ 공기조화용 기계가 별실에서 멀리 떨어져 있으므로 소음이 적다.

해설 중앙식 공기조화는 이동이 불편하고 고정식이다.

Answer 56. ① 57. ① 58. ① 59. ③ 60. ②

공조냉동기계기능사 2000제 문제은행

CBT 시험대비
2010년 1월 31일 시행

01 소화제로 물을 사용하는 이유로서 가장 적당한 것은?
① 산소를 잘 흡수하기 때문
② 증발잠열이 크기 때문
③ 연소하지 않기 때문
④ 산소와 가열물질을 분리시키기 때문

해설 물은 100℃에서 증발잠열이 539kcal/kg으로 크기에 소화제로 사용된다.

02 운반기계에 의한 운반 작업시 안전수칙에 어긋나는 것은?
① 운반대 위에는 여러 사람이 타지 말 것
② 미는 운반차에 화물을 실을 때에는 앞을 볼 수 있는 시야를 확보할 것
③ 운반차의 출입구는 운반차의 출입에 지장이 없는 크기로 할 것
④ 운반차에 물건을 쌓을 때 될 수 있는 대로 전체의 중심이 위가 되도록 쌓을 것

해설 운반차에 물건을 쌓을 때 무게중심이 아래가 되도록 쌓을 것

03 안전관리의 목적을 가장 올바르게 나타낸 것은?
① 기능향상을 도모한다.
② 경영의 혁신을 도모한다.
③ 기업의 시설투자를 확대한다.
④ 근로자의 안전과 능률을 향상시킨다.

해설 안전관리의 목적 : 산업재해를 예방하고, 근로자의 안전과 보건유지 및 증진으로 능률향상이 목적이다.

04 감전의 위험성에 대한 내용으로 틀린 것은?
① 통전의 위험도에서 전기 기구는 오른손으로 사용하는 것보다는 왼손으로 사용하는 것이 안전하다.
② 저압 전기라도 인체에 흐르는 전류의 양이 크면 위험하므로 조심해야 된다.
③ 전압이 동일한 경우 교류는 직류보다 위험하며 교류인 경우 주파수에 따라 위험성이 다르다.
④ 감전은 전류의 크기, 통전시간, 통전경로, 전원의 종류에 따라 그 위험성이 결정된다.

해설 통전 경로별 위험도에서 오른손보다 왼손이 통전경로가 되는 경우가 심장을 통과할 가능성이 크다.

Answer 1. ② 2. ④ 3. ④ 4. ①

05 일반적으로 볼 때 안전대책은 무슨 방법으로 수립해야 좋은가?
① 사무적 ② 계획적
③ 경험적 ④ 통계적

해설 사고의 발생에 대한 사고의 유형에 따라 통계적으로 고찰하여 안전대책을 수립하여야한다.

06 방폭 전기설비를 선정할 경우 중요하지 않은 것은?
① 대상가스의 종류
② 방호벽의 종류
③ 폭발성 가스의 폭발 등급
④ 발화도

해설 방호벽은 고압가스 폭발로 인한 피해를 줄이기 위한 것이다.

07 가연성 가스가 있는 고압가스 저장실 주위에는 화기를 취급해서는 안된다. 이 때 화기를 취급하는 장소와 몇 m 이상의 거리를 두어야 하는가?
① 1
② 2
③ 7
④ 8

해설 가연성가스와 화기 취급 장소와는 8m 이상의 우회거리를 둘 것

08 볼트조임 작업시 안전사항이다. 맞게 기술한 것은?
① 공기 또는 물 등의 유체가 누설되는 것을 방지하기 위하여 스패너에 파이프를 끼워 단단히 조인다.
② 단단히 조이기 위해서는 스패너를 망치로 두들겨 조인다.
③ 스패너가 규격보다 클 때는 얇은 철판을 끼워 너트 머리에 꼭 맞도록 한 후 조인다.
④ 볼트 조임 작업시 스패너가 벗겨지더라도 넘어지지 않도록 몸가짐에 주의한다.

09 보일러의 과열 원인으로 옳지 않은 것은?
① 동(胴) 내면에 스케일 생성 시
② 보일러수가 농축되어 있을 때
③ 전열면에 국부적인 열을 받았을 때
④ 보일러수의 순환이 양호할 때

해설 보일러수의 순환이 불량할 때 과열의 원인이 될 수 있다.

Answer 5. ④ 6. ② 7. ④ 9. ④

10 온열원 발생장치인 보일러설비의 운전 중 보일러의 과열을 방지하기 위하여 최고사용 압력과 상용 압력 사이에서 보일러의 버너 연소를 차단할 수 있도록 부착하여야 하는 안전장치는?

① 압력제한 스위치
② 안전밸브
③ 저압차단 스위치
④ 고압차단 스위치

11 산업안전 표시 중 다음 그림이 나타내는 의미는?

① 부식성 물질 경고
② 낙하물 경고
③ 방사성 물질 경고
④ 몸균형 상실 경고

12 신규 검사에 합격된 냉동용 특정설비의 각인 사항과 그 기호의 연결이 올바르게 된 것은?

① 용기의 질량 : TM
② 내용적 : TV
③ 최고 사용 압력 : FT
④ 내압 시험 압력 : TP

 • 용기의 질량 : W
• 내용적 : V
• 최고 사용압력 : DP

13 수공구인 망치(hammer) 의 안전 작업수칙으로 올바르지 못한 것은?

① 작업 중 해머 상태를 확인 할 것
② 해머는 처음부터 힘을 주어 치지 말 것
③ 불꽃이 생기거나 파편이 발생할 수 있는 작업시에는 반드시 차광안경을 착용할 것
④ 헤머의 공동 작업시에는 호흡을 맞출 것

 차광안경은 용접작업 등 불티나 유해광선이 나오는 작업에 착용한다.

14 크레인의 방호장치로서 와이어로프가 후크에서 이탈하는 것을 방지하는 장치는?

① 과부하 방지장치
② 권과 방지장치
③ 비상 정지장치
④ 해지장치

• 과부하 방지장치 : 크레인에 있어서 경중하중 이상의 하중이 부하되었을 때 자동적으로 상승이 정지되면서 경보음이 발생하는 장치
• 권과 방지장치 : 권과를 방지하기 위하여 자동적으로 동력을 차단하고 작동을 제동하는 장치
• 후크 해지장치 : 후크에서 와이어 로우프가 이탈하는 것을 방지하는 장치
• 비상 정지장치 : 이동 중 이상상태 발생시 급정지 시킬 수 있는 장치

Answer 10. ① 11. ① 12. ④ 13. ③ 14. ④

15 냉동장치를 설비할 때 [보기]의 작업순서가 올바르게 나열된 것은?

보기
① 냉각운전   ② 냉매충전
③ 누설시험   ④ 진공시험
⑤ 배관의 방열공사

① ③→④→②→⑤→①
② ④→⑤→③→②→①
③ ③→⑤→④→②→①
④ ④→②→③→⑤→①

16 다음 그림은 무슨 냉동사이클 이라고 하는가?

① 2단 압축 1단 팽창 냉동사이클 이라 한다.
② 2단 압축 2단 팽창 냉동사이클 이라 한다.
③ 2원 냉동사이클 이라 한다.
④ 강제 순환식 2단 사이클 이라 한다.

해설 2원 냉동사이클 : 2개의 냉동사이클을 카스케이드 콘덴서로 조합하여 고온측 증발기로 저온측 응축기 냉매를 냉각시켜 초저온을 얻는데 사용한다.

17 다음 그림과 같은 역카르노 사이클에 대한 설명이 옳은 것은?

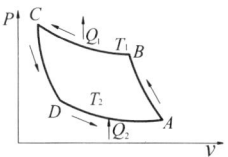

① C→D 의 과정은 압축과정이다.
② B→C, D→A 의 변화는 등온변화이다.
③ A→B 는 냉동장치의 증발기에 해당되는 구간이다.
④ 역카르노 사이클은 1개의 단열과정과 2개의 등온 과정으로 표시된다.

해설 A-B : 단열압축
B-C : 등온압축
C-D : 단열팽창
D-A : 등온팽창

18 냉동장치의 팽창밸브 용량을 결정하는 것은?

① 밸브 시트의 오리피스 직경
② 팽창 밸브의 입구의 직경
③ 니들 밸브의 크기
④ 팽창 밸브의 출구의 직경

해설 팽창밸브 용량은 침변좌(니들 밸브시트)의 오리피스 직경으로 표시한다.

Answer 15. ① 16. ③ 17. ② 18. ①

19 압축기 용량제어의 목적이 아닌 것은?
① 경제적 운전을 하기 위하여
② 일정한 증발온도를 유지하기 위하여
③ 경부하 운전을 하기 위하여
④ 응축압력을 일정하게 유지하기 위하여

해설 ④는 응축압력조정 밸브(CPR)의 기능

20 다이헤드형 동력나사 절삭기로 할 수 없는 작업은?
① 파이프 벤딩
② 파이프 절단
③ 나사 절삭
④ 리머 작업

해설 파이프 밴딩은 벤딩기로 한다.

21 브라인의 구비조건 중 틀린 것은?
① 공정점과 점도가 낮을 것
② 전열이 양호할 것
③ 부식성이 적고 냉장품을 변질, 변색시키지 말 것
④ 구입이 용이하고 열용량이 적을 것

해설 구입이 용이하고 열용량이 클 것.

22 2단 압축 냉동장치에서 각각 다른 2대의 압축기를 사용하지 않고 1대의 압축기가 2대의 압축기 역할을 할 수 있는 압축기는?
① 부스터 압축기
② 가스캐이드 압축기
③ 콤파운드 압축기
④ 보조 압축기

해설 2단 압축에 사용되는 압축기는 종래에는 2대의 압축기에 의한 2단압축을 하였으나 근래와서는 1대의 압축기로 2단압축을 하는 소위 콤파운드 압축기(Compound compressor)가 많이 사용된다.

23 순저항(R) 만으로 구성된 회로에 흐르는 전류와 전압과의 위상 관계는?
① 90°앞선다.　② 90°뒤진다.
③ 180°앞선다.　④ 동위상이다.

해설 저항(R)만의 회로에서는 리액턴스(X_L)와 커패시턴스(X_C)의 위상이 같다.

24 강관의 나사 이음쇠가 아닌 것은?
① 크로스　② 엘보
③ 부스터　④ 니쁠

해설 ③ 부스터 펌프
• 나사이음 부속의 사용처 별 분류
① 배관 방향 바꿀 때 : 엘보우, 벤드
② 관을 분기할 때 : T. Y. 크로스(+)
③ 같은관(동경)직선 연결시 : 소켓, 유니온, 니쁠, 플랜지
④ 이경관 연결시 : 레듀셔, 줄임티이, 붓싱, 이경 엘보우
⑤ 관 끝을 막을 때 : 플러그, 캡

Answer 19. ④　20. ①　21. ④　22. ③　23. ④　24. ③

25 관속을 흐르는 유체가 가스일 경우 도시기호는?

① ─O─┤•   ② ─G─┤•
③ ─S─┤•   ④ ─A─┤•

해설 • O : 오일 • S : 증기 • A : 공기

26 어떤 냉동 사이클의 증발온도가 −15℃이고, 포화액의 엔탈피가 100kcal/kg 건조포화증기의 엔탈피가 160kcal/kg, 증발기에 유입되는 습증기의 건조도 x = 0.25일 때 냉동효과는?

① 15kcal/kg
② 35kcal/kg
③ 45kcal/kg
④ 75kcal/kg

해설 $qe = (1-0.25) \times (160-100) = 45\text{kcal/kg}$

27 흡수식 냉동장치에는 안전 확보와 기기의 보호를 위하여 여러 가지 안전장치가 설치되어 있다. 그 목적에 해당되지 않는 것은?

① 냉수 동결방지
② 흡수액 결정방지
③ 압력상승방지
④ 압축기 보호

해설 압축기 보호장치는 증기압축식 장치의 안전장치이다.

28 강제 급유식에 사용되는 오일펌프의 종류가 아닌 것은?

① 플런저 펌프
② 로터리 펌프
③ 터보 펌프
④ 기어 펌프

해설 터보 펌프는 고속회전 펌프로 오일과 같은 점성이 큰 물질의 이송에는 적합하지 않다.

29 냉동 사이클에서 액관 여과기의 규격은 보통 몇 메쉬(mesh) 인가?

① 40   ② 60 ~ 70
③ 80 ~ 100 ④ 150

해설 • 액관여과망 : 80 ~ 100mesh
• 가스관 여과망 : 40mesh

30 기체를 액화시키는 방법으로 옳은 것은?

① 임계압력 이하로 압축한 후 냉각시킨다.
② 임계온도 이상으로 가열한 후 압력을 높인다.
③ 임계압력 이상으로 가압하고 임계온도 이하로 냉각한다.
④ 임계온도 이하로 냉각하고 임계압력 이하로 감압한다.

해설 임계압력보다 높은 압력으로 가압하고 임계온도 이하에서 응축해야 기체를 액화시킬 수 있다.

Answer 25. ② 26. ③ 27. ④ 28. ③ 29. ③ 30. ③

31 증발열을 이용한 냉동법이 아닌 것은?
① 증기분사식 냉동법
② 압축 기체 팽창 냉동법
③ 흡수식 냉동법
④ 증기 압축식 냉동법

32 다음 설명 중 틀린 것은?
① 전위차가 높을수록 전류는 잘 흐르지 않는다.
② 물체의 마찰 등에 의하여 대전된 전기를 전하라 한다.
③ 1초 동안에 1(C)의 전기량이 이동하면 전류는 1(A)이다.
④ 전기의 흐름을 방해하는 정도를 나타내는 것을 전기 저항이라 한다.

해설 전위차가 높으면 전류는 잘 흐른다. 또는 전압차가 클수록 전류는 잘 흐른다.

33 LNG 냉열이용 동결장치의 특징으로 맞지 않는 것은?
① 식품과 직접 접촉하여 급속동결이 가능하다.
② 외기가 흡입되는 것을 방지한다.
③ 공기에 분산되어 있는 먼지를 철저히 제거하여 장치내부에 눈이 생기는 것을 방지한다.
④ 저온공기의 풍속을 일정하게 확보함으로써 식품과의 열 전달계수를 저하시킨다.

해설 저온공기와의 풍속을 일정하게 확보함으로써 일정한 열전달을 확보할 수 있다.

34 고온부에서 방출하는 열량을 이용하여 난방을 행하는 열펌프의 고온부 온도가 30℃ 이고, 저온부 온도가 -10℃ 일 때 이 열펌프의 성적계수는?
① 약 4.5
② 약 5.5
③ 약 6.5
④ 약 7.5

해설
$$c.o.p = \frac{q_c}{AW} = \frac{T(고온)}{T(고온) - T(저온)}$$
$$= \frac{(273+30)}{[(273+30)-(273+(-10))]} ≒ 7.5$$

35 1BTU 는 몇 kcal 인가?
① 3.968
② 0.252
③ 252
④ 1.8

해설 1kcal = 3.968BTU = 2.205CHU

36 압축기 보호장치 중 고압차단 스위치(HPS)의 작동압력은 정상적인 고압에 몇 kg_f/cm^2 정도 높게 설정하는가?
① 1
② 4
③ 10
④ 25

해설
안전두 : 정상고압 + 3kg/cm²
HPS : 정상고압 + 4kg/cm²
안전밸브 : 정상고압 + 5kg/cm²

Answer 31. ② 32. ① 33. ④ 34. ④ 35. ② 36. ②

37 시트 모양에 따라 삽입형, 홈꼴형, 유압형 등으로 구분되는 배관 이음방법은?

① 플레어 이음　② 나사 이음
③ 납땜 이음　　④ 플랜지 이음

38 원심(Turbo)식 압축기의 특징이 아닌 것은?

① 진동이 적다.
② 1대로 대용량이 가능하다.
③ 접동부(摺動部)가 없다.
④ 용량에 비해 대형이다.

해설▶ 원심압축기는 용량에 비해 소형이다.

39 프레온 냉동 장치에서 오일 포밍 현상이 일어나면 실린더 내로 다량의 오일이 올라가 오일을 압축하여 실린더 헤드부에서 이상음이 발생하게 되는 현상은?

① 에멀죤 현상
② 동부착 현상
③ 오일 포밍 현상
④ 오일 헤머 현상

해설▶ 에멀죤 : 암모니아 냉동장치에서 오일이 우유빛을 띄는 현상
동부착현상 : 프레온 냉매와 물이 반응하여 산(HCl, HF)을 생성하게 되면 동배관에서 동가루를 석출하게 되는 현상

40 수냉식 응축기의 능력은 냉각수 온도와 냉각 수량에 의해 결정이 되는데, 응축기의 능력을 증대시키는 방법에 관한 사항 중 틀린 것은?

① 냉각수온을 낮춘다.
② 응축기의 냉각관을 세척한다.
③ 냉각수량을 줄인다.
④ 냉각수 유속을 적절히 조절한다.

해설▶ 냉각수량을 줄이게 되면 응축기의 응축능력을 감소하는 결과를 초래하게 된다.

41 냉동장치의 냉각기에 적상이 심할 때 미치는 영향이 아닌 것은?

① 냉동능력 감소
② 냉장고 내 온도 저하
③ 냉동 능력당 소요동력 증대
④ 리퀴드 백 발생

해설▶ 냉각기에 적상이 심하면 피냉각물체와의 열교환이 불량하여 고내 온도 상승을 초래한다.

42 고속다기통 압축기 유압계의 정상유압으로 옳은 것은?

① 정상 저압 + 4 ~ 6 kgf/cm²
② 정상 고압 + 1.5 ~ 3 kgf/cm²
③ 정상 고압 + 4 ~ 6 kgf/cm²
④ 정상 저압 + 1.5 ~ 3 kgf/cm²

해설▶ 입형저속 : 정상저압 + 1.5 ~ 3.0kgf/cm²
고속다기통 : 정상저압 + 3.0 ~ 4.5kgf/cm²
터보(원심) : 정상저압 + 6kgf/cm²

Answer　37. ④　38. ④　39. ④　40. ③　41. ②　42. ④

43 시퀀스도의 설명으로 가장 적합한 것은?
① 부품의 배치 배선 상태를 구성에 맞게 그린 것이다.
② 동작 순서대로 알기 쉽게 그린 접속도를 말한다.
③ 기기 상호간 및 외부와의 전기적인 접속관계를 나타낸 접속도를 말한다.
④ 전기 전반에 관한 계통과 전기적인 접속관계를 단선으로 나타낸 접속도이다.

44 증발 온도와 응축 온도가 일정하고 과냉각도가 없는 냉동 사이클에서 압축기에 흡입되는 냉매 증기의 상태가 변화 했을 때 P-h 선도 중 건조 포화압축 냉동사이클은?

① A → B → C → D → A
② A" → B" → C → D → A
③ A" → B" → C → D → A"
④ A → B → B" → A" → A

해설 A - B - C - D - A 건조(증기)압축(이상적 압축)
A" - B" - C - D - A 과열(증기)압축
A' - B' - C - D - A 습(증기)압축

45 냉동장치 배관 설치시 주의 사항으로 틀린 것은?
① 냉매의 종류, 온도 등에 따라 배관 재료를 선택한다.
② 온도변화에 의한 배관의 신축을 고려한다.
③ 기기 조작, 보수, 점검에 지장이 없도록 한다.
④ 굴곡부는 가능한 적게하고 곡률반경을 작게 한다.

해설 배관 내 마찰저항에 의한 압력강하를 줄이기 위해 굴곡부는 가능한 적게하고 곡률반경을 크게 해야 한다.

46 수정 유효온도는 유효온도에 무엇의 영향을 고려한 것인가?
① 온도   ② 습도
③ 기류   ④ 복사열

해설 유효온도(ET) : 온도, 습도, 기류
수정유효온도(CET) : 온도, 습도, 기류, 복사열

47 설비공사 비용 중 차지하는 비율(%) 이 가장 큰 것은?
① 급배수 설비
② 공기조화기 및 덕트
③ 전기 설비
④ 승강기 설비

해설 설비공사 중 공기조화기는 보일러, 냉동기, 공기조화 기기 등 부대시설이 많아 고가이다.

Answer 43. ② 44. ① 45. ④ 46. ④ 47. ②

48 고성능 필터 성능을 측정하는 방법으로 시험입자를 사용하여 입자의 수를 계측하는 방법은?

① 중량법 ② 비색법
③ 점착법 ④ 계수법

해설
- 중량법 : 분진중량 측정법, 프리필터 등의 여과효율 측정법이다.
- 비색법(변색도법, NBS법)
  필터 상·하류의 분진을 각각의 여과지로 포집하여 광투과량이 같도록 상·하류에 투과되는 공기량을 조절하여 효율을 측정하는 방법이다. 미디엄 필터 등의 여과 효율을 측정하는데 쓰인다.

49 온수 베이스 보드 난방(hot water base board heating)에서 가열면의 공기 유동을 조절하기 위한 장치는?

① 라디에이터 ② 드레인 밸브
③ 그릴 ④ 서모스텟

50 감습장치에 대한 내용 중 옳지 않은 것은?

① 압축 감습장치는 동력 소비가 작다.
② 냉각 감습장치는 노점온도 제어로 감습한다.
③ 흡수식 감습장치는 흡수성이 큰 용액을 이용한다.
④ 흡착식 감습장치는 고체 흡수제를 이용한다.

해설 압축 감습장치는 습공기를 압축장치를 이용하여 감습하는 것으로 동력소비가 크다.

51 난방 부하가 3000 kcal/h 인 온수난방 시설에서 방열기의 입구 온도가 85℃, 출구 온도가 25℃, 외기 온도가 -5℃일 때, 온수의 순환량은 얼마인가? (단, 물의 비열은 1kcal/kg℃ 이다.)

① 50kg/h
② 75kg/h
③ 150kg/h
④ 450kg/h

해설 $Q(kcal/h) = G(kg/h) \times Cp(kcal/kg℃) \times \triangle T(℃)$ 이므로
$3000(kcal/h) = G(kg/h) \times 1(kcal/kg℃) \times (85-25)(℃)$ 에서
$G(kg/h) = 3000(kcal/h) / 1(kcal/kg℃) \times (85-25)(℃)$
$G(kg/h) = 50\ kg/h$

52 난방 방식의 분류에서 간접 난방에 해당하는 것은?

① 온수난방
② 증기 난방
③ 복사 난방
④ 히트펌프 난방

해설 히트펌프 난방은 공기를 열매로 하여 난방하는 간접 난방 방식이다.

Answer 48. ④ 49. ③ 50. ① 51. ① 52. ④

53 자연 환기에 관한 설명 중 틀린 것은?

① 자연 환기는 실내외의 온도차에 의한 부력과 외기의 풍압에 의한 실내외의 압력차에 의해 이루어진다.
② 자연 환기에 의한 방의 환기량은 그 방의 바닥 부근과 천장 부근의 공기 온도차에 의해 결정되는데, 급기구 및 배기구의 위치에는 무관하다.
③ 자연 환기는 자연력을 이용하므로 동력은 필요하지 않지만 항상 일정한 환기량을 얻을 수 없다.
④ 자연 환기로 공장 등에서 다량의 환기량을 얻고자 할 경우는 벤틸레이터를 지붕면에 설치한다.

해설 자연환기는 공기의 밀도(부력)차에 의한 공기 순환 방식으로 급기구 배기구의 위치가 적절치 않으면 환기가 불량하게 된다.

54 2중 덕트 방식에 대한 설명 중 잘못된 것은?

① 실의 냉·난방 부하가 감소되어도 취출공기의 부족 현상이 없다.
② 실내 습도의 완전한 조절이 가능하다.
③ 부하 특성이 다른 다수의 실에 적용할 수 있다.
④ 설비비 및 운전비가 많이 든다.

해설 실내습도의 조절은 단일 덕트 방식이 유리하다.

55 건축물의 벽이나 지붕을 통하여 실내로 침입하는 열량을 구할 때 관계없는 요소는?

① 구조체의 면적
② 구조체의 열관류율
③ 상당외기 온도차
④ 차폐계수

해설 차폐계수는 유리를 통해 실내로 침입하는 열량을 구할 때 쓰이는 계수이다.

56 다음 중 용어의 설명이 틀린 것은?

① 대기 중에는 습공기가 존재하지 않으므로 공기조화에서 취급되는 공기는 모두 건공기이다.
② 절대 습도는 습공기에서 수증기의 중량을 건조 공기의 중량으로 나눈 값이다.
③ 습구 온도는 온도계의 감열부를 물에 젖은 헝겊으로 싼 상태에서 가리키는 온도를 말한다.
④ 노점 온도는 공기 중의 수증기가 응축하기 시작할 때의 온도, 즉 공기가 수증기 포화 상태로 될 때의 온도를 말한다.

해설 습공기 = 건조공기 + 수증기

Answer 53. ② 54. ② 55. ④ 56. ①

57 패키지형 공조 방식의 특징으로 틀린 것은?

① 자동 운전이며 개별 제어 및 유지 관리가 쉽다.
② 대량 생산이 가능하며 품질도 안정되어 있다.
③ 특별한 기계실이 필요 없고 설치 면적도 작다.
④ 실내 설치는 가능하지만 덕트 접속은 불가능하다.

해설 실내 설치 및 덕트 접속도 가능하다.

58 난방 공조에서 실내 온도(코일의 입구온도)가 23℃, 현열량 4000kcal/h, 풍량이 2400 kg/h 이면 코일의 출구온도는 약 얼마인가?

① 26.95℃
② 29.94℃
③ 33.42℃
④ 36.52℃

해설 $Q(\text{kcal}/\text{h}) = G(\text{kg}/\text{h}) \times Cp(\text{kcal}/\text{kg}℃) \times \triangle t(℃)$ 이므로
$4000(\text{kcal}/\text{h}) = 2400(\text{kg}/\text{h}) \times 0.24(\text{kcal}/\text{kg}℃) \times (t-23)(℃)$에서
$+[4000(\text{kcal}/\text{h})/2400(\text{kg}/\text{h}) \times 0.24(\text{kcal}/\text{kg}℃)]$
∴ t ℃ = 29.94℃

59 동일한 용량의 다른 보일러에 비해 전열 면적이 크고 기동 시간이 짧으며, 고압 증기를 만들기 쉬워서 대용량에 적합한 것은?

① 주철제 보일러
② 입형 보일러
③ 노통 보일러
④ 수관 보일러

해설 수관 보일러 특징
- 고압, 대용량에 적당하고, 보일러 효율이 가장 높다.
- 파열시 피해가 적다.
- 급수처리가 까다롭다.

60 석면으로 만든 박판 등의 소재에 흡수재로 염화리튬을 침투시킨 판을 사용하여 현열과 잠열을 동시에 열교환하는 공기 대 공기 열교환기는?

① 판형 열교환기
② 쉘 앤 튜브형 열교환기
③ 히트 파이프형 열교환기
④ 전열 교환기

해설 전열교환기
석면 등으로 만든 얇은 판에 염화리튬(Licl)과 같은 흡수제를 침투시켜 현열 및 잠열교환(회전식 전열교환기, 고정식 전열교환기)

Answer 57. ④ 58. ② 59. ④ 60. ④

공조냉동기계기능사 2000제 문제은행

CBT 시험대비
● 2010년 3월 28일 시행

01 안전표시를 하는 목적이 아닌 것은?
① 작업환경을 통제하여 예상되는 재해를 사전에 예방함
② 시각적 자극으로 주의력을 키움
③ 불안전한 행동을 배제하고 재해를 예방함
④ 사업장의 경계를 구분하기 위해 실시함

02 재해의 직접적 원인이 아닌 것은?
① 복장, 보호구의 잘못 사용
② 불안전한 조작
③ 구조, 재료의 부적합
④ 안전장치의 기능제거

[해설] 구조 · 재료의 부적합은 간접적 원인이다.

03 아세틸렌 용접기에서 가스가 새어나오는 경우에 검사하는 방법으로 적당한 것은?
① 냄새를 맡아 검사한다.
② 도기를 뿌려 검사한다.
③ 비눗물을 칠해 검사한다.
④ 성냥불을 가져다가 검사한다.

[해설] 가스누설검사법 : 비눗물의 기포검사법

04 수공구 사용시 주의사항으로 틀린 것은?
① 사용 전에 이상 유무를 확인한다.
② 작업에 적합하지 않아도 유사한 것을 사용할 수 있다.
③ 충분한 사용법을 숙지하고 사용하도록 한다.
④ 공구를 사용하고 나면 일정한 장소에 보관한다.

05 전기설비의 방폭성능 기준 중 용기 내부에 보호구조를 유입하여 내부압력을 유지함으로써 가연성 가스가 용기 내부로 유입되지 아니하도록 한 구조를 말하는 것은?
① 내압방폭구조 ② 유입방폭구조
③ 압력방폭구조 ④ 안전증방폭구조

[해설]
① 내압방폭구조 : 용기내부에 폭발성가스의 폭발이 일어날 경우, 용기가 폭발압력에 견디고 외부의 폭발성 가스에 인화될 위험이 없도록 한 구조
② 유입방폭구조 : 전기 불꽃을 발생하는 부분을 용기내부의 기름에 내장하여 폭발성 가스 또는 점화원등에 접촉시 점화의 우려가 없도록 한 방폭구조.
④ 안전증 방폭구조 : 정상 운전 중 내부에서 불꽃이 발생하지 않도록 전기적, 기계적, 구조적으로 온도상승에 대해 안전도를 증가시킨 구조로 내압방폭 구조보다 용량이 적다.

Answer 1. ④ 2. ③ 3. ③ 4. ② 5. ③

06 작업자의 신체를 보호하기 위한 보호구의 구비조건으로 가장 거리가 먼 것은?

① 착용이 간편할 것
② 방호성능이 충분한 것일 것
③ 정비가 간단하고 점검, 검사가 용이할 것
④ 견고하고 값비싼 고급 품질일 것

해설 ▶ 견고하고 경제적일 것

07 가연물의 구비 조건에 해당되지 않는 것은?

① 연소열이 많을 것
② 열전도율이 클 것
③ 산화되기 쉬울 것
④ 건조도가 양호할 것

해설 ▶ 열전도율이 작아야 열축적이 되어 연소가 쉽다.

08 다음 [보기] 중 암모니아 냉동장치 운전을 정지하는 순서로 올바르게 나열한 것은?

[보기]
① 응축기 액출구 밸브를 닫는다.
② 전동기 스위치를 끈다.
③ 압축기 토출 밸브를 닫는다.
④ 압축기 흡입 밸브를 닫는다.

① ① → ② → ④ → ③
② ① → ④ → ② → ③
③ ③ → ④ → ① → ②
④ ③ → ① → ② → ④

해설 ▶ 운전정지 순서
① → ④ → ② → ③

09 중량물을 운반하는 크레인 사용시 하중을 초과할 경우 리미트 스위치에 의해 권상을 정지시키는 방호장치는?

① 과부하 방지 장치
② 권과 방지 장치
③ 비상 정지 장치
④ 해지 장치

해설 ▶ 권과 방지 장치
크레인, 이동식 크레인, 데릭에 설치된 권상용 와이어로프 또는 지브 등의 기복용 와이어로프의 권과를 방지하는 장치이다.

10 보일러 수위가 낮아지는 원인에 해당되지 않는 것은?

① 급수계통의 이상
② 분출계통의 누수
③ 증발량의 감소
④ 환수배관의 누수

해설 ▶ 증발량이 많아지면 수위가 낮아진다.

11 산소가 결핍되어 있는 장소에서 사용하는 마스크는?

① 송기 마스크
② 방진 마스크
③ 방독 마스크
④ 격리식 방진 마스크

해설 ▶ 공기공급용 보호구 : 송기마스크, 공기호흡기, 산소호흡기

Answer 6. ④ 7. ② 8. ② 9. ② 10. ③ 11. ①

12 접지공사의 목적으로 가장 올바른 것은?
① 전류변동방지, 전압변동방지, 절연저하방지
② 절연저하방지, 화재방지, 전압변동방지
③ 화재방지, 감전방지, 기기손상방지
④ 감전방지, 전압변동방지, 화재방지

해설 ▶ 접지목적 : 감전방지, 화재방지, 기기손상방지

13 작업조건의 적합한 내용과 보호구와의 연계가 올바르지 못한 것은?
① 높이 또는 깊이 1m 이상의 추락할 위험이 있는 장소에서의 작업 : 안전대
② 물체의 낙하·충격·물체에의 끼임, 감전 또는 정전기의 정전에 의한 위험이 있는 작업 : 안전화
③ 물체가 떨어지거나 날아올 위험 또는 근로자가 감전되거나 추락할 위험이 있는 작업 : 안전모
④ 용접시 불꽃 또는 물체가 날아 흩어질 위험이 있는 작업 : 보안면

해설 ▶ 안전대 : 높이 또는 깊이 2m 이상 추락할 위험 장소에 설치

14 가연성 냉매가스 중 냉매설비의 전기 설비를 방폭 구조로 하지 않아도 되는 것은?
① 암모니아   ② 노말부탄
③ 메탄   ④ 염화메탄

해설 ▶ 방폭구조에서 제외되는 가연성 가스 : 암모니아, 액화브롬화 메탄

15 줄 작업시 안전관리 사항으로 틀린 것은?
① 손잡이가 줄에 튼튼하게 고정되어 있는가 확인한 다음에 사용한다.
② 줄 작업의 높이는 작업자의 눈높이로 하는 것이 좋다.
③ 칩은 브러시로 제거한다.
④ 줄의 균열 유무를 확인한다.

해설 ▶ 줄 작업의 높이 : 허리높이

16 증기 압축식 냉동장치의 냉동원리에 해당되는 것은?
① 증기의 팽창열을 이용한다.
② 액체의 증발잠열을 이용한다.
③ 고체의 승화열을 이용한다.
④ 기체의 온도차에 의한 현열 변화를 이용한다.

해설 ▶ 증기 압축식 냉동장치는 액체의 증발잠열 이용

17 2원 냉동장치에 사용하는 저온측 냉매로서 옳은 것은?
① R − 717   ② R − 718
③ R − 14   ④ R − 22

해설 ▶ 저온측냉매 : R−13, R−14, 메탄, 에탄, 프로판 등
고온측냉매 : R−12, R−22, 암모니아

Answer 12. ③ 13. ① 14. ① 15. ② 16. ② 17. ③

18 전기장의 세기를 나타내는 것은?

① 유전속 밀도
② 전하 밀도
③ 정전력
④ 전기력선 밀도

해설 ▶ 전기장의 세기는 전기장에 수직 단면적을 지나는 전기력선의 수(전기력선 밀도)에 비례한다.

19 압축 방식에 의한 분류 중 체적 압축식 압축기가 아닌 것은?

① 왕복동식 압축기
② 회전식 압축기
③ 스크류식 압축기
④ 흡수식 압축기

해설 ▶ 그 외 스크류식 등이 있고, 흡수식은 냉동기 종류이다.

20 주철관을 직선으로 연결하는 접속법은?

① 티(tee) 이음
② 소켓(Socket) 이음
③ 크로스(cross) 이음
④ 벤드(bend) 이음

해설 ▶ 주철관 이음법 : 소켓이음

21 터보 냉동기 윤활 사이클에서 마그네틱 플러그가 하는 역할은?

① 오일 쿨러의 냉각수 온도를 일정하게 유지하는 역할
② 오일 중의 수분을 제거하는 역할
③ 윤활 사이클로 공급되는 유압을 일정하게 하여 주는 역할
④ 윤활 사이클로 공급되는 철분을 제거하여 장치의 마모를 방지하는 역할

해설 ▶ 구입이 용이하고 열용량이 클 것.

22 프레온 냉매(할로겐화탄화수소)의 호칭기호 결정과 관계없는 성분은?

① 수소
② 탄소
③ 산소
④ 불소

해설 ▶ 탄소(C), 수소(H), 염소(Cl), 불소(F)

23 1분간에 25℃의 순수한 물 40L를 5℃로 냉각하기 위한 냉각기의 냉동능력은 몇 냉동톤인가?

① 0.24(RT)
② 14.45(RT)
③ 241(RT)
④ 14458(RT)

해설 ▶ $\{40 \times 1 \times (25-5) \times 60\} \div 3320 = 14.45\ RT$

Answer 18. ④ 19. ④ 20. ② 21. ④ 22. ③ 23. ②

24 온도작동식 자동팽창 밸브에 대한 설명으로 옳은 것은?

① 실온을 서모스탯에 의하여 감지하고, 밸브의 개도를 조정한다.
② 팽창밸브 직전의 냉매 온도에 의하여 자동적으로 개도를 조정한다.
③ 증발기 출구의 냉매 온도에 의하여 자동적으로 개도를 조정한다.
④ 압축기의 토출 냉매 온도에 의하여 자동적으로 개도를 조정한다.

해설 온도작동식 자동팽창 밸브는 증발기 출구의 냉매 온도에 의해 자동 개도한다.

25 동관의 납땜 이음시 이음쇠와 동관의 틈새는 몇 mm 정도가 가장 적당한가?

① 0.04 ~ 0.2
② 0.5 ~ 1.0
③ 1.2 ~ 1.8
④ 2.0 ~ 3.5

해설 동관 납땜 이음시 틈새는 0.04 ~ 0.2mm 정도

26 펌프의 캐비테이션 방지책으로 잘못된 것은?

① 양흡입 펌프를 사용한다.
② 펌프의 회전차를 수중에 완전히 잠기게 한다.
③ 펌프의 설치 위치를 낮춘다.
④ 펌프 회전수를 빠르게 한다.

해설 회전수를 느리게 한다.

27 다음 중 일반 나사식 결합의 티(tee)를 나타낸 것은?

해설 ② 소켓 접합 ③ 납땜 접합 ④ 플렌지 접합

28 열용량은 나타내는 식으로 맞는 것은?

① 물질의 부피 × 밀도
② 물질의 무게 × 비열
③ 물질의 부피 × 비열
④ 물질의 무게 × 밀도

해설

열용량(kcal/℃) = 물질의 무게(kg) × 비열(kcal / kg℃)

29 다음 몰리엘 선도에서의 성적계수는 약 얼마인가?

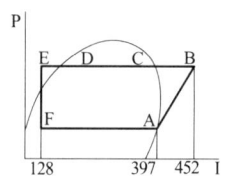

① 2.4 ② 4.9
③ 5.4 ④ 6.3

해설 성적계수(cop) = 냉동효과(qe) ÷ 압축기일(AW)
$cop(397 - 128) ÷ (452 - 397) = 4.89 ≒ 4.9$

Answer 24. ③ 25. ① 26. ④ 27. ① 28. ② 29. ②

30 열펌프(Heat Pump)의 구성 요소가 아닌 것은?
① 압축기   ② 열교환기
③ 4방 밸브 ④ 보조 냉방기

해설) 열펌프 구성 요소 : 압축기, 열교환기(고온부 응축기, 저온부 증발기), 팽창밸브, 4방 밸브 등

31 증발식 응축기에 관한 사항 중 옳은 것은?
① 외기의 건구온도 영향을 많이 받는다.
② 냉각수의 현열을 이용하여 냉매가스를 응축시킨다.
③ 펌프(pump), 팬(fan), 노즐(nozzle) 등의 부속 설비가 많다.
④ 냉각관내 냉매의 압력 강하가 작다.

해설) ① 증발식 응축기는 외기습구온도의 영향을 많이 받는다.
② 냉각수의 현열과 잠열을 이용하여 냉매가스를 응축 시킨다.
④ 열용량이 큰물에 의해 냉각하므로 냉각관내의 압력강하가 크다.

32 보온재 중 사용온도 범위가 가장 낮은 것은?
① 폴리에틸렌 폼
② 암면
③ 세라믹 화이버
④ 규산칼슘

해설) ① 폴리에틸렌폼 : 80℃ 이하
② 암면 : 400℃ 이하
③ 세라믹화이버 : 1300℃ 이하
④ 규산칼슘 : 650℃ 이하

33 역카르노 사이클에 대한 설명 중 옳은 것은?
① 2개의 압축과정과 2개의 증발과정으로 이루어져 있다.
② 2개의 압축과정과 2개의 응축과정으로 이루어져 있다.
③ 2개의 단열과정과 2개의 등온과정으로 이루어져 있다.
④ 2개의 증발과정과 2개의 응축과정으로 이루어져 있다.

해설) 역카르노 사이클은 2개의 단열과정, 2개의 등온과정으로 구성

34 냉동기용 윤활유로서 필요조건에 해당되지 않는 것은?
① 냉매와 친화 반응을 일으키지 않을 것
② 열 안전성이 좋을 것
③ 응고점이 낮을 것
④ 유막 강도가 작을 것

해설) 그 외 인화점이 높을 것, 항유화성이 있을 것, 전기 절연내력이 클 것 등

Answer 30. ④ 31. ③ 32. ① 33. ③ 34. ④

35 프레온 냉동장치에서 유분리기를 설치하는 경우로 틀린 것은?

① 만액식 증발기를 사용하는 장치의 경우
② 증발 온도가 높은 저온장치의 경우
③ 토출가스 배관이 길어진다고 생각되는 경우
④ 토출가스에 다량의 오일이 섞여 나간다고 생각되는 경우

해설 ▶ 증발 온도가 낮은 저온장치에 유분리기 설치

36 유기질 브라인으로서 마취성과 인화성이 있고, -100℃ 정도의 식품 초저온 동결에 사용되는 것은?

① 에틸알콜
② 염화칼슘
③ 에틸렌글리콜
④ 염화나트륨

해설 ▶
- 에틸렌글리콜(제상용) : 부식성 없다, 모든 금속에 사용, 소형냉동기용, 저온용
- 에틸알콜(초저온동결용) : 마취성, 인화성 있고 -100℃ 정도의 초저온용

37 증발 온도가 다른 2개의 증발기에서 발생하는 냉매가스를 압축하는 다효 압축시 저압 흡입구는 어디에 연결되어 있는가?

① 피스톤 상부
② 피스톤 행정 최하단 실린더 벽
③ 피스톤 하부
④ 피스톤 행정 중간 실린더 벽

해설 ▶ 다효 압축방식 : 1대 압축기로 압력이 서로 다른 2가지 가스를 동시에 압축하는 방식으로 저압 증발기에서 압축기 피스톤 상부에 뚫린 구멍으로 흡입된다.

38 흡수식 냉동기에 사용되는 흡수제의 구비조건으로 맞지 않는 것은?

① 용액의 증기압이 낮을 것
② 농도 변화에 의한 증기압의 변화가 클 것
③ 재생에 많은 열량을 필요로 하지 않을 것
④ 점도가 높지 않을 것

해설 ▶ 흡수제의 농도 변화에 의한 증기압의 변화가 작을 것

39 증발기에 대한 설명 중 옳은 것은?

① 증발기에 많은 성애가 끼는 것은 냉동 능력에 영향을 주지 않는다.
② 직접 팽창식보다 간접 팽창식 증발기가 RT 당 냉매 충전량이 적다.
③ 만액식 증발기에서 냉매 측의 전열을 좋게 하기 위한 방법으로는 관경을 크고 관 간격을 넓게 하는 방법이 있다.
④ 액순환식의 증발기에서는 냉매액만이 흐르고 냉매증기는 전혀 없다.

해설 ▶
① 증발기에 적상이 낄 경우 냉동능력이 작아진다.
③ 전열을 좋게 하기 위해서는 관경은 작게 관 간격을 좁게 하여 전열면적을 증가시켜야 한다.
④ 액순환식 증발기 출구에서 냉매액 80%, 냉매가스 20%가 존재한다.

Answer 35. ② 36. ① 37. ① 38. ② 39. ②

40 다음 P – h 선도상의 (f → a) 변화 과정에 대한 내용으로 맞는 것은?

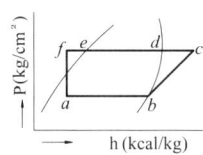

① 압력 상승
② 온도 상승
③ 엔탈피 불변
④ 비체적 감소

해설 f → a 과정은 팽창밸브 교축과정으로 교축 전·후의 엔탈피는 일정하다.

41 얼음 두께를 t, 브라인 온도를 t_b 라 할 때, 결빙 시간의 산정식으로 맞는 것은?

① $\dfrac{0.56 \times t^2}{t_b}$ = 결빙시간

② $\dfrac{0.56 \times t_b}{t^2}$ = 결빙시간

③ $\dfrac{0.56 \times t^2}{-t_b}$ = 결빙시간

④ $\dfrac{0.56 \times t_b}{-t^2}$ = 결빙시간

해설 결빙시간

$$\dfrac{0.56 \times t^2}{-t_b}$$

42 압축기의 압축비가 커지면 어떤 현상이 일어나는가?

① 압축비가 커지면 체적효율이 증가한다.
② 압축비가 커지면 체적효율이 저하한다.
③ 압축비가 커지면 소요동력이 작아진다.
④ 압축비와 체적효율은 아무런 관계가 없다.

해설 압축비가 커지면 체적효율이 감소하고 압축기 소요동력이 커진다.

43 전압계의 측정범위를 넓히기 위해서 사용되는 것은?

① 분류기   ② 휘트스톤브리지
③ 배율기   ④ 변압기

해설 ① 분류기 : 전류의 측정범위를 넓히기 위해서 사용
② 휘트스톤 브리지 : 지중선로의 고장점 검출을 위해 사용

44 불연속 제어에 속하는 것은?

① ON – OFF
② 비례 제어
③ 미분 제어
④ 적분 제어

해설 불연속 제어종류
2위치제어(ON – OFF 제어), 다위치 제어, 불연속 속도 제어

Answer 40. ③ 41. ③ 42. ② 43. ③ 44. ①

45 전자 밸브를 작동시켜 주는 원리는?

① 냉매 압력
② 영구 자석의 철심의 힘
③ 전류에 의한 자기 작용
④ 전자 밸브 내의 소형 전동기

해설 전자 밸브(솔로노이드 밸브) 작동원리는 전류에 의한 자기작용에 의해 전류가 통할때 열린다.

46 공기조화기의 송풍기의 측동력을 산출할 때 필요한 값과 거리가 먼 것은?

① 송풍량
② 현열비
③ 송풍기 전압효율
④ 송풍기 전압

해설
$$kW = Q(m^3/s) \times Pt(Ps) / 102 \times \eta t(\eta s)$$
Q : 송풍량, Pt : 송풍기전압(Ps = 송풍기정압), $\eta t(\eta s)$: 전압효율(정압효율)

47 현열교환기에 대한 설명으로 잘못된 것은?

① 보건 공조용으로 사용한다.
② 연도 배기가스의 열회수용으로 사용한다.
③ 회전형과 히트파이프가 있다.
④ 산업용 공조에 주로 사용한다.

해설 현열교환기는 산업용 공조에 주로 사용하고 보건 공조용에 사용하지 않음

48 팬코일 유닛 방식을 채용하는 이유로 부적당한 것은?

① 개별제어가 쉽다.
② 환기량 확보가 쉽다.
③ 운속 동력이 적게 소요된다.
④ 중앙 기계실의 연적을 줄일 수 있다.

해설 FCU는 실내공기만을 유닛에 취입하여 실내에 순환되므로 환기량 확보에서는 상당히 불리하다.

49 냉방부하의 종류 중 실내부하에 해당하는 것은?

① 문틈에서의 틈새 바람
② 환기덕트, 배관에서의 손실
③ 펌프의 동력열
④ 외기부하

해설 실내취득부하 : 벽체를 통한 부하, 유리창을 통한 부하, 틈새바람부하, 인체발생부하, 조명부하, 실내기구부하

50 지름 50cm인 덕트 내의 풍속이 7.5m/sec 일 때 풍량은 약 몇 m^3/h 인가?

① 3750
② 5300
③ 8960
④ 9650

해설
$$Q(m^3/h) = A(m^2) \times v(m/s) \times 3600$$
50cm = 0.5m 원형 덕트 면적 $A(m^2) = (D^2/4)$
$$Q(m^3/h) = \left[\frac{3.14 \times (0.5)^2}{4}\right] \times 7.5 \times 3600$$
$$= 5298.7 ≒ 5300 m^3/h$$

Answer 45. ③ 46. ② 47. ① 48. ② 49. ① 50. ②

51 가습기 중 응답성이 빠르고 제어성이 좋아 많이 사용하며 물의 정체성이 없어 미생물의 번식이 없는 것은?

① 원심형 가습기
② 팬형 가습기
③ 증기 가습기
④ 모세관형 가습기

해설 증기발생식 가습기
응답성, 제어성이 빠르고 미생물 번식이 없어 무균의 청정실 습도제어가 요구되는 곳에 사용

52 인체의 신진대사량과 방열량과의 관계에 대한 다음 설명 중 옳지 않은 것은?

① 신진대사량 = 전체 방열량인 경우 체온은 일정하다.
② 신진대사량 > 전체 방열량의 경우 더위를 느낀다.
③ 신진대사량 < 전체 방열량일 경우 추위를 느낀다.
④ 신진대사량과 전체 방열량은 어떠한 관계도 없다.

해설 인체의 신진대사는 인체 기초대사를 의미한다. 그러므로 실내 온열 환경, 즉 방열량과 밀접한 관계를 갖게 된다.

53 대기압 하에서 100℃의 포화수를 100℃의 건포화 증기로 만들 수 있는 보일러의 증발량은?

① 상당 증발량
② 실제 증발량
③ 정미 증발량
④ 보일러 증발량

해설 상당증발량 $Ge = G(h''-h')/539$. 즉 539kcal/kg의 열량(100℃의 포화수를 100℃ 건포화증기로 만들 때의 잠열)을 가진 증기의 량을 의미

54 습공기의 상태 변화에 관한 설명으로 옳은 것은?

① 습공기를 가열하면 절대습도는 상승한다.
② 습공기를 가습하면 상대습도는 저하한다.
③ 습공기를 냉각시키면 건구온도는 저하하고 상대습도는 상승한다.
④ 습공기를 가열하여 그 온도를 상승시키면 상대습도는 상승한다.

해설 습공기를 가열하면 절대습도는 변화가 없고 상대습도는 감소하며 가습시에는 상대습도가 증가하게 된다.

55 송풍량이 360m³/min인 팬을 540 m³/min로 송풍하려면 회전수와 동력은 각각 약 몇 배로 증가되는가?

① 회전수 : 1.5배, 동력 : 3.4배
② 회전수 : 1.0배, 동력 : 1.5배
③ 회전수 : 1.0배, 동력 : 3.4배
④ 회전수 : 1.5배, 동력 : 1.5배

해설 $Q_2 = Q_1$ $P_2 = P_1(N_2/N_1)^2$ $L_2 = L_1(N_2/N_1)^3$
풍량비 $540 = 360(N_2/N_1)$이므로 회전수는 1.5배 증가, 동력비는 회전수의 세제곱근에 비례하므로 $(1.5)^3 ≒ 3.4$ 배

Answer 51. ③ 52. ④ 53. ① 54. ③ 55. ①

56 덕트설비에 사용되는 댐퍼의 용도를 나타낸 것이다. 옳지 않은 것은?

① 버터플라이 댐퍼 – 대형 덕트의 개폐용
② 볼륨 댐퍼 – 덕트의 풍량 조절용
③ 스플릿 댐퍼 – 분기부의 풍량 배분용
④ 방화 댐퍼 – 화재시 화염의 침입 방지용

해설 버터플라이 댐퍼 : 유량조절용으로 부적당하며, 소형덕트용

57 증기 배관의 말단이나 방열기 환수구에 설치하여 증기관이나 방열기에서 발생한 응축수 및 공기를 배출하여 수격작용 및 배관의 부식을 방지하는 장치는?

① 공기빼기밸브 (AAV)
② 신축이음 (EXP)
③ 증기트랩(ST)
④ 팽창탱크 (ET)

해설 트랩은 증기보일러의 부속설비

58 온수난방의 특징 설명으로 틀린 것은?

① 장치의 열용량이 크므로 예열시간이 길다.
② 배관 열손실이 적고 연료의 소비량이 적다.
③ 온수용 주철 보일러는 수두 제한 때문에 고층에서는 사용할 수 없다.
④ 트랩이나 기구장치 등이 필요하다.

해설 트랩은 응축수를 분리하기 위한 장치로 증기난방에 필요한 장치

59 주철제 방열기의 종류가 아닌 것은?

① 2주형   ② 3주형
③ 4세주형   ④ 5세주형

해설 주철제 방열기 종류 : 2주형, 3주형, 3세주형, 5세주형

60 독립계통으로 운전이 자유롭고 냉수 배관이나 복잡한 덕트 등이 없기 때문에 소규모 상점이나 사무실 등에서 사용되는 경제적인 공조 방식은?

① 중앙식 공조 방식
② 팬코일 유닛 공조 방식
③ AHU 공조 방식
④ 패키지 유닛 공조 방식

해설 패키지 유닛 공조 방식
냉동기·냉각코일, 송풍기, 필터 등이 하나의 케이싱 내에 조립되어 있는 것으로 소규모 건물용

Answer 56. ① 57. ③ 58. ④ 59. ③ 60. ④

공조냉동기계기능사 2000제 문제은행

CBT 시험대비
2010년 7월 11일 시행

01 재해방지의 기본원리인 도미노(domino) 이론의 5단계 중 재해제거를 위해 가장 중요하다고 할 수 있는 요인은?

① 가정 및 사회적 환경의 결함
② 개인적 결함
③ 불안전한 행동 및 상태
④ 사고

해설 ① 제1단계 : 사회적 환경 및 유전적 요소
② 제2단계 : 개인적인 결함
③ 제3단계 : 불안전한 행동 및 상태(인적원인과 물적 원인)
④ 제4단계 : 사고
⑤ 제5단계 : 재해
사회적 환경 및 유전적 요소, 개인적인 결함은 제거가 어려우므로 즉, 단시일 내에 개선이나 보완이 곤란한 요인이고 '인간의 불안전 행동'이나 '기계적 혹은 물리적 위험상태'를 제거함으로써 사고 발생을 억제할 수 있다는 원리

02 휘발성 유류의 취급시 지켜야 할 안전 사항으로 옳지 않은 것은?

① 실내의 공기가 외부와 차단 되도록 한다.
② 수시로 인화물질의 누설여부를 점검한다.
③ 소화기를 규정에 맞게 준비하고, 평상시에 조작방법을 익혀둔다.
④ 정전기가 발생하는 작업복의 착용을 금한다.

해설 누설시 체류할 위험성으로 환기장치 설치

03 중량물을 운반하기 위하여 크레인을 사용하고자 한다. 크레인의 안전한 사용을 위해 지정거리에서 권상을 정지시키는 방호장치는?

① 과부하방지장치 ② 권과방지장치
③ 비상정지장치   ④ 해지장치

해설 ① 과부하방지장치 : 크레인에 있어서 정격하중 이상의 하중이 부하 되었을때 자동적으로 상승이 정지되면서 경보음 발생하는 장치
② 권과방지장치 : 권과를 방지하기 위하여 자동적으로 동력을 차단하고 작동을 제동하는 장치
③ 후크해지장치 : 후크에서 와이어로프가 이탈하는 것을 방지하는 장치
④ 비상정지장치 : 이동 중 이상상태 발생시 급정지 시킬 수 있는 장치

Answer 1. ③ 2. ① 3. ②

04 보호구 사용시 유의사항으로 옳지 않은 것은?

① 작업에 적절한 보호구를 선정한다.
② 작업장에는 필요한 수량의 보호구를 비치한다.
③ 보호구는 사용하는데 불편이 없도록 관리를 철저히 한다.
④ 작업을 할 때 개인에 따라 보호구는 사용 안해도 된다.

해설 보호구는 산업재해 방지를 위해 작업자 개개인이 착용하고 작업하는 것으로서, 위험과 유해에 따라 일어나는 재해를 예방하고, 영향이나 부상 정도를 경감하기 위한 용구

05 보일러에 부착된 안전밸브의 구비조건 중 틀린 것은?

① 밸브 개폐 동작이 서서히 이루어질 것
② 안전밸브의 지름과 압력분출장치 크기가 적정할 것
③ 정상 압력으로 될 때 분출을 정지할 것
④ 보일러 정격용량 이상 분출할 수 있어야 할 것

해설 밸브개폐 동작이 자유롭고, 신속할 것

06 재해의 직접적인 원인에 해당되는 것은?

① 불안전한 상태
② 기술적인 원인
③ 관리적인 원인
④ 교육적인 원인

해설 재해의 원인에 의한 분류
① 관리적 원인 : 기술적원인, 교육적원인
② 직접원인 : 불안전한 상태(물적요인), 불안전한 행동(인적요인)

07 냉동 장치 내에 불응축가스가 침입되었을 때 미치는 영향 중 틀린 것은?

① 압축비 증대
② 응축압력 상승
③ 소요동력 증대
④ 토출가스 온도저하

해설 ※ 불응축가스 : 응축기에서 액화되지 않는 가스로 불응축가스의 분압 만큼 응축압력이 상승하고 유효 전열면적의 감소로 응축능력감소, 압축기 과열로 소요동력증대, 압축비 증대, 토출가스온도상승으로, 냉동능력 감소등에 악영향을 미침

Answer 4. ④ 5. ① 6. ① 7. ④

08 안전모가 내 전압성을 가졌다는 말은 최대 몇 볼트의 전압에 견디는 것을 말하는가?

① 600V ② 720V
③ 1000V ④ 7000V

해설 안전모의 종류(기호)
① A : 물체의 낙하 및 비래에 의한 위험을 방지 또는 경감시키기 위한 것 (재료 : 합성 수지, 금속)
② AB : 물체의 낙하 또는 비래 및 추락에 의한 위험을 방지 또는 경감시키기 위한 것
③ AE : 물체의 낙하 및 비래에 의한 위험을 방지 또는 경감하고 머리부위 감전에 의한 위험을 방지하기 위한 것, 내전압성 (재료 : 합성수지)
④ ABE : 물체의 낙하 또는 비래 및 추락에 의한 위험을 방지 또는 경감하고, 머리부위 감전에 의한 위험을 방지하기 위한 것, 내전압성(재료 : 합성수지)
※ 추락 : 높이 2미터 이상의 고소작업, 굴착작업 및 하역작업 등에 있어서의 추락을 의미
※ 내전압성 : 7,000볼트 이하의 전압에 견디는 것

09 전기용접 작업의 안전사항에 해당되지 않은 것은?

① 용접 작업시 보호장비를 착용토록 한다.
② 홀더나 용접봉은 맨손으로 취급하지 않는다.
③ 작업전에 소화기 및 방화사를 준비한다.
④ 용접이 끝나면 용접봉은 홀더에서 빼지 않는다.

해설 용접이 끝난 후 용접봉은 홀더에서 분리할 것

10 고압가스안전관리법에 의거 원심식 압축기의 냉동설비 중 그 압축기의 원동기 냉동능력 산정기준으로 맞는 것은?

① 정격출력 1.0kW를 1일의 냉동능력 1톤으로 본다.
② 정격출력 1.2kW를 1일의 냉동능력 1톤으로 본다.
③ 정격출력 1.5kW를 1일의 냉동능력 1톤으로 본다.
④ 정격출력 2.0kW를 1일의 냉동능력 1톤으로 본다.

해설 원심식 압축기를 사용하는 냉동설비는 그 압축기의 원동기 정격출력 1.2kW를 1일의 냉동능력 1톤으로 보고, 흡수식 냉동설비는 발생기를 가열하는 1시간의 입열량 6640kcal를 1일의 냉동능력 1톤으로 본다.

11 정(chisel)의 사용 시 안전관리에 적합하지 않은 것은?

① 비산 방지판을 세운다.
② 올바른 치수와 형태의 것을 사용한다.
③ 칩이 끊어져 나갈 무렵에는 힘주어서 때린다.
④ 담금질 한 재료는 정으로 작업하지 않는다.

해설 정작업 요령
① 쪼아내기 작업시에는 방진안경을 사용한다.
② 작업자의 눈은 정의 머리를 보지 말고, 날 끝을 보면서 작업한다.
③ 열처리한 재료는 정으로 작업하지 않는다.
④ 자르기 시작과, 끝날 무렵은 세게 치지 않는다.
⑤ 정작업은 마주보고 하지 않는다.
⑥ 정의 날은 중심부에 닿게 사용하며, 공작물의 재질에 따라 날 끝 각도를 바꾸어야 한다.(각도 60~70°)

Answer 8. ④ 9. ④ 10. ② 11. ③

12 작업장에서 계단을 설치 할 때 폭은 몇 m 이상으로 하여야 하는가?

① 0.2
② 1
③ 2
④ 5

해설 가설계단 : 통로의 경사가 30°이상 60°미만이면 가설통로는 계단으로 설치(35°적정)
① 1단 높이 : 22cm 정도로 일정한 단 높이 유지
② 발판 : 25~30cm를 표준으로 하여 설치
③ 가설계단의 폭 : 1m 이상
④ 동바리 및 난간의 기둥 간격 : 1.2~1.5m
⑤ 난간대 : 통로 양측에 90~120cm의 상부난간대 / 45~60cm의 중간난간대 설치(임의의 방향으로 움직이는 100kg 이상의 하중에 견딜 수 있도록 설치)

13 소화기 보관상의 주의사항으로 잘못된 것은?

① 겨울철에는 얼지 않도록 보온에 유의한다.
② 소화기 뚜껑은 조금 열어놓고 봉인하지 않고 보관한다.
③ 습기가 적고 서늘한 곳에 둔다.
④ 가스를 채워 넣는 소화기는 가스를 채울 때 반드시 제조업자에게 의뢰하도록 한다.

해설 뚜껑을 닫고, 봉인하여 보관할 것

14 공기압축기를 가동하는 때의 시작전 점검사항에 해당되지 않은 것은?

① 공기저장 압력용기의 외관상태
② 드레인밸브의 조작 및 배수
③ 압력방출장치의 기능
④ 비상정지장치 및 비상하강장치 기능의 이상 유무

해설 공기압축기의 운전개시(기동시) 점검사항
① 공기저장 압력용기의 외관상태
② 드레인 밸브의 조작 및 배수
③ 압력 방출장치의 기능
④ 언로드 밸브의 기능
⑤ 윤활유의 상태
⑥ 회전부의 덮개 또는 울
⑦ 그 밖의 연결부위의 이상 유무
※ ④ 정기점검항목

15 기계설비의 안전한 사용을 위하여 지급되는 보호구를 설명한 것이다. 이 중 작업조건에 따른 적합한 보호구로 올바른 것은?

① 용접시 불꽃 또는 물체가 날아 흩어질 위험이 있는 작업 : 보안면
② 물체가 떨어지거나 날아올 위험 또는 근로자가 감전되거나 추락할 위험이 있는 작업 : 안전대
③ 감전의 위험이 있는 작업 : 보안경
④ 고열에 의한 화상 등의 위험이 있는 작업 : 방화복

해설 ② : 안전모 ③ : 절연장갑 ④ : 방열복

Answer 12. ② 13. ② 14. ④ 15. ①

16 다음 중 압축기와 관계없는 효율은?

① 체적효율　② 기계효율
③ 압축효율　④ 팽창효율

해설 압축기 효율
① 체적효율 : $\dfrac{\text{실제 피스톤 압축량}}{\text{이론적 피스톤 압축량}}$
② 압축효율 : $\dfrac{\text{이론적동력}}{\text{지시동력}}$
③ 기계효율 : $\dfrac{\text{지시동력}}{\text{축동력}}$

17 2원 냉동장치의 설명으로 볼 수가 없는 것은?

① 약 -80℃ 이하의 저온을 얻는데 사용된다.
② 비등점이 높은 냉매는 고온측 냉동기에 사용된다.
③ 저온측 압축기의 흡입관에는 팽창탱크가 설치되어 있다.
④ 중간 냉각기를 설치하여 고온측과 저온측을 열 교환시킨다.

해설 ④ 중간냉각기는 2단 압축에 필요하고, 2원 냉동장치에는 카스게이드 콘덴서가 필요

18 일반적으로 보온재와 보냉재를 구분하는 기준으로 맞는 것은?

① 사용압력　② 내화도
③ 열전도율　④ 안전사용 온도

해설 ※ 사용온도에 따른 구분
① 보냉재 : 100℃ 이하
② 보온재 : 유기질은 100~200℃, 무기질은 200~800℃
③ 단열재 : 800~1200℃
④ 내화단열재 : 1200~1500℃
⑤ 내화재 : 1580℃ 이상

19 냉동기 오일에 관한 설명 중 틀린 것은?

① 윤활 방식에는 비말식과 강제급유식이 있다.
② 사용 오일은 응고점이 높고 인화점이 낮아야 한다.
③ 수분의 함유량이 적고 장기각 사용하여도 변질이 적어야 한다.
④ 일반적으로 고속다기통 압축기의 경우 윤활유의 온도는 50~60℃이다.

해설 윤활유 구비조건
① 응고점이 낮고 인화점이 높을 것
② 고온에서 열화하지 않을 것
③ 냉매에 의하여 화학변화가 일어나지 말 것
④ 수분 등 산류의 함량이 적고 전기적 절연 내력이 클 것
⑤ 저온에서 왁스(wax)가 분리하지 않을 것
⑥ 전기 절연 내력이 클 것
⑦ 장기간 사용하여도 변질하지 않을 것
⑧ 장기간 휴지시 방청능력이 있을 것
⑨ 항유화성이 있을 것

Answer 16. ④　17. ④　18. ④　19. ②

20 프레온계 냉매 중에서 수소원자(H)를 가지고 있지 않은 것은?

① R-21   ② R-22
③ R-502 ④ R-114

해설
① R-21(CHCl$_2$F)
② R-22(CHClF$_2$)
③ R-502(CHClF$_2$ + CClF$_2$CF$_3$)
④ R-114(C$_2$Cl$_2$F$_4$)

21 전자밸브는 다음 어느 동작에 해당되는가?

① 비례동작
② 적분동작
③ 미분동작
④ 2위치동작

해설 ① 불연속동작
① 2위치동작 : 편차입력에 따라 두 개의 조작량의 값을 선택하는 동작(on-off 동작)
② 다위치동작
③ 불연속 속도동작
② 연속동작 ① 비례동작(P 동작) ② 적분동작(I 동작) ③ 미분동작(D 동작)

22 기준냉동사이클의 증발 과정에서 증발압력과 증발온도는 어떻게 변화 하는가?

① 압력과 온도가 모두 상승한다.
② 압력과 온도가 모두 일정하다.
③ 압력은 상승하고 온도는 일정하다.
④ 압력은 일정하고 온도는 상승한다.

해설 기준냉동 싸이클 상태변화 과정

냉동 사이클	변화과정
압축과정	압력 상승, 온도 상승, 비체적 감소, 엔트로피 불변, 엔탈피 증가
응축과정	압력 불변, 온도 일정, 엔탈피 감소, 건조도 감소
팽창과정	압력 강하, 온도 강하, 엔탈피 불변, 비체적 증대
증발과정	압력 불변, 온도 일정, 엔탈피 증가

23 저단측 토출가스의 온도를 냉각시켜 고단측 압축기가 과열되는 것을 방지하는 것은?

① 부스터
② 인터쿨러
③ 콤파운드 압축기
④ 익스펜션탱크

해설 2단압축에서 중간냉각기(Inter-cooler)의 기능
① 저압 압축기의 토출 가스 온도 강하
② 증발기에 공급되는 냉매액을 과냉각시켜 냉동효과를 증대
③ 고압 압축기에 흡입되는 냉매 가스와 액을 분리(리퀴드 백 방지)

Answer 20. ④ 21. ④ 22. ② 23. ②

24 열에 관한 설명으로 틀린 것은?

① 승화열은 고체가 기체로 되면서 주위에서 빼앗는 열이다.
② 잠열은 물체의 상태를 바꾸는 작용을 하는 열이다.
③ 현열은 상태 변화 없이 온도 변화에 필요한 열이다.
④ 용해열은 현열의 일종이며, 고체를 액체로 바꾸는데 필요한 열이다.

해설 용해열은 잠열
∴ 얼음의 용해 잠열 : 79.68[kcal/kg](144[BTU/lb])

25 서로 다른 지름의 관을 이을 때 사용되는 것은?

① 소켓   ② 유니온
③ 플러그 ④ 부싱

해설 나사이음 부속의 사용처 별 분류
① 배관 방향 바꿀 때 : 엘보, 벤드
② 관을 분기 할 때 : T, Y, 크로스(+)
③ 같은관(동경)직선 연결시 : 소켓, 유니온, 니플, 플랜지
④ 서로 다른(이경)관 직선 연결시 : 레듀셔, 줄임티, 붓싱, 이경 엘우
⑤ 관 끝을 막을 때 : 플러그, 캡

26 다음 설명 중 옳은 것은?

① 냉장실의 온도는 열복사에 의해서 균일하게 된다.
② 냉장실의 방열 벽에는 열전도율이 큰 재료를 사용한다.
③ 물은 얼음 보다는 열전도율이 적으나 공기보다는 크다.
④ 수냉응축기에서 냉각관의 전열은 물때의 영향은 받으나 냉각수의 유속과는 관계가 없다.

해설 물의 열전도율은 공기보다 약 20배 빠르다.

27 지열을 이용하는 열펌프(Heat Pump)의 종류가 아닌 것은?

① 엔진구동 열펌프
② 지하수 이용 열펌프
③ 지표수 이용 열펌프
④ 지중열 이용 열펌프

해설 지열원 히트펌프 종류
① 지중열(토양) 이용 열펌프
② 지하수 이용 열펌프
③ 지표수 이용 열펌프
④ 복합 지열원 이용 열펌프
※ 현재 국내에서는 주로 지중열(토양)이용 열펌프를 이용한다.

Answer 24. ④ 25. ④ 26. ③ 27. ①

28 어떤 냉동기를 사용하여 25°C의 순수한 물 100L를 -10°C의 얼음으로 만드는데 10분이 걸렸다고 한다면, 이 냉동기는 약 몇 냉동 톤인가? (단, 1톤 냉동톤은 3320kcal/h, 냉동기의 모든 효율은 100이다.)

① 3 냉동톤
② 16 냉동톤
③ 20 냉동톤
④ 25 냉동톤

해설 1냉동톤(1RT) : 0°C의 물 1ton을 24시간 동안 0°C 얼음으로 만드는데 시간당 제거해야 할 열량

∴ $Q_1 = 100 \times 25 = 2500$, $Q_2 = 100 \times 80 = 8000$, $Q_3 = 10 \times 100 \times 0.5 = 500$,
$Q_1 + Q_2 + Q_3 = 11000$, $11000 \times 60/10 = 66000$

∴ $\frac{66000}{3320} = 19.88$ 즉 20RT

29 어떤 물질의 산성, 알칼리성 여부를 측정하는 단위는?

① CHU   ② RT
③ pH   ④ B.T.U

해설
① 1[C.H.U] : 물 1[lb]의 온도를 1[°C] 올리는데 필요한 열량
② 0°C 의 물 1ton을 24시간 동안 0°C 얼음으로 만드는데 시간당 제거해야 할 열량
③ 용액의 액성을 수소 이온 농도로 나타내는 값(1~14), 중성 pH7.0을 기준으로 이보다 낮으면 산성 높으면 염기성
④ 물 1[lb]의 온도를 1[°F] 올리는데 필요한 열량

30 암모니아와 프레온 냉동 장치를 비교 설명한 것 중 옳은 것은?

① 압축기의 실린더 과열은 프레온보다 암모니아가 심하다.
② 냉동 장치내에 수분이 있을 경우, 장치에 미치는 영향은 프레온보다 암모니아가 심하다.
③ 냉동 장치내에 윤활유가 많은 경우, 프레온보다 암모니아가 문제성이 적다.
④ 동일 조건에서는 성능, 효율 및 모든 제원이 같다.

해설 프레온 압축기 실린더 과열을 방지하기 위해 워터 재킷(water jacket)을 설치하여 실린더를 수 냉각 시킨다.

31 회전식 압축기의 특징에 해당 되지 않은 것은?

① 조립이나 조정에 있어서 고도의 정밀도가 요구된다.
② 대형압축기와 저온용 압축기에 많이 사용한다.
③ 왕복동식 보다 부품수가 적으며, 흡입밸브가 없다.
④ 압축이 연속적으로 이루어져 진공 펌프로도 사용된다.

해설 왕복식 압축기는 대형 및 고온용임

Answer 28. ③ 29. ③ 30. ① 31. ②

32 터보 냉동기의 특징을 설명한 것이다. 옳은 것은?

① 마찰부분이 많아 마모가 크다.
② 제어범위가 좁아 정밀제어가 곤란하다.
③ 저온장치에서는 압축단수가 작아지며 효율이 좋다.
④ 저압냉매를 사용하므로 취급이 용이하고 위험이 적다.

해설 터보냉동기 특징
① 마찰부분(피스톤, 실린더, 크랭크축)이 없어 고장이 적고, 마모에 의한 손상이나 성능저하가 적다.
② 광범위하고 정밀한 용량제어가 가능.
③ 보수가 용이하고 수명 길다.
④ 100R／T 정도 이상에서는 왕복동식에 비해 같은 냉동 능력일 때 설치면적이 적다.
⑤ 저압냉매를 사용하므로 취급이 간편하고 위험이 적다.
⑥ 1단의 압축으로 압축비를 크게 할 수 없다.
⑦ 한계치이하의 유량으로 운전시 서징(surging)이 발생.

33 냉동장치의 부속기기에 대한 설명에서 잘못된 것은?

① 여과기는 냉매계통중의 이물질을 제거하기 위해 사용한다.
② 암모니아 냉동장치의 유분리기에서 분리된 유(油)는 냉매와 분리 후 회수한다.
③ 액순환식 냉동장치에 있어 유분리기는 압축기의 흡입부에 부착한다.
④ 프레온 냉동장치에 있어서는 냉매와 유가 잘 혼합되므로 특별한 유회수장치가 필요하다.

해설 유분리기설치 위치 : NH₃ 냉동기는 압축기토출부와 응축기 사이 3/4 지점 프레온 냉동기는 1/4 지점이 적합.

34 냉동장치 내에 냉매가 부족할 때 일어나는 현상으로 옳은 것은?

① 흡입관에 서리가 보다 많이 붙는다.
② 토출압력이 높아진다.
③ 냉동능력이 증가한다.
④ 흡입압력이 낮아진다.

해설 냉매 부족시 현상
① 액체냉매의 온도가 높다.(응축하지 않은 가스냉매가 액체냉매에 포함되어 있기 때문)
② 흡입압력과 토출압력이 낮다.
③ 증발관에 성에가 끼지 않고 심하면 성에가 녹는다.

35 다음은 용접이음용 크로스(cross)를 나타낸 것이다. 호칭표시가 맞는 것은 어느 것인가?

① 크로스 : 25A × 25A × 20A × 32A
② 크로스 : 32A × 25A × 25A × 20A
③ 크로스 : 20A × 25A × 25A × 32A
④ 크로스 : 32A × 20A × 25A × 25A

해설 지름이 4개인 관이음표시법 : 지름이 가장 큰 것을 ①번, 이것과 동일한 중심선상에 있는 것을 ②번, 나머지 2개 중 지름이 큰 것을 ③번, 작은 것을 ④번째 순으로 표시

Answer 32. ④ 33. ③ 34. ④ 35. ②

36 가용전(fusible plug)에 대한 설명으로 틀린 것은?

① 불의의 사고(화재 등)시 일정온도에서 녹아 냉동장치의 파손을 방지하는 역할을 한다.
② 용융점은 냉동기에서 68~75℃ 이하로 한다.
③ 구성 성분은 주석, 구리 납으로 되어 있다.
④ 토출가스의 영향을 직접 받지 않는 것에 설치해야 한다.

해설 ▶ 가용전 재질: 주석+카드뮴+비스무트의 성분(또는 창연+납+안티몬)으로, 75℃ 이하에서 용융되도록 설계하여, 압축기 토출가스의 영향을 받지 않는 곳에 설치한다. 법규상 일정 용량 이상의 냉동기는 가용전의 부착 의무화되어 있음

37 만액식 증발기의 전열을 좋게 하기 위한 것이 아닌 것은?

① 냉각관이 냉매액에 잠겨 있거나 접촉해 있을 것
② 증발기 관에 핀(fin)을 부착할 것
③ 평균 온도차가 작고 유속이 빠를 것
④ 유막이 없을 것

해설 ▶ 만액식 증발기 전열 좋게 하는 방법
① 관이 액냉매에 접촉하거나 잠겨 있을 것
② 관경이 작고 관간의 폭이 좁을 것
③ 관면이 거칠거나, 핀을 부착할 것
④ 평균온도차가 크고(7℃ 이상), 유속이 적당할 것
⑤ 오일이 존재하지 말 것

38 다음 중 나사용 패킹으로 냉매배관에 주로 많이 쓰이는 것은?

① 고무   ② 일산화연
③ 몰드   ④ 오일시일

해설 ▶ 패킹 종류
1) 플랜지패킹
① 고무패킹(기름에 침식)
② 석면 조인트시트
③ 합성수지 패킹
④ 오일시일 패킹
⑤ 금속패킹
2) 나사용 패킹
① 페인트
② 일산화연
③ 액상 합성수지
3) 그랜드 패킹
① 석면각형 패킹
② 석면 얀 패킹
③ 아마존 패킹
④ 몰드 패킹

Answer 36. ③ 37. ③ 38. ②

39 공정점이 -55℃이고 저온용 브라인으로서 일반적으로 제빙, 냉장 및 공업용으로 많이 사용되고 있는 것은?

① 염화칼슘
② 염화나트륨
③ 염화마그네슘
④ 프로필렌글리콜

해설 주요 브라인의 종류 및 용도

브라인의 종류	용도
염화칼슘 용액($CaCl_2$)	현재 가장 많이 사용되며 공정점이(-55℃)로 주로 제빙, 냉장용으로 널리 이용.
염화나트륨($NaCl$)	식료품과 직접 접촉하여도 지장이 없는 생선류의 냉동 및 냉장에 사용.
염화마그네슘 용액($MgCl_2$)	때때로 $CaCl_2$ 대용으로 사용할 때가 있으나 대체로 거의 사용하지 않음.
에틸렌글리콜($HOCH_2CH_2OH$) 글리세린($C_3H_5O_3$)	소형 냉동기에 사용, 저온용
프로필렌글리콜($CH_3CH(OH)CH_2OH$)	부식성이 적으며 식품 냉동용
물(H_2O)	0[℃] 이상의 고온용

40 다음 중 흡수식냉동기의 용량제거방법이 아닌 것은?

① 구동열원 입구제어
② 증기토출 제어
③ 발생기 공급 용액량 조절
④ 증발기 압력제어

해설 증발기 압력 제어 방법은 기계적 냉동방법

41 팽창변 직후의 냉매의 건조도 X = 0.14이고, 증발잠열이 400kcal/kg이라면 냉동효과는?

① 56kcal / kg
② 213kcal / kg
③ 344kcal / kg
④ 566kcal / kg

해설
$$400 - (0.14 \times 400) = 344$$

42 소요 냉각수량 120L/min, 냉각수 입출구 온도차 6℃인 수냉 응축기의 응축부하는 몇 kcal/h 인가?

① 6400
② 12000
③ 14400
④ 43200

해설
$$Qc = W \times C \times (tw_2 - tw_1)$$

Qc : 응축부하(kcal / h)
W : 냉각수량(L / h)
C : 냉각수비열(kcal/ kg℃)
tw_1 : 응축기 냉각수 입구온도(℃)
tw_2 : 응축기 냉각수 출구온도(℃)
∴ 120kg /min × 60min/1h × 6℃ × 1 kcal/ kg℃
= 4320kcal / h

43 동관 작업용 작업 공구이다. 해당사항이 적은 것은?

① 익스팬더
② 사이징 툴
③ 튜브 벤더
④ 봄볼

해설 연관용 공구 : 봄볼(주관에 구멍 뚫는 공구)

Answer 39. ① 40. ④ 41. ③ 42. ④ 43. ④

44 단단 증기압축식 이론 냉동사이클에서 응축부하가 10kW이고 냉동능력이 6kW일 때 이론 성적계수는 얼마인가?

① 0.6 ② 1.5 ③ 1.67 ④ 2.5

해설
$$COP = \frac{Q_2}{A_w} = \frac{T_2}{T_1 - T_2} \text{ 즉 } \frac{6}{(10-6)} = 1.5$$

45 팽창밸브 선정 시 고려할 사항 중 관계없는 것은?

① 관 두께
② 냉동기의 냉동능력
③ 사용냉매 종류
④ 증발기의 형식 및 크기

46 복사난방에 관한 설명 중 맞지 않는 것은?

① 바닥면의 이용도가 높고 열손실이 크다.
② 단열층 공사비가 많이 들고 배관의 고장 발견이 어렵다.
③ 대류 난방에 비하여 설비비가 많이 든다.
④ 방열체의 열용량이 적으므로 외기온도에 따라 방열량의 조절이 쉽다.

해설 복사 난방의 특징
① 장점
 • 쾌감도가 좋다.
 • 실내공간의 이용율이 높다.(방열기 설치 불필요)
 • 동일 방열량에 대한 열손실이 적다.
② 단점
 • 매입배관이므로 시공/수리 곤란하다.
 • 외기온도 변화에 대한 조절이 곤란하다.
 • 고장발견이 곤란 하고 시설비가 비싸다.

47 다음 중 온풍난방의 장점이 아닌 것은?

① 예열시간이 짧아 비교적 연료소비량이 적다.
② 온도의 자동제어가 용이하다.
③ 필터를 채택하므로 깨끗한 공기를 유지할 수 있다.
④ 실내온도 분포가 균등하다.

해설 온풍난방 : 가열한 공기를 실내에 공급하는 간접 난방으로 타 난방방식에 비해 열용량이 적고 예열시간이 짧다.
※ 장점
 ① 예열 시간의 거의 필요 없음.
 ② 송풍 온도가 높아 덕트경이 작아진다.
 ③ 신선 공기를 공급할 수 있다.
 ④ 설비비가 싸다.
 ⑤ 패키지형이어서 시공이 간편.
 ⑥ 중간 열매를 사용하지 않으므로 열효율이 높다.
 ⑦ 누수 동결 우려가 없음

48 상대습도(RH)가 100%일 때 동일하지 않은 온도는?

① 건구온도
② 습구온도
③ 작용온도
④ 노점온도

해설 작용온도 : 기온, 기류, 주위면의 온도를 종합한 인체의 체감도를 나타내는 척도

Answer 44. ② 45. ① 46. ④ 47. ④ 48. ③

49 화재발생시 연기를 방연구획 등의 건축물의 일정한 구획내에 가둬놓고 이것을 건물에서 배출하는 설비는?

① 환기설비　② 급기설비
③ 통풍설비　④ 배연설비

해설　배연설비 : 소방설비로 화재 발생시 연기를 자연적, 인위적으로 배출할 수 있도록 하는 설비(지하층의 급·배기휀은 배연설비가 아님)

50 다음 중 현열비를 구하는 식은?

① 현열비 = $\dfrac{현열부하}{잠열부하}$

② 현열비 = $\dfrac{잠열부하}{잠열부하+현열부하}$

③ 현열비 = $\dfrac{현열부하}{잠열부하+현열부하}$

④ 현열비 = $\dfrac{잠열부하}{현열부하}$

해설　현열비 : 전체열량(현열량+잠열량)에 대한 현열량의 비율

51 다음 수관식 보일러에 대한 설명으로 틀린 것은?

① 부하변동에 따른 압력변화가 크다.
② 급수의 순도가 낮아도 스케일 발생이 잘 안된다.
③ 보유수량이 적어 파열시 피해가 적다.
④ 고온 고압의 증기발생으로 열의 이용도를 높였다.

해설　수관식보일러 특징
① 고온, 고압에 적당하다.
② 설치 면적이 작고 발생열량이 크다.
③ 사실상 전체가 전열면이어서 효율이 대단히 높다.
④ 보유수량이 적어 파열시 피해가 적다.
⑤ 급수처리가 까다롭다.
⑥ 구조가 복잡하여 청소, 검사, 수리에 불편하다.
⑦ 제작이 까다로우며 비용도 많이 든다.

52 공기조화설비의 구성을 나타낸 것 중 관계가 없는 것은?

① 열원장치 : 가열기, 펌프
② 공기처리장치 : 냉각기, 에어필터
③ 열운반장치 : 송풍기, 덕트
④ 자동제어장치 : 온도조절장치, 습도조절장치

해설　열원장치 : 공조기로 냉각 혹은 가열하기 위해 필요한 냉수나 온수 또는 증기를 만드는 냉동기나 보일러 등을 말함.

53 다음의 냉방부하 중에서 현열 부하만 발생하는 것은?

① 극간풍에 의한 열량
② 인체의 발생 열량
③ 벽체로부터의 열량
④ 실내기구의 발생 열량

해설　① 벽체로 부터의 취득 현열량
② 유리로 부터의 취득 현열량
③ 극간풍에 의한 현열과 잠열량의 발생열량
④ 인체의 현열과 잠열 발생열량
⑤ 기구로부터의 현열과 잠열의 발생열량

Answer　49. ④　50. ③　51. ②　52. ①　53. ③

54 다음 중 공기의 감습방법에 해당되지 않는 것은?

① 흡수식   ② 흡착식
③ 냉각식   ④ 가열식

해설 감습방법 : ① 냉각법 ② 흡착법 ③ 흡수법

55 연도나 굴뚝으로 배출되는 배기가스에 선회력을 부여함으로서 원심력에 의해 연소가스 중에 있는 입자를 제거하는 집진기는?

① 세정식 집진기
② 싸이크론 집진기
③ 전기 집진기
④ 자석식 집진기

해설 싸이크론집진장치 : 비교적 입자가 굵고 비중이 있는 입자에 선회운동을 주어 입자에 작용하는 원심력에 의하여 입자를 가스로부터 분리하여 분진을 침강·포집하는 장치

56 1차공조기로부터 보내온 고속공기가 노즐 속을 통과할 때의 유인력에 의하여 2차 공기를 유인하여 냉각 또는 가열하는 방식을 무엇이라고 하는가?

① 패키지 유닛방식
② 유인 유닛방식
③ FCU방식
④ 바이패스방식

해설 유인 유닛방식

$$유인비 = \frac{1 \cdot 2차\ 공기의\ 합계공기}{1차공기} = 3~4\ 정도$$

57 개별공조방식의 특징 설명으로 틀린 것은?

① 설치 및 철거가 간편하다.
② 개별제어가 어렵다.
③ 히트 펌프식은 냉난방을 겸할 수 있다.
④ 실내 유닛이 분리되어 있지 않는 경우는 소음과 진동이 있다.

해설 개별제어 용이

58 덕트의 부속품에 대한 설명으로 잘못된 것은?

① 소형의 풍량 조절용으로는 버터플라이 댐퍼를 사용한다.
② 공조덕트의 분기부에는 베인형 댐퍼를 사용한다.
③ 화재시 화염이 덕트내에 침입하였을 때 자동적으로 폐쇄되도록 방화댐퍼를 사용한다.
④ 화재의 초기시 연기감지로 다른 방화구역에 연기가 침입하는 것을 방지하는 방연댐퍼를 사용한다.

해설 공조덕트 분기 부는 스플릿 댐퍼 사용

Answer 54. ④ 55. ② 56. ② 57. ② 58. ②

59 어떤 상태의 공기가 노점온도보다 낮은 냉각코일을 통과 하였을 때의 상태를 설명한 것 중 틀린 것은?

① 절대습도 저하
② 비체적 저하
③ 건구온도 저하
④ 상대습도 저하

해설 상대습도 증가

60 고온수 난방의 특징으로 적당하지 않은 것은?

① 고온수 난방은 증기난방에 비하여 연료절약이 된다.
② 고온수 난방방식의 설계는 일반적인 온수난방 방식보다 쉽다.
③ 공급과 환수의 온도차를 크게 할 수 있으므로 열 수송량이 크다.
④ 장거리 열 수송에 고온수일수록 배관경이 작아진다.

해설 고온수 난방설계가 보통온수식에 비해 복잡함

Answer 59. ④ 60. ②

공조냉동기계기능사 2000제 문제은행

2010년 10월 3일 시행

01 다음 중 불안전한 상태라 볼 수 없는 것은?
① 환기 불량
② 위험물의 방치
③ 안전교육의 미숙
④ 기계기구의 정비 불량

해설 안전교육의 미숙은 불안전한 행동

02 응축기에서 응축 액화된 냉매가 수액기로 원활히 흐르지 못하는 가장 큰 원인은?
① 액 유입관경이 크다.
② 액 유출관경이 크다.
③ 안전밸브의 구경이 적다.
④ 균압관의 관경이 적다.

해설 응축기 내부압력과 수액기 내부압력은 이론상 같으나 실제로는 응축기의 냉각수온이 낮고 수액기가 설치된 실온이 높으면 수액기의 압력이 응축압력보다 높아져 응축된 냉매가 수액기로 자유롭게 낙하되지 못하므로 이를 방지하기 위하여 균압관 설치

03 연료계통의 화재 발생 시 가장 적합한 소화작업에 해당되는 것은?
① 물을 붓는다.
② 산소를 공급해 준다.
③ 점화원을 차단한다.
④ 가연성 물질을 차단한다.

해설 연료계통 화재시 소화법은 가연성 물질 차단 효과, 질식효과, 억제효과 등

Answer 1. ③ 2. ④ 3. ④

04 냉동 제조 설비의 안전관리자의 인원에 대한 설명 중 바른 것은?
① 냉동능력 300톤 초과(냉매가 프레온일 경우는 600톤 초과)인 경우 안전관리원은 3명 이상이어야 한다.
② 냉동능력이 100톤 초과 300톤 이하(냉매가 프레온일 경우는 200톤 초과 600톤 이하)인 안전관리원은 1명 이상이어야 한다.
③ 냉동능력이 50톤 초과 100톤 이하(냉매가 프레온인 경우 100톤 초과 200톤 이하)인 경우 안전 관리 총괄자는 없어도 상관없다.
④ 냉동능력이 50톤 이하(냉매가 프레온일 경우는 100톤 이하)인 경우 안전 관리 책임자는 없어도 상관없다.

해설 ① 안전관리 총괄자 : 1명, 안전관리 책임자 : 1명, 안전관리원 : 2명 이상
② 안전관리 총괄자 : 1명, 안전관리 책임자 : 1명, 안전관리원 : 1명이상
③ 안전관리 총괄자 : 1명, 안전관리 책임자 : 1명, 안전관리원 : 1명 이상
④ 안전관리 총괄자 : 1명, 안전관리 책임자 : 1명

05 아크용접작업 기구 중 보호구와 관계없는 것은?
① 용접용 보안면
② 용접용 앞치마
③ 용접용 홀더
④ 용접용 장갑

해설 보호구 종류 : 보안면, 앞치마, 장갑, 안전화 등

06 펌프의 보수 관리 시 점검 사항 중 맞지 않는 것은?
① 윤활유 작동 확인
② 축수 온도 확인
③ 스타핑 박스의 누설 확인
④ 다단 펌프에 있어서 프라이밍 누설 확인

해설 프라이밍 누설 확인은 원심펌프의 물 채우는 작업으로 왕복펌프의 보수관리시 점검사항

07 다음 중 보일러의 부식 원인과 가장 관계가 적은 것은?
① 온수에 불순물이 포함될 때
② 부적당한 급수 처리 시
③ 더러운 물을 사용 시
④ 증기 발생량이 적을 때

해설 보일러 부식 원인 : 보일러수중에 산류, 가스류(O_2, CO_2)가 포함된 경우, 보일러 내부에 전위차가 생겼을 경우, 보일러수의 pH 7 이하가 될 때, 보일러 내의 부분적인 온도차가 생겨 열전류가 발생된 경우

08 전기의 접지 목적에 해당되지 않는 것은?
① 화재 방지
② 설비 증설 방지
③ 감전 방지
④ 기기손상 방지

해설 전기접지 목적 : 전위상승으로 인한 인체감전, 기기손상, 잡음발생, 오동작 등 장해를 방지하고 최소화하기 위함

Answer 4. ② 5. ③ 6. ④ 7. ④ 8. ②

09 전기용접 작업할 때에 안전관리 사항 중 적합하지 않은 것은?

① 우천 시에는 옥외작업을 하지 않는다.
② 피 용접물은 완전히 접지시킨다.
③ 옥외용접 시에는 헬멧이나 핸드실드를 사용하지 않아도 된다.
④ 용접봉은 홀더로부터 빠지지 않도록 정확히 끼운다.

해설 옥외용접 시 헬멧이나 핸드실드 사용

10 공구와 그 사용법을 바르게 연결한 것은?

① 바이스 – 암나사 내기
② 그라인더 – 공작물 연마
③ 리머 – 공작물을 고정
④ 핸드 탭 – 구멍 내면의 다듬질

해설
① 바이스 : 공작물 고정
② 그라인더 : 공작물 연마
③ 리머 : 구멍 내면의 다듬질
④ 핸드 탭 : 암나사 내기

11 아세틸렌 용기의 사용설명에 대한 내용으로 적절치 못한 것은?

① 화기나 열기를 멀리한다.
② 충돌이나 충격을 주면 안된다.
③ 용기 저장소는 옥외의 환기가 안되는 곳이어야 한다.
④ 가스 조정기나 용기의 밸브에 호스를 연결시킬 때는 바르게 한다.

해설 용기 저장소는 옥외 환기가 잘되는 곳에 보관할 것

12 산업안전기준에 관한 규칙에 의거 사업주는 안전을 위해 작업조건에 적합한 보호구를 지급하여야 한다. 이 때 사업주가 보호구를 지급하는 기준으로 옳은 것은?

① 동시에 작업하는 근로자의 수 이하
② 동시에 작업하는 근로자의 수 이상
③ 월 평균 작업근로자의 수 이상
④ 연 평균 작업근로자의 수 이상

해설 사업주 보호구 지급 기준 : 동시에 작업하는 근로자수 이상 지급

13 산업안전기준에 관한 규칙 상 작업장의 계단의 폭은 얼마 이상으로 하여야 하는가?

① 50cm
② 100cm
③ 150cm
④ 200cm

해설 사업주는 계단을 설치할 때는 그 폭을 1미터 이상으로 한다.

14 컨베이어 등을 사용하여 작업할 때 작업 시작 전 점검사항이다. 해당되지 않는 것은?

① 원동기 및 풀리기능의 이상 유무
② 이탈 등의 방지장치기능의 이상 유무
③ 비상정지장치 기능의 이상 유무
④ 작업면의 기울기 또는 요철유무

해설 작업면의 기울기 또는 요철유무 확인사항은 지게차운전 전 점검사항임

Answer 9. ③ 10. ② 11. ③ 12. ② 13. ② 14. ④

15 정기점검의 종류에 대한 설명이 바르지 않은 것은?

① 정기점검은 작업전에 실시하는 점검이다.
② 수시점검은 작업전, 작업중, 작업 후에 수시로 실시하는 점검이다.
③ 임시점검은 일상 발견 시 또는 재해 발생 시 실시하는 점검이다.
④ 특별점검은 기계기구의 신설, 변경, 수리 등에 의해 부정기적으로 실시하는 점검이다.

해설 정기점검 : 정해진 시간(주, 월, 분기) 등 정기적으로 실시하는 점검

16 응축기의 방령량 Q_1, 증발기의 흡수열량 Q_2, 압축소요 열당량 Aw이라면 올바른 관계식은?

① $Aw = Q_1 - Q_2$
② $Aw = Q_1 + Q_2$
③ $Aw = Q_2 - Q_1$
④ $Aw = Q_1 / Q_2$

해설 압축소요 열당량(Aw) : 저압 냉매증기 1[kg]을 압축기에 흡입하여 응축 압력까지 압축하는 일의 열당량으로 증발기에서 흡수한 열량을 응축기로 이동시키는데 필요한 열량

17 2단 압축장치의 구성 기기가 아닌 것은?

① 고단 압축기
② 증발기
③ 팽창 밸브
④ 캐스케이드 응축기

해설 캐스케이드 콘덴서는 2원 냉동장치에 필요한 장치로 저온측 냉동기의 응축기와 고온측의 증발기를 조합시켜 열 교환을 하게 함으로써 고온 냉동기의 증발기에 의해 저온쪽 냉동기의 응축기를 냉각시키도록 한 것임

18 다음 회로 내에 흐르는 전류는 몇 A인가?

① 1A
② 2A
③ 3A
④ 4A

해설
$$I = \frac{V}{R} = \frac{V}{R_1 + R_2}[A]$$

∴ $\frac{20}{4+6} = 2[A]$

Answer 15. ① 16. ① 17. ④ 18. ②

19 냉매가 냉동기유에 다량으로 융해되어 압축기 기동 시 크랭크케이스내의 압력이 급격히 낮아지면서 발생하는 현상은?

① 오일흡착 현상
② 오일에멀전 현상
③ 오일포밍 현상
④ 오일캐비테이션 현상

해설 오일포밍(oil foaming) : 압축기가 정지하고 있는 동안 크랭크 케이스내 압력이 높아지고 온도가 저하하면 오일은 그 압력과 온도에 상당하는 양의 냉매를 용해하고 있다가 압축기 재기동시 크랭크 케이스내 압력이 급격히 떨어지면 오일과 냉매가 급격히 분리되는데, 이때 유면이 약동하고 심하게 거품이 일어나는 현상(오일 해머의 우려, 응축기, 증발기등에 오일이 유입되어 전열 방해, 크랭크 케이스 내의 오일 부족현상 초래, 윤활불량으로 활동부 마모 및 소손 우려)

20 수냉식 응축기 냉각관의 일반적인 청소시기로 적당한 것은?

① 매월 1회
② 매년 1회
③ 3개월에 1회
④ 6개월에 1회

21 완전 기체에서 단열 압축 과정에 나타나는 현상은?

① 비체적이 커진다.
② 전열량이 변화가 없다.
③ 엔탈피가 증가한다.
④ 온도가 낮아진다.

해설 완전 기체에서 단열 압축 과정은 엔탈피 증가

22 다음 중 수소, 염소, 불소, 탄소로 구성된 냉매 계열은?

① HFC계
② HCFC계
③ CFC계
④ 할론 계

해설 ① 불소계 물질은 수소화염화불화탄소(HCFC)계, 수소불화탄소(HFC)계 물질로서, HCFC-123, R-502, HFC-125, HFC-134a 등이 있다.
② 비불소계 물질은 세정제, 발포제 및 분사 추진제 등으로 개발되고 있고 주로 액화 석유가스나 프로판 등 기존물질로 대체되고 있다.

23 회전식 압축기(rotary compressor)의 특징 설명으로 옳지 않은 것은?

① 왕복동식에 비해 구조가 간단하다.
② 기동시 무부하로 기동될 수 있으며 전력소비가 크다.
③ 압축비에 비하여 체적효율이 높다.
④ 진동 및 소음이 적다.

해설 기동시 무부하 기동이 가능하며, 전력소비가 적다.

24 온도 자동팽창 밸브에서 감온통의 부착위치는?

① 팽창밸브 출구
② 증발기 입구
③ 증발기 출구
④ 수액기 출구

해설 온도 자동팽창 밸브 감온통 부착위치는 증발기 출구

Answer 19. ③ 20. ② 21. ③ 22. ② 23. ② 24. ③

25 압축기의 톱 클리어런스가 크면 어떠한 영향이 나타나는가?

① 체적효율이 증대한다.
② 냉동능력이 감소한다.
③ 토출가스 온도가 저하한다.
④ 윤활유가 열화하지 않는다.

해설 톱 클리어런스가 클 때 현상 : 체적효율 감소, 토출가스 온도상승, 냉동능력 감소

26 파이프내의 압력이 높아지면 고무링은 더욱 파이프 벽에 밀착되어 누설을 방지하는 접합 방법은?

① 기계적 접합   ② 플랜지 접합
③ 빅토릭 접합   ④ 소켓 접합

해설 빅토릭 접합 : 주철관을 고무링과 금속제 칼라를 사용 접합하는 방법으로, 특히 관내 압력이 증가함에 따라 고무링이 관벽에 밀착하여 더욱 기밀이 유지된다.

27 브라인의 종류 중 무기질 브라인은?

① 에틸알콜
② 에틸렌글리콜
③ 프로필렌글리콜
④ 염화나트륨수용액

해설 브라인의 종류
① 무기질 브라인: 염화 칼슘($CaCl_2$), 염화 나트륨(NaCl), 염화 마그네슘($MgCl_2$)
② 유기질 브라인 : 에틸렌 글리콜, 프로필렌 글리콜, 메틸렌 클로라이드, 염화 에틸렌

28 냉동톤(RT)에 대한 설명 중 맞는 것은?

① 한국 1 냉동톤은 미국 1냉동톤보다 크다.
② 한국 1 냉동톤은 3024kcal / h이다.
③ 제빙기가 1일 동안 생산할 수 있는 얼음의 톤수를 1냉동톤이라고 한다.
④ 1냉동톤은 0℃의 얼음이 1시간에 0℃의 물이 되는데 필요한 열량이다.

해설 ① 1한국 냉동톤 : 0℃ 물 1ton을 24시간 동안에 0℃ 얼음으로 변화시킬 수 있는 열량) = 3320kcal/h
② 1미국 냉동톤(US RT) = 3,024kcal/h

29 시퀀스 제어에 사용되는 무접점 릴레이의 특징으로 틀린 것은?

① 작동 속도가 빠르다.
② 온도 특성이 양호하다.
③ 장치의 소형화가 가능하다.
④ 진동에 의한 오작동이 적다.

해설 무접점 릴레이 소자의 장·단점
1) 장점
① 동작속도가 빠르고.오작동이 적다.
② 수명이 길다.
③ 회로변경이 용이하다.
④ 장치의 소형화가 가능하다.
2) 단점
① 노이즈, 서지(Surge)에 약하다.
② 온도 변화에 약하다.
③ 신뢰성이 떨어진다.
④ 별도의 전원을 필요로 한다.

Answer 25. ② 26. ③ 27. ④ 28. ① 29. ②

30 냉동장치의 온도 관계에 대한 사항 중 올바르게 표현한 것은? (단, 표준냉동 사이클을 기준으로 할 것)

① 응축온도는 냉각수 온도보다 낮다.
② 응축온도는 압축기 토출가스 온도와 같다.
③ 팽창밸브 직후의 냉매온도는 증발온도보다 낮다.
④ 압축기 흡입가스 온도는 증발온도와 같다.

해설 표준냉동 사이클
① 응축온도는 냉각수 온도보다 높다.
② 응축온도는 압축기 토출가스 온도 보다 낮다.
③ 팽창밸브 직후의 냉매온도는 증발온도보다 높다.
④ 압축기 흡입가스 온도는 증발온도와 같다.

31 핀 튜브에 관한 설명 중 틀린 것은?

① 관내에 냉각수, 관외부에 프레온 냉매가 흐를 때 관외측에 부착한다.
② 증발기에 핀 튜브를 사용하는 것은 전열 효과를 크게하기 위함이다.
③ 핀은 열 전달이 나쁜 유체쪽에 부착한다.
④ 관내에 냉각수, 관외부에 프레온 냉매가 흐를 때 관내측에 부착한다.

해설 관내에 냉각수, 관외부에 프레온 냉매가 흐를 때 관외 측에 부착

32 다음 냉동장치에 대한 설명 중 옳은 것은?

① 고압 차단스위치 작동압력은 안전밸브 작동압력 보다 조금 크게 한다.
② 온도식, 자동 팽창밸브의 감온통은 증발기의 입구측에 붙인다.
③ 가용전은 프레온 냉동장치의 응축기나 수액기 등을 보호하기 위하여 사용된다.
④ 파열판은 암모니아 왕복동 냉동장치에만 사용된다.

해설 ① 고압차단스위치 : 정상 압력 + 0.4MPa 정도 높게 설정, 안전밸브 방출 압력보다 낮게 설정
② 온도식 자동 팽창밸브의 감온통은 (액냉매의 영향을 받지 않는 곳)증발기의 출구측 부착
③ 파열판은 주로 터보냉동기 저압측에 설치함

33 간접 팽창식와 비교한 직접 팽창식 냉동장치의 설명으로 틀린 것은?

① 소요동력이 적다.
② 냉동톤(RT)당 냉매 순환량이 적다.
③ 감열에 의해 냉각시키는 방법이다.
④ 냉매의 증발 온도가 높다.

해설 직접 팽창식 냉동장치 : 공조기 내부 코일에 냉수가 아닌 냉매가 통과하면서 냉매의 증발 잠열을 이용해 공기를 냉각하는 방식

Answer 30. ④ 31. ④ 32. ③ 33. ③

34 흡수식 냉동장치와 증기분사식 냉동장치의 냉매로 사용되는 것은?

① 물
② 공기
③ 프레온
④ 탄산가스

해설 ① 흡수식 냉동장치 : 냉매(물), 흡수제(LiBr)
② 증기분사식 냉동장치 : 증기 이젝터로 증발기 내의 압력을 낮추어 물의 일부를 증발시켜 냉동목적에 사용

35 열펌프에서 압축기 이론 축동력이 3kW이고, 저온부에서 얻은 열량이 7kW일 때 이론 성적계수는 약 얼마인가?

① 1.43
② 1.75
③ 2.33
④ 3.33

해설 $COP = \dfrac{냉동효과}{압축일의 열당량} + 1 = \dfrac{q}{A_w} + 1$

∴ $\left(\dfrac{7}{3}\right) + 1 = 3.33$

36 다음 중 다원 냉동장치에서만 볼 수 있는 것은?

① 불응축가스퍼저
② 중간 냉각기
③ 캐스케이드열교환기
④ 부스터

해설 캐스케이드 콘덴서는 2원 냉동장치에 필요한 장치

37 얼음두께 280mm, 브라인 온도 -9℃일 때 결빙에 소요된 시간으로 맞는 것은?

① 약 25시간
② 약 49시간
③ 약 60시간
④ 약 75시간

해설 $결빙시간(h) = \dfrac{0.56 \times t^2}{-(tb)}$

여기서, t : 얼음의 두께(cm), tb : 브라인 온도[℃]

∴ $\dfrac{0.56 \times (28)^2}{-(-9℃)} = 48.78$시간

38 배관도시 기호 중 유체의 종류에 따른 문자 기호가 서로 잘못 짝지어진 것은?

① 공기 - A
② 가스 - G
③ 유류 - O
④ 물 - S

해설 물 : W

39 암모니아 냉매 배관을 설치할 때 시공방법으로 틀린 것은?

① 관이음 패킹재료는 천연고무를 사용한다.
② 흡입관에는 U트랩을 설치한다.
③ 토출관의 합류는 Y접속으로 한다.
④ 액관의 트랩부에는 오일 드레인 밸브를 설치한다.

해설 흡입관에 액분리기 설치

Answer 34. ① 35. ④ 36. ③ 37. ② 38. ④ 39. ②

40 냉동장치의 장기간 정지 시 운전자의 조치 사항으로서 옳은 것은?

① 냉각수는 다음에 사용시 필요함으로 누설되지 않게 밸브 및 플러그의 잠김 상태를 확인하여 잘 잠가 둔다.
② 저압측 냉매를 전부 수액기에 회수하고, 수액기에 전부 회수할 수 없을 때에는 냉매통에 회수한다.
③ 냉매 계통 전체의 누설을 검사하여 누설 가스를 발견했을 때에는 수리해 둔다.
④ 압축기의 축봉 장치에서 냉매가 누설 될 수 있으므로 압력을 걸어 둔 상태로 방치해서는 안된다.

해설 냉각수는 동결우려로 배수 후 보관

41 다음과 같은 P-h 선도에서 온도가 가장 높은 곳은?

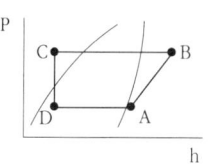

① A   ② B
③ C   ④ D

해설 A : 압축기 흡입(증발기 출구)지점
B : 압축기 토출(응축기 입구) 지점으로 온도 가장 높음
C : 응축기출구(팽창밸브입구) 지점
D : 팽창 밸브 출구(증발기 입구) 지점

42 다음 중 암모니아 불응축 가스 분리기의 작용에 대한 설명으로 옳은 것은?

① 분리되어진 공기는 수조로 방출된다.
② 암모니아 가스는 냉각되어 응축액으로 되어 유분리기로 되돌아간다.
③ 분리기내에서 분리되어진 공기는 온도가 상승한다.
④ 분리된 암모니아 가스는 압축기로 흡입 되어진다.

43 다음 중 입형 셸 앤 튜브식 응축기의 특징이 아닌 것은?

① 옥외 설치가 가능
② 액냉매의 과냉각도가 쉬움
③ 과부하에 잘 견딤
④ 운전 중 청소 가능

해설 입형 쉘 앤 튜브식 응축기 특징
① 원통(shell) 내부에 냉매가 관(tube)에 냉각수가 흐름
② 실, 내외 어느 곳이든지 설치 가능
③ 액냉매의 과냉각도가 곤란
④ 운전 중 청소 및 보수가능
⑤ 대형 암모니아 냉동기에 사용(고부하 가능)

44 분해조립이 필요한 부분에 사용하는 배관연결 부속은?

① 붓싱, 티이   ② 플러그, 캡
③ 소켓, 엘보   ④ 플랜지, 유니온

해설 분해 조립시 연결 부속품 : 플랜지, 유니온, 플레어 이음

Answer 40. ① 41. ② 42. ① 43. ② 44. ④

45 다음 중 교류회로의 주기 T(sec)를 옳게 표현한 것은? (단, 주파수 f[Hz], 각도 θ [rad]로 한다.)

① $T = \dfrac{1}{f}$
② $T = \dfrac{f}{1}$
③ $T = \dfrac{\theta}{f}$
④ $T = \dfrac{f}{\theta}$

해설 발전기 내코일이 회전할 때, 각의 이동이 생기고, 각이 회전하는 결과를 낳는다. 각이 이동하는 속도를 각속도라 하며, 각 $\theta = \dfrac{1}{r} = \omega t$ [rad]이 되고, 1회전 하면 2π [rad] = 360이 된다. 각속도는 ω로 표시하고 t초 동안에 각 θ가 이동한 값이다. $\omega = \dfrac{\theta}{t}$ [rad/s], 코일이 한 바퀴 도는 데 걸리는 시간을 주기 T라 하며, 주기 T는 $T = \dfrac{2\pi}{\omega} = \dfrac{1}{f}$ [s]가 된다.

46 인체가 느끼는 온열 감각에 대한 온도, 습도, 기류의 영향을 하나로 모아서 만든 쾌감지표는?

① 실내건구온도
② 실내습구온도
③ 상대습도
④ 유효온도

해설 유효온도(감각온도, 실효온도라고도함) : 사람이 느끼는 추위와 더위의 감각을 기온, 습도, 풍속의 세 요소의 조합에 의해 나타낸 것으로 사람이 쾌적하게 느끼는 온도상태를 쾌감대 라고 하는데, 보통 17~22℃가 이에 해당

47 어떤 실내의 취득 현열량을 구하였더니 30000kcal/h, 잠열이 10000kcal/h이었다. 실내를 25℃, 50% 유지하기 위해 취출온도차 10℃로 송풍하고자 한다. 이 때 현열비는?

① 0.7
② 0.75
③ 0.8
④ 0.85

해설 현열비(SHF : sensible heat factor)

$$\text{SHF} = \dfrac{q_S}{q_S + q_L} = \dfrac{30000}{(30000 + 10000)} = 0.75$$

48 덕트재료 중에서 고온의 공기 및 가스가 통과하는 덕트 및 방화댐퍼, 보일러의 연도 등에 가장 많이 사용되는 재료는?

① 열간 압연 박강판
② 동판
③ 아연도금 강판
④ 염화비닐판

해설 ① 열간 압연 박강판 : 고온의 공기, 가스사용 덕트 및 방화댐퍼, 보일러의 연도 등에 사용
② 아연도금 강판(함석) : 가격이 싸고 가공이 쉽다. 강도가 높고 부식성이 적다. 일반공조용 및 환기 덕트(duct), 공조기의 케이싱, 풍량조절 댐퍼, 급배기용 루버, 덕트 행거 등에 사용

Answer 45. ① 46. ④ 47. ② 48. ①

49 공기 냉각 코일의 설치에 대한 내용으로 틀린 것은?

① 공기의 풍속은 2~3m/s가 되도록 한다.
② 물의 속도는 일반적으로 1m/s 전후가 되도록 한다.
③ 코일의 설치는 관이 수직으로 놓이게 한다.
④ 공기류와 수류의 방향은 역류가 되도록 한다.

해설 ▶ 냉, 온수코일설치 : 공기 풍속은 2~3m/s, 물의 유속은 1m/s 전후, 공기류와 수류의 방향은 역류(대향류)가 되도록, 코일은 더블 서킷 코일선택, 풍속이 2.5[m/s]를 초과시 코일 출구측에 일리미네이터 설치

50 다음 중 송풍량을 결정하는 것은?

① 실내취득열량 + 기기내 취득열량
② 실내취득열량 + 재열량
③ 기기내 취득열량 + 외기부하
④ 재열량 + 외기부하

해설 ▶ 송풍량 결정 : 실내취득열량, 기기내 취득열량

51 다음 중 공조방식 중에서 개별 공기조화 방식에 해당되는 것은?

① 팬코일 유닛 방식
② 2중덕트 방식
③ 복사·냉난방 방식
④ 패키지 유닛 방식

해설 ▶ ① 개별공기조화방식 : 패키지 유닛 방식, 룸쿨러 방식, 멀티유닛 방식
② 중앙식 : 팬코일 유닛방식, 2중 덕트 방식, 복사냉난방식, 단일덕트 방식, 덕트병용 팬코일 유닛방식

52 다음의 습공기 선도에서 비체적을 나타내는 선은?

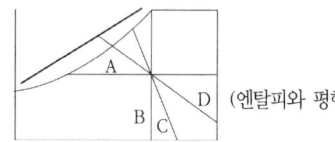
(엔탈피와 평행)

① A
② B
③ C
④ D

해설 ▶ A : 건구온도
B : 절대습도
C : 비체적선
D : 습구온도

53 주철제 보일러의 특징이 아닌 것은?

① 내식성 및 내열성이 좋다.
② 내압강도 및 열충격에 강하다.
③ 복잡한 구조도 제작이 용이하다.
④ 조립식으로 반입 또는 해체가 용이하다.

해설 ▶ 내압강도 및 열 충격에 약하다.

Answer 49. ③ 50. ① 51. ④ 52. ③ 53. ②

54 다음 밸브 중 유체의 역류방지용으로 사용되는 것은?

① 게이트 밸브(gate valve)
② 글로브 밸브(globe valve)
③ 앵글 밸브(angle valve)
④ 체크 밸브(check valve)

해설 체크밸브 : 유체의 역류 방지 목적

55 난방을 하기 위한 공조 시스템의 열원설비에 속하지 않는 것은?

① 보일러
② 급수펌프
③ 환수탱크
④ 냉각수펌프

해설 냉각수펌프 : 냉방위한 열원설비

56 흡수식 감습장치에서 주로 사용하는 흡수제는?

① 아드 소울
② 리튬염화
③ 실리카겔
④ 활성 알루미나

해설
① 흡수식감습제 : 리튬염화, 트리에틸렌글리콜
② 흡착식감습제 : 실리카겔, 활성알루미나, 아드소울

57 방열기의 표준방열량은 표준상태에 있어서 실내온도 및 열매온도에 의해 결정 되는데, 증기방열기의 표준 방열량으로 옳은 것은?

① 450kcal / m^2h
② 550kcal / m^2h
③ 650kcal / m^2h
④ 750kcal / m^2h

해설
① 증기표준발열량 : 650kcal / m^2h
② 온수표준발열량 : 450kcal / m^2h

58 팬의 효율을 표시하는데 있어서 사용되는 전압효율에 대한 올바른 정의는?

① $\dfrac{축동력}{공기동력}$
② $\dfrac{공기동력}{축동력}$
③ $\dfrac{회전속도}{송풍기크기}$
④ $\dfrac{송풍기크기}{회전속도}$

해설 전압효율 : $\dfrac{공기동력}{축동력}$

59 덕트의 열손실 방지를 위해 반드시 보온을 필요로 하는 부분은?

① 환기 덕트
② 외기 덕트
③ 배기 덕트
④ 급기 덕트

해설 급기 덕트 : 공조기에서 조화된 공기를 실내로 보내는 부분으로 반드시 보온필요

60 파이프 코일을 바닥이나 천장 등에 설치하고 냉수 또는 온수를 보내어 냉난방을 하는 방식을 무엇이라고 하는가?

① 전 공기방식
② 패키지 유닛방식
③ 유인유닛방식
④ 복사 냉난방방식

해설 복사 냉·난방방식 : 천정이나 벽, 바닥 등에 코일을 매설하여 냉·온수 등 열매체를 이용하여 복사열에 의해 냉·난방하는 방식

Answer 54. ④ 55. ④ 56. ② 57. ③ 58. ② 59. ④ 60. ④

공조냉동기계기능사 2000제 문제은행

CBT 시험대비
▶ 2011년 2월 13일 시행

01 프레온계 냉매액이 피부에 묻었을 때에 대한 가장 적당한 조치는?

① 진한 염산으로 중화시킨다.
② 암모니아, 황산나트륨 포화용액으로 살포한다.
③ 물로 씻고 피크린산용액을 바른다.
④ 레몬주스 또는 20%의 식초를 바른다.

해설
- 프레온 냉매액이 피부에 묻었을 때 조치사항 NH_3냉매와 같은 방법으로 물로 씻고 피크린산용액을 바른다.
- 눈에 들어갔을 때 : 살균된 광물유를 적하하여 세안, 희붕산 용액세안, 염화나트륨 (2% 이하의 살균 식염수)으로 세안

02 추락을 방지하기 위해 작업발판을 설치해야 하는 높이는 몇 m 이상인가?

① 2　　② 3
③ 4　　④ 5

해설
- 작업발판설치기준
  고소에서 추락이나 발이 빠질 위험이 있는 장소에 높이 2m 이상인 작업장에 작업발판 설치
- 발판폭 : 4cm 이상, 두께 3.5cm 이상, 길이 3.6m 이하, 발판을 겹쳐서 이을 때는 장선 위에서 이음을 하고, 겹침 길이는 20cm 이상, 건물벽체와 작업발판과의 간격은 30cm 이내 설치

03 보일러의 수면계가 파손될 경우 제일먼저 취해야 할 조치는?

① 물 콕을 먼저 닫는다.
② 증기 콕을 먼저 닫는다.
③ 기름 밸브를 먼저 닫는다.
④ 배수 밸브를 먼저 연다.

해설 수면계의 유리가 파손되었을 경우 제일 먼저 취해야 할 조치
물 콕을 먼저 닫아야 한다.

04 연소에 관한 설명이 잘못된 것은?

① 온도가 높을수록 연소속도가 빨라진다.
② 입자가 작을수록 연소속도가 빨라진다.
③ 촉매가 작용하면 연소속도가 빨라진다.
④ 산화되기 어려운 물질일수록 연소속도가 빨라진다.

해설 연소속도의 영향 : 온도 높을수록, 입자 작을수록, 촉매작용, 산화되기 쉬운 물질일수록 연소 속도가 빨라진다.

Answer　1. ③　2. ①　3. ①　4. ④

05 냉동기의 운전 중 점검해야 할 사항이 아닌 것은?
① 냉매누설 유무 확인
② 액 압축 상태 확인
③ 벨트의 장력 상태 확인
④ 윤활상태 및 유면 확인

해설 냉동기 운전 중 점검 사항 : 냉매 및 윤활유 누설 유무 확인, 액 압축 상태 확인, 윤활상태 및 유면점검, 불응축 가스배출
운전전 점검 사항 : 벨트의 장력 상태 확인, 압축기, 전동기 유면점검, 냉매량 점검 등

06 전기 용접 시 전격을 방지하는 방법으로 틀린 것은?
① 용접기의 절연 및 접지상태를 확실히 점검할 것
② 가급적 개로 전압이 높은 교류 용접기를 사용할 것
③ 장시간 작업 중지 때는 반드시 스위치를 차단시킬 것
④ 반드시 주어진 보호구와 복장을 착용할 것

해설 • 자동전격방지기 : 아크의 발생을 중시시키고 있을 때 용접기의 출력측 무부하 전압을 위험이 없는 전압(30V 이하)까지 저하시키는 것
• 전기 용접시 전격 방지 방법 : 용접기 절연 및 접지상태 점검, 장시간 작업 중지시 스위치 차단, 보호구 착용

07 사업주는 그 작업조건에 적합한 보호구를 동시에 작업하는 근로자의 수 이상으로 지급하고 이를 착용하도록 하여야 한다. 이 때 적합한 보호구 지급에 해당되지 않은 것은?
① 보안경 : 물체가 날아 흩어질 위험이 있는 작업
② 보안면 : 용접시 불꽃 또는 물체가 날아 흩어질 위험이 있는 작업
③ 안전대 : 감전의 위험이 있는 작업
④ 방열복 : 고열에 의한 화상 등의 위험이 있는 작업

해설 안전대 : 2m 이상의 장소에서 추락이 우려되는 작업
안전화 : 재료의 가공 유해물의 취급 전기의 취급으로 인하여 물체의 낙하, 충격, 감전 등 발에 상해를 입을 우려가 있는 작업

08 가스용접 작업시의 주의사항이 아닌 것은?
① 용기밸브는 서서히 열고 닫는다.
② 용접 전에 소화기 및 방화사를 준비한다.
③ 용접 전에 전격방지기 설치 유무를 확인한다.
④ 역화방지를 위하여 안전기를 사용한다.

해설 전격방지기 설치 유무 확인은 전기용접 작업시 주의사항

Answer 5. ③ 6. ② 7. ③ 8. ③

09 화물을 벨트, 롤러 등을 이용하여 연속적으로 운반하는 컨베이어의 방호장치에 해당되지 않는 것은?

① 이탈 및 역주행 방지장치
② 비상정지 장치
③ 덮개 또는 울
④ 권과방지 장치

해설 권과방지 장치 : 훅 블록의 일부분이 크레인의 구조물 혹은 다른 지정된 물체와의 접촉을 방지하기 위한 것

10 가스 용접 작업시 안전관리 조치사항으로 틀린 것은?

① 역화되었을 때는 산소 밸브를 열도록 한다.
② 작업하기 전에 안전기와 산소 조정기의 상태를 점검한다.
③ 가스의 누설검사는 비눗물을 사용하도록 한다.
④ 작업장은 환기가 잘되게 한다.

11 냉동제조의 시설 및 기술·검사기준으로 적당하지 못한 것은?

① 냉동제조 설비 중 특정설비는 검사에 합격한 것일 것
② 냉매설비에는 자동제어 장치를 설치할 것
③ 냉동설비는 진동, 충격, 부식 등으로 냉매가스가 누설되지 않도록 할 것
④ 압축기 최종단에 설치한 안전장치는 2년에 1회 이상 압력시험을 할 것

해설 냉동기 압축기 최종단 안전밸브 압력시험은 6월에 1회 이상

12 다음에서 연삭숫돌을 고속 회전시켜 공작물의 표면을 깎아내는 연삭 작업시 안전수칙으로 옳지 않은 것은?

① 작업시작 전에 1분 이상 시운전한다.
② 연삭숫돌을 교체한 후에는 2분 이상 시운전한다.
③ 측면을 사용하는 것을 목적으로 하는 연삭숫돌 이외의 연삭숫돌은 측면을 사용하도록 하여서는 안된다.
④ 연삭숫돌의 최고 사용회전속도를 초과하여 사용하도록 하여서는 안된다.

해설 연삭숫돌 작업시 안전수칙
연삭숫돌 교체시는 3분 이상, 작업시작 전 1분 이상 시운전 후 작업한다.

Answer 9. ④ 10. ① 11. ④ 12. ②

13 기계설비에서 일어나는 사고의 위험점이 아닌 것은?

① 협착점
② 끼임점
③ 고정점
④ 절단점

해설 협착점 : 기계 또는 설비의 협착 위험점에 신체일부가 끼거나 감기는 것
끼임점 : 고정부분과 회전하는 동작부분이 함께 만드는 위험점
절단점 : 회전하는 운동부분 자체의 위험이나 운동하는 기계부분 자체의 위험에서 초래되는 위험점

14 안전모의 무게는 얼마 이상을 초과하면 안 되는가?

① 240g
② 340g
③ 440g
④ 540g

해설 안전모 재질 및 무게 : 모체는 합성수지 또는 금속(A형에만 사용)이며, 착장체 및 턱끈은 합성수지 또는 가죽이고 충격흡수 라이너는 발포성 스티로폼 등을 사용하며 두께가 10mm 이상이어야 함. 안전모 무게는 턱끈을 제외한 무게가 440 g 을 초과해서는 안된다.

15 줄 작업시 유의해야 할 내용으로 적절하지 못한 것은?

① 미끄러지면 손을 다칠 위험이 있으므로 유의하도록 한다.
② 손잡이가 줄에 튼튼하게 고정되어 있는지 확인한다.
③ 줄의 균열 유무를 확인할 필요는 없다.
④ 줄 작업은 몸의 안전을 유지하며 전신을 이용하도록 한다.

해설 줄의 균열 유무를 사전에 확인하고 사용한다.

16 관 절단 후 절단부에 생기는 거스러미를 제거하는 공구는?

① 클립
② 사이징 툴
③ 파이프 리머
④ 쇠톱

해설 파이프 리머 : 관 절단부에 생기는 거스러미 제거하는 공구
사이징 툴 : 관 끝부분을 정확한 지름의 원형으로 만들 때 사용하는 공구

17 사용 압력이 30kgf/cm², 관의 허용응력이 10kgf/cm²일 때의 스케줄 번호는?

① 30
② 40
③ 100
④ 80

해설 스케줄번호(Sch No) = $10 \times \frac{30}{10} = 30$

Answer 13. ③ 14. ③ 15. ③ 16. ③ 17. ①

18 도체의 저항에 대한 설명으로 틀린 것은?

① 도체의 종류에 따라 다르다.
② 길이에 비례한다.
③ 도체의 단면적에 반비례한다.
④ 항상 일정하다.

해설 도체 : 전기를 잘 흐르게 하는 물체
도체의 전기저항은 그 도체의 재질, 길이, 단면적, 온도 등에 의해 결정된다.
일정 온도에서 도체의 전기 저항은 그 도체의 길이에 비례, 단면적에 반비례한다.

- 도체의 저항 $(R) = \rho \dfrac{l}{A} [\Omega]$
- ρ : 도체의 재질에 따라 정해지는 고유저항 $(\Omega \cdot m)$
- A : 단면적(m^2) l : 길이(m)

19 표준 냉동 사이클의 온도조건과 관계없는 것은?

① 증발온도 : $-15℃$
② 응축온도 : $30℃$
③ 팽창밸브 입구에서의 냉매액 온도 : $25℃$
④ 압축기 흡입가스 온도 : $0℃$

해설 표준 냉동 사이클의 온도조건
① 응축온도 : $30℃$
② 과냉각도 : $5℃$(팽창밸브 입구에서의 냉매액 온도 : $25℃$)
③ 증발온도 : $-15℃$
④ 압축기 흡입가스 온도 : $-15℃$(건포화 증기)

20 2단 압축 냉동사이클에서 중간 냉각기가 하는 역할 중 틀린 것은?

① 저단 압축기의 토출가스 온도를 낮춘다.
② 냉매가스를 과냉각시켜 압축비를 낮춘다.
③ 고단 압축기로의 냉매 액 흡입을 방지한다.
④ 냉매 액을 과냉각시켜 냉동효과를 증대시킨다.

해설 2단 압축 냉동사이클 중간 냉각기 기능
① 저압 압축기의 토출 가스 온도 강하
② 증발기에 공급되는 냉매액을 과냉각시켜 냉동효과 증대
③ 고압 압축기에 흡입되는 냉매가스와 액을 분리(리퀴드백 방지)

21 정압식 팽창밸브의 설명으로 틀린 것은?

① 부하변동에 따라 자동적으로 냉매 유량을 조절한다.
② 증발기 내의 압력을 자동으로 항상 일정하게 유지한다.
③ 냉동부하의 변동이 적은 냉동장치에 주로 사용된다.
④ 냉수 브라인 동결방지용으로 사용한다.

해설 부하변동에 따른 자동적 냉매 유량 조절은 온도식 자동 팽창밸브 설명

Answer 18. ④ 19. ④ 20. ② 21. ①

22 배관의 중량을 천정이나 기타 위에서 매다는 방법으로 배관을 지지하는 장치는?

① 서포트(Support)
② 앵커(Anchor)
③ 행거(Hanger)
④ 브레이스(Brace)

해설
① 서포트(Support) : 관을 밑에서 떠받쳐 지지하는 지지쇠
② 앵커(Anchor) : 리스트레인트(restraint)의 일종으로 관을 열팽창에 의한 배관의 운동을 구속 또는 제한하는 관 지지물
③ 행거(Hanger) : 관을 천장에 걸어 지지하는 지지쇠로 리지드, 스프링식, 콘스탄스 행거
④ 브레이스(Brace) : 펌프, 압축기 등 발생하는 기계의 진동, 충격을 흡수하는 장치

23 이원 냉동사이클에 사용하는 냉매 중 저온측 냉매로 가장 적당한 것은?

① R-11
② R-12
③ R-21
④ R-13

해설
① R-11(CCl3F) : 터보냉동기에 주로 사용 (100[RT] 이상의 대용량 공기조화장치용)
② R-12 : 냉매 중 가장 최초(1930년)로 나온 것으로 주로 왕복동식, 터보형에도 사용
③ R-21 : 소용량의 공기조화용
④ R-13 : 2원 냉동방식의 -100[℃] 정도의 초저온장치에 사용

24 한 공학자가 가정용 냉장고를 이용하여 겨울에 난방을 할 수 있다고 주장하였다면 이 주장은 이론적으로 열역학 법칙과 어떠한 관계를 갖겠는가?

① 열역학 제1법칙에 위배된다.
② 열역학 제2법칙에 위배된다.
③ 열역학 제1,2법칙에 위배된다.
④ 열역학 제1,2법칙에 위배되지 않는다.

해설
① 열역학 1법칙(에너지 보존 법칙) : 기계적 일을 열로, 열을 기계적 일로 서로 전환할 수 있는 현상법칙
② 열역학 2법칙(에너지 흐름의 법칙) : 일은 쉽게 열로 바뀔 수 있지만, 열은 쉽게 일로 바뀔 수 없다는 법칙(열은 고온에서 저온으로 이동한다는 에너지 변환의 방향성을 표시하는 법칙)

25 관의 지름이 다를 때 사용하는 이음쇠가 아닌 것은?

① 레듀서
② 부싱
③ 리턴밴드
④ 편심 이경 소켓

해설 리턴밴드 : 관의 U자형 곡관

26 다음 중 3320kcal 의 열량에 해당되는 것은?

① 1 USRT
② 1417640kg·m
③ 19588 BTU
④ 5.86kW

해설
① 1 USRT : 3024kcal/h
② 3320 kcal×427kg·m/1kcal = 1417640 kg·m
③ 3320×3.968 = 13173.76 BTU
④ 3320/860 = 3.86kW

Answer 22. ③ 23. ④ 24. ② 25. ③ 26. ②

27 물이 얼음으로 변할 때의 동결잠열은 얼마인가?

① 79.68 kJ/kg ② 632 kJ/kg
③ 333.62 kJ/kg ④ 0.5 kJ/kg

해설 얼음잠열 80kcal/kg(333.62 kJ/kg)
1J = 0.24Cal(1Cal = 1/0.24J = 4.2J)
∴ 80 × 4.2 = 333.62

28 냉동장치에 사용하는 브라인(Brine)의 산성도(pH)로 가장 적당한 것은?

① 9.2 ~ 9.5 ② 7.5 ~ 8.2
③ 6.5 ~ 7.0 ④ 5.5 ~ 6.0

해설 브라인(Brine)의 산성도(PH)는 중성일 것 : pH 7.5 ~ 8.2

29 다음 중 주로 원심식 냉동기의 안전장치로 사용하며, 용기의 과열 등에 의한 이상 고압으로부터의 위해를 방지하기 위한 장치는?

① 가용전 ② 릴리프 밸브
③ 차압 스위치 ④ 파열판

해설 파열판 : 이상 고압에 의한 용기파열을 방지하기 위해 터보 냉동기 저압측에 설치함

30 다음 중 냉동기유에 가장 용해하기 쉬운 냉매는 어느 것인가?

① R-11 ② R-13
③ R-114 ④ R-502

해설 냉동기유에 용해도가 큰 냉매 : R-11, R-12, R-21, R-113
냉동기유에 용해도가 적은 냉매 : R-13, R-22, R-114

31 관 끝부분 표시방법 중 용접식 캡을 나타낸 것은?

① ──┤┤
② ──┘
③ ──○
④ ──⊃

해설 ① : 막힘플랜지
② : 캡
③ : 납땜

32 흡수식 냉동장치의 냉매와 흡수제의 조합으로 맞는 것은?

① 물(냉매) − NH₃(흡수제)
② NH₃(냉매) − 물(흡수제)
③ LiBr(냉매) − 물(흡수제)
④ 물(냉매) − 에탄올(흡수제)

해설 흡수식 냉동기 냉매와 흡수제
물(냉매)−LiBr(흡수제), NH₃(냉매)−물(흡수제), NH₃(냉매)−물(흡수제)

Answer 27. ③ 28. ② 29. ④ 30. ① 31. ④ 32. ②

33 단면적 5cm²인 도체가 있다. 이 단면을 3초 동안 30[C]의 전하가 이동하면 전류는 몇 암페어(A)인가?

① 2　② 10　③ 20　④ 90

해설

$$전류(I) = \frac{전하(Q)}{시간(t)}$$

$$\therefore \frac{30}{3} = 10(A)$$

34 증발압력 조정밸브를 붙이는 주요 목적은?

① 흡입압력을 저하시켜 전동기의 기동 전류를 적게 한다.
② 증발기 내의 압력이 일정 압력 이하가 되는 것을 방지한다.
③ 냉매의 증발온도를 일정치 이하로 내리게 한다.
④ 응축압력을 항상 일정하게 유지한다.

해설 증발압력 조정밸브(E.P.R) : 증발기 출구 및 압축기 입구측에 설치하여 압축기 흡입압력이 일정압력이하가 되어도 증발압력을 일정하게 유지시키는 기능

35 냉동장치의 고압측에 안전장치로 사용되는 것 중 옳지 않은 것은?

① 스프링식 안전밸브
② 플루우트 스위치
③ 고압차단 스위치
④ 가용전

해설 플루트 스위치 : 냉동장치의 저압측 안전장치로 만액식 증발기, 저압수액기 등의 냉매 액면을 검지하여 부하에 맞는 공급 냉매의 유량을 제어함

36 시퀀스 제어에 속하지 않는 것은?

① 자동 전기밥솥
② 전기세탁기
③ 가정용 전기냉장고
④ 네온사인(neon sign)

해설 시퀀스 제어 : 미리 정해진 순서에 따라 제어의 각 단계를 순서대로 진행시키는 제어
• 가정용 전기냉장고는 피드백제어임

37 냉매와 화학 분자식이 옳게 짝지어진 것은?

① R113 : CCl_3F_3
② R114 : CCl_2F_4
③ R500 : $CCl_2F_2 + CH_2CHF_2$
④ R502 : $CHClF_2 + C_2ClF_5$

해설
• R113 - $C_2Cl_3F_3$
• R114 - $C_2Cl_2F_4$
• R500 - $CCl_2F_2 + CH_3CHF_2$
• R502 - $CHClF_2 + C_2ClF_5$

38 압축기의 실린더를 냉각수로 냉각시키는 이유 중 해당되지 않는 것은?

① 윤활작용이 양호해 진다.
② 체적 효율이 증대한다.
③ 실린더의 마모를 방지한다.
④ 응축 능력이 향상된다.

해설 압축기 실린더를 냉각하는 이유 : 실린더 보호, 윤활유의 탄화 및 열화방지, 체적효율과 압축효율의 향상

Answer　33. ②　34. ②　35. ②　36. ③　37. ④　38. ④

39 아래 그림 A, 그림 B와 같은 증발기에 관한 설명 중 옳은 것은?

그림 A

그림 B

① A와 B는 건식 증발기이며 전열은 A가 더 양호하다.
② A는 건식, B는 만액식 증발기이며 전열은 B가 더 양호하다.
③ A는 건식, B는 반만액식이며 전열은 B가 더 양호하다.
④ A와 B는 반만액식 증발기이며 전열은 A와 B가 동등하다.

해설 A는 건식 : 팽창 밸브로부터 냉매가 직접 증발기로 들어가 순환, 주로 프레온 냉동장치용, 전열불량
B는 반만액식 : 냉매 공급은 하부에서 위로 흐르면서 열교환, 건식에 비해 냉매량이 많고 전열이 양호

40 다음 중 냉동능력의 단위로 옳은 것은?
① kcal/kg·m²
② kJ/h
③ m³/h
④ kcal/kg℃

해설 냉동능력 : 냉동기의 증발기에서 단위시간당 제거하는 열량(kJ/h)

41 표준 사이클을 유지하고 암모니아의 순환량을 186[kg/h]로 운전했을 때의 소요동력(kW)은 약 얼마인가? (단, NH₃ 1kg을 압축하는데 필요한 열량은 모리엘 선도상에서는 56kcal/kg이라 한다.)
① 12.1
② 24.2
③ 28.6
④ 36.4

해설
$$Kw = \frac{Aw \cdot G}{860} = \frac{186 \times 56}{860} = 12.1$$

42 다음 중 쿨링 타워에 대한 설명 중 옳은 것은?
① 냉동장치에서 쿨링타워를 설치하면 응축기는 필요 없다.
② 쿨링 타워에서 냉각된 물의 온도는 대기의 습구온도 보다 높다.
③ 타워의 설치 장소는 습기가 많고 통풍이 잘되는 곳이 적합하다.
④ 송풍량을 많게 하면 수온이 내려가고 대기의 습구온도 보다 낮아진다.

해설 외기의 습구온도 보다 낮게는 냉각 시킬 수 없다.

Answer 39. ③ 40. ② 41. ① 42. ②

43 스크류 압축기의 특징이 아닌 것은?

① 오일펌프를 따로 설치하여야 한다.
② 소형 경량으로 설치면적이 작다.
③ 액 햄머(liquid hammer) 및 오일 햄머(oil hammer)가 크다.
④ 밸브와 피스톤이 없어 장시간의 연속운전이 가능하다.

해설 스크류 압축기의 특징
① 소형으로 대용량 가스 처리가능.
② 마모 부분이 적다.
③ 1단의 압축비를 크게 할 수 있고 액압축의 영향도 적다.
④ 흡입 및 토출 밸브가 없다.
⑤ 냉매의 압력손실이 적어 체적효율이 향상된다.
⑥ 무단계, 연속적인 용량제어가 가능하다.
⑦ 독립된 오일 펌프 및 오일 냉각기가 필요하다.

44 다음 중 이상적인 냉동 사이클은?

① 역 카르노 사이클
② 랭킨 사이클
③ 브리튼 사이클
④ 스터얼링 사이클

해설 카르노 사이클 : 이상적인 열기관 사이클로서 두개의 등온선과 두개의 단열선으로 이루어진 사이클
역카르노 사이클 : 카르노 사이클의 역으로 이상적인 냉동 사이클로서 두개의 단열선으로 이루어진 사이클

45 냉동 윤활장치에서 유압이 낮아지는 원인이 아닌 것은?

① 오일이 부족할 때
② 유온이 낮을 때
③ 유 여과망이 막혔을 때
④ 유압조정 밸브가 많이 열렸을 때

해설 유온이 낮으면 압축기 크랭크 케이스내 냉동유에 용해되는 냉매의 양은 증가하여 냉매와 윤활유분리에 있어 유압상승 원인이 된다.

46 팬코일 유닛방식(fan coil unit system)의 특징을 설명한 것으로 틀린 것은?

① 고도의 실내 청정도를 높일 수 있다.
② 부하 증가시 유닛 증설만으로 대처할 수 있다.
③ 다수 유닛이 분산 설치되어 관리보수가 어렵다.
④ 각 유닛마다 조절할 수 있어 개별 제어에 적합하다.

해설 팬코일 유닛방식(fan coil unit system)의 특징
① 장점
・각 실의 유닛을 수동으로 제어 가능, 개별제어용이
・창문 밑에 유닛을 설치하여 콜드 드래프트(cold draft)를 줄인다.
・덕트 방식에 비해 유닛의 위치 변경이 용이
・펌프에 의해 냉수, 온수가 이송되므로 송풍기에 의한 공기의 이송동력 보다 적게 듬
・덕트 샤프트나 스페이스가 필요 없거나 작아도 됨
・중앙기계실의 면적이 작아도 됨
② 단점
・각 실에 수배관에 의해 누수의 염려
・외기량이 부족하여 실내공기의 오염이 심함
・팬 코일 유닛 내에 있는 팬으로부터 소음
・유닛 내에 설치된 필터는 주기적으로 청소 필요

Answer 43. ③ 44. ① 45. ② 46. ①

47 수관보일러로부터 드럼을 제거하고 수관으로만 연소실을 둘러쌓은 것으로 보유수량이 적어 증기발생이 빠른 보일러로 옳은 것은?

① 노통보일러
② 연관보일러
③ 노통연관보일러
④ 관류보일러

해설 관류 보일러 장·단점
① 장점
  ① 순환비가 1이라서 증발이 빠르고, 다 드럼이 필요 없다.
  ② 보유수가 적어 피해가 적다.
  ③ 구조가 컴팩트하다.
  ④ 열효율이 매우 높다.
② 단점
  ① 급수처리가 요망된다.
  ② 부하변동시 압력변화가 크다.
  ③ 자동제어장치가 반드시 필요하다.

48 공기가 노점온도보다 낮은 냉각코일을 통과하였을 때의 상태를 기술한 것 중 틀린 것은?

① 상대습도 저하
② 절대습도 저하
③ 비체적 저하
④ 건구온도 저하

해설 공기가 노점온도보다 낮은 냉각코일 통과시 상태 절대습도 저하, 비체적 저하, 건구온도 저하

49 물탱크에 증기코일 또는 전열히터를 사용해 물을 가열증발시켜 가습하는 것으로 패키지 등의 소형 공조기에 사용되는 가습방법은?

① 수분무에 의한 방법
② 증기 분사에 의한 방법
③ 고압수 분무에 의한 방법
④ 가습 팬에 의한 방법

해설 가습기분류

50 오존층 파괴문제 등으로 인해 냉열원기기로서 흡수식 냉동기가 많이 채택된다. 이것의 장점이 아닌 것은?

① 구성요소 중 회전기기가 적으므로 진동 소음이 매우 적다.
② 전기 사용량이 적으므로 여름철 전력 수급에 유리하다.
③ 기기의 배출열량이 압축식에 비해 적으므로 냉각탑의 용량이 적다.
④ 기기 내부가 진공에 가까우므로 파열의 위험이 없어 안전하다.

해설 배출열량이 크고, 냉각탑, 냉각수 펌프 등의 용량이 터보식에 비해 크다.

Answer 47. ④ 48. ① 49. ④ 50. ③

51 지구상에 존재하는 공기의 주된 성분이 아닌 것은?

① 산소 ② 질소
③ 알곤 ④ 염소

해설) 공기성분비(%) : 질소(78.03%), 산소(20.99%), 알곤(0.93%), 이산화탄소(0.03%)

52 환기 공조용 저속덕트 송풍기로서 저항변화에 대해 풍량, 동력변화가 크고 정숙운전에 사용하기 적합한 것은?

① 시로코 팬
② 축류 송풍기
③ 에어 포일팬
④ 프로펠러형 송풍기

해설) 축류 송풍기 : 낮은 풍압에 많은 풍량 요구되는 곳에 사용
에어 포일팬(익형송풍기) : 터보형과 다익형의 개량형으로, 고속회전이 가능하며 소음이 적고 고속회전이 가능하다.
프로펠러형 송풍기(축류형 송풍기)

53 건구온도 30℃, 상대습도 50%인 습공기 500m³/h를 냉각코일에 의하여 냉각한다. 코일의 장치 노점온도는 10℃이고 바이패스 팩터가 0.1이라면 냉각된 공기의 온도(℃)는 얼마인가?

① 10 ② 12
③ 24 ④ 28

해설) 냉각된 공기의 온도(℃)
[BF × (건구온도 − 노점온도)] + 노점온도
= [0.1 × (30 − 10)] + 10 = 12

54 다음 중 난방 손실부하만으로 나열된 것은?

① 전도, 틈새바람, 덕트, 복사에 의한 열손실
② 전도, 조명, 틈새바람, 환기에 의한 열손실
③ 전도, 틈새바람, 덕트, 환기에 의한 열손실
④ 전도, 인체, 조리기구, 환기에 의한 열손실

해설) 냉방 손실부하
① 실내 취득열량
　① 벽체 취득 열량
　② 유리의 취득 열량
　③ 극간풍에 의한 열량
　④ 인체 발생열량
　⑤ 기구의 발생열량
② 기기 취득열량
　① 송풍기 취득열량
　② 덕트 취득 현열량
　③ 재열부하 : 재열기의 가열취득열량
　④ 외기부하 : 외기의 도입취득열량

55 개별 공조방식의 특징이 아닌 것은?

① 국소적인 운전이 자유롭다.
② 중앙방식에 비해 소음과 진동이 크다.
③ 외기 냉방을 할 수 있다.
④ 취급이 간단하다.

해설) 개별 공조방식 특징
① 각 유닛마다 냉동기가 필요하다.
② 소음과 진동이 크다.
③ 외기냉방은 할 수 없다.
④ 유닛이 여러 곳에 분산되어 있어 관리가 불편하다.

Answer 51. ④ 52. ① 53. ② 54. ③ 55. ③

56 다음 난방방식 중 열 매체의 열용량이 가장 작으며 실내온도 분포도가 나쁜 방식은?

① 복사난방　② 온수난방
③ 증기난방　④ 온풍난방

57 벌집모양의 로터를 회전시키면서 위 부분으로 외기를 아래쪽으로 실내 배기를 통과하면서 외기와 배기의 온도 및 습도를 교환하는 열교환기는?

① 고정식 전열교환기
② 현열교환기
③ 히트 파이프
④ 회전식 전열교환기

해설 로터리(회전식) 열교환기는 건물에서 배출되는 배기의 열을 회수하여 신선한 외기에 열교환하며, 현열교환기, 전열교환기 2종류가 있다.

58 외기온도 -5℃일 때 공급공기를 18℃로 유지하는 히트펌프 난방을 한다. 방의 총 열손실이 50000kcal/h일 때 외기로부터 얻은 열량은 약 몇 kcal/h인가?

① 43500　② 46047
③ 50000　④ 53255

해설
- 히트 펌프의 성적계수

$$COP = \frac{Q_1}{AW} = \frac{Q_1}{Q_1 - Q_2} = \frac{T_1}{T_1 - T_2} \text{에서}$$

$$Q_2 = Q_1 - \frac{Q_1(T_1 - T_2)}{T_1}$$

$$= 50,000 - \frac{50,000 \times (291 - 268)}{291}$$

$$= 46,047[\text{kcal/h}]$$

59 다음 중 배관 및 덕트에 사용되는 보온 단열재가 갖추어야 할 조건이 아닌 것은?

① 열전도율이 클 것
② 불연성 재료로서 흡습성이 작을 것
③ 안전 사용 온도 범위에 적합할 것
④ 물리·화학적 강도가 크고 시공이 용이할 것

해설 열전도율이 적어야 보온성능이 우수함

60 다음 중 기계적인 힘을 에너지원으로 사용하는 방식으로 송풍기 등을 이용하여 강제로 급기 배기하는 방식은?

① 자연적인 환기
② 기계적인 환기
③ 대류에 의한 환기
④ 온도차에 의한 환기

해설 강제로 급기 및 배기하는 방식은 기계적 환기법

Answer 56. ④　57. ④　58. ②　59. ①　60. ②

공조냉동기계기능사 2000제 문제은행

CBT 시험대비
● 2011년 4월 17일 시행

01 보일러 점화 직전 운전원이 반드시 제일 먼저 점검해야 할 사항은?
① 공기온도 측정
② 보일러 수위 확인
③ 연료의 발열량 측정
④ 연료실의 잔류가스 측정

해설 보일러 점화전 점검 사항
① 수면계의 수위조정
② 분출장치의 점검 및 방출
③ 연소장치와 통풍장치의 점검
④ 자동제어장치의 점검
⑤ 노 및 연도 내의 환기점검
⑥ 압력계의 점검

02 산업재해의 직접적인 원인에 해당되지 않는 것은?
① 안전장치의 기능상실
② 불안전한 자세와 동작
③ 위험물의 취급 부주의
④ 기계장치 등의 설계불량

해설 ① 직접원인
  ㉠ 인적 원인(불안전한 행동)
  ㉡ 물적 원인(불안전한 상태)
② 간접원인(관리적 원인) : 기술적 원인, 교육적 원인, 신체적 원인, 정신적 원인, 작업관리상 원인
보기 ①, ②, ③은 불안전 행동(인적원인), 기계장치 등의 설계불량은 기술적 원인

03 불응축 가스가 냉동장치 운전에 미치는 영향으로 옳지 않은 것은?
① 응축압력이 낮아진다.
② 냉동능력이 감소한다.
③ 소비전력이 증가한다.
④ 응축압력이 상승한다.

해설 불응축 가스 : 응축기에서 냉매가 액화되지 않은 가스로 응축압력이 높아진다.

04 방폭성능을 가진 전기기기의 구조 분류에 해당되지 않는 것은?
① 내압 방폭구조
② 유입 방폭구조
③ 압력 방폭구조
④ 자체 방폭구조

해설 방폭구조 종류
① 내압(耐壓)방폭구조(d)
② 유입(油入)방폭구조(O)
③ 압력(壓力)방폭구조(P)
④ 안전증(安全增)방폭구조(e)
⑤ 본질안전(本質安全)방폭구조(ia, ib)
⑥ 특수(特殊)방폭구조(S)

Answer 1. ② 2. ④ 3. ① 4. ④

05 산업재해의 발생 원인별 순서로 맞는 것은?

① 불안전한 상태 > 불안전한 행위 > 불가항력
② 불안전한 행위 > 불안전한 상태 > 불가항력
③ 불안전한 상태 > 불가항력 > 불안전한 행위
④ 불안전한 행위 > 불가항력 > 불안전한 상태

해설 산업재해 직접원인 중
인적원인(불안전한 행동) > 물적원인(불안전한 상태) > 천재지변 순

06 재해 발생 중 사람이 건축물, 비계, 기계, 사다리, 계단 등에서 떨어지는 것을 무엇이라고 하는가?

① 도괴
② 낙하
③ 비래
④ 추락

해설 도괴 : 건축물 따위가 무너짐
낙하(비래) : 물건이 주체가 되어 사람이 맞는 것

07 가스 용접기를 이용하여 동관을 용접하였다. 용접을 마친 후 조치로서 올바른 것은? (단, 용기의 메인 밸브는 추후 닫는 것으로 한다.)

① 산소 밸브를 먼저 닫고 아세틸렌 밸브를 닫을 것
② 아세틸렌 밸브를 먼저 닫고 산소 밸브를 닫을 것
③ 산소 및 아세틸렌 밸브를 동시에 닫을 것
④ 가스 압력 조정기를 닫은 후 호스 내 가스를 유지시킬 것

해설 점화순서 : 아세틸렌 밸브를 먼저 열고 산소 밸브를 열어 불꽃 조정한다.
소화순서 : 산소 밸브를 먼저 닫고 아세틸렌 밸브를 닫는다.

08 작업자의 안전태도를 형성하기 위한 가장 유효한 방법은?

① 안전한 보호구 준비
② 안전한 환경의 조성
③ 안전 표지판의 부착
④ 안전에 관한 교육실시

해설 안전태도 형성은 교육이 최선의 방법이다.

Answer 5. ② 6. ④ 7. ① 8. ④

09 안전에 관한 정보를 제공하기 위한 안내표지의 구성색으로 맞는 것은?

① 녹색과 흰색 ② 적색과 흑색
③ 노란색과 흑색 ④ 청색과 흰색

해설 ① 녹색에 흰색 : 안내표지
② 적색과 흑색 : 금지표지
③ 황색에 흑색 : 경고표지
④ 청색에 흰색 : 지시표지

10 피뢰기가 구비해야 할 성능조건으로 옳지 않은 것은?

① 반복 동작이 가능할 것
② 견고하고 특성변화가 없을 것
③ 충격방전 개시전압이 높을 것
④ 뇌 전류의 방전능력이 클 것

해설 피뢰기성능구비조건
① ①, ②, ④외 제한 전압이 낮을 것
② 속류의 차단이 확실할 것
③ 충격방전 개시전압이 낮을 것

11 해머작업 시 지켜야 할 사항 중 적절하지 못한 것은?

① 녹슨 것을 때릴 때 주의하도록 한다.
② 해머는 처음부터 힘을 주어 때리도록 한다.
③ 작업 시에는 타격하려는 곳에 눈을 집중시킨다.
④ 열처리 된 것은 해머로 때리지 않도록 한다.

해설 처음과 마지막에는 힘을 너무 가하지 않는다.

12 목재화재 시에는 물을 소화재로 이용하는데 주된 소화효과는?

① 제거효과 ② 장식효과
③ 냉각효과 ④ 억제효과

해설 냉각효과는 물의 증발잠열을 이용한 냉각원리

13 압축가스의 저장탱크에는 그 저장탱크 내용적의 몇 %를 초과하여 충전하면 안 되는가?

① 90% ② 80%
③ 75% ④ 70%

해설 90% 이상 과충전 되는 것을 방지한다.

14 보일러의 안전한 운전을 위하여 근로자에게 보일러의 운전방법을 교육하여 안전사고를 방지하여야 한다. 다음 중 교육내용에 해당되지 않는 것은?

① 가동중인 보일러에는 작업자가 항상 정위치를 떠나지 아니할 것
② 압력방출장치·압력제한스위치·화염 검출기의 설치 및 정상 작동여부를 점검할 것
③ 압력방출장치의 개방된 상태를 확인할 것
④ 고저수위조절장치와 급수펌프와의 상호 기능상태를 점검할 것

해설 압력방출장치, 압력제한스위치, 압력방출장치의 봉인상태, 노내환기 및 통풍장치에 대한 교육실시

Answer 9. ① 10. ③ 11. ② 12. ③ 13. ① 14. ③

15 냉동제조 시설의 안전관리규정 작성 요령에 대한 설명 중 잘못된 것은?

① 안전관리자의 직무, 조직에 관한 사항을 규정할 것
② 종업원의 훈련에 관한 사항을 규정할 것
③ 종업원의 후생복지에 관한 사항을 규정할 것
④ 사업소시설의 공사·유지에 관한 사항을 규정할 것

해설 냉동제조 시설 안전관리규정 작성 요령은 ①, ②, ④외
• 위해발생시 소집방법, 조치, 훈련에 관한 사항
• 시설에 대한 자율 검사방법 및 안전유지에 관한 사항

16 회전식 압축기의 특징을 설명한 것으로 틀린 것은?

① 회전식 압축기는 조립이나 조정에 있어 정밀도가 요구되지 않는다.
② 잔류가스의 재팽창에 의한 체적효율의 감소가 적다.
③ 직결구동에 용이하며 왕복동에 비해 부품수가 적고 구조가 간단하다.
④ 왕복동식에 비해 진동과 소음이 적다.

해설 회전식 압축기는 조립이나 조정에 있어 정밀도가 요구된다.

17 다음 중 보온재의 구비조건 중 틀린 것은?

① 열전도성이 적을 것
② 수분 흡수가 좋을 것
③ 내구성이 있을 것
④ 설치공사가 쉬울 것

해설 흡수 및 흡습성이 적을 것

18 관속을 흐르는 유체가 가스일 경우 도시기호는?

① ─O─●   ② ─G─●
③ ─S─●   ④ ─A─●

해설 유체 도시기호
O : 오일, G : 가스, S : 증기, A : 공기

19 온도 작동식 자동팽창 밸브에 대한 설명으로 옳은 것은?

① 실온을 서모스탯에 의하여 감지하고, 밸브의 개도를 조정한다.
② 팽창밸브 직전의 냉매온도에 의하여 자동적으로 개도를 조정한다.
③ 증발기 출구의 냉매온도에 의하여 자동적으로 개도를 조정한다.
④ 압축기의 토출 냉매온도에 의하여 자동적으로 개도를 조정한다.

해설 증발기 출구의 감온통에서 감지한 냉매가스의 과열도가 증가하면 열리고, 부하가 감소하여 과열도가 적으면 닫혀 냉매량 제어

Answer 15. ③ 16. ① 17. ② 18. ② 19. ③

20 원심(Turbo)식 압축기의 특징이 아닌 것은?

① 진동이 적다.
② 1대로 대용량이 가능하다.
③ 접동부가 없다.
④ 용량에 비해 대형이다.

해설 원심식 압축기 특징 : ①, ②, ③ 외
① 용량에 비해 소형이다.
② 마찰부가 적어 고장, 마모가 적다.
③ 수명이 길고, 보수가 용이 하다.

21 표준 냉동 사이클에서 냉동효과가 큰 냉매 순서로 맞는 것은?

① 암모니아 > 프레온 114 > 프레온 22
② 프레온 22 > 프레온 114 > 암모니아
③ 프레온 114 > 프레온 22 > 암모니아
④ 암모니아 > 프레온 22 > 프레온 114

해설 냉동효과 : 암모니아(269.03), 프레온 22(40.15), 프레온 114(25.13)

22 다음 중 이상적인 냉동사이클에 해당되는 것은?

① 오토 사이클
② 카르노 사이클
③ 사바테 사이클
④ 역카르노 사이클

해설 역카르노 사이클 : 이상적인 냉동 사이클
카르노 사이클 : 열기관 사이클

23 관로를 흐르는 유체의 유속 및 유량에 대한 설명으로 틀린 것은?

① 동일 유량이 흐르는 관로에서는 연속의 법칙에 의해 관의 단면 크기에 따라 유속은 다르게 나타난다.
② 단위시간에 흐르는 물의 양을 유속이라 한다.
③ 유량의 측정은 용기에 의한 방법, 오리피스에 의한 방법 등이 사용된다.
④ 유속은 베르누이 정리에 의해 중력가속도, 에너지수두에 의해 결정된다.

해설 단위시간에 흐르는 물의 양을 유량이라 함

24 암모니아 흡수냉동사이클에 관한 설명 중 틀린 것은?

① 흡수기에서 암모니아 증기가 농축된 농용액이 된다.
② 발생기에서는 남은 희박용액을 흡수기로 되돌려 보낸다.
③ 열교환기에서는 발생기로부터 흡수기로 가는 희박용액이 가열된다.
④ 발생기 내에서는 물의 일부도 증발한다.

해설 열교환기에서는 흡수기에서 희석된 용액은 펌프에 의해 열교환기에 공급되고 발생기에서 되돌아오는 고온의 농흡수액과 열교환되어 열효율 증대

Answer 20. ④ 21. ④ 22. ④ 23. ② 24. ③

25 다음 중 냉동에 대한 정의설명으로 가장 적합한 것은?

① 물질의 온도를 인위적으로 주위의 온도보다 낮게 하는 것을 말한다.
② 열이 높은데서 낮은 곳으로 흐르는 것을 말한다.
③ 물체 자체의 열을 이용하여 일정한 온도를 유지하는 것을 말한다.
④ 기체가 액체로 변화할 때의 기화열에 의한 것을 말한다.

해설 냉동정의 : 일정한 공간이나 물체로부터 열을 제거하여 인위적으로 주위의 온도보다 낮게 하는 것

26 동력나사 절삭기의 종류가 아닌 것은?

① 오스터식　② 다이헤드식
③ 로터리식　④ 호브(hob)식

해설 동력나사 절삭기 종류 : 오스터식, 다이 헤드식, 호브식
수동나사 절삭기 종류 : 오스타식, 리드식

27 도선에 전류가 흐를 때 발생하는 열량으로 옳은 것은?

① 전류의 세기에 비례한다.
② 전류의 세기에 반비례한다.
③ 전류의 세기의 제곱에 비례한다.
④ 전류의 세기의 제곱에 반비례한다.

해설
$$H = I^2 R t$$
(H(열량)　I^2(전류세기)　R(저항)　t(시간))

28 다음 중 지수식 응축기라고도 하며 나선 모양의 관에 냉매를 통과시키고 이 나선관을 구형 또는 원형의 수조에 담그고 순환시켜 냉매를 응축시키는 응축기는?

① 쉘 앤 코일식 응축기
② 증발식 응축기
③ 공랭식 응축기
④ 대기식 응축기

해설 쉘 앤 코일식 응축기(지수식 응축기) : 냉각관 내에는 냉각수가, 쉘내에는 냉매가 흐름

29 1초 동안에 75kg$_f$·m의 일을 할 경우 시간당 발생하는 열량은 약 몇 kcal/h인가?

① 621kcal/h
② 632kcal/h
③ 653kcal/h
④ 675kcal/h

해설
$$75 \text{kg}_f \cdot \text{m/s} \times \frac{1\text{kcal}}{427\text{kg}_f \cdot \text{m}} \times 3600\text{s/h}$$
$$= 632\text{kcal/h}$$

30 다음 압축기 중에서 압축 방법이 다른 것은?

① 고속다기통압축기
② 터보압축기
③ 스크루압축기
④ 회전식압축기

해설 터보압축기 : 원심식, 축류식, 혼류식
용적형압축기 : 왕복동식(고속다기통압축기), 스크루식(나사식), 회전식(로터리식)

Answer 25. ① 26. ③ 27. ③ 28. ① 29. ② 30. ②

31 2단 압축 2단 팽창사이클로 운전되는 암모니아 냉동장치에서 저단측 압축기의 피스톤 압출량이 444.4m³/h일 때 저단측 냉매순환량(kg/h)은 얼마인가? (단, 저단측 및 고단측 압축기의 체적효율은 각각 0.7 및 0.8이며, 저단측 및 고단측 흡입가스의 비체적은 각각 1.55m³ 및 0.42m³/kg이다.)

① 100.2　　② 200.7
③ 300.7　　④ 400.5

해설 V(피스톤 압출량 m³/h) = G(냉매 순환량(kg/h)) × V'(저단측 흡입가스 비체적 : m³/kg)
∴ $G = \dfrac{V \cdot \eta}{v'} = \dfrac{444.4 \times 0.7}{1.55} = 200.7$

32 다음 p-h(압력-엔탈피) 선도에서 응축기 출구의 포화액을 표시하는 점은?

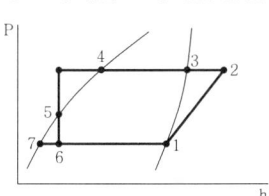

① 1　　② 3
③ 4　　④ 6

해설 1 : 압축기입구 2 : 압축기출구 3 : 응축기입구 4 : 응축기출구 5 : 팽창밸브입구 6 : 증발기입구

33 압축기 체적 효율에 영향을 미치지 않는 것은?

① 격간(clearance) 용적
② 전동기의 슬립효율
③ 실린더 과열
④ 흡입밸브의 저항

해설 압축기 체적 효율 좋게 하는 방법 : 격간(clearance) 용적을 작게 한다. 실린더 과열운전을 피한다. 기통체적을 크게 한다. 전동기 슬립효율과는 별개의 문제이다.

34 가정용 세탁기나 커피 자동판매기처럼 미리 정해진 순서에 따라 조작부가 동작하여 제어목표를 달성하는 제어는?

① on-off 제어
② 시퀀스 제어
③ 공정 제어
④ 서보 제어

해설 시퀀스 제어 : 미리 정해진 순서에 따라 진행되는 제어

35 냉동장치 내에 냉매가 부족할 때 일어나는 현상이 아닌 것은?

① 냉동능력이 감소한다.
② 고압축 압력이 상승한다.
③ 흡입관에 상(霜)이 묻지 않는다.
④ 흡입가스가 과열된다.

해설 고압측 압력이 저하한다.

Answer 31. ②　32. ③　33. ②　34. ②　35. ②

36 냉동장치에 사용하는 냉동기유 (Refrigeration Oil)에 대한 설명 및 구비조건으로 잘못된 것은?

① 적당한 점도를 가지며, 유막형성 능력이 뛰어날 것.
② 인화점이 충분히 높아 고온에서도 변하지 않을 것.
③ 밀폐형에 사용하는 것은 전기절연도가 클 것.
④ 냉매와 접촉하여도 화학반응을 하지 않고, 냉매와의 분리가 어려울 것.

해설 냉매와 접촉하여도 화학반응을 하지 않고, 냉매와의 분리가 용이할 것.

37 열펌프에 대한 설명 중 옳은 것은?

① 저온부에서 열을 흡수하여 고온부에서 열을 방출한다.
② 성적계수는 냉동기 성적계수보다 압축소요동력만큼 낮다.
③ 제빙용으로 사용이 가능하다.
④ 성적계수는 증발온도가 높고, 응축온도가 낮을수록 작다.

해설 낮은 곳의 물을 높은 곳으로 이송시키는 물펌프와 비슷하다하여 저온부에서 열을 흡수하여 고온부에서 열을 방출하는 것을 열펌프라 함

38 다음 중 350℃~450℃의 배관에 사용하는 탄소강관으로서 과열증기관 등의 배관에 가장 적합한 관은?

① SPPH   ② SPHT
③ SPW   ④ SPPW

해설 SPHT : 고온배관용 탄소강관
SPPH : 고압배관용 탄소강관
SPW : 배관용 아크용접 탄소강관
SPPW : 수도용 아연도금강관

39 브라인에 대한 설명 중 옳지 못한 것은?

① 일반적으로 무기질 브라인은 유기질 브라인에 비해 부식성이 크다.
② 브라인은 용액의 농도에 따라 동결온도가 달라진다.
③ 브라인은 2차 냉매라고도 한다.
④ 브라인의 구비조건으로는 비중이 적당하고 점도가 커야 한다.

해설 브라인의 구비조건
① 열용량이 크고, 전열이 좋을 것.
② 공정점과 점도가 낮을 것.
③ 응고점이 낮을 것.
④ 부식성이 없고, 구입용이, 가격이 저렴할 것.

40 절대압력이 $0.5165kg_f/cm^2$일 때 복합압력계로 표시되는 진공도는 약 얼마인가?

① 28 cmHgV   ② 22.8 cmHgV
③ 38 cmHgV   ④ 32.8 cmHgV

해설 절대압력 = 대기압 − 진공압력
∴ 진공압력 = 대기압 − 절대압력
$76cmHg - \dfrac{0.5165kg/cm^2}{1.0332kg/cm^2} \times 76cmHg = 38cmHgV$

Answer 36. ④ 37. ① 38. ② 39. ④ 40. ③

41 다음 중 불응축 가스가 주로 모이는 곳은?

① 증발기   ② 액분리기
③ 압축기   ④ 응축기

해설 불응축 가스 : 응축기에서 냉매가 액화되지 않은 가스

42 압축기 보호장치 중 고압차단 스위치(HPS)의 작동압력을 정상적인 고압에 몇 kgf/cm² 정도 높게 설정하는가?

① 1   ② 4
③ 10   ④ 25

해설 고압차단 스위치 작동압력 : 정상고압 + 4kgf/cm²
안전밸브 작동압력 : 정상고압 + 5kgf/cm²

43 응축기에서 제거된 열량은?

① 증발기에서 흡수한 열량
② 압축기에서 가해진 열량
③ 증발기에서 흡수한 열량과 압축기에서 가해진 열량
④ 압축기에서 가해진 열량과 기계실 내에서 가해진 열량

해설 증발기흡수 열량과 압축기열량을 응축기에서 제거

44 대기 중의 습도에 따라 냉매의 응축에 영향을 많이 받는 응축기는?

① 입형 쉘 앤 튜브(shell & tube) 응축기
② 이중관식 응축기
③ 횡형 쉘 앤 튜브(shell & tube) 응축기
④ 증발식 응축기

해설 증발식 응축기 : 습도가 높으면 물의 증발이 어려워 응축능력이 감소한다. 냉각수가 가장 적게 든다. 냉각탑이 별도로 필요치 않다.

45 냉동 부속장치 중 응축기와 팽창 밸브 사이의 고압관에 설치하며 증발기의 부하 변동에 대응하여 냉매 공급을 원활하게 하는 것은?

① 유 분리기
② 수액기
③ 액 분리기
④ 중간 냉각기

해설 수액기 역할 : 응축기에서 액화된 고온, 고압의 냉매액을 저장하는 용기로 내용적의 3/4(75%) 이하로 충전하고, 냉동기 저압측 수리시 냉매 회수(펌프다운)

46 다음 중 공기조화기의 구성요소가 아닌 것은?

① 공기 여과기
② 공기 가열기
③ 공기 세정기
④ 공기 압축기

해설 공기조화기 구성요소 : 여과기, 가열기, 세정기, 냉각기, 가습기, 송풍기 등

Answer   41. ④   42. ②   43. ③   44. ④   45. ②   46. ④

47 실내의 바닥, 천정 또는 벽면 등에 파이프코일(혹은 패널)을 설치하고 그 면을 복사면으로 하여 냉·난방의 목적을 달성할 수 있는 방식은 무엇인가?

① 각층 유닛 방식
② 유인 유닛 방식
③ 복사 냉난방 방식
④ 팬코일 유닛 방식

해설 복사(패널, 방사) 냉난방 방식 : 바닥, 천정, 벽면 등에 코일을 매설하여 열매체를 통한 냉난방 방식

48 공기조화 과정 중에서 80℃의 온수를 분무시켜 가습하고자 한다. 이때의 열 수분비는 몇 kcal/kg인가?

① 30   ② 80
③ 539   ④ 640

해설 열수분비(kcal/kg) : 공기 중의 수분량(절대습도)의 변화량에 따른 엔탈피 변화량

49 다음 중 환기의 목적이 아닌 것은?

① 이산화탄소의 공급
② 신선한 공기의 공급
③ 재실자의 건강, 안전, 쾌적, 작업능률 등의 유지
④ 공기환경의 악화로부터 제품과 주변기기의 손상방지

해설 이산화탄소, 먼지, 담배연기 등을 배기하기 위함

50 다음 방열기 중 고압증기 사용에 가장 적합한 것은?

① 대류 방열기
② 복사 방열기
③ 길드 방열기
④ 관 방열기

해설 관 방열기 : 관표면을 방열면으로 한 것으로 고압용

51 겨울철 환기를 위해 실내를 지나는 덕트 내의 공기 온도가 노점온도 이하의 상태로 통과되면 덕트에 이슬이 발생하는데 이를 방지하기 위한 조치로서 가장 적당한 것은?

① 방식 피복
② 배기 보온
③ 방로 피복
④ 덕트 은폐

해설 주방 및 주차장 등 습도가 높은 곳을 지나는 덕트에 방로 피복

52 다음 중 송풍기의 풍량제어 방법이 아닌 것은?

① 댐퍼 제어
② 회전수 제어
③ 베인 제어
④ 자기 제어

해설 송풍기 풍량 제어방법
① 댐퍼개도 제어

Answer 47. ③ 48. ② 49. ① 50. ④ 51. ③ 52. ④

53 공기정화장치인 에어필터에 대한 설명으로 틀린 것은?

① 유닛형 필터는 유닛형의 틀 안에 여재를 고정시킨 것으로 건식과 점착식이 있다.
② 고성능의 HEPA 필터는 포집률이 좋아 클린룸이나 방사성 물질을 취급하는 시설 등에서 사용된다.
③ 롤형 필터는 포집률은 높지 않으나 보수관리가 용이하므로 일반공조용으로 많이 사용된다.
④ 포집률의 측정법에는 계수법, 비색법, 농도법, 중량법으로 4가지 방법이 있다.

해설 포집률 측정법
① 계수법(DOP법)
② 비색법(변색도법)
③ 중량법, 농도법이 아님
여과효율 : $\eta = \dfrac{C_1 - C_2}{C_1} \times 100\%$ (C_1 : 필터입구 공기의 먼지농도, C_2 : 필터출구공기의 먼지농도)

54 온풍난방에 대한 설명 중 맞는 것은?

① 설비비는 다른 난방에 비하여 고가이다.
② 예열부하가 크므로 예열시간이 길다.
③ 습도조절이 불가능 하다.
④ 실내 층고가 높을 경우에는 상하의 온도차가 크다.

해설 온풍난방 : 온풍로로 가열한 공기를 직접 실내로 공급하는 난방방식으로 비교적 소규모용으로 실내 층고가 높을 경우 상하 온도차가 크다.

55 보일러 1마력은 약 몇 kcal/h의 증발량에 상당 하는가?

① 7205kcal/h   ② 8435kcal/h
③ 9600kcal/h   ④ 10800kcal/h

해설 보일러 1마력
539 kcal/kg × 15.65 kg/h = 8435kcal/h

56 공기조화기의 열원장치에 사용되는 온수보일러의 밀폐형 팽창탱크에 설치되지 않는 부속설비는?

① 배기관   ② 압력계
③ 수면계   ④ 안전밸브

해설 팽창탱크 종류 및 부대설비
① 개방식 : 보통온수(100℃ 이하), 일반 주택 등에 사용
주변배관 : 급수관, 배수관, 방출관(안전관), 배기관, 오버플로우관, 팽창관
② 밀폐식 : 100℃ 이상의 고온수 난방에 사용.
주변배관 : 급수관, 배수관, 방출관(안전관), 수위계, 압력계, 압축 공기관

57 실내에 있는 사람이 느끼는 더위, 추위의 체감에 영향을 미치는 수정 유효온도의 주요 요소는?

① 기온, 습도, 기류, 복사열
② 기온, 기류, 불쾌지수, 복사열
③ 기온, 사람의 체온, 기류, 복사열
④ 기온, 주위의 벽면온도, 기류, 복사열

해설 수정 유효온도 : 기온(온도), 습도, 기류, 복사열
유효(감각)온도 3요소 : 온도, 습도, 기류

Answer 53. ④ 54. ④ 55. ② 56. ① 57. ①

58 다음 중 현열만 함유한 부하는?

① 인체의 발생부하
② 환기용 외기부하
③ 극간풍에 의한 부하
④ 조명(형광등)에 의한 부하

해설
① 벽체, 유리창을 통한 취득 열량 : 현열
② 기기(장치)부하 : 현열
③ 실내기구 발생 열량 : 현열+잠열
④ 재열부하 : 현열
⑤ 인체의 발생 부하 : 현열+잠열
⑥ 외기부하 : 현열+잠열
⑦ 극간풍부하 : 현열+잠열
⑧ 조명부하 : 현열

59 공기조화용 취출구 종류 중 관에 일정한 크기의 구멍을 뚫어 토출구를 만들었으며 천정설치용으로 적당하며, 확산효과가 크기 때문에 도달거리가 짧은 것은?

① 아네모스텟(anemostat)형
② 라인(line)형
③ 팬(pan)형
④ 다공판(multi vent)형

해설
① 아네모스텟형 : 여러 개의 원형 또는 각형의 콘을 덕트 개구단에 설치하고 천장 부근의 실내공기를 유인하여 취출하는 방식으로 항온 항습실, 클린룸 등에 사용
② 라인형 : 신개념의 인테리어와 조화시키기 좋고 외주부 천장 또는 창틀 위에 설치하여 출입구의 에어커튼역할
③ 팬형 : 천장의 덕트 개구단 아래에 원형, 원추형의 팬으로 토출(수평, 방사성으로 취출)

60 쉘 튜브(shell & tube)형 열교환기에 관한 설명으로 옳은 것은?

① 전열관 내 유속은 내식성이나 내마모성을 고려하여 1.8m/s 이하가 되도록 하는 것이 바람직하다.
② 동관을 전열관으로 사용할 경우 유체 온도가 150℃ 이상이 좋다.
③ 증기와 온수의 흐름은 열교환 측면에서 병행류가 바람직하다.
④ 열관류율은 재료와 유체의 종류에 따라 거의 일정하다.

해설 튜브(shell & tube)형 열교환기 : 전열관 내 유속을 1.8m/s 이하로 하여 내식성, 내마모성을 줄인다.

Answer 58. ④ 59. ④ 60. ①

2011년 7월 31일 시행

01 암모니아 냉동장치에서 암모니아가 누설되는 곳에 붉은 리트머스 시험지를 대면 어떤 색으로 변화하는가?

① 흑색   ② 다갈색
③ 청색   ④ 백색

해설 암모니아 누설 검사지는 붉은 리트머스 시험지를 청색으로 변화시킨다.

02 고압 전선이 단선된 것을 발견하였을 때 어떠한 조치가 가장 안전한 것인가?

① 위험하다는 표시를 하고 돌아온다.
② 사고사항을 기록하고 다음 장소의 순찰을 계속한다.
③ 발견 즉시 회사로 돌아와 보고한다.
④ 일반인의 접근 및 통행을 막고 주변을 감시한다.

해설 일반인의 접근 및 통행을 막고 주변을 감시하여 감전사고를 미연에 방지한다.

03 냉동설비의 설치공사 후 기밀시험 시 사용되는 가스로 적합하지 않은 것은?

① 공기   ② 산소
③ 질소   ④ 아르곤

해설 산소는 조연성 가스로 기밀시험에 사용하지 않는다.

04 안전사고의 발생 중 가장 큰 원인이라 할 수 있는 것은?

① 설비의 미비
② 정돈상태의 불량
③ 계측공구의 미비
④ 작업자의 실수

해설 산업재해 직접원인 중
인적원인(불안전한 행동) > 물적원인(불안전한 상태) > 천재지변 순서로 크다.

05 다음 중 B급 및 C급 화재에 공용으로 사용하는 소화기로 적당한 것은?

① 포말소화기
② 분말소화기
③ 수용액(물)
④ 건조사(모래)

해설 화재의 종류별 적응 소화기 : A급(물, 산알칼리), AB급(포말),
BC급(이산화탄소, 할로겐화합물, 1, 2, 4종 분말), ABC급(3종 분말, 강화액)

Answer 1. ③ 2. ④ 3. ② 4. ④ 5. ②

06 산업안전보건법에 의하여 고용노동부 장관이 실시하는 검정을 받아야 할 보호구에 속하지 않는 것은?

① 안전대
② 보호의
③ 보안경
④ 방독마스크

해설 검정을 받아야 할 보호구 : 안전모, 안전대, 안전화, 보안경, 안전장갑, 보안면, 방진마스크, 방독마스크, 귀마개 또는 귀덮개, 송기마스크, 방열복

07 보일러 설치 기준으로 옳지 않은 것은?

① 증기 보일러에는 2개 이상의 안전밸브를 설치할 것.
② 안전밸브는 가능한 한 보일러의 동체에 직접 부착할 것.
③ 안전밸브 및 압력 방출 장치의 크기는 호칭지름 10A 이상으로 할 것.
④ 과열기 출구에는 1개 이상의 안전밸브를 설치할 것.

해설 안전밸브 및 압력방출장치의 크기는 호칭지름(25)A 이상일 것.

08 드릴 작업시 주의사항이다. 틀린 것은?

① 드릴회전 중에는 칩을 입으로 불어서는 안 된다.
② 작업에 임할 때는 복장을 단정히 한다.
③ 가공 중 드릴 끝이 마모되어 이상한 소리가 나면 즉시 바꾸어 사용한다.
④ 이송레버에 파이프를 끼워 걸고 재빨리 돌린다.

해설 드릴 작업시 주의사항
① 머리가 긴 사람은 수건으로 싸거나 모자를 쓴다. 말려들기 쉬운 장갑이나 소맷자락이 넓은 상의는 착용하지 않도록 한다.
② 회전중의 주축과 드릴에 손이나 걸레가 닿게 하거나 머리를 대지 않도록 한다.
③ 균열이 심한 드릴은 사용하면 안된다.
④ 가공중에는 소리에 주의하여 드릴날이 무디어 이상한 소리가 나면 즉시 드릴을 연마하거나 다른 드릴과 교환한다.
⑤ 드릴의 장치를 제거할 경우나 드릴에 감겨 있는 칩은 회전을 멈추고 한다.
⑥ 보링 작업시에는 바이트를 길게 내밀지 않도록 한다.
⑦ 가공중에 드릴이 관통하면 멈추고 손으로 돌려서 드릴을 빼낸다.
⑧ 드릴이 밑면에 나왔는지 확인하기 위해서 손으로 가공물 밑바닥을 만지지 않도록한다.
⑨ 쇳가루는 브러시로 털며 회전중에 걸레로 털거나 입으로 불지 않도록 한다.
⑩ 보안경을 착용하여 작업한다.

Answer 6. ② 7. ③ 8. ④

09 산소 – 아세틸렌 용접시 역화의 원인으로 틀린 것은?

① 토치 팁이 과열되었을 때
② 토치에 절연장치가 없을 때
③ 사용가스의 압력이 부적당할 때
④ 토치 팁 끝이 이물질로 막혔을 때

해설 아세틸렌 용접장치의 역화원인
① 토치 팁에 이물질이 묻어 막혔을 경우
② 토치의 성능이 좋지 않을 때
③ 압력조정기의 고장으로 인하여 파열되었을 경우 산소공급이 과다할 때

10 다음 중 정신적인 재해의 원인에 해당되는 것은?

① 불안과 초조
② 수면부족 및 피로
③ 이해부족 및 훈련미숙
④ 난청 및 시각장애

해설
① **기술적 원인** : 건물, 기계 장치의 설계 불량 구조, 재료의 부적합, 생산 방법의 부적합, 점검, 정비, 보존 불량
② **교육적 원인** : 안전 지식의 부족, 안전 수칙의 오해, 경험 훈련의 미숙, 작업방법의 교육 불충분, 유해, 위험 작업의 교육 불충분
③ **신체의 요인** : 신체적 결함(두통, 현기증, 간질병, 근시, 난청)및 수면 부족에 의한 피로, 숙취 등
④ **정신적 원인** : 태만, 불만, 반항 등의 태도 불량, 초조, 긴장, 공포, 불화 등의 정신적 동요, 편협 등의 성격적인 결함, 백치 등의 지능적인 결함 등

11 산소가 결핍되어 있는 장소에서 사용되는 마스크는?

① 송풍 마스크
② 방진 마스크
③ 방독 마스크
④ 특급 방진 마스크

해설
① **송기마스크, 산소 호흡기, 공기 호흡기, 송풍 마스크** : 저장조 하수구등 청소및 산소 결핍 위험작업장
② **방진 마스크** : 분체작업, 연마작업, 광택작업, 배합작업 등
③ **방독 마스크** : 유기용제, 유해가스, 미스트, 흄 발생 작업장 등에 사용

12 정전 작업시의 안전관리 사항 중 적합하지 못한 것은?

① 무전압 상태의 유지
② 잔류전하의 방전
③ 단락접지
④ 과열, 습기, 부식의 방지

해설 정전 작업시 안전관리 사항
① 작업전 전원차단(무전압 상태의 유지)
② 전원투입의 방지(시건장치 및 통전금지 표지판 설치)
③ 작업장소의 무전압 여부확인(잔류전하 방전 ⇒ 검전기 사용)
④ 단락접지(단락접지기구 사용)
⑤ 작업장소의 보호

Answer 9. ② 10. ① 11. ① 12. ④

13 냉동기 운전 중 토출압력이 높아져 안전장치가 작동할 때 점검하지 않아도 되는 것은?

① 냉매 계통에 공기흡입 유무
② 응축기의 냉각수량, 풍량의 감소여부
③ 토출 배관 중의 밸브 잠김의 이상 여부
④ 토출 밸브에서의 누설 여부

해설 냉동기 토출압력이 높아져 안전장치가 작동하는 이유
① 고압 상승시
② 흡입가스 과열시(냉매 부족, 팽창밸브 열림 부족 – 속도 증가에 따른 압력강하가 커져(저압이 낮아져) 온도 역시 기준보다 내려간다)
③ 윤활 불량 등

14 안전대책의 3원칙에 속하지 않는 것은?

① 기술적 대책
② 자본적 대책
③ 교육적 대책
④ 관리적 대책

해설 안전대책 3원칙(3E)
• Engineering(기술) : 기술적(공학적) 대책
• Education(교육) : 교육적 대책
• Enforcement(규제) : 규제적(관리적) 대책

15 전기 기구에 사용하는 퓨즈(Fuse)의 재료로 부적당한 것은?

① 납   ② 주석
③ 아연   ④ 구리

해설 퓨즈(fuse)의 재질 : 주로 녹는점이 낮은 납과 주석 또는 아연과 주석의 합금을 재료로 사용 하지만 녹는점이 매우 높은 텅스텐의 경우 실처럼 가는 텅스텐 선을 만들어 미소 전류용 퓨즈로 사용하기도 한다.

16 냉동장치 배관 설치시 주의 사항으로 틀린 것은?

① 냉매의 종류, 온도 등에 따라 배관 재료를 선택한다.
② 온도변화에 의한 배관의 신축을 고려한다.
③ 기기 조작, 보수, 점검에 지장이 없도록 한다.
④ 굴곡부는 가능한 적게 하고 곡률 반경을 작게 한다.

해설 굴곡부는 적게, 곡률 반경은 크게 한다.

17 냉매 배관의 시공에 대한 설명 중 맞지 않는 것은?

① 기기 상호관의 길이는 가능한 길게 한다.
② 관의 가공에 의한 재질의 변질을 최소화 한다.
③ 압력손실은 지나치게 크지 않도록 한다.
④ 냉매의 온도와 압력에 충분히 견딜 수 있어야 한다.

해설 기기 상호간의 길이는 가능한 짧게 한다.

Answer 13. ④ 14. ② 15. ④ 16. ④ 17. ①

18 다음의 몰리에르(Mollier)선도를 참고로 했을 때 5 냉동톤(RT)의 냉동기 냉매 순환량은 약 얼마인가?

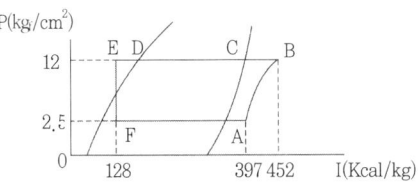

① 301.8kg/h
② 51.3kg/h
③ 61.7kg/h
④ 67.7kg/h

해설

냉매순환량 $G(kg/h)$식 : $G = 5 \times \dfrac{Qe}{qe}$

여기서, Qe : 냉동능력(kcal/h),
　　　　qe : 냉동효과(kcal/h)

$\therefore \dfrac{5 \times 3320}{397 - 128} = 61.71$

19 수냉식 응축기의 능력을 증가시키는 방법 중 적합하지 않은 것은?

① 냉각수량을 증가시킨다.
② 수온을 낮춰 준다.
③ 응축기 코일을 세척한다.
④ 냉각수 유속을 2배로 증가시킨다.

해설 냉각수 유속을 빠르게 한다고 응축능력이 증가하는 것은 아니다.

20 스크류 압축기의 장점으로 맞는 것은?

① 토크 변동이 많다.
② 압축요소의 미끄럼 속도가 빠르다.
③ 흡입밸브나 토출밸브가 없으며 부품수가 적다.
④ 고효율, 고소음, 고진동 및 고신뢰성을 갖는다.

해설 스크류 압축기의 특징
① 소형으로 대용량용이다.
② 액압축 영향이 적다.
③ 흡입밸브나 토출밸브가 없어, 마모가 적다.
④ 체적효율이 크고, 소음이 크다.

21 냉동장치의 기기 중 직접 압축기의 보호역할을 하는 것과 관계없는 것은?

① 안전밸브
② 유압보호 스위치
③ 고압차단 스위치
④ 증발압력 조정 밸브

해설 증발압력 조정(E.P.R) 밸브 : 한 개의 냉동시스템에서 2개의 증발기(고온증발기, 저온증발기)를 각기 온도가 다르게 운전되게 하기 위해서는 고온측 증발기 출구측에 증발압력 조절밸브 설치하여 증발압력을 설정온도 이상 되도록 조정함으로써 고온증발기의 온도가 일정온도 이하 하강하지 않도록 증발기 출구측에서 E.P.R를 부착함으로써 압력을 제어하여 온도를 일정온도 이상으로 유지한다.

Answer 18. ③　19. ④　20. ③　21. ④

22 흡수식 냉동장치에서 냉매인 물이 5℃ 전후의 온도로 증발하고 있다. 이 때 증발기 내부의 압력은?

① 약 7mmHg(933Pa)·a 정도
② 약 32mmHg(4266Pa)·a 정도
③ 약 75mmHg(9999Pa)·a 정도
④ 약 108mmHg(14398Pa)·a 정도

해설 흡수식 냉동장치에서 냉매인 물이 5℃ 전후의 온도에서 증발압력은 약 6.5mmHg 진공정도이다.

23 축열장치 중 수축열 장치의 특징으로 틀린 것은?

① 냉수 및 온수 축열이 가능하다.
② 축열조의 설계 및 시공이 용이하다.
③ 열용량이 큰물을 축열재로 이용한다.
④ 빙축열에 비하여 축열 공간이 작아진다.

해설 수축열 방식은 빙축열방식과 비교해 수배나 큰 축열조로 설치 부피가 커지는 단점이 있다.
① 수축열 시스템 : 열저장재의 현열변화를 이용하는 방식으로, 축열재로는 체적열용량과 비열이 크고, 부식성, 수명, 가격 등 모든 면에서 우수한 물을 사용
② 빙축열(잠열)축 열시스템 : 축열물질의 상변화시 수반되는 높은 잠열량을 축열에 이용하는 방식으로, 축열조의 부피를 줄일 수 있는 장점이 있다. 축열재로는 물(얼음), 공융염, 포접화합물 등이 쓰임. 잠열용량이 크고, 열교환이 용이하고, 작은 부식성과 높은 수명을 갖는다.

24 CA 냉장고란 무엇을 말하는가?

① 제빙용 냉동고
② 공조용 냉장고
③ 해산물 냉동고
④ 청과물 냉장고

해설 CA냉장이란 Controlled Atmosphere Cold Storage의 약자로, 냉장실의 온도를 제어함과 동시에 공기조성도 함께 제어하여 냉장하는 방법으로, 주로 청과물(특히, 사과)의 저장에 많이 사용된다.

25 증발기에서 나온 냉매가스를 압축기에서 압축하는 이유는?

① 냉매가스의 온도를 상승시키기 위하여
② 냉매가스이 비체적을 감소시키기 위하여
③ 압력을 상승시켜 응축기 내에서 쉽게 액화할 수 있게 하기 위하여
④ 응축기에서 냉각수량 부족시 수온 상승을 방지하기 위하여

해설 냉매가스를 압축하는 이유 : 가스를 응축하여 액체로 변환시키기 위해서는 가스 온도를 높여주면 상온의 온도로 냉각하여도 쉽게 응축된다.

Answer 22. ① 23. ④ 24. ④ 25. ③

26 2단압축 냉동사이클에서 저압축 증발압력이 2kgf/cm²g이고 고압측 응축압력이 17kgf/cm²g일 때 중간압력은 약 얼마인가? (단, 대기압은 1kgf/cm²a이다.)

① 5.8kgf/cm²a ② 6.0kgf/cm²a
③ 7.3kgf/cm²a ④ 8.5kgf/cm²a

해설 $\sqrt{(2+1.0332)\times(17+1.0332)} = 7.3 \text{kg}_f/\text{cm}^2\text{a}$

27 다음 중 프레온계 냉매의 일반적 특성으로 틀린 것은?

① 화학적으로 안정하다.
② 독성이 없다.
③ 가연성, 폭발성이 없다.
④ 동관에 대한 부식성이 크다.

해설 동관에 대한 부식성이 있는 것은 암모니아 냉매이며, 프레온계 냉매로 사용하는곳에 동관을 사용한다.

28 다음 설명 중 옳은 것은?

① 1HP는 860kcal/h이다.
② 승화열, 증발열, 융해열은 잠열이다.
③ 1kW 보다 1kg의 물이 가진 증발잠열이 크다.
④ 섭씨온도 $t℃$와 절대온도 TK의 관계는 $T=273-t$이다.

해설 ① 1HP : 640kcal/h
② 1kw는 860kcal/h, 1kg의 물의 증발잠열 : 539kcal/h
③ $T=273+t$

29 터보식 냉동기와 왕복동식 냉동기를 비교했을 때 터보식 냉동기의 특징으로 맞는 것은?

① 회전수가 매우 빠르므로 동작밸런스를 잡기 어렵고 진동이 크다.
② 고압 냉매를 사용하므로 취급이 어렵다.
③ 소용량의 냉동기에는 한계가 있고 비싸다.
④ 저온장치에서도 압축단수가 적어지므로 사용도가 넓다.

해설 터보식 냉동기 : 압축기, 응축기, 증발기등으로 구성된다. 압축기는 임펠러의 회전에 의해서 냉매가스를 압축하는 터보(tur-bo)압축기를 사용한다. 구동부가 고속으로 회전하게 되므로 운전소음과 진동이 수반되며 용량제어 방식에 있어서 흡입 베인제어, 정속 모터에 의한 흡입댐퍼 조절등과 같은 특징이 있다. 소용량의 냉동기에는 한계가 있고 비싸다.

Answer 26. ③ 27. ④ 28. ② 29. ③

30 냉동기유에 대한 설명으로 맞는 것은?

① 냉동기유는 암모니아 냉매보다 가벼워 만액식 증발기의 냉매액면 위로 뜬다.
② 냉동기유는 저온에서 쉽게 응고 되지 않고 고온에서 쉽게 탄화되지 않아야 한다.
③ 냉동기유의 탄화현상은 일반적으로 암모니아보다 프레온 냉동장치에서 자주 발생한다.
④ 냉동기유는 증발하기 쉽고 열전도율 및 점도가 커야 한다.

해설 냉동기유(윤활유) 구비조건 :
① 응고점이 낮을 것
② 인화점이 높을 것
③ 점도가 알맞을 것
④ 저온에서 왁스가 분리되지 않을 것
⑤ 고온에서 탄화하지 않을 것
⑥ 장기간 사용하여도 산화하지 않을 것
⑦ 전기 절연내력이 클 것
⑧ 냉매와 분리성이 좋고, 화학반응을 일으키지 않을 것

31 탱크형 증발기를 설명한 것 중 잘못된 것은?

① 만액식에 속한다.
② 브라인의 유동속도가 늦어도 능력에는 변화가 없다.
③ 상부에는 가스헤드, 하부에는 액헤드가 존재한다.
④ 주로 암모니아용으로 제빙용에 사용된다.

해설 브라인의 유속이 떨어지면 냉동능력이 급격히 감소한다.

32 다음 중 입력신호가 0이면 출력이 1이 되고 반대로 입력이 1이면 출력이 0이 되는 회로는?

① AND회로   ② OR회로
③ NOR회로   ④ NOT회로

해설 ① NOT회로(논리부정 NOT gate) : 입력이 0일 때 출력은 1, 입력이 1일 때 출력은 0이 되는 회로
② AND회로(논리곱회로, AND gate) : 두 개의 입력 A와 B가 모두 1일 때만 출력이 1이 되는 회로
③ OR회로(논리합, OR gate) : 입력 A 또는 B의 어느 한 쪽이든가 양자가 1일 때 출력이 1이 되는 회로
④ NOR회로(논리합 부정, NOR gate)회로 : OR 회로에 NOT 회로를 접속한 OR-NOT회로

33 유분리기의 설치 위치로서 적당한 곳은?

① 압축기와 응축기 사이
② 응축기와 수액기 사이
③ 수액기와 증발기 사이
④ 증발기와 압축기 사이

해설 유분리기 설치 위치
① NH_3 냉동장치 : 응축기 가까운 토출관(압축기와 응축기 사이의 3/4 지점)에 설치
② 프레온 냉동장치 : 압축기 가까운 토출관(압축기와 응축기 사이의 1/4 지점)에 설치

Answer 30. ② 31. ② 32. ④ 33. ①

34 냉동장치의 팽창밸브 용량을 결정하는 것은?

① 밸브 시트의 오리피스 직경
② 팽창밸브의 입구 직경
③ 니들 밸브의 크기
④ 팽창밸브의 출구 직경

해설 팽창밸브 용량은 침변좌(니들밸브시트)의 오리피스 지름으로 표시한다.

35 암모니아 냉매의 성질에서 압력이 상승할 때 성질변화에 대한 것으로 맞는 것은?

① 증발잠열은 커지고 증기의 비체적은 작아진다.
② 증발잠열은 작아지고 증기의 비체적은 커진다.
③ 증발잠열은 작아지고 증기의 비체적도 작아진다.
④ 증발잠열은 커지고 증기의 비체적도 커진다.

해설 암모니아 냉매의 압력이 상승시 증발잠열, 증기 비체적이 작아진다.

36 개스킷 재료가 갖추어야 할 조건이 아닌 것은?

① 유체에 의해 변질되지 않을 것
② 열변형이 용이할 것
③ 충분한 강도를 가질 것
④ 유연성을 유지할 수 있을 것

해설 개스킷 구비 조건
① 유체에 의해 변질되지 않을 것.
② 열변형이 적을 것.
③ 충분한 강도를 가질 것.
④ 유연성, 내구성, 신축성이 충분할 것.

37 일정 전압의 직류 전원에 저항을 접속하고 전류를 흘릴 때 이 전류의 값을 50% 증가시키면 저항 값은 약 몇 배로 되는가?

① 0.12
② 0.36
③ 0.67
④ 1.53

해설 $I=\dfrac{V}{R}$ 에서 I : 전류, V : 전압, R : 저항

∴ $R=\dfrac{V}{I}=\dfrac{1}{1.5}=0.67$

38 다음 중 체크 밸브의 도시기호는?

해설 ② 글로브 밸브
③ 게이트 밸브
④ 전자 밸브

Answer 34. ① 35. ③ 36. ② 37. ③ 38. ①

39 다음 그림과 같은 역카르노 사이클에 대한 설명이 옳은 것은?

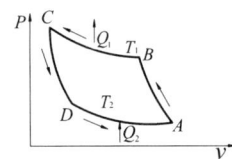

① C→D의 과정은 압축과정이다.
② B→C, D→A의 변화는 등온변화이다.
③ A→B는 냉동장치의 증발기에 해당되는 구간이다.
④ 역카르노 사이클은 1개의 단열과정과 2개의 등온 과정으로 표시된다.

해설 역카르노 사이클 : 카르노 사이클을 역으로 행하는 이상적인 냉동 사이클로서 두개의 단열선과 두개의 등온선으로 이루어진 사이클
① A→B 과정 : 단열압축(압축기)
② B→C 과정 : 등온압축(응축기)
③ C→D 과정 : 단열팽창(팽창밸브)
④ D→A 과정 : 등온팽창(증발기)

40 다음 중 기계적 냉동방법인 것은?
① 고체의 융해잠열을 이용하는 방법
② 고체의 승화열을 이용하는 방법
③ 기한제를 이용하는 방법
④ 증기 압축식 냉동기를 이용하는 방법

해설 기계적 냉동법 : 전력, 증기, 연료 등의 에너지를 이용하여 지속적인 냉동효과를 얻는 방법
① 증기 압축식 냉동기
② 흡수식 냉동기
③ 증기 분사식 냉동기
④ 전자냉동기(열전냉동기)
⑤ 열펌프(Heat Pump)
자연적 냉동법 : 물질의 물리적인 자연현상을 이용하는 방법
① 고체(얼음)의 융해잠열을 이용하는 방법
② 고체 CO_2(드라이아이스)의 승화잠열을 이용하는 방법
③ 액체의 증발잠열을 이용하는 방법
④ 기한제(起寒劑)를 이용하는 방법

41 직접 팽창의 냉동 방식에 비해 브라인식은 어떤 장점이 있는가?
① 냉매누설에 의한 냉장품의 오염우려가 없다.
② 설비가 간단하다.
③ 냉동기 정지에 따른 냉장실 온도의 상승이 빠르다.
④ 운전비가 적게 들어간다.

해설 브라인식은 2차 냉매를 이용한 것으로 현열을 이용한 방법으로 누설우려가 적다.

42 정현파 교류에서 최대값은 실효값의 몇 배인가?
① 2   ② $\sqrt{3}$
③ $\sqrt{2}$ ④ $\dfrac{1}{\sqrt{3}}$

해설 최대값 $Vm = \sqrt{2}\,V$(실효값), 실효값(V)와 최대값 Vm

$$V = \dfrac{1}{\sqrt{2}}\,Vm$$

Answer 39. ② 40. ④ 41. ① 42. ③

43 2원 냉동사이클에 대한 설명 중 틀린 것은?

① 다단압축 방식보다 저온에서 좋은 효율을 얻을 수 있다.
② 저온 측 냉매와 고온 측 냉매를 이용하여 냉각시킨다.
③ 저온 측 응축기의 열은 냉각수를 이용하여 냉각시킨다.
④ 2원 냉동은 −100℃ 정도의 저온을 얻고자 할 때 사용한다.

해설) 저온측 응축기의 열은 고온측 증발기에 의해 냉각시킨다.

44 다음 그림과 같이 15A 강관을 45° 엘보에 나사 연결할 때 연결 부분의 실제 소요길이는 약 얼마인가? (단, 엘보 중심 길이 21mm, 나사물림 길이 13mm이다.)

① 255.8mm   ② 266.8mm
③ 274.8mm   ④ 282.8mm

해설) $\ell = 200 \times \sqrt{2}(1.414) - 2(21-13) = 266.8mm$

45 완전 진공상태를 0으로 기준하여 측정한 압력은?

① 대기압
② 진공도
③ 계기압력
④ 절대압력

해설)
① 절대 압력 : 완전 진공상태를 0으로 기준한 압력
② 대기압 : 위도45°해저면에서 0[℃]의 수은주 760[mmHg]에 상당하는 압력
③ 진공도 : 대기압보다 압력이 낮은 압력(대기압 − 절대압력)
④ 계기압력 : 대기압을 0으로 한 게이지가 측정한 압력(진공도 0[%])

46 공기조화설비에서 단면의 형상은 주로 장방형과 원형의 것이 있으며 공기를 수송하는 데 사용되는 것은?

① 댐퍼
② 밸브
③ 배관
④ 덕트

해설) 덕트 : 사용 목적에 따라
① 공조용(F.A덕트, 급기덕트, 배기닥트)
② 환기용(급기, 배기덕트)
③ 배연용(제연덕트)로 나눌 수 있고
• 풍속에 따라
  ㉠ 고속덕트(12m/sec 이상)
  ㉡ 저속덕트(12m/sec 이하)
• 형상에 따라
  ㉠ 정방형 덕트(사각덕트)
  ㉡ 원형덕트로 나눌 수 있다.

Answer 43. ③ 44. ② 45. ④ 46. ④

47 덕트의 아스팩트(aspect)비는 보통 얼마로 하는가?

① 2 : 1이하가 바람직하나 4 : 1을 넘지 않는 범위로 한다.
② 4 : 1이하가 바람직하나 8 : 1을 넘지 않는 범위로 한다.
③ 6 : 1이하가 바람직하나 12 : 1을 넘지 않는 범위로 한다.
④ 8 : 1이하가 바람직하나 16 : 1을 넘지 않는 범위로 한다.

해설 덕트의 아스팩트(aspect)비 : 동일한 원형덕트에 대한 직사각형 덕트의 장변과 단변의 비, 즉 아스팩트비를 보통 4 : 1이하가 바람직하나 8 : 1을 넘지 않는 범위로 해야 한다.

48 공기여과기의 효율 측정법에 들지 않는 것은?

① 중량법   ② 집진법
③ 비색법   ④ 계수법

해설 공기여과기 효율 측정법 : 중량법, 변색도법(비색법, NBS법), 계수법(DOP법)

49 다음 냉방하부 중 실내취득열량이 아닌 것은?

① 송풍기에 의한 취득열량
② 벽으로부터의 취득열량
③ 유리로부터의 취득열량
④ 인체로부터의 취득열량

해설 송풍기에 의한 취득열량은 장치의 취득열량으로 볼 수 있다.

50 다음 그림에서 ①의 상태의 공기를 ②의 상태로 변화하였을 때 상태변화를 바르게 설명한 것은?

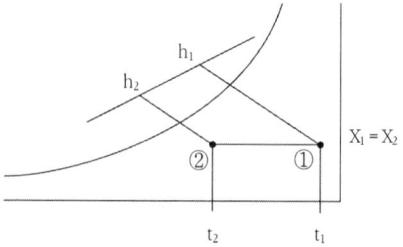

① 냉각   ② 가열
③ 가습   ④ 감습

해설 ①→② : 냉각, ②→① : 가열

51 표준 대기압 상태에서 100℃의 포화수 1kg을 100℃의 건포화증기로 만드는데 필요한 열량은 몇 kcal/kg인가?

① 620   ② 539
③ 427   ④ 273

해설 물의 증발잠열 : 539kcal/kg이다.

52 공기조화를 행하는 주목적과 거리가 먼 것은?

① 온도 조절
② 습도 조절
③ 청정도 조절
④ 소음 조절

해설 공기조화란 : 실내의 온도, 습도, 환기, 기류 및 청정(淸淨) 등을 함께 조절하여 실내의 사용목적에 알맞은 상태로 유지시키는 것

Answer 47. ② 48. ② 49. ① 50. ① 51. ② 52. ④

53 다음 중 개별제어 방식이 아닌 것은?

① 유인유닛 방식
② 패키지유닛 방식
③ 단일덕트 정풍량 방식
④ 단일덕트 변풍량 방식

해설 단일덕트 정풍량 방식 : 단일덕트로 일정풍량을 송풍하고 부하변동에 따라 급기온도 및 습도를 가변시켜 제어하는 방식으로 개별제어가 어렵다.

54 외기온도 0℃, 실내온도 20℃, 벽면적 20m²인 벽체를 통한 손실 열량은 몇 kcal/h인가? (단, 벽체의 열통과율은 2.35kcal/m²h℃이며, 방위계수는 무시한다.)

① 470
② 940
③ 1410
④ 1880

해설
$$Hs = K \times A \times (t_i - t_o) \times p \, [\text{kcal/h}]$$

여기서, Hs : 전열손실열량[kcal/h],
K : 구조체의 열관류율[kcal/m²·h·℃],
A : 전열면적[m²], p : 방위보정계수,
t_i, t_o : 실내,외 온도[℃]

∴ 2.35kcal/m²h℃ × (20℃ − 0℃) × 20m²인 = 940kcal/h

55 이중덕트 변풍량 방식의 특징으로 틀린 것은?

① 각 실내의 온도제어가 용이하다.
② 설비비가 높고 에너지손실이 크다.
③ 냉풍과 온풍을 혼합하여 공급한다.
④ 단일덕트 방식에 비해 덕트 스페이스가 작다.

해설 설비비 및 설치공간이 크다.

56 보일러의 부속장치에서 댐퍼의 설치목적으로 틀린 것은?

① 주연도와 부연도가 있을 경우 가스흐름을 전환한다.
② 배기가스의 흐름을 조절한다.
③ 통풍력을 조절한다.
④ 열효율을 조절한다.

해설 댐퍼 설치목적 : 주연도 부연도가의 가스흐름 전환, 배기가스의 흐름조절, 통풍력 조절

57 방열기의 EDR이란 무엇을 뜻하는가?

① 최대방열면적
② 표준방열면적
③ 상당방열면적
④ 최소방열면적

해설 상당방열면적(EDR : equivalentdirect radiation) 증기인 경우 650kcal/h, 온수인 경우 450kcal/h

58 증기보일러의 실제 증발량을 계산하는 식으로 맞는 것은? (단, Ge는 환산 증발량(kg/h), h_2는 발생증기의 엔탈비(kcal/kg), h_1는 급수의 엔탈피(kcal/h)이다.)

① $Ge \times (h_2 - h_1)$
② $\dfrac{Ge \times 539}{(h_2 - h_1)}$
③ $\dfrac{Ge \times (h_2 - h_1)}{539}$
④ $\dfrac{539 \times (h_2 - h_1)}{Ge}$

해설
환산 증발량(Ge)
$$= \frac{실제증발량(Ga) \times (h_2 - h_1)}{539}$$

∴ 실제 증발량(Ga) = $\dfrac{Ge \times 539}{(h_2 - h_1)}$

Answer 53. ③ 54. ② 55. ④ 56. ④ 57. ③ 58. ②

59 공기 가열 및 냉각코일에 관한 설명으로 옳지 않은 것은?

① 관 재료는 동관과 강관, 핀 재료로는 알루미늄판, 동판 등을 사용한다.
② 설치목적에 따라 예열·예냉코일, 가열·냉각코일로 분류할 수 있다.
③ 고압증기를 사용하는 가열코일은 신축을 고려할 필요 없이 직관으로 사용한다.
④ 직접팽창코일을 사용하는 경우는 균일 분배를 위한 분배기를 사용한다.

해설 온도변화에 따른 신축을 고려할 것

60 건물의 바닥, 천정, 벽 등에 온수를 통하는 관을 매설하여 방열면으로 사용하는 아파트, 주택 등에 적당한 난방방법은?

① 복사난방
② 증기난방
③ 온풍난방
④ 전기히터난방

해설 복사난방(방사난방) : 천정이나 벽, 바닥 등에 코일을 매설하여 온수 등 열매체를 이용하여 복사열에 의해 실내를 난방하는 방식

Answer 59. ③ 60. ①

01 위험을 예방하기 위하여 사업주가 취해야 할 안정상의 조치로 적당하지 않은 것은?

① 시설에 대한 안전대책
② 기계에 대한 안전대책
③ 근로수당에 대한 안전대책
④ 작업방법에 대한 안전대책

해설 사업주는 산업재해예방기준을 준수하며, 안전보건에 관한 정보의 제공과 근로조건의 개선을 통하여 근로자의 건강장해를 예방하고, 근로자의 생명보전과 안전 및 보건을 유지증진 하도록 하여야 한다.

02 화재시 소화제로 물을 사용하는 이유로 가장 적당한 것은?

① 산소를 잘 흡수하기 때문에
② 증발잠열이 크기 때문에
③ 연소하지 않기 때문에
④ 산소와 가연성물질을 분리시키기 때문에

해설 소화제로 물을 사용하는 것은 물의 증발잠열이 커 냉각효과를 얻기 때문이다.

03 고압가스 안전관리법에 의하면 냉동기를 사용하여 고압가스를 제조하는 자는 안전관리자를 해임하거나, 퇴직한 때에는 지체 없이 이를 허가 또는 신고 관청에 신고하고 해임 또는 퇴직한 날로부터 며칠 이내에 다른 안전관리자를 선임하여야 하는가?

① 7일 ② 10일 ③ 20일 ④ 30일

해설 안전관리자 선·해임 신고기간 : 30일

04 프레온 냉매가 누설되어 사고가 발생되었을 때의 응급조치 방법이 바르지 않은 것은?

① 프레온이 눈에 들어갔을 경우 응급조치로 묽은 붕산용 액으로 눈을 씻어준다.
② 프레온은 공기보다 가벼우므로 머리를 아래로 한다.
③ 프레온이 피부에 닿으면 동상의 위험이 있으므로 물로 씻고, 피크르산 용액을 얇게 뿌린다.
④ 프레온이 불꽃에 닿으면 유독한 포스겐가스가 발생하여 더 큰 피해가 발생하므로 주의한다.

해설 프레온은 공기보다 무겁다.
예) R-22($CHClF_2$)분자량 : 86.5, 공기 : 29로 2.98배 무겁다.

Answer 1. ③ 2. ② 3. ④ 4. ②

05 산업안전 표시 중 다음 그림이 나타내는 의미는?

① 방사성 물질 경고
② 낙하물 경고
③ 부식성 물질 경고
④ 몸균형 상실경고

 방사성 물질 경고   부식성 물질 경고

06 다음 중 호흡용 보호구에 해당되지 않는 것은?

① 방진 마스크
② 방수 마스크
③ 방독 마스크
④ 송기 마스크

해설 호흡용 보호구종류
① 여과식 호흡용 보호구 : 방진마스크, 방독마스크
② 공기공급식 호흡용 보호구 : 송기마스크, 공기호흡기, 산소호흡기

07 정전기의 예방 대책으로 적당하지 않은 것은?

① 설비 주변에 적외선을 쪼인다.
② 설비 주변에 공기를 가습한다.
③ 설비의 금속 부분을 접지한다.
④ 설비에 정전기의 발생 방지 도장을 한다.

해설 정전기의 예방 대책
① 공기를 70% 이상으로 가습한다.
② 정전기 발생이 우려되는 부분에 접지한다.
③ 공기를 이온화하여 정전기 발생을 예방한다.
④ 정전기의 발생 방지 도장을 한다.

08 작업장의 출입문에 대한 설명이다. 옳지 않은 것은?

① 담당자 외에는 쉽게 열고 닫을 수 없게 해야 한다.
② 출입문 위치 및 크기는 작업장 용도에 적합해야 한다.
③ 운반기계용인 출입구는 보행자용 문을 따로 설치해야 한다.
④ 통로의 출입구는 근로자의 안전을 위해 경보장치를 해야 한다.

해설 작업장의 출입문은 근로자가 쉽게 열고 닫을 수 있게 설치한다.

09 줄 작업 시 주의사항으로 잘못된 것은?

① 줄 작업은 되도록 빠른 속도로 한다.
② 줄 작업의 높이는 작업자의 팔꿈치 높이로 하는 것이 좋다.
③ 줄의 손잡이는 작업 전에 잘 고정되어 있는지 확인한다.
④ 칩은 브러시로 제거한다.

해설 작업 요령 : 줄 작업은 천천히 한다.
① 줄은 그 손잡이가 확실한 것만을 사용한다.
② 땜질한 줄은 부러지기 쉬우므로 사용치 않는다.
③ 줄은 두들기지 않는다.
④ 줄질에서 생긴 가루는 입으로 불지 않는다.
⑤ 손잡이가 빠졌을 때는 주의해서 잘 꽂는다.
⑥ 줄을 다른 용도에 사용하지 않는다.

10 보일러의 전열 면적이 $10m^2$를 초과하는 경우의 급수 밸브 및 체크밸브의 크기로 옳은 것은?

① 15A 이상
② 20A 이상
③ 25A 이상
④ 32A 이상

해설 보일러급수 밸브 및 체크밸브의 크기 : $10m^2$ 이하 15A 이상, $10m^2$ 초과는 20A 이상

11 산업안전보건법의 제정 목적과 가장 관계가 적은 것은?

① 산업재해 예방
② 쾌적한 작업환경 조성
③ 근로자의 안전과 보건을 유지·증진
④ 산업안전에 관한 정책 수립

해설 산업안전보건법 제정 목적 : 산업안전·보건에 관한 기준을 확립하고 그 책임 소재를 명확하게 하여, 산업재해를 예방하고, 쾌적한 작업환경을 조성함으로써 근로자의 안전과 보건을 유지·증진함

12 아크 용접 작업 시 주의 할 사항으로 틀린 것은?

① 우천시 옥외 작업을 금한다.
② 눈 및 피부를 노출시키지 않는다.
③ 용접이 끝나면 반드시 용접봉을 빼어 놓는다.
④ 장소가 협소한 곳에서는 전격 방지기를 설치하지 않는다.

해설 아크 용접 작업시 전격 방지기를 설치할 것.

Answer 9. ① 10. ② 11. ④ 12. ④

13 가스 용접장치에 대한 안전수칙으로 틀린 것은?

① 가스의 누설검사는 비눗물로 한다.
② 가스용기의 밸브는 빨리 열고 닫는다.
③ 용접 작업 전에 소화기 및 방화사 등을 준비한다.
④ 역화의 위험을 방지하기 위하여 역화방지기를 설치한다.

해설 가스용기 밸브는 서서히 열고 닫는다.

14 플래시가스(flash gas)가 냉동장치의 운전에 미치는 영향 중 부적당한 것은?

① 냉동능력이 감소
② 압축비 저하
③ 소요동력이 증대
④ 토출가스 온도상승

해설 플래시가스(flash gas)(불응축 가스)존재시 장치에 미치는 영향
① 냉동 능력 감소
② 응축 압력 상승으로 압축비 증대
③ 압축기 과열로 토출 가스 온도 상승
④ 압축기 소요동력 증대 등

15 안전사고의 원인 중 물적 원인(불안전한 상태)이라고 볼 수 없는 것은?

① 불충분한 방호
② 빈약한 조명 및 환기
③ 개인 보호구 미착용
④ 지나친 소음

해설
① 직접원인
  ㉠ 인적원인(불안전한 행동)
  ㉡ 물적원인(불안전한 상태)
② 간접원인(관리적원인) : 기술적원인, 교육적원인, 신체적원인, 정신적원인, 작업관리상원인
① 불안전한 상태(물적원인) : 물자체결함, 안전방호장치 결함, 복장, 보호구의 결함, 물의 배치 및 작업장소 결함, 작업환경의 결함, 생산공정의 결함
② 불안전한 행동(인적원인) : 위험장소 접근, 안전장치의 기능제거, 복장, 보호구의 잘못 사용, 기계기구 잘못 사용, 운전중인 기계장치의 손질, 불안전한 속도 조작, 위험물 취급 부주의, 불안전한 상태방치, 불안전한 자세 동작, 감독 및 연락 불충분

16 열의 이동에 관한 설명으로 틀린 것은?

① 열에너지가 중간물질에는 관계없이 열선의 형태를 갖고 전달되는 전열형식을 복사라 한다.
② 대류는 기체나 액체 운동에 의한 열의 이동현상을 말한다.
③ 온도가 다른 두 물체가 접촉할 때 고온에서 저온으로 열이 이동하는 것을 전도라 한다.
④ 물체 내부를 열이 이동할 때 전열량은 온도차에 반비례하고, 거리에 비례한다.

해설 물체 내부를 열이 이동할 때 전열량은 온도차와 접촉된 단면적에 비례하고, 거리에 반비례한다.

Answer 13. ② 14. ② 15. ③ 16. ④

17 다음 그림의 회로에서 a, b양단의 합성 정전용량은 얼마인가?

① $\dfrac{C}{4}$ ② $\dfrac{2C}{4}$
③ $\dfrac{3C}{4}$ ④ C

해설 ▶ a, b 합성 정전용량 : $C = \dfrac{C_1 \cdot C_2}{C_1 + C_2}$ 에서
$\dfrac{1C \cdot 3C}{1C + 3C} = \dfrac{3C^2}{4C} = \dfrac{3C}{4}$

18 1대의 압축기를 이용해 저온의 증발 온도를 얻으려 할 경우 여러 문제점이 발생되어 2단 압축 방식을 택한다. 1단 압축으로 발생되는 문제점으로 틀린 것은?

① 압축기의 과열
② 냉동 능력 저하
③ 체적 효율 증가
④ 성적계수 저하

해설 ▶ 1단 압축의 단점 : 압축기 과열, 냉동 능력 저하, 체적 효율 저하, 성적계수 저하등으로 2단 압축 사용

19 다음 증발기 중 공기 냉각용 증발기는?

① 쉘 앤 코일형 증발기
② 캐스케이드 증발기
③ 보데로 증발기
④ 탱크형 증발기

해설 ▶ ① 쉘 앤 코일형 증발기 : 음료수 냉각용
② 캐스케이드 증발기 : 공기 냉각용
③ 보데로 증발기 : 물, 식품이나 우유 등 냉각용
④ 탱크형 증발기 : 일명 헤링본 냉각기라 하며 만액식으로 암모니아용 제빙장치로 사용

20 가스엔진 구동형 열펌프(GHP)의 특징이 아닌 것은?

① 폐열의 유효이용으로 외기온도 저하에 따른 난방능력의 저하를 보충한다.
② 소음 및 진동이 없다.
③ 제상운전이 필요 없다.
④ 난방 시 기동 특성이 빨라 쾌적난방이 가능하다.

해설 ▶ ① GHP의 특징 : 난방능력이 외부기온에 따라 변하기 때문에 동절기 및 피크시간대에도 안정적인 난방이 가능하다. 토출되는 열풍의 온도가 높다. 제상작업 공정이 없다. 초기 난방의 속도가 빠르다.(30분), 운전소음이 적다.
② EHP의 특징 : 난방능력이 외부의 기온에 직접적인 영향을 받는다. 특히 외부의 기온이 0℃ 이하인 경우에는 영향이 크다. 토출되는 열풍의 온도가 낮다. 증발기의 열효율을 높이기 위해서 제상작업 필요, 초기난방이 이루어지는 시간이 많이 걸린다. 운전소음이 높다.

Answer 17. ③ 18. ③ 19. ② 20. ②

21 NH₃를 냉매로 하고 물을 흡수제로 하는 흡수식 냉동기에서 열교환기의 기능을 잘 나타낸 것은?

① 흡수기의 물과 발생기의 NH₃와의 열교환
② 흡수기의 진한 NH₃ 수용액과 발생기의 묽은 NH₃ 수용액과의 열교환
③ 응축기에서 냉매와 브라인과의 열교환
④ 증발기에서 NH₃ 냉매액과 브라인과의 열교환

해설 열교환기 기능 : 흡수기의 진한 NH₃ 수용액과 발생기의 묽은 NH₃ 수용액과의 열교환

22 역카르노 사이클에 대한 설명 중 옳은 것은?

① 2개의 압축과정과 2개의 증발과정으로 이루어져 있다.
② 2개의 압축과정과 2개의 응축과정으로 이루어져 있다.
③ 2개의 단열과정과 2개의 등온과정으로 이루어져 있다.
④ 2개의 증발과정과 2개의 응축과정으로 이루어져 있다.

해설 ① 역카르노 사이클 : 2개의 단열과정, 2개의 등온과정의 냉동사이클
② 카르노 사이클 : 2개의 가역단열과정, 2개의 가역 등온 과정으로 이루어진 열기관

23 자연적인 냉동방법의 특징으로 틀린 것은?

① 온도조절이 자유롭지 않다.
② 얼음의 융해열을 이용할 수 있다.
③ 다량의 물품을 냉동할 수 없다.
④ 연속적으로 냉동효과를 얻을 수 있다.

해설 연속적으로 냉동효과를 얻을 수 있는 것은 기계적 냉동방법이다.

24 프레온계 냉매용 횡형 쉘 앤 튜브(shell and tube)식 응축기에서 냉각관의 설명으로서 맞는 것은?

① 재료는 강이고 냉각수측의 전열저항에 비해 냉매측의 전열저항이 매우 크므로 외측의 전열면적을 증가시킨 핀튜브가 사용된다.
② 재료는 동이고 냉각수측의 전열저항에 비해 냉매측의 전열저항이 매우 크므로 외측의 전열면적을 증가시킨 핀튜브가 사용된다.
③ 재료는 강이고 냉각수측의 전열저항에 비해 냉매측의 전열저항이 매우 크므로 내측의 전열면적을 증가시킨 핀튜브가 사용된다.
④ 재료는 동이고 냉각수측의 전열저항에 비해 냉매측의 전열저항이 매우 크므로 내측의 전열면적을 증가시킨 핀튜브가 사용된다.

해설 암모니아용 재료는 강이고, 프레온용 재료는 동 사용하고, 프레온용에는 전열면적을 증가시키기 위하여 로우핀 튜브를 사용한다.

Answer 21. ② 22. ③ 23. ④ 24. ②

25 냉동능력 10RT이고 압축일량이 10kW일 때 응축기의 방열량은 약 얼마인가?

① 41800kcal/h ② 22900kcal/h
③ 2400kcal/h   ④ 18600kcal/h

해설 응축부하식 : 냉동능력 + 압축일량
∴ (10 × 3320kcal/h) + (10 × 860kcal/h)
= 41800kcal/h

26 암모니아 냉동장치에서 팽창밸브 직전의 온도가 25℃, 흡입가스의 온도가 -15℃인 건조포화 증기인 경우, 냉매 1kg 당의 냉동효과가 280kcal라면 냉동능력 15RT가 요구될 때의 냉매 순환량은 얼마인가?

① 약 178kg/h   ② 약 195kg/h
③ 약 188kg/h   ④ 약 200kg/h

해설 냉매 순환량

$$\frac{냉동능력(kcal/h)}{냉동효과(kcal/h)}$$

∴ $\frac{15RT \times 3320(kcal/h)}{280kcal} = 177.85(kg/h)$

27 다음 냉매 중 대기압 하에서 냉동력이 가장 큰 냉매는?

① R-11   ② R-12
③ R-21   ④ R-22

해설 대기압 하에서 냉동력이 가장 큰 냉매는 R-22이다.

28 정전시 냉동장치의 조치 사항으로 틀린 것은?

① 냉각수 공급을 중단한다.
② 수액기 출구 밸브를 닫는다.
③ 흡입밸브를 닫고 모터가 정지한 후 토출밸브를 닫는다.
④ 냉동기의 주 전원 스위치는 계속 통전 시킨다.

해설 정전 시 냉동장치의 조치 사항 순서
① 주 전원 스위치 차단
② 수액기 출구 밸브를 닫는다.
③ 흡입밸브를 닫고 모터가 정지한 후 토출밸브를 닫는다.
④ 냉각수 공급을 중단한다.

29 다음 브라인의 부식성 크기순서가 맞는 것은?

① $NaCl > MgCl_2 > CaCl_2$
② $NaCl > CaCl_2 > MgCl_2$
③ $MgCl_2 > CaCl_2 > NaCl$
④ $MgCl_2 > NaCl > CaCl_2$

해설 브라인 부식성이 큰 순서 : $NaCl > MgCl_2 > CaCl_2$

30 냉동 장치에서는 자동제어를 위하여 사용되는 전자 밸브의 역할로 볼 수 없는 것은?

① 액압축 방지
② 냉매 및 브라인 등의 흐름제어
③ 용량 및 액면제어
④ 고수위 경보

해설 전자 밸브의 역할 : 전기적인 조작에 의해 밸브를 자동적으로 ON-OFF하여 용량제어, 액면 조정, 온도제어, 리퀴드백(액압축) 방지 및 냉매나 브라인, 냉각수 흐름제어에 사용된다.

Answer 25. ① 26. ① 27. ④ 28. ④ 29. ① 30. ④

31 냉동기에 사용하는 윤활유의 구비 조건으로서 틀린 것은?

① 불순물을 함유하지 않을 것
② 인화점이 높을 것
③ 냉매와 분리되지 않을 것
④ 응고점이 낮을 것

해설 냉동기 윤활유 구비조건
① 적당한 점도가 있을 것
② 불순물을 함유하지 않을 것
③ 인화점이 높을 것
④ 냉매와 분리성이 좋고, 화학반응 일으키지 않을 것
⑤ 응고점이 낮아 저온에서도 유동성이 좋을 것
⑥ 전기절연도가 클 것

32 몰리에르(mollier) 선도로서 계산할 수 없는 것은?

① 냉동 능력   ② 성적계수
③ 냉매 순환량 ④ 오염계수

해설 오염계수는 냉동기 응축기, 증발기 등의 열교환부의 오염도 측정에 사용하며, 몰리에르 선도에서 계산할 수 없다.

33 밀폐형 압축기의 특징으로 잘못된 것은?

① 냉매의 누설이 적다.
② 소음이 적다.
③ 과부하운전이 가능하다.
④ 냉동능력에 비해 대형으로 설치면적이 크다.

해설 밀폐형 압축기의 특징
① 소형이며, 경량이다.
② 냉매의 누설이 적다.
③ 소음이 적다.
④ 과부하운전이 가능하다.

34 강관 이음법 중 용접 이음의 이점을 설명한 것으로 옳지 않은 것은?

① 유체의 마찰손실이 적다.
② 관의 해체와 교환이 쉽다.
③ 접합부의 강도가 강하며 누수의 염려가 적다.
④ 중량이 가볍고 시설의 보수 유지비가 절감된다.

해설 용접 이음의 장점
① 접합부 강도 크며, 누수 염려 없다.
② 보온피복 용이
③ 관내 돌출부가 없어 마찰 손실 적다.
④ 부속이 적게 들고 재료비 절감
⑤ 가공이 쉬워 공정이 단축된다.

35 아래 그림에서 온도식 자동 팽창밸브의 감온통 부착 위치로 가장 적당한 곳은?

① 1   ② 2
③ 3   ④ 4

해설 감온통 부착위치 : 증발기 출구의 흡입관 수평부분에 설치하고, 트랩이 될 것 같은 곳은 부적당하다.

Answer 31. ③ 32. ④ 33. ④ 34. ② 35. ②

36 [kcal/mh℃]의 단위는 무엇인가?
① 열전도율 ② 비열
③ 열관류율 ④ 오염계수

해설 열전도율 : [kcal/ mh℃], 비열 : [kcal/ kg℃], 열관류율 : [kcal/ m²h℃], 오염계수 : [m²h℃/kcal](열전달을 방해하는 정도를 의미)

37 자기유지(self holding)란 무엇인가?
① 계전기 코일에 전류를 흘려서 여자 시키는 것.
② 계전기 코일에 전류를 차단하여 자화 성질을 잃게 되는 것.
③ 기기의 미소 시간 동작을 위해 동작되는 것.
④ 계전기가 여자 된 후에도 동작 기능이 계속해서 유지되는 것.

해설 자기유지(self holding) : 입력신호가 계전기에 가해지면 입력신호가 제거되어도 계전기의 동작을 계속적으로 지켜주는 회로이다.

38 터보 냉동기의 주요 부품이 아닌 것은?
① 임펠러
② 피스톤링
③ 추기 회수장치
④ 흡입 가이드 베인

해설 ① 피스톤링은 왕복동압축기 부품에 해당
② 터보압축기부품 : 임펠러, 추기회수장치, 흡입 가이드 베인, 헬리컬 기어(고속회전을 위한 증속장치)

39 암모니아를 냉매로 하는 냉동장치의 기밀시험에 사용 하면 안 되는 기체는?
① 질소 ② 아르곤
③ 공기 ④ 산소

해설 암모니아는 가연성으로 산소와 결합하면 폭발위험이 있어 기밀시험에 사용할 수 없다.

40 보온재 선정 시 고려사항으로 거리가 먼 것은?
① 열전도율
② 물리적·화학적 성질
③ 전기 전도율
④ 사용온도 범위

해설 전기 전도율과는 무관하다.
※ 보온재 구비조건
① 열전도율 작을 것.
② 부피·비중 작을 것.
③ 독립기포이고다공질이며 균일할 것.
④ 흡습·흡수성이 적을 것.

41 LNG 냉열이용 동결장치의 특징으로 맞지 않는 것은?
① 식품과 직접 접촉하여 금속동결이 가능하다.
② 외기가 흡입되는 것을 방지한다.
③ 공기에 분산되어 있는 먼지를 철저히 제거하여 장 치내부에 눈이 생기는 것을 방지한다.
④ 저온공기의 풍속을 일정하게 확보함으로써 식품과의 열전달계수를 저하시킨다.

해설 열전달계수를 증가시킨다.

Answer 36. ① 37. ④ 38. ② 39. ④ 40. ③ 41. ④

42 표준 냉동 사이클을 몰리에르 선도 상에 나타내었을 때 온도와 압력이 변하지 않는 과정은?

① 과냉각과정
② 팽창과정
③ 증발과정
④ 압축과정

해설 증발과정과 응축과정은 모리엘 선도상 온도와 압력이 일정하다.

43 스크류(screw) 압축기의 특징으로 틀린 것은?

① 액격(liquid hammer) 및 유격(oil hammer)이 적다.
② 부품수가 적고 구명이 길다.
③ 오일펌프를 따로 설치하여야 한다.
④ 비교적 소음이 적다.

해설 고속회전(3500rpm)으로 소음이 크다.

44 강관의 특징을 설명한 것이다. 맞지 않는 것은?

① 내충격성, 굴요성이 크다.
② 관의 접합 작업이 용이하다.
③ 연관, 주철관에 비해 가볍고 인장강도가 크다.
④ 합성수지관보다 가격이 저렴하다.

해설 합성수지관 보다 가격이 고가이다.

45 냉매 건조기(Dryer)에 관한 설명 중 맞는 것은?

① 암모니아 가스관에 설치하여 수분을 제거한다.
② 압축기와 응축기 사이에 설치한다.
③ 프레온은 수분에 잘 용해하지 않으므로 팽창밸브에 서의 동결을 방지하기 위하여 설치한다.
④ 건조제로는 황산, 염화칼슘 등의 물질을 사용한다.

해설 냉매 건조기(Dryer) : 암모니아 냉매는 수분과 친화력이 있어 용해됨으로 건조기를 설치하지 않고, 프레온냉매에 설치하여 팽창밸브에서의 동결을 방지하기 위하여 설치한다.
※ 건조제 : 실리카겔, 활성알루미나, 몰리큘러시브, 소바비드 등
※ 설치위치 : 수액기 → 투시경 → 건조기 → 전자밸브 → 팽창밸브

46 각실의 부하변동에 따라 풍량을 제어하여 실내온도를 유지하는 공조방식은?

① 2중 덕트방식
② 유인 유닛방식
③ 변풍량 단일덕트 방식
④ 단일 덕트 재열 방식

해설 변풍량 단일덕트 방식 : 각실의 부하변동에 따라 풍량을 제어하여 실내온도를 유지하는 공조방식

Answer 42. ③ 43. ④ 44. ④ 45. ③ 46. ③

47 공기조화용 베인격자형 취출구에서 냉방 및 난방의 경우에 편리하며 세로방향과 가로방향의 베인을 모두 갖추고 있는 것은?

① V형
② H형
③ S형
④ V·H형

해설 V·H형 : 세로방향과 가로방향의 베인

48 공기 세정기에서 유입되는 공기를 정화시키기 위한 것은?

① 루버
② 댐퍼
③ 분무노즐
④ 일리미네이터

해설 루버 : 공기 세정기에서 유입되는 수분의 침입을 막기 위해 격자형의 물막이가 붙어있어 공기를 정화한다.

49 소규모의 건물에 가장 적합한 공조방식은?

① 패키지 유닛 방식
② 변풍량 단일덕트 방식
③ 이중 덕트 방식
④ 복사 냉난방 방식

해설 패키지 유닛 방식 : 냉동기, 냉각코일, 송풍기, 필터 등이 하나의 케이싱 내에 조립되어 있는 것으로 소규모 건물용

50 공기조화기의 가열코일에서 30℃ DB의 공기 3000kg/h를 40℃ DB까지 가열하였을 때의 가열 열량은 얼마인가? (단, 공기의 비열은 0.24kcal/kg℃이다)

① 7200kcal/h
② 8700kcal/h
③ 6200kcal/h
④ 5040kcal/h

해설 가열 열량(kcal/h) = 3000kg/h × 0.24kcal/kg℃ × 10℃ = 7200kcal/h

51 실내의 현열 부하가 52000kcal/h이고, 잠열부하가 20000kcal/h일 때 현열비(SHF)는 약 얼마인가?

① 0.72
② 0.67
③ 0.38
④ 0.25

해설
$$현열비(SHF) = \frac{현열량}{현열량 + 잠열량} = \frac{52000}{52000 + 20000} = 0.72$$

52 일정한 크기의 시험입자를 사용하여 먼지의 수를 계측하는 에어필터의 효율측정법으로 옳은 것은?

① 중량법
② 비색법
③ 계수법
④ 변색도법

해설
① 중량법 : 필터의 상류측과 하류측의 분진 중량(mg/m³)을 측정.
② 변색도법(비색법 : NBS법) : 필터 상류 및 하류의 분진을 각각 여과지로 채집하여 광투과량이 같도록 상하류에 통과되는 공기량을 조절하여 계산식을 이용하여 효율측정
③ 계수법(DOP법) : 광산란식 입자계수기를 사용하여 필터의 상류 및 하류의 미립자에 의한 산란광에서 그 입경과 개수를 계측하여 농도를 측정하여 포집률 측정

Answer 47. ④ 48. ① 49. ① 50. ① 51. ① 52. ③

53 공기조화 시스템의 열원장치 중 보일러에 부착되는 안전장치가 아닌 것은?

① 감압밸브
② 안전밸브
③ 저수위 경보장치
④ 화염검출기

해설 안전장치 : 안전밸브, 저수위 경보장치, 화염검출기
송기장치 : 감압밸브

54 공기조화에 관한 설명이다. 틀린 것은?

① 공기조화는 쾌감공조와 산업공조로 분류할 수 있다.
② 산업공조는 노동능률을 향상시키는데 그 목적으로 한다.
③ 쾌감공조는 인간의 보건 위생을 그 목적으로 한다.
④ 산업 공조는 물품의 환경 조성을 그 목적으로 한다.

해설 노동능률을 향상시키는데 목적으로 하는 공기조화는 쾌감 공조

55 환기의 효과가 가장 큰 환기법은?

① 제1종 환기
② 제2종 환기
③ 제3종 환기
④ 제4종 환기

해설 환기의 종류
① 제1종 환기 : 급기 팬과 배기 팬의 설치로 환기효과 가장 크다.
② 제2종 환기 : 급기 팬과 자연배기의 방식 (실내압은 정압)
③ 제3종 환기 : 자연급기와 배기 팬의 조합 (실내압은 부압)
④ 제4종 환기 : 자연급기와 자연배기의 조합(자연 중력환기, 실내압은 부압)

56 실내 취득 감열량이 30000kcal/h이고 실내로 유입되는 송풍량이 9470m³/h일 때 실내 온도는 25℃로 유지하려면 실내로 유입되는 공기의 온도를 약 몇 ℃로 해야 되는가? (단 공기의 비중량은 1.2kg/m³ 비열은 0.24kcal/kg℃로 한다.)

① 8
② 10
③ 12
④ 14

해설
$$30000\text{kcal/h} = 9470\text{m}^3/\text{h} \times 1.2\text{kg/m}^3 \times 0.24\text{kcal/kg℃} \times (25-X)℃$$
∴ X = 14

57 현열교환기에 대한 설명으로 잘못된 것은?

① 보건용 공조로 사용한다.
② 연도 배기가스의 열회수용으로 사용한다.
③ 회전형과 히트파이프가 있다.
④ 산업용 공조에 주로 사용한다.

해설 보건용 공조로 사용하려면 현열과 잠열이 있어야 한다.

Answer 53. ① 54. ② 55. ① 56. ④ 57. ①

58 온수난방의 구분에서 저온수식 온수온도는 몇 ℃ 미만인가?

① 100 ② 150
③ 200 ④ 250

해설 보통 온수식(저온수식) : 85~90℃
고온수식 : 100℃ 이상

59 가습팬에 의한 가습장치의 설명으로 틀린 것은?

① 온수가열용에는 증기, 또는 전기가 열기가 사용 된다.
② 가습장치 중 효율이 가장 우수하다.
③ 응답속도가 느리다.
④ 소형 공조기에 사용 한다.

해설 가습팬 : 저렴하고, 취급간단, 제어성이 좋지 않고, 증기가 없고 조잡한 제어로 주로 패키지용으로 효율이 떨어진다.

60 공기 여과기의 분류에 해당하지 않는 것은?

① 건식 공기 여과기
② 습식 공기 여과기
③ 점착식 공기 여과기
④ 가스 중력 집진기

해설 공기 여과기 분류 : 충돌 점착식, 건성 여과식, 습식 여과식(활성탄 흡착식), 전기식

Answer 58. ① 59. ② 60. ④

공조냉동기계기능사 2000제 문제은행

2012년 2월 12일 시행

01 작업자의 신체를 보호하기 위한 보호구의 구비조건으로 가장 거리가 먼 것은?

① 착용이 간편할 것
② 방호성능이 충분한 것일 것
③ 정비가 간단하고 점검, 검사가 용이할 것
④ 견고하고 값비싼 고급 품질일 것

해설 ▶ 보호구 구비조건
① 착용이 간편할 것
② 작업에 방해가 안될 것
③ 위험 유해요소에 대한 방호성능이 충분할 것
④ 재료의 품질이 양호할 것
⑤ 구조와 끝마무리가 양호할 것
⑥ 외양과 외관이 양호할 것

02 가스용접 작업 시 유의사항이다. 적절하지 못한 것은?

① 산소병은 60℃ 이하 온도에서 보관하고 직사광선을 피해야 한다.
② 작업자의 눈을 보호하기 위해 차광안경을 착용해야 한다.
③ 가스누설의 점검을 수시로 해야 하며 점검은 비눗물로 한다.
④ 가스용접장치는 화기로부터 5m 이상 떨어진 곳에 설치해야 한다.

해설 ▶ 가스용기는 40℃ 이하 온도에 보관하고 직사광선을 피한다.

03 안전사고 예방의 사고예방 원리 5단계를 단계별로 바르게 나타낸 것은?

① 사실의 발견 → 평가분석 → 시정책의 선정 → 조직 → 시정책의 적용
② 조직 → 사실의 발견 → 평가분석 → 시정책의 선정 → 시정책의 적용
③ 사실의 발견 → 시정책의 선정 → 평가분석 → 시정책의 적용 → 조직
④ 조직 → 사실의 발견 → 시정책의 선정 → 시정책의 적용 → 평가분석

해설 ▶ 사고예방 원리 5단계
조직 → 사실의 발견 → 평가분석 → 시정책의 선정 → 시정책의 적용

Answer 1. ④ 2. ① 3. ②

04 드릴링 작업을 할 때의 안전수칙을 설명한 것으로 바른 것은?

① 옷소매가 긴 작업복이나 장갑을 착용한다.
② 드릴의 착탈은 회전이 완전히 멈춘 다음 행한다.
③ 드릴작업을 하면서 칩을 가끔 손으로 제거한다.
④ 드릴작업 시에는 보안경을 착용해서는 안 된다.

해설 드릴 작업 안전수칙
① 말려들기 쉬운 장갑이나 소맷자락이 넓은 상의는 착용하지 않도록 한다.
② 회전 중의 주축과 드릴에 손이나 걸레가 닿게 하거나 머리를 대지 않도록 한다.
③ 균열이 심한 드릴은 사용하면 안 된다.
④ 가공 중에는 소리에 주의하여 드릴 날이 무디어 이상한 소리가 나면 즉시 드릴을 연마하거나 다른 드릴과 교환한다.
⑤ 보안경을 착용하여 작업한다.

05 도수율(빈도율)이 30인 사업장의 연천인율은 얼마인가?

① 24　　② 36
③ 72　　④ 96

해설
$$도수율 = \frac{연천인률}{2.4}$$

∴ 연천인률 × 2.4 = 72

① 연천인률(연간 1,000명이 작업시 발생하는 재해자수)
$$= \frac{연간재해자수}{연평균근로자수} \times 1,000$$

② 도수율(빈도율) (연 1,000,000 근로시간당 재해 발생건수)
$$= \frac{재해건수}{연근로 총시간수} \times 1,000,000$$

※ 도수율 = $\frac{연천인률}{2.4}$

※ 근로자 1인 근로시간기준 : 8시간/일, 25일/월, 300일/년

③ 강도율(1,000 시간당 산업재해로 인한 근로 손실일수)
$$= \frac{근로손실일수}{연근로 총시간수} \times 1,000$$

※ 근로손실일수 : 휴업일수(요양일수)
$\times \left(\frac{300}{365} \right)$

06 소화효과의 원리가 아닌 것은?

① 질식 효과
② 제거 효과
③ 냉각 효과
④ 단열 효과

해설 소화의 3효과 : 질식효과, 제거효과, 냉각효과

Answer　4. ②　5. ③　6. ④

07 냉동제조 시설기준에 대한 설명 중 틀린 것은?

① 냉매설비에는 상용압력을 초과하는 경우, 즉시 그 압력을 상용압력 이하로 되돌릴 수 있는 안전장치를 설치할 것
② 암모니아 냉동설비의 전기설비는 반드시 방폭성능을 가지는 것일 것
③ 냉매설비에는 긴급사태가 발생하는 것을 방지하기 위해 자동제어장치를 설치할 것
④ 가연성가스 또는 독성가스 냉매설비의 배관에서 냉매가스가 누출될 경우 그 가스가 체류하지 않도록 필요한 조치를 할 것

해설 가연성가스 전기설비는 반드시 방폭성능으로 해야 하지만 암모니아는 가연성 가스임에도 폭발범위가 좁아 방폭성능에서 제외

08 안전관리의 목적을 가장 올바르게 설명한 것은?

① 기능향상을 도모한다.
② 경영의 혁신을 도모한다.
③ 기업의 시설투자를 확대한다.
④ 근로자의 안전과 능률을 향상시킨다.

해설 안전관리의 목적 : 산업재해를 예방하고, 쾌적한 작업환경을 조성함으로써 근로자의 안전과 보건을 유지·증진함을 목적으로 한다.

09 공조설비에 사용되는 NH_3 냉매가 눈에 들어갈 경우 조치방법으로 적당한 것은?

① 레몬쥬스 또는 20%의 식초를 바른다.
② 2%의 붕산액으로 세척하고 유동파라핀을 점안한다.
③ 치아황산나트륨 포화용액으로 씻어낸다.
④ 암모니아수로 씻는다.

해설 NH_3 냉매가 눈에 들어갈 경우 조치사항 : 2%의 희붕산으로 세척 후 유동파라핀을 점안한다.

10 보일러에 스케일 부착으로 인한 영향으로 틀린 것은?

① 전열량 증가
② 연료소비량 증가
③ 과열로 인한 파열사고 위험발생
④ 보일러효율 저하

해설 보일러에 스케일 부착으로 인한 영향
① 전열량 감소
② 연료소비량 증가
③ 과열로 인한 파열사고 위험발생
④ 보일러효율 저하

Answer 7. ② 8. ④ 9. ② 10. ①

11 안전·보건표지의 색채에서 바탕은 파란색 관련 그림은 흰색으로 된 표지로 맞는 것은?

① 금지표지   ② 경고표지
③ 지시표지   ④ 안내표지

해설) 안전·보건표지 색
① 금지표지 : 바탕 : 흰색, 기본모형 : 빨간색
② 경고표지 : 바탕 : 노란색, 기본모형 : 검정색
③ 지시표지 : 바탕 : 파란색, 모형 및 관련그림 : 흰색
④ 안내표지 : 바탕 : 흰색, 기본모형 및 관련부호 : 녹색,
녹색관련부호 및 그림 : 흰색

12 토출 압력이 너무 낮은 경우의 원인으로 적절하지 못한 것은?

① 냉매 충전량 과다
② 토출밸브에서의 누설
③ 냉각수 수온이 너무 낮아서
④ 냉각 수량이 너무 많아서

해설) 냉매 충전량이 부족할 때 토출 압력이 낮아진다.

13 전기기계 기구에서 절연상태를 측정하는 계기로 맞는 것은?

① 검류계
② 전류계
③ 절연저항계
④ 접지저항계

해설) ① 절연저항계 : 절연상태 측정 계기
② 검류계 : 매우 약한 전류의 유무를 측정하는 계기
③ 전류계 : 전기회로의 전류를 측정하는 도구이다.
④ 접지저항계 : 접지전극과 대지간의 저항 측정용 계기

14 전기 용접작업을 할 때 옳지 않은 것은?

① 비오는 날 옥외에서 작업하지 않는다.
② 소화기를 준비한다.
③ 가스관에 접지한다.
④ 화상에 주의한다.

해설) 가스관에 접지할 경우 폭발위험이 있어 금지사항

15 정 작업 시 안전 작업수칙으로 옳지 않은 것은?

① 정의 머리가 둥글게 된 것은 사용하지 말 것
② 처음에는 가볍게 때리고 점차 타격을 가할 것
③ 철재를 절단할 때에는 철편이 날아 튀는 거세 주의할 것
④ 표면이 단단한 열처리 부분은 정으로 가공 할 것

해설) 열처리한 부분은 정으로 작업하지 말 것

Answer 11. ③ 12. ① 13. ③ 14. ③ 15. ④

16 다음 설명 중 틀린 것은?

① 유압 보호 스위치의 종류는 바이메탈식과 가스통식이 있다.
② 단수 릴레이는 수냉식 응축기에서 브라인이나 냉각수가 단수 또는 감수 시 압축기를 정지시키는 장치이다.
③ 가용전은 토출가스의 영향을 직접 받지 않는 곳에 설치한다.
④ 파열판은 일단 동작된 후 내부 압력이 낮아지면 가스의 방출이 정지되며 다시 사용할 수 있다.

해설▶ 파열판이 작동되면 새로운 파열판으로 교체 후 사용이 가능하다.

17 내식성이 우수하고 열전도율이 비교적 크며 굽힘성 등이 좋아 냉난방관, 급수관 등에 널리 이용되는 관은?

① 구리관 ② 납관
③ 합성수지관 ④ 합금강 강관

해설▶ 구리관은 열전도율이 좋고, 내식성, 가공성이 쉬워 냉난방관, 급수관 등에 사용된다.

18 열용량에 대한 설명으로 맞는 것은?

① 어떤 물질 1kg의 온도를 10℃ 올리는데 필요한 열량을 뜻한다.
② 어떤 물질의 온도를 1℃ 올리는데 필요한 열량을 뜻한다.
③ 물 1kg의 온도를 0.1℃ 올리는데 필요한 열량을 뜻한다.
④ 물 1b의 온도를 1°F 올리는데 필요한 열량을 뜻한다.

해설▶ 열용량 : 어떤 물질의 온도를 1℃ 올리는데 필요한 열량 [kcal/℃]

19 브라인 냉매에 관한 설명 중 틀린 것은?

① 무기질 브라인 중 염화나트륨이 염화칼슘보다 부식성이 더 크다.
② 염화칼슘 브라인은 공정점이 낮아 제빙, 냉장 등으로 사용된다.
③ 브라인 냉매의 pH값은 7.5~8.2(약알칼리)로 유지하는 것이 좋다.
④ 브라인은 유기질과 무기질로 구분되며 유기질 브라인의 부식성이 더 크다.

해설▶ 무기질 브라인이 부식성이 더 크다.
무기질 브라인 부식성 큰순서 : NaCl > $MgCl_2$ > $CaCl_2$

20 주기가 0.002S 일 때 주파수는 몇 Hz 인가?

① 400
② 450
③ 500
④ 550

해설▶ 주파수 $f = \dfrac{1}{T} = \dfrac{1}{0.002} = 500$

21 액 순환식 증발기에 대한 설명 중 맞는 것은?

① 오일이 체류할 우려가 크고 제상 자동화가 어렵다.
② 냉매량이 적게 소요되며 액펌프, 저압수액기 등 설비가 간단하다.
③ 증발기 출구에서 액은 80% 정도이고 기체는 20% 정도 차지한다.
④ 증발기가 하나라도 여러 개의 팽창밸브가 필요하다.

해설 액 순환식 증발기 특징
① 증발기에서 증발하는 냉매량의 4~6배의 액을 액펌프를 사용하여 강제로 순환시킨다.
② 증발기 출구에서 액 80%, 가스 20% 존재
③ 증발기 코일 내에 오일이 고일 염려가 없다.
④ 냉매량이 많이 들며 액펌프, 저압 수액기 등 설비가 복잡하다.
⑤ 대용량의 저온이나 급속 동결, 냉장 등에 쓰인다.
⑥ 증발기가 여러 대라도 팽창밸브는 하나로도 된다.(고압 수액기는 하나이므로)

22 배관시공 시 진동 및 충격을 완화시키기 위하여 설치하는 기기는?

① 행거   ② 서포트
③ 브레이스   ④ 레스트레인트

해설 배관 지지쇠
① 행거 : 배관 하중을 위에서 끌어 당겨 지지(리지드, 스프링, 콘스탄트)
② 서포트 : 배관 하중을 밑에서 떠 받쳐 지지(리지드, 스프링, 롤러, 파이프슈)
③ 브레이스 : 펌프, 압축기 등에서 발생되는 진동, 충격 등을 흡수완화
④ 레스트레인트 : 열팽창에 의한 배관의 이동을 구속(앵커, 스톱, 가이드)

23 냉동기유의 구비조건 중 옳지 않은 것은?

① 응고점과 유동점이 높을 것
② 인화점이 높을 것
③ 점도가 적당할 것
④ 전기절연 내력이 클 것

해설 냉동기유의 구비조건
① 응고점, 유동점이 낮을 것
② 인화점이 높을 것
③ 점도가 적당할 것
④ 항 유화성이 있을 것
⑤ 불순물이 적고 절연내력이 클 것
⑥ 왁스 성분이 적고 저온에서 왁스 성분이 분리되지 않을 것

24 2단 압축냉동장치에서 저압측(흡입압력)이 0 $kg_f/cm^2 g$, 고압측(토출압력)이 15 $kg_f/cm^2 g$이었다. 이때 중간압력은 약 몇 $kg_f/cm^2 g$ 인가?

① 2.03
② 3.03
③ 4.03
④ 5.03

해설 중간압력 = $\sqrt{고압절대압력 \times 저압절대압력}$

∴ $\sqrt{(15+1.0332) \times (0+1.0332)} = 4.07$

∴ $4.07 - 1.0332 = 3.03$

Answer 21. ③ 22. ③ 23. ① 24. ②

25 터보 냉동기 윤활 사이클에서 마그네틱 플러그가 하는 역할은?

① 오일 쿨러의 냉각수 온도를 일정하게 유지하는 역할
② 오일 중의 수분을 제거하는 역할
③ 윤활 사이클로 공급되는 유압을 일정하게 하여 주는 역할
④ 윤활 사이클로 공급되는 철분을 제거하여 장치의 마모를 방지하는 역할

해설 터보 냉동기 윤활 사이클 마그네틱 플러그 역할 : 윤활 사이클의 철분을 제거하여 마모 방지

26 수액기에 부착되지 않는 것은?

① 액면계　　② 안전밸브
③ 전자밸브　④ 오일드레인 밸브

해설 전자밸브는 전기적인 조작에 의해 냉매나 브라인, 냉각수 흐름제어 온도제어, 리퀴드백방지 등에 사용

27 두 가지 금속으로 폐회로를 만들었을 때 두 접합점에 온도 차이를 주면 열기전력이 발생하는 현상은?

① 평형효과　② 톰슨효과
③ 열전효과　④ 펠티어효과

해설 열전효과 : 2종 금속에 폐회로를 구성할 때 두 접합점에 온도차를 주면 열기전력이 발생하는 현상
펠티어효과 : 서로 상이한 금속에 링 모양으로 접속하여 전류를 흐르게 하면 한쪽은 열을 흡수, 다른 쪽은 열을 방출하는 원리

28 흡입배관에서 압력손실이 발생하면 나타나는 현상이 아닌 것은?

① 흡입압력의 저하
② 토출가스 온도의 상승
③ 비체적 감소
④ 체적효율 저하

해설 비체적이 증가한다.

29 유니언 나사이음의 도시기호로 맞는 것은?

①　―╂╂―　　②　―╂―
③　―╂╂╂―　④　―✕―

해설 ① ―╂╂― : 유니온 이음
② ―╂╂― : 플랜지이음
③ ―╂― : 나사이음
④ ―✕― : 용접이음

30 가열원이 필요하며 압축기가 필요 없는 냉동기는?

① 터보 냉동기
② 흡수식 냉동기
③ 회전식 냉동기
④ 왕복동식 냉동기

해설 흡수식 냉동기 : 구동열원으로 가스나 폐열 등을 사용하고, 압축기가 필요 없다.

Answer　25. ④　26. ③　27. ③　28. ③　29. ③　30. ②

31 옴의 법칙에 대한 설명 중 옳은 것은?

① 전류는 전압에 비례한다.
② 전류는 저항에 비례한다.
③ 전류는 전압의 2승에 비례한다.
④ 전류는 저항의 2승에 비례한다.

해설 옴의 법칙 : 전류 I는 전압 V에 비례하고, 저항 R에 반비례 한다.
$\left(I = \dfrac{V}{R}\right)$ I : 전류, V : 전압, R : 저항

32 주철관을 절단할 때 사용하는 공구는?

① 원판 그라인더
② 링크형 파이프커터
③ 오스터
④ 체인블럭

해설 링크형 파이프커터 : 주철관 전용 절단공구

33 냉동기의 스크류 압축기(Screw Compressor)에 대한 특징 설명 중 잘못된 것은?

① 암, 수 2개 나선형 로터의 맞물림에 의해 냉매가스를 압축한다.
② 액격 및 유격이 적다.
③ 왕복동식과 비교하여 동일 냉동능력일 때 압축기 체적이 크다.
④ 흡입·토출 밸브가 없다.

해설 스크류 압축기는 왕복동식과 비교하여 동일 냉동능력일 때 압축기 체적이 작아서 소형으로 대용량의 가스를 처리할 수 있다.

34 만액식 증발기에 사용되는 팽창밸브는?

① 저압식 플로트 밸브
② 온도식 자동 팽창밸브
③ 정압식 자동 팽창밸브
④ 모세관 팽창밸브

해설 저압식 플로트 밸브 : 만액식 증발기, 저압수액기 등의 액면제어에 쓰이며, 증발기와 통해 있는 플로트 실내의 부자의 위치에 의해 만액식 증발기 또는 수액기 내의 냉매 액면을 검지하여 부하에 알맞은 공급 냉매의 유량을 제어한다.

35 다음의 역 카르노 사이클에서 냉동장치의 각 기기에 해당되는 구간이 바르게 연결된 것은?

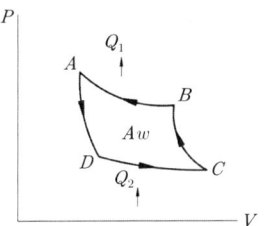

① B→A : 응축기, C→B : 팽창변,
   D→C : 증발기, A→D : 압축기
② B→A : 증발기, C→B : 압축기,
   D→C : 응축기, A→D : 팽창변
③ B→A : 응축기, C→B : 압축기,
   D→C : 증발기, A→D : 팽창변
④ B→A : 압축기, C→B : 응축기,
   D→C : 증발기, A→D : 팽창변

해설 역 카르노 사이클은 냉동사이클로 두 개의 등온선과, 두 개의 단열선으로 구성된다.

Answer 31. ① 32. ② 33. ③ 34. ① 35. ③

36 다음 용어의 설명 중 맞지 않는 것은?

① 냉각 : 식품을 얼리지 않는 범위 내에서 온도를 낮추는 것
② 제빙 : 물을 동결하여 얼음을 생산하는 것
③ 동결 : 어떤 물체를 가열하여 얼리는 것
④ 저빙 : 생산된 얼음을 저장하는 것

해설 동결 : 어떤 물체를 주위온도 보다 낮게 하여 얼리는 것

37 냉매의 건조도가 가장 큰 상태는?

① 과냉액
② 습포화증기
③ 포화액
④ 건조포화증기

해설 건조도 : 습한 증기 중에 증기량이 차지하는 비율을 말하며, 건조도 1일 때를 건조포화증기라 한다.

38 안전사용 최고온도가 가장 높은 배관 보온재는?

① 우모펠트
② 폼 폴리스티렌
③ 규산칼슘
④ 탄산마그네슘

해설 우모펠트나 폼 폴리스티렌 보온재는 유기질로 100℃ 이하, 규산칼슘(650℃ 이하), 탄산마그네슘(250℃ 이하)는 무기질 보온재

39 어떤 냉동기의 냉동능력이 4300kJ/h, 성적계수 6, 냉동효과 7.1kJ/kg, 응축기 방열량 8.36kJ/kg일 경우 냉매 순환량은 약 얼마인가?

① 450kg/h
② 505kg/h
③ 550kg/h
④ 605kg/h

해설

냉매 순환량 $Q = G \cdot q$

(Q : 냉동능력, G : 냉매순환량, q : 냉동효과)

∴ 냉매순환량 = $\frac{4300}{7.1}$ = 605.6

40 냉동능력이 45냉동톤인 냉동장치의 수직형 npf 엔드튜브 응축기에 필요한 냉각수량은 약 얼마인가? (단, 응축기 입구 온도는 23℃이며 응축기 출구 온도는 28℃이다.)

① 38844(L/h)
② 43200(L/h)
③ 51870(L/h)
④ 60250(L/h)

해설 응축부하 = 냉동능력 × 응축계수(냉동용 : 1.3, 공조용 : 1.2)

∴ 응축부하 = 냉매순환량 × 비열 × 응축기 온도차

$= \frac{45 \times 3320 \times 1.3}{5} = 38844$

Answer 36. ③ 37. ④ 38. ③ 39. ④ 40. ①

41 다음 P-h선도는 NH₃를 냉매로 하는 냉동장치의 운전상태를 냉동 사이클로 표시한 것이다. 이 냉동장치의 부하가 50000kcal/h 일 때 이 응축기에서 제거해야 할 열량은 약 얼마인가?

① 209032kcal/h   ② 41813kcal/h
③ 65720kcal/h   ④ 52258kcal/h

냉매순환량(G)
$= \dfrac{냉동능력(부하)}{냉동효과} = \dfrac{50000}{(392-128)} = 189.39$

응축부하(Qc) = 압축일량(Aw) + 냉동능력(qe)
▶ 압축일량(Aw) = 189.39 × (475 - 392)
  = 15719.37
▶ 냉동능력(qe) = 189.39 × (392 - 128)
  = 49998.96
∴ 5719.37 + 49998.96 = 65718.30kcal/h

42 냉동장치의 능력을 나타내는 단위로서 냉동톤(RT)이 있다. 1냉동톤을 설명한 것으로 옳은 것은?

① 0℃의 물 1kg을 24시간 안에 0℃의 얼음으로 만드는데 필요한 열량
② 0℃의 물 1ton을 24시간 안에 0℃의 얼음으로 만드는데 필요한 열량
③ 0℃의 물 1kg을 1시간 안에 0℃의 얼음으로 만드는데 필요한 열량
④ 0℃의 물 1ton을 1시간 안에 0℃의 얼음으로 만드는데 필요한 열량

냉동톤 : 0℃의 물 1ton을 24시간 안에 0℃의 얼음으로 만드는데 필요한 열량

43 공정점이 -55℃로 얼음제조에 사용되는 무기질 브라인으로 가장 일반적으로 쓰이는 것은?

① 염화칼슘 수용액
② 염화마그네슘 수용액
③ 에틸렌글리콜
④ 프로필렌글리콜

무기질 브라인 종류
① 염화칼슘(CaCl₂) : 제빙용, 냉장용으로 가장 많이 사용, 공정점 -55[℃]로 저온
② 염화나트륨(NaCl) : 냉동, 냉장용, 가격 저렴, 공정점 -21[℃]
③ 염화마그네슘(MgCl₂) : 공정점 -33.6[℃]

Answer 41. ③ 42. ② 43. ①

44 왕복 압축기에서 이론적 피스톤 압출량 (m³/h)의 산출식으로 옳은 것은? (단, 기통수 N, 실린더내경 D[m], 회전수 R [rpm], 피스톤행정 L[m]이다.)

① $V = D \cdot L \cdot R \cdot N \cdot 60$
② $V = \frac{\pi}{4} D \cdot L \cdot R \cdot N$
③ $V = \frac{\pi}{4} D \cdot L \cdot R \cdot N \cdot 60$
④ $V = \frac{\pi}{4} D^2 \cdot L \cdot N \cdot R \cdot 60$

해설 왕복압축기 이론 피스톤 압출량식

$$V = \frac{\pi}{4} D^2 \cdot L \cdot N \cdot R \cdot 60$$

(기통수 N, 실린더내경 D[m], 회전수 R [rpm], 피스톤행정 L[m])

45 용접 접합을 나사 접합에 비교한 것 중 옳지 않은 것은?

① 누수의 우려가 적다.
② 유체의 마찰 손실이 많다.
③ 배관상으로 공간 효율이 좋다.
④ 접합부의 강도가 크다.

해설 용접이음 장점
① 접합부 강도 크며, 누수 염려 없다.
② 보온피복 용이
③ 관내 돌출부가 없어 마찰 손실 적다.
④ 부속이 적게 들고 재료비 절감
⑤ 가공이 쉬워 공정이 단축된다.

46 보일러의 종류 중 원통형 보일러에 해당하지 않는 것은?

① 입형 보일러
② 보통 보일러
③ 관류 보일러
④ 연관 보일러

해설 관류보일러는 수관식 보일러에 해당

47 공기조화기에 사용되는 공기가열 코일이 아닌 것은?

① 직접팽창코일
② 온수코일
③ 증기코일
④ 전열코일

해설 가열코일종류 : 온수코일, 증기코일, 전열코일

48 공기를 가습하는 방법으로 적당하지 않은 것은?

① 직접 팽창코일의 이용
② 공기세정기의 이용
③ 증기의 직접분무
④ 온수의 직접분무

해설 직접 팽창코일 : 코일에 직접 냉매액을 보내 코일 속에서 팽창시키며 그 때 발생하는 증발잠열로서 통과하는 공기를 냉각감습하는 코일을 말함

Answer 44. ④ 45. ② 46. ③ 47. ① 48. ①

49 급기, 배기 모두 기계를 이용한 환기법으로 보일러실 등에 사용되는 것은?

① 제1종 기계 환기법
② 제2종 기계 환기법
③ 제3종 기계 환기법
④ 제4종 기계 환기법

해설 환기법
① 제1종환기 : 급기팬 + 배기팬의 조합(환기 효과 가장 큼)
② 제2종환기 : 급기팬 + 자연배기(실내압은 정압)
③ 제3종환기 : 자연급기 + 배기팬(실내압은 부압)
④ 제4종환기 : 자연급기 + 자연배기의 조합 (자연중력환기)

50 상대습도에 대한 설명 중 맞는 것은?

① 습공기에 포함되는 수증기의 양과 건조공기 양과의 중량비
② 습공기의 수증기압과 동일 온도에 있어서 포화공기의 수증기압과의 비
③ 포화상태 수증기의 분량과의 비
④ 습공기의 절대습도와 그와 동일 온도의 포화 습공기의 절대 습도의 비

해설 ① 상대습도 : 습공기의 수증기압과 동일 온도에 있어서 포화공기의 수증기압과의 비
② 절대습도 : 습공기를 구성하고 있는 건공기 1[kg] 중에 포함된 수증기의 중량 x [kg/kg′]
③ 비교습도 : 습공기의 절대습도와 그와 동일 온도의 포화 습공기의 절대 습도의 비

51 원심 송풍기의 풍량 제어방법으로 적당하지 않은 것은?

① 온·오프제어
② 회전수제어
③ 흡입 베인제어
④ 댐퍼제어

해설 송풍기 풍량 제어법
① 댐퍼제어
② 회전수제어
③ 흡입 베인제어
④ 가변피치제어(날개각도 변화)

52 캐비테이션(공동현상)의 방지대책이 아닌 것은?

① 펌프의 흡입양정을 짧게 한다.
② 펌프의 회전수를 적게 한다.
③ 양흡입 펌프를 단흡입 펌프로 바꾼다.
④ 흡입관경은 크게 하여 굽힘을 적게 한다.

해설 캐비테이션 방지책
① 펌프의 설치위치를 낮추어 흡입양정을 짧게 한다.
② 회전차를 수중에 완전히 잠기게 한다.
③ 펌프의 회전수를 적게 한다.
④ 양 흡입 펌프를 사용한다.
⑤ 두 대 이상의 펌프를 사용한다.

Answer 49. ① 50. ② 51. ① 52. ③

53 다음의 그림은 열흐름을 나타낸 것이다. 열흐름에 대한 용어로 틀린 것은?

① ① → ② : 열전달
② ② → ③ : 열관류
③ ③ → ④ : 열전달
④ ① → ④ : 열통과

해설 ② → ③ : 열전도과정
※ 열관류(열통과) : 열전달 → 열전도 → 열전달과정을 거치는 과정

54 보건용 공기조화에서 쾌적한 상태를 제공하여 주는 4가지 주요한 요소에 해당되지 않는 것은?

① 온도
② 습도
③ 기류
④ 음향

해설 공기조화 4대요소 : 온도, 습도, 기류, 청정도

55 공조방식 중 각층 유닛방식의 장점으로 틀린 것은?

① 각 층의 공조기 설치로 소음과 진동의 발생이 없다.
② 각 층별로 부분 부하운전이 가능하다.
③ 중앙기계실의 면적을 적게 차지하고 송풍기 동력도 적게 든다.
④ 각층 슬래브의 관통 덕트가 없게 되므로 방재상 유리하다.

해설 각층유닛 방식 : 각 층마다 유닛(2차 공조기)을 설치하고, 냉각 및 가열 코일에 중앙기계실로부터 냉·온수, 증기를 공급받아 각층마다 운전하는 방식으로 소음과 진동이 있다.

56 난방부하가 3600kcal/h인 실에 온수를 열매로 하는 방열기를 설치하는 경우 소요 방열 면적은 몇 m²인가? (단, 방열기의 방열량은 표준방열량[kcal/m²h℃]을 기준으로 한다.)

① 2.0
② 4.0
③ 6.0
④ 8.0

해설 $\dfrac{3600}{450} = 8$

Answer 53. ② 54. ④ 55. ① 56. ④

57 공조되는 인접실과 5℃의 온도차가 나는 경우에 벽체를 통한 관류열량은? (단, 벽체의 열관류율은 0.5kcal/m²h℃이며, 인접실과 접한 벽체의 면적은 300m²이다.)

① 215kcal/h ② 325kcal/h
③ 750kcal/h ④ 1500kcal/h

해설
$$Q = K \cdot A \cdot \triangle T$$
∴ 0.5kcal/m²h℃ × 300m² × 5℃ = 750kcal/h

58 공조용 저속덕트를 등마찰법으로 설계할 때 사용하는 단위마찰저항으로 맞는 것은?

① 0.08 ~ 0.15mmAq/m
② 0.8 ~ 1.5mmAq/m
③ 8 ~ 15mmAq/m
④ 80 ~ 150mmAq/m

해설 등마찰법 단위마찰저항은 저속덕트는 0.08 ~ 0.2mmAq 정도, 고속덕트는 1mmAq 정도로 선정하여 덕트 치수 결정

59 온풍난방의 장점이 아닌 것은?

① 예열시간이 짧아 비교적 연료소비량이 적다.
② 온도의 자동제어가 용이하다.
③ 필터를 채택하므로 깨끗한 공기를 유지할 수 있다.
④ 실내온도 분포가 용이하다.

해설 실내 상하 온도차가 커서 쾌적성이 떨어진다.

60 보일러로부터의 증기 또는 온수나, 냉동기로부터의 냉수를 객실에 있는 유닛으로 공급시켜 냉·난방을 하는 것으로 덕트 스페이스가 필요 없고, 각 실의 제어가 쉬워서 주택, 여관 등과 같이 재실인원이 적은 방에 적절한 방식은?

① 전공기 방식
② 전수 방식
③ 공기-수 방식
④ 냉매 방식

해설 수방식 : 배관에 의해 실내에 냉·온수를 팬 코일 유닛(FCU)으로 공급하여 냉·난방 하는 방식
▶ 특징
① 덕트 스페이스가 필요 없다.
② 열 운송동력이 공기에 비해 적다.
③ 각 실 제어가 용이
④ 송풍 공기가 없어 실내 공기 오염이 심하다.
⑤ 실내 배관에 의해 누수 염려

Answer 57. ③ 58. ① 59. ④ 60. ②

공조냉동기계기능사 2000제 문제은행
CBT 시험대비
2012년 4월 8일 시행

01 다음 중 불안전한 상태라 볼 수 없는 것은?
① 환기불량
② 위험물의 방치
③ 안전교육의 미참여
④ 기계기구의 정비불량

해설 재해원인
1) 직접원인
① 물적원인(불안전상태) : 물자체결함, 안전보호장치결함, 복장보호구결함, 작업장소 결함
② 인적원인(불안전행동) : 안전장치기능 제거, 복장·보호구 잘못사용, 불안전한 자세/동작
2) 간접원인
① 기술적 원인
② 교육적 원인
③ 신체의 요인
④ 정신적 원인

02 응축기에서 응축 액화된 냉매가 수액기로 원활히 흐르지 못하는 가장 큰 원인은?
① 액 유입관경이 크다.
② 액 유출관경이 크다.
③ 안전밸브의 구경이 적다.
④ 균압관의 관경이 적다.

해설 균압관은 수액기 상부와 응축기 상부를 관으로 연결하여 응축 액화한 냉매를 원활히 흐르도록 관경이 커야 한다.

03 재해율 중 연천인율을 구하는 식으로 옳은 것은?
① 연천인율 = (연간 재해자수/연평균 근로자수) × 1000
② 연천인율 = (연평균근로자수/재해 발생건수) × 1000
③ 연천인율 = (재해발생건수/근로총 시간수) × 1000
④ 연천인율 = (근로총시간수/재해발 생건수) × 1000

해설 연천인율 : 근로자 1000인당 1년간 발생하는 사상자수 = (연간 재해자수/ 연평균 근로자수) × 1000

04 보호장구는 필요할 때 언제라도 착용할 수 있도록 청결하고 성능이 유지된 상태에서 보관되어야 한다. 보관방법으로 틀린 것은?
① 광선을 피하고 통풍이 잘되는 장소에 보관할 것
② 부식성, 유해성, 인화성 액체 등과 혼합하여 보관하지 말 것
③ 모래·진흙 등이 묻은 경우는 깨끗이 씻고 햇빛에서 말릴 것
④ 발열성 물질을 보관하는 주변에 가까이 두지 말 것

해설 모래, 진흙 등이 묻은 경우는 깨끗이 씻고 그늘에서 말릴 것

Answer 1. ③ 2. ④ 3. ① 4. ③

05 냉동 제조 설비의 안전관리자의 인원에 대한 설명 중 올바른 것은?

① 냉동능력 300톤 초과(냉매가 프레온일 경우는 600톤 초과)인 경우 안전관리원은 3명 이상이어야 한다.
② 냉동능력이 100톤 초과 300톤 이하(냉매가 프레온일 경우는 200톤 초과 600톤 이하)인 경우 안전관리원은 1명 이상이어야 한다.
③ 냉동능력 50톤 초과 100톤 이하(냉매가 프레온인 경우 100톤 초과 200톤 이하)인 경우 안전 관리 총괄자는 없어도 상관없다.
④ 냉동능력 50톤 이하(냉매가 프레온인 경우 100톤 이하)인 경우 안전 관리 책임자는 없어도 상관없다.

해설 ▶ 냉동 제조 설비의 안전관리자 선임조건

냉동능력 300톤 초과 (프레온을 냉매로 사용하는 것은 냉동능력 600톤 초과)	안전관리 총괄자 : 1명
	안전관리 책임자 : 1명
	안전관리원 : 2명 이상
냉동능력 100톤 초과 300톤 이하 (프레온을 냉매로 사용하는 것은 냉동능력 200톤 초과 600톤 이하)	안전관리 총괄자 : 1명
	안전관리 책임자 : 1명
	안전관리원 : 1명 이상
냉동능력 50톤 초과 100톤 이하 (프레온을 냉매로 사용하는 것은 냉동능력 100톤 초과 200톤 이하)	안전관리 총괄자 : 1명
	안전관리 책임자 : 1명
	안전관리원 : 1명 이상
냉동능력 50톤 이하 (프레온을 냉매로 사용하는 것은 냉동능력 100톤 이하)	안전관리 총괄자 : 1명
	안전관리 책임자 : 1명

06 전기화재 발생 시 가장 좋은 소화기는?

① 산·알카리 소화기
② 포말 소화기
③ 모래
④ 분말 소화기

해설 ▶ 전기화재 소화제 : 분말, 탄산가스, 할로겐화물 소화제로 사용

07 수공구 안전에 대한 일반적인 유의사항으로 잘못된 것은?

① 사용전에 이상유무를 반드시 점검한다.
② 작업에 적합한 공구가 없을 경우 대용으로 유사한 것을 사용한다.
③ 수공구 사용 시에는 필요한 보호구를 착용한다.
④ 수공구 사용전에 충분한 사용법을 숙지하고 익히도록 한다.

해설 ▶ 수공구는 본래의 용도로만 사용할 것

Answer 5. ② 6. ④ 7. ②

08 냉동기의 메인 스위치를 차단하고 전기 시설을 점검하던 중 감전사고가 있었다면 어떤 전기부품 때문인가?

① 콘덴서   ② 마그네트
③ 릴레이   ④ 타이머

해설) 콘덴서는 두 도체 사이의 공간에 전기장을 모으는 장치로 감전사고를 유발한다.

09 산소용접 중 역화현상이 일어났을 때 조치 방법으로 가장 적합한 것은?

① 아세틸렌 밸브를 즉시 닫는다.
② 토치속의 공기를 배출한다.
③ 아세틸렌 압력을 높인다.
④ 산소압력을 용접조건에 맞춘다.

해설) 역화현상 발생시 가연성 물질인 아세틸렌 밸브를 즉시 차단한다.

10 고압선과 저압 가공선이 병기된 경우 접촉으로 인해 발생하는 것과 변압기의 1, 2차 코일의 절연파괴로 인하여 발생하는 현상과 관계있는 것은?

① 단락   ② 지락
③ 혼촉   ④ 누전

해설) ① 단락 : 2개 이상의 전선이 서로 접촉하여 열이 발생하여 녹아 버리는 현상
② 지락 : 누전전류의 일부가 대기로 흐르게 되는 것
③ 혼촉 : 고압선과 저압 가공선이 병기된 경우 접촉으로 발생되는 것과 1, 2차 코일의 절연파괴로 발생
④ 누전 : 전류가 설계된 부분 이외의 곳에 흐르는 현상

11 양중기의 종류 중 동력을 사용하여 중량물을 매달아 상하 및 좌우로 운반하는 기계장치는?

① 크레인
② 리프트
③ 곤돌라
④ 승강기

해설) 양중기의 종류
① 크레인 : 동력을 사용하여 중량물을 매달아 상하 및 좌우로 운반하는 기계장치
② 리프트 : 동력을 사용하여 사람이나 화물을 운반하는 기계설비
③ 곤돌라 : 와이어 로프 또는 달기강선에 의하여 달기 발판 또는 케이지가 전용의 승강장치에 의하여 상승 또는 하강하는 설비
④ 승강기 : 동력을 사용하여 운반하는 것으로서 가이드레일을 따라 승강하는 운반구

12 보일러 파열사고의 원인으로 적절하지 못한 것은?

① 압력 초과
② 취급 불량
③ 수위 유지
④ 과열

해설) 보일러 파열사고의 원인은 구조적 원인(용접불량, 재료결함)과 취급 부주의 원인(압력초과, 저수위, 과열 등)

Answer 8. ① 9. ① 10. ③ 11. ① 12. ③

13 가스용접토치가 과열되었을 때 가장 적절한 조치사항은?

① 아세틸렌가스를 멈추고 산소 가스만을 분출시킨 상태로 물속에서 냉각시킨다.
② 산소 가스를 멈추고 아세틸렌가스만을 분출시킨 상태로 물속에서 냉각시킨다.
③ 아세틸렌과 산소 가스를 분출시킨 상태로 물속에서 냉각시킨다.
④ 아세틸렌가스만을 분출시킨 상태로 팁 클리너를 사용하여 팁을 소제하고 공기 중에서 냉각시킨다.

해설 ▶ 가스용접토치 과열시 아세틸렌가스를 잠그고 산소 가스만 조금열고 물에서 냉각시킴

14 작업복에 대한 설명 중 옳지 않은 것은?

① 작업복의 스타일은 착용자의 연령, 성별 등은 고려할 필요가 없다.
② 화기사용 작업자는 방염성, 불연성의 작업복을 착용한다.
③ 작업복은 항상 깨끗이 하여야 한다.
④ 작업복은 몸에 맞고 동작이 편하며, 상의 끝이나 바지자락 등이 기계에 말려 들어갈 위험이 없도록 한다.

해설 ▶ 작업복은 착용자의 직종, 연령, 성별 등을 고려하여 적절한 것을 선정한다.

15 사업주는 보일러의 안전한 운전을 위하여 근로자에게 보일러의 운전방법을 교육하여 안전사고를 방지하여야 한다. 다음 중 교육 내용에 해당되지 않는 것은?

① 보일러의 각종 부속장치의 누설상태를 점검할 것
② 압력방출장치·압력제한스위치·화염검출기의 설치 및 정상 작동여부를 점검할 것
③ 압력방출장치의 개방된 상태를 확인할 것
④ 고저수위조절장치와 급수펌프와의 상호 기능상태를 점검할 것

해설 ▶ 압력방출장치는 이상압력 상승시 보일러 파열을 방지하기 위해 설치된 것으로 평상시는 닫혀있음

16 아래와 같은 배관의 도시기호는 어느 이음인가?

① 나사식 이음
② 플랜지식 이음
③ 용접식 이음
④ 턱걸이식 이음

해설 ▶ 유니온식 이음 : ─╫─
나사 이음 : ──┼──
턱걸이식 이음 : ──┤├──
용접 이음 : ──✕──

Answer 13. ① 14. ① 15. ③ 16. ②

17 다음은 NH₃ 표준냉동사이클의 P-h선도이다. 플래시 가스열량은 얼마인가?

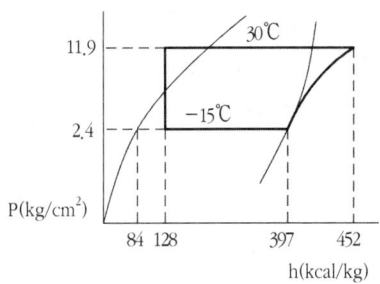

① 44kcal/kg
② 55kcal/kg
③ 313kcal/kg
④ 368kcal/kg

해설 플래시 가스열량 : 128-84 = 44kcal/kg

18 영국의 마력 1[HP]를 열량으로 환산할 때 맞는 것은?

① 102[kcal/h]
② 632[kcal/h]
③ 860[kcal/h]
④ 641[kcal/h]

해설 ① 1[PS] = 75[kg·m/sec] = 632[kcal/hr] = 0.736[kW]
② 1[kW] = 102[kg·m/sec] = 860[kcal/hr] = 1000[J/sec]
③ 1[HP] = 76[kg·m/sec] = 641[kcal/hr]

19 임계점에 대한 설명으로 맞는 것은?

① 어느 압력 이상에서 포화액이 증발이 시작됨과 동시에 건포화 증기로 변하게 되는데, 포화액선과 건포화 증기선이 만나는 점
② 포화온도 하에서 증발이 시작되어 모두 증발하기까지의 온도
③ 물이 어느 온도에 도달하면 온도는 더 이상 상승하지 않고 증발이 시작하는 온도
④ 일정한 압력하에서 물체의 온도가 변화하지 않고 상이 변화하는 점

해설 임계점 : 어느 압력 이상에서 포화액이 증발이 시작됨과 동시에 건포화 증기로 변하며, 포화액선과 건포화 증기선이 만나는 점
• 증기압력이 상승하면 증발잠열은 감소하여 임계점 상태에서 0이 된다.

20 냉동장치의 배관에 있어서 유의할 사항으로 틀린 것은?

① 관의 강도가 적합한 규격이어야 한다.
② 냉매의 종류에 따라 관의 재질을 선택해야 한다.
③ 관내부의 유체압력 손실이 커야 한다.
④ 관의 온도 변화에 의한 신축을 고려해야 한다.

해설 관내부 유체압력 손실이 작을 것

21 지열을 이용하는 열펌프(Heat Pump)의 종류가 아닌 것은?

① 엔진구동 열펌프
② 지하수 이용 열펌프
③ 지표수 이용 열펌프
④ 지중열 이용 열펌프

해설 엔진구동 열펌프는 증기압축식 열펌프의 일종

22 2단압축 1단 팽창 냉동장치에 대한 설명 중 옳은 것은?

① 단단 압축시스템에서 압축비가 작을 때 사용된다.
② 냉동부하가 감소하면 중간냉각기는 필요 없다.
③ 단단 압축시스템보다 응축능력을 크게 하기 위해 사용된다.
④ -30℃ 이하의 비교적 낮은 증발온도를 요하는 곳에 주로 사용된다.

해설 2단압축 1단 팽창 냉동장치에서 1단 냉동사이클에서는 증발온도가 -30℃ 정도 이하가 되면, 증발압력이 너무 낮아져 압축비가 증대하여 ① 체적효율이 저하하고, ② 냉매증기의 비체적이 커져 냉매순환량이 감소하며, ③ 토출가스 온도가 상승하여 윤활유가 열화되기 쉽다.
이 때문에 증발온도가 일정(-30℃)이하가 되면 1단압축을 하지 않고, 압축을 2단으로 나누어, 2단압축 방식을 채택한다.

23 냉매가 팽창밸브(expansion valve)를 통과할 때 변하는 것은? (단, 이론상의 표준냉동 사이클)

① 엔탈피와 압력
② 온도와 엔탈피
③ 압력과 온도
④ 엔탈피와 비체적

해설 팽창밸브에서 변화과정 : 압력강하, 온도강하, 엔탈피 불변, 비체적 증대

24 동결장치 상부에 냉각코일을 집중적으로 설치하고 공기를 유동시켜 피냉각 물체를 동결시키는 장치는?

① 송풍 동결장치
② 공기 동결장치
③ 접촉 동결장치
④ 브라인 동결장치

해설 송풍 동결장치 : 동결장치 상부에 냉각코일을 집중적으로 설치하고 공기를 3~5m/sec의 냉풍으로 피냉각 물체를 동결

25 회전식(Rotary) 압축기의 설명 중 틀린 것은?

① 흡입밸브가 없다.
② 압축이 연속적이다.
③ 회전수가 200rpm 정도로 매우 적다.
④ 왕복동에 비해 구조가 간단하다.

해설 회전수가 1000rpm 이상으로 매우 빠르다.

Answer 21. ① 22. ④ 23. ③ 24. ① 25. ③

26 다음 그림과 같이 20A 강관을 45° 엘보에 나사 연결할 때 관의 실제 소요길이는 약 얼마인가? (단, 엘보중심 길이 25mm, 나사 물림 길이 13mm이다.)

① 255.8mm ② 258.8mm
③ 274.8mm ④ 282.8mm

해설 $200 \times 1.414 - 2(25-13) = 258.8mm$

27 냉동장치의 냉매계통 중에 수분이 침입하였을 때 일어나는 현상을 열거한 것 중 잘못된 것은?

① 유리된 수분이 물방울이 되어 프레온 냉매계통을 순환 하다가 팽창밸브에서 동결한다.
② 침입한 수분이 냉매나 금속과 화학반응을 일으켜 냉매계통의 부식, 윤활유의 열화 등을 일으킨다.
③ 암모니아는 물에 잘 녹으므로 침입한 수분이 동결하는 장애가 적은 편이다.
④ R-12는 R-22보다 많은 수분을 용해하므로, 팽창밸브 등에서의 수분동결의 현상이 적게 일어난다.

해설 프레온계 냉매인 R-12, R-22는 수분을 용해하지 않아, 팽창밸브 등에 수분동결의 현상이 일어난다.

28 팽창밸브 선정 시 고려할 사항 중 관계없는 것은?

① 관의 두께
② 냉동기의 냉동능력
③ 사용냉매의 종류
④ 증발기의 형식 및 크기

해설 팽창밸브는 냉동능력, 냉매 종류, 증발기의 형식 및 크기를 고려하여 선정한다.

29 순저항(R)만으로 구성된 회로에 흐르는 전류와 전압과의 위상 관계는?

① 90° 앞선다.
② 90° 뒤진다.
③ 180° 앞선다.
④ 동위상이다.

해설 ① 저항만의 회로(컨덕턴스) : 전류와 전압은 동상
② 인덕턴스(코일)만의 회로 : 전류가 전압보다 $90°\left(\dfrac{\pi}{2}\right)$ 뒤진다.
③ 캐피시턴스(콘덴서)만의 회로 : 전류가 전압보다 $90°\left(\dfrac{\pi}{2}\right)$ 앞선다.

30 전자냉동은 어떠한 원리를 이용한 것인가?

① 제백효과 ② 안티효과
③ 펠티에효과 ④ 증발효과

해설 펠티에효과 : 서로 상이한 금속에 링모양으로 접속하여 전류를 흐르게 하면 한쪽은 열을 흡수, 다른 쪽은 열방출하는 원리를 이용한 전자냉동기에 사용한다.

Answer 26. ② 27. ④ 28. ① 29. ④ 30. ③

31 다음 용어 설명 중 잘못된 것은?
① 냉각(cooling) : 상온보다 낮은 온도로 열을 제거하는 것
② 동결(freezing) : 냉각작용에 의해 물질을 응고점 이하까지 열을 제거하여 고체 상태로 만든 것
③ 냉장(storage) : 냉각장치를 이용, 0℃ 이상의 온도에서 식품이나 공기 등을 상변화 없이 저장하는 것
④ 냉방(air conditioning) : 실내공기에 열을 가하여 주위 온도보다 높게 하는 방법

해설 실내공기에 열을 가하여 주위 온도 보다 높게 하는 것은 난방

32 증발식 응축기에 관한 설명으로 옳은 것은?
① 일반적으로 물의 소비량이 수냉식 응축기보다 현저하게 적다.
② 대기의 습구온도가 낮아지면 응축온도가 높아진다.
③ 송풍량이 적어지면 응축능력이 증가한다.
④ 냉각작용 3가지(수냉, 공냉, 증발) 중 1가지(증발)에 의해서만 응축이 된다.

해설 증발식 응축기 특징 : 물의 증발잠열 및 공기, 물의 현열에 의한 냉각 방식으로 냉각소비량이 작다.(냉각수가 부족한 곳에서 사용)

33 윤활유의 사용목적으로 거리가 먼 것은?
① 운동면에 윤활작용으로 마모 방지
② 기계적 효율 향상과 소손방지
③ 패킹재료를 보호하여 냉각작용을 억제
④ 유막형성으로 냉매가스 누설방지

해설 패킹재료를 보호하여 냉각작용을 촉진

34 제빙용으로 브라인(brine)의 냉각에 적당한 증발기는?
① 관코일 증발기 ② 헤링본 증발기
③ 원통형 증발기 ④ 평판상 증발기

해설 헤링본증발기(탱크형) : 암모니아용, 제빙용의 브라인 냉각용, 만액식, 액순환이 용이하여 기액분리가 용이

35 보기의 내용 중 브라인의 구비조건으로 적절한 것을 골라 놓은 것은?

① 비열과 열전도율이 클 것
② 끓는 점이 높고, 불연성일 것
③ 동결온도가 높을 것
④ 점성이 크고 부식성이 클 것

① ①, ②   ② ①, ③
③ ②, ③   ④ ①, ④

해설 브라인의 구비조건
① 비열이 클 것
② 열전도율이 클 것
③ 점도가 작을 것
④ 냉동점(공정점)이 낮을 것
   (냉매의 증발온도보다 5~6[℃] 낮을 것)
⑤ pH값이 중성일 것(PH 7.5~8.2 정도)
⑥ 금속에 대한 부식성이 없을 것

Answer 31. ④ 32. ① 33. ③ 34. ② 35. ①

36 증발기의 성에 부착을 제거하기 위한 제상 방법이 아닌 것은?

① 전열제상
② 핫 가스제상
③ 산 살포제상
④ 부동액 살포제상

해설 제상방법 : 전열제상, 핫 가스제상, 부동액 살포제상, 압축기정지제상, 온수살포 제상 등

37 온도가 다른 두 물체를 접촉시키면 열은 고온에서 저온의 물체로 이동한다. 이것은 어떤 법칙인가?

① 주울의 법칙   ② 열역학 제2법칙
③ 헤스의 법칙   ④ 열역학 제1법칙

해설 ① 열역학 제1법칙(에너지보존의 법칙) : 열은 일로, 일은 열로 상호 쉽게 교환시킬 수 있는 법칙
② 열역학 제2법칙(에너지흐름의 법칙) : 일은 쉽게 열로 바뀌나 열은 쉽게 일로 바뀔 수 없다는 법칙(에너지 변환의 방향성을 표시한 것)

38 냉동장치의 고압 측에 안전장치로 사용되는 것 중 옳지 않은 것은?

① 스프링식 안전밸브
② 플로우트 스위치
③ 고압차단 스위치
④ 가용전

해설 냉동장치 고압측 안전장치 : 안전밸브, 고압차단스위치, 가용전 등

39 저항 3Ω과 유도 리액턴스 4Ω이 직렬로 접속된 회로의 역률은?

① 0.4   ② 0.5   ③ 0.6   ④ 0.8

해설 역률 $= \dfrac{R}{\sqrt{R^2+X^2}} = \dfrac{3}{\sqrt{3^2+4^2}} = 0.6$

40 다음 중 계전기 b 접점을 나타낸 것은?

① ② ③ ④

해설 ① 한시복귀 a 접점   ② 한시동작 a 접점
③ 계전기 a 접점

41 강관용 이음쇠를 이음방법에 따라 분류한 것이 아닌 것은?

① 용접식   ② 압축식
③ 플랜지식   ④ 나사식

해설 압축식은 동관(플레어이음) 및 스테인리스관(몰코이음) 이음법

42 암모니아 냉매의 특성에 대한 것으로 틀린 것은?

① 동 및 동합금, 아연을 부식시킨다.
② 철 및 강을 부식시킨다.
③ 물에 잘 용해되지만 윤활유에는 잘 녹지 않는다.
④ 염산이나 유항의 불꽃과 반응하여 흰 연기를 발생시킨다.

해설 암모니아 냉매는 철 및 강은 부식성이 없고, 동 및 동합금을 부식시킨다.

Answer   36. ③   37. ②   38. ②   39. ③   40. ④   41. ②   42. ②

43 2중 효용 흡수식 냉동기에 대한 설명 중 옳지 않은 것은?

① 단중 효용 흡수식 냉동기에 비해 효율이 높다.
② 2개의 재생기가 있다.
③ 2개의 증발기가 있다.
④ 2개의 열교환기를 가지고 있다.

해설 2중 효용 흡수식 냉동기는 2개의 재생기(고온, 저온), 2개의 열교환기(고온, 저온), 증발기, 흡수기, 응축기는 각 1개씩으로 단중 효용 흡수식 냉동기에 비해 효율이 높다.

44 배관의 부식방지를 위해 사용하는 도료가 아닌 것은?

① 광명단   ② 연산칼슘
③ 크롬산아연   ④ 탄산마그네슘

해설 탄산마그네슘은 무기질보온재로 관, 탱크 등의 보온재로 사용

45 증발 온도가 낮을 때 미치는 영향 중 틀린 것은?

① 냉동능력 감소
② 소요동력 감소
③ 압축비 증대로 인한 실린더 과열
④ 성적 계수 저하

해설 증발온도(압력)가 낮을 때 영향
① 냉동능력 감소
② 소요동력 증대
③ 압축비 증대로 인한 실린더 과열
④ 성적 계수 저하
⑤ 토출가스온도 상승 및 체적효율 감소 등

46 시간당 5000m³의 공기가 지름 80cm의 원형덕트 내를 흐를 때 풍속은 약 몇 m/s인가?

① 1.81
② 2.32
③ 2.76
④ 3.25

해설 $Q = A \cdot V$ 에서 $V = \dfrac{5000 \times 4}{\pi \times (0.8)^2 \times 3600} = 2.76$

47 감습장치에 대한 내용 중 옳지 않은 것은?

① 압축 감습장치는 동력소비가 작다.
② 냉각 감습장치는 노점온도 이하로 감습한다.
③ 흡수식 감습장치는 흡수성이 큰 용액을 이용한다.
④ 흡착식 감습장치는 고체 흡수제를 이용한다.

해설 압축 감습장치는 동력소비가 크다.
※ 감습장치 종류
① **압축감습** : 공기를 압축하여 수분을 응축 제거
② **냉각감습** : 냉각코일 사용
③ **흡착감습** : 고체흡착제(실리카겔, 활성알루미나)에 의한 감습
④ **흡수감습** : 액체 흡수제(트리에틸렌글리콜, 염화리튬)에 의한 방법

Answer   43. ③   44. ④   45. ②   46. ③   47. ①

48 공기조화의 개념을 가장 올바르게 설명한 것은?

① 실내공기의 청정도를 적합하도록 조절하는 것
② 실내공기의 온도를 적합하도록 조절하는 것
③ 실내공기의 습도를 적합하도록 조절하는 것
④ 실내 또는 특정한 장소의 공기의 기류속도, 습도, 청정도 등을 사용 목적에 적합하도록 조절하는 것

해설 공기조화 : 실내 또는 특정한 장소의 공기의 온도, 기류속도, 습도, 청정도 등을 사용 목적에 따라 조절하는 것

49 기계배기와 적당한 자연급기에 의한 환기방식으로서 화장실, 탕비실, 소규모 조리장의 환기 설비에 적당한 환기법은?

① 제1종 환기법   ② 제2종 환기법
③ 제3종 환기법   ④ 제4종 환기법

해설 환기방식 종류
① 제1종 환기 : 급기팬 + 배기팬의 조합(환기효과 가장 큼)
② 제2종 환기 : 급기팬 + 자연배기(실내압은 정압)
③ 제3종 환기 : 자연급기 + 배기팬(실내압은 부압)
④ 제4종 환기 : 자연급기 + 자연배기의 조합(자연중력환기)

50 다음 중 부하의 양이 가장 큰 것은?

① 실내부하   ② 냉각코일부하
③ 냉동기부하   ④ 외기부하

해설 냉동기부하는 실내, 외기, 냉각코일부하를 처리하는 것으로 부하가 가장 크다.

51 공기조화설비의 구성요소 중에서 열원장치에 속하는 것은?

① 송풍기
② 덕트
③ 자동제어장치
④ 흡수식 냉온수기

해설 공기조화설비 구성
① 열원장치 : 보일러, 냉동기, 흡수식 냉온수기 등
② 열운반장치 : 팬, 덕트, 펌프, 배관 등
③ 공기조화기 : 송풍기, 에어필터, 공기냉각기 및 가열기, 가습기 등
④ 자동제어장치 : 온·습도조절기 등

52 신축곡관이라고도 하며 관의 구부림을 이용하여 신축을 흡수하는 신축이음장치는?

① 슬리브형 신축이음
② 벨로스형 신축이음
③ 루프형 신축이음
④ 스위블형 신축이음

해설 신축이음종류
① 루프형(곡관형)
② 벨로스형(주름통형, 팩렉스형, 파형)
③ 슬리브형(미끄럼형)
④ 스위블형

Answer 48. ④ 49. ③ 50. ③ 51. ④ 52. ③

53 다음 중 개별 공기조화 방식은?

① 패키지유닛 방식
② 단일덕트 방식
③ 팬코일유닛 방식
④ 멀티존 방식

해설 공기조화 방식 분류

구 분		방 식
중앙식	전공기 방식	단일 덕트 방식(정풍량, 변풍량)
		2중덕트방식(정풍량, 변풍량, 멀티존유닛)
		각층 유닛 방식
	수-공기 방식	덕트 병용 팬 코일 유닛 방식
		유인 유닛 방식
		복사 냉난방 방식
	수방식	팬 코일 유닛 방식
개별식	냉매 방식	룸 쿨러 방식
		패키지 방식
		멀티유닛 방식

54 어느 실내 온도가 25℃이고, 온수방열기의 방열면적이 10m²EDR인 실내의 방열량은 얼마인가?

① 1250kcal/h
② 2500kcal/h
③ 4500kcal/h
④ 6000kcal/h

해설
$Q = $ 표준방열량(kcal/m²·h)×방열면적(m²)

∴ 450(kcal/m²·h)×10(m²) = 4500(kcal/h)

55 다음 공기조화 방식 중에서 덕트 방식이 아닌 것은?

① 팬코일 유닛 방식
② 유인유닛 방식
③ 각층유닛 방식
④ 전공기 방식

해설 팬코일 유닛 방식은 수방식으로 냉·온수, 증기를 배관을 통해 팬코일 유닛으로 공급한다.

56 송풍기의 크기가 정수일 때 풍량은 회전속도비에 비례하며, 압력은 회전속도비의 2제곱에 비례하고, 동력은 회전속도비의 3제곱에 비례한다는 법칙으로 맞는 것은?

① 상압의 법칙
② 상속의 법칙
③ 상사의 법칙
④ 상동의 법칙

해설 상사의 법칙
① 풍량은 회전수에 비례 $Q_2 = Q_1 \times (r_2/r_1)^1$
② 풍압은 회전수에 2승에 비례
$P_2 = P_1 \times (r_2/r_1)^2$
③ 동력은 회전수에 3승에 비례
$L_2 = L_1 \times (r_2/r_1)^3$

57 온풍난방의 특징에 대한 설명 중 맞는 것은?

① 예열부하가 작아 예열시간이 짧다.
② 송풍기의 전력소비가 작다.
③ 송풍덕트의 스페이스가 필요 없다.
④ 실온과 동시에 실내의 습도와 기류의 조정이 어렵다.

해설 온풍난방의 특징
① 예열시간이 짧고
② 온수난방에 비해 설치비용이 적고
③ 배관·방열관 등이 없기에 작업성이 우수하다.

Answer 53. ① 54. ③ 55. ① 56. ③ 57. ①

58 그림과 같이 공기가 상태변화를 하였을 때 바르게 설명한 것은?

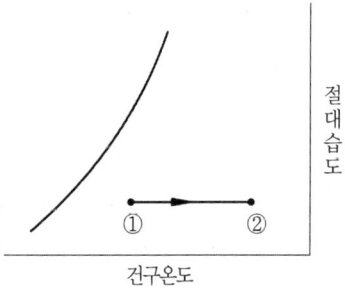

① 절대습도 증가
② 상대습도 증가
③ 수증기분압 감소
④ 현열량 감소

해설 ① 절대습도 일정
② 상대습도 증가
③ 수증기분압 일정
④ 현열량 증가

59 다음 중 배연방식이 아닌 것은?
① 자연 배연방식
② 국소 배연방식
③ 스모크타워 방식
④ 기계 배연방식

해설 배연방식종류 : 자연 배연방식, 스모크타워배연 방식, 기계 배연방식(1종 배연방식, 2종 배연방식, 3종 배연방식)

60 실내공기의 흡입구 중 펀칭메탈형 흡입구의 자유면적비는 펀칭메탈의 관통된 구멍의 총면적과 무엇의 비율인가?
① 전체 면적
② 디퓨져의 수
③ 격자의 수
④ 자유면적

해설 펀칭메탈형 흡입구 자유면적비는 펀칭메탈의 관통된 구멍의 총면적과 전체 면적의 비율이다.

Answer 58. ② 59. ② 60. ①

공조냉동기계기능사 2000제 문제은행
2012년 7월 22일 시행

01 안전장치에 관한 사항으로 옳지 않은 것은?
① 해당설비에 적합한 안전장치를 사용한다.
② 안전장치는 수시로 점검한다.
③ 안전장치는 결함이 있을 때에는 즉시 조치한 후 작업한다.
④ 안전장치는 작업형편상 부득이한 경우에는 일시적으로 제거하여도 좋다.

해설 안전장치는 제거해서 안 된다.

02 중량물을 운반하기 위하여 크레인을 사용하고자 한다. 크레인의 안전한 사용을 위해 지정 거리에서 권상을 정지시키는 방호 장치는?
① 과부하 방지 장치
② 권과 방지 장치
③ 비상 정지 장치
④ 해지 장치

해설
① 과부하방지장치 : 크레인에 있어서 정격 하중 이상의 하중이 부하되었을 때 자동적으로 상승이 정지되면서 경보음 발생하는 장치
② 권과방지장치 : 권과를 방지하기 위하여 지정거리에서 자동적으로 동력을 차단하고 작동을 제동하는 장치
③ 후크해지장치 : 후크에서 와이어 로우프가 이탈하는 것을 방지하는 장치
④ 비상정지장치 : 이동 중 이상상태 발생시 급정지 시킬 수 있는 장치

03 연소에 관한 설명이 잘못된 것은?
① 온도가 높을수록 연소속도가 빨라진다.
② 입자가 작을수록 연소속도가 빨라진다.
③ 촉매가 작용하면 연소속도가 빨라진다.
④ 산화되기 어려운 물질일수록 연소속도가 빨라진다.

해설 산화되기 쉬운 물질일수록 연소속도가 빨라진다.

Answer 1. ④ 2. ② 3. ④

04 수공구 사용 시 주의사항으로 적당하지 않은 것은?

① 작업대 위의 공구는 작업 중에도 정리한다.
② 스패너 자루에 파이프를 끼어 사용해서는 안 된다.
③ 서피스 게이지의 바늘 끝은 위쪽으로 향하게 둔다.
④ 사용 전에 이상 유무를 반드시 점검한다.

해설 서피스 게이지(공작물에 금긋기, 중심내기 등을 할 때 쓰이는 공구)는 사용 후, 즉시 바늘 끝은 아래로 향하게 둘 것

05 누전 및 지락의 방지대책으로 적절하지 못한 것은?

① 절연 열화의 방지
② 퓨즈, 누전차단기 설치
③ 과열, 습기, 부식의 방지
④ 대전체 사용

해설 누전 및 지락의 방지대책으로 대전체를 사용하지 말 것

06 전기용접 작업의 안전사항에 해당되지 않는 것은?

① 용접 작업 시 보호구를 착용토록 한다.
② 홀더나 용접봉은 맨손으로 취급하지 않는다.
③ 작업 전에 소화기 및 방화사를 준비한다.
④ 용접이 끝나면 용접봉은 홀더에서 빼지 않는다.

해설 용접이 끝나면 용접봉은 홀더에서 꽂은 채로 방치하지 말 것

07 산소-아세틸렌 가스용접 시 역화현상이 발생하였을 때 조치사항으로 적절하지 못한 것은?

① 산소의 공급압력을 최대로 높인다.
② 팁 구멍의 이물질제거 등 토치의 기능을 점검한다.
③ 팁을 물로 냉각한다.
④ 아세틸렌을 차단한다.

해설 역화현상이 발생하였을 때 산소밸브를 잠근다.

Answer 4. ③ 5. ④ 6. ④ 7. ①

08 안전화의 구비조건에 대한 설명으로 틀린 것은?

① 정전화는 인체에 대전된 정전기를 구두바닥을 통하여 땅으로 누전시킬 수 있는 재료를 사용할 것
② 죽제 안전화는 가능한 한 무거울 것
③ 착용감이 좋고 작업에 편리할 것
④ 앞발가락 끝부분에 선심을 넣어 압박 및 충격에 대하여 착용자의 발가락을 보호할 수 있을 것

해설 안전화는 가벼우며 일반화 보다 가죽에 해로운 분진이나 약품에 묻기 쉬우므로 자주 손질할 것

09 보일러 취급 부주의에 의한 사고 원인이 아닌 것은?

① 이상 감수(減水)
② 압력 초과
③ 수처리 불량
④ 용접 불량

해설 용접불량, 재료결함, 강도부족, 설계불량은 제작상의 원인이다.

10 추락을 방지하기 위해 작업발판을 설치해야 하는 높이는 몇 m 이상인가?

① 2   ② 3
③ 4   ④ 5

해설 작업 발판 설치 기준 : 고소에서 추락이나 발이 빠질 위험이 있는 장소에 높이 2m 이상인 작업장에 작업발판 설치. 발판폭 : 40cm 이상, 두께 3.5cm 이상, 길이 3.6m 이하, 발판을 겹쳐서 이을 때는 장선 위에서 이음을 하고, 겹침길이는 20cm 이상, 건물벽체와 작업발판과의 간격은 30cm 이내 설치

11 다음 보기의 설명에 해당되는 것은?

- 실린더에 상이 붙는다.
- 토출가스 온도가 낮아진다.
- 냉동능력이 감소한다.
- 압축기의 손상이 우려된다.

① 액 해머
② 커퍼 플레이팅
③ 냉매과소 충전
④ 플래쉬 가스 발생

해설 액 해머현상 : 오일 포밍 및 피스톤 링의 불량으로 이상음 발생 및 오일이 압축되는 현상으로 실린더에 상이 붙고, 토출가스 온도가 낮아지고, 냉동능력이 감소한다.

12 냉동기계 설치 시 각 기기의 위치를 정하기 위한 설명으로 옳지 않은 것은?

① 운전상 작업의 용이성을 고려할 것
② 실내의 기계 상태를 일부분만 볼 수 있게 하고 제어가 쉽도록 할 것
③ 실내의 조명과 환기를 고려할 것
④ 현장의 상황에 맞는가를 조사할 것

해설 실내의 기계 상태를 한 시야에 볼 수 있게 하고 제어가 쉽도록 할 것

Answer 8. ② 9. ④ 10. ① 11. ① 12. ②

13 사업주는 그 작업조건에 적합한 보호구를 동시에 작업하는 근로자의 수 이상으로 지급하고 이를 착용하도록 하여야 한다. 이 때 적합한 보호구 지급에 해당되지 않는 것은?

① 보안경 : 물체가 날아 흩어질 위험이 있는 작업
② 보안면 : 용접 시 불꽃 또는 물체가 날아 흩어질 위험이 있는 작업
③ 안전대 : 감전의 위험이 있는 작업
④ 방열복 : 고열에 의한 화상 등의 위험이 있는 작업

해설 안전대 : 높이 2미터 이상인 고소작업에 사용

14 위험물 취급 및 저장 시의 안전조치 사항 중 틀린 것은?

① 위험물은 작업장과 별도의 장소에 보관하여야 한다.
② 위험물을 취급하는 작업장에는 너비 0.3m 이상, 높이 2m 이상의 비상구를 설치하여야 한다.
③ 작업장 내부에는 작업에 필요한 양만큼만 두어야 한다.
④ 위험물을 취급하는 작업장에는 출입구와 같은 방향에 있지 아니하고, 출입구로부터 3m 이상 떨어진 곳에 비상구를 설치하여야 한다.

해설 위험물 취급장의 비상구 기준
① 출입구와 같은 방향에 있지 아니하고, 출입구로부터 3미터 이상 떨어져 있을 것
② 작업장의 각 부분으로부터 하나의 비상구 또는 출입구까지의 수평거리가 50미터 이하가 되도록 할 것
③ 비상구의 너비는 0.75미터 이상으로 하고, 높이는 1.5미터 이상으로 할 것
④ 비상구의 문은 피난 방향으로 열리도록 하고, 실내에서 항상 열 수 있는 구조로 할 것

15 냉동설비의 설치공사 완료 후 시운전 또는 기밀시험을 실시할 때 사용할 수 없는 것은?

① 헬륨
② 산소
③ 질소
④ 탄산가스

해설 설비의 시운전, 기밀시험은 불활성 기체로 한다, 산소는 조연성 기체로 녹, 기름 등에 폭발할 수 있어 사용 안함

16 브라인 동결 방지의 목적으로 사용되는 기기가 아닌 것은?

① 서모 스탯
② 단수 릴레이
③ 흡입압력 조정 밸브
④ 증발압력 조정 밸브

해설 흡입압력 조정 밸브는 압축기 과부하 방지장치로 운전을 안정시킨다.

Answer 13. ③ 14. ② 15. ② 16. ③

17 그림과 같은 회로에서 6[Ω]에 흐르는 전류[A]는 얼마인가?

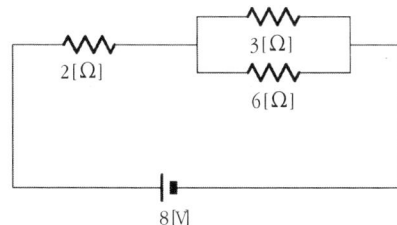

① $\frac{1}{3}$[A]　② $\frac{2}{3}$[A]
③ $\frac{1}{2}$[A]　④ $\frac{3}{2}$[A]

해설 $RT = 2 + \frac{3 \times 6}{3+6} = 2 + \frac{18}{9} = 4[\Omega]$

$I = \frac{V}{R} = \frac{8}{4} = 2[A]$,

$I_6 = I\frac{R_3}{R_6 + R_3} = 2 \times \frac{3}{6+3} = \frac{6}{9} = \frac{2}{3}[A]$

18 수동나사 절삭 방법 중 잘못 된 것은?

① 관을 파이프 바이스에서 약 150mm 정도 나오게 하고 관이 찌그러지지 않게 주의하면서 단단히 물린다.
② 관 끝은 절삭날이 쉽게 들어갈 수 있도록 약간의 모따기를 한다.
③ 나사 절삭기를 관에 끼우고 래칫을 조정한 다음 약 30°씩 회전시킨다.
④ 나사가 완성되면 편심 핸들을 급히 풀고 절삭기를 뺀다.

해설 나사가 완성되면 편심 핸들을 서서히 풀고 절삭기를 뺀다.

19 강제급유식에 기어펌프를 많이 사용하는 이유로 가장 적당한 것은?

① 유체의 마찰저항이 크기 때문에
② 저속으로도 일정한 압력을 얻을 수 있기 때문에
③ 구조가 복잡하기 때문에
④ 대형으로만 높은 압력을 얻을 수 있기 때문에

해설 기어펌프는 저속으로 윤활방식을 강제급유로 사용하면 일정한 압력을 얻을 수 있다.
윤활 방식
① 비말급유식 : 밸런스에이트나 오일 디퍼를 이용하여 축(shaft) 회전시 오일을 튀겨올림으로서 윤활하는 방식
주로 피스톤행정이 짧은 소형에 사용. 크랭크케이스 내의 유면이 일정해야 한다.
② 강제급유식 : 오일 펌프로 오일을 가압, 그 압력으로 급유하는 방식으로 중형, 대형에 가장 널리 사용한다.

20 액을 수액기로 유입시키는 냉매 회수장치의 구성요소가 아닌 것은?

① 3방 밸브
② 고압압력 스위치
③ 체크 밸브
④ 플로우트 스위치

해설 냉매 회수장치 구성요소 : 3방 밸브, 체크밸브, 플로우트 스위치
고압압력 스위치 : 냉동기 고압측 이상압력상승시 압축기를 보호하기 위한 장치

Answer　17. ②　18. ④　19. ②　20. ②

21 1psi는 약 몇 gf/cm²인가?

① 64.5 ② 70.3
③ 82.5 ④ 98.1

해설 1.0332gf/cm² = 14.7psi, 1033.2gf/cm² = 14.7psi,
x gf/cm² = 1psi, ∴ 70.285gf/cm²

22 관의 끝부분의 표시방법에서 종류별 그림기호를 나타낸 것으로 틀린 것은?

① 용접식 캡 ──◗
② 체크포인트 ──✕
③ 블라인더 플랜지 ──╢
④ 나사박음식 캡 ──⊐

해설 ② 용접형 도시기호

23 다음 중 배관의 부식방지용 도료가 아닌 것은?

① 광명단
② 산화철
③ 규조토
④ 타르 및 아스팔트

해설 규조토는 무기질 보온재 종류에 해당된다.

24 압축기 및 응축기에서 심한 온도 상승을 방지하기 위한 대책이 아닌 것은?

① 불응축 가스를 제거한다.
② 규정된 냉매량 보다 적은 냉매를 충전한다.
③ 충분한 냉각수를 보낸다.
④ 냉각수 배관을 청소한다.

해설 압축기 및 응축기에서 온도 상승은 냉매를 과충전했을 때 일어난다.

25 이상기체의 엔탈피가 변하지 않는 과정은?

① 가역 단열과정
② 등온과정
③ 비가역 압축과정
④ 교축과정

해설 교축과정은 온도, 압력강하, 비체적증가, 엔탈피 불변의 변화과정이다.

26 왕복동 압축기의 기계효율(ηm)에 대한 설명으로 옳은 것은? (단, 지시 동력은 가스를 압축하기 위한 압축기의 실제필요 동력이고, 축동력은 실제 압축기를 운전하는데 필요한 동력이며, 이론적 동력은 압축기의 이론상 필요한 동력을 말한다.)

① $\dfrac{지시동력}{축동력}$
② $\dfrac{이론적동력}{지시동력}$
③ $\dfrac{지시동력}{이론적동력}$
④ $\dfrac{축동력 \times 지시동력}{이론적동력}$

해설

> 압축기기계효율(ηm)
> $= \dfrac{지시동력(실제로 가스를 압축하는데 소요되는 동력)}{축동력(압축기를 운전하는데 필요한 동력)}$

※ 압축효율 $= \dfrac{이론적동력}{지시동력}$

※ 축동력 $= \dfrac{이론적동력}{압축효율 \times 기계효율}$

Answer 21. ② 22. ② 23. ③ 24. ② 25. ④ 26. ①

27 다음 중 냉매의 성질로 옳은 것은?
① 암모니아는 강을 부식시키므로 구리나 아연을 사용한다.
② 프레온은 절연내력이 크므로 밀폐형에는 부적합하고 개방형에 사용한다.
③ 암모니아는 인조고무를 부식시키고 프레온은 천연고무를 부식시킨다.
④ 프레온은 수분과 분리가 잘 되므로 드라이어를 설치할 필요는 없다.

해설 냉매 성질
① 암모니아는 강, 철에 대해 부식이 없고, 구리나 아연을 부식시킨다.
② 프레온은 절연내력이 크므로 밀폐형에 적합하다.
③ 암모니아는 인조고무를 부식시키고 프레온은 천연고무를 부식시킨다.
④ 프레온은 수분과 분리가 잘되어 드라이어를 설치한다.

28 다음 전기에 대한 설명 중 틀린 것은?
① 전기가 흐르기 어려운 정도를 컨덕턴스라 한다.
② 일정시간 동안 전기에너지가 한 일의 양을 전력량이라 한다.
③ 일정한 도체에 가한 전압을 증가시키면 전류도 커진다.
④ 기전력은 전위차를 유지시켜 전류를 흘리는 원동력이 된다.

해설 임피던스 : 교류저항으로 전류의 흐름을 방해하는 것. 단위[옴[Ω]]을 사용, 저항이 클수록 전류가 흐르기 어렵다.
컨덕턴스(전도도(傳導度)) : 전기저항의 역수, 단위는 지멘스이다.

29 냉동장치에서 압력과 온도를 낮추고 동시에 증발기로 유입되는 냉매량을 조절해 주는 곳은?
① 수액기   ② 압축기
③ 응축기   ④ 팽창밸브

해설 ① 수액기 : 응축기와 팽창밸브 사이의 고압액관에 설치하여 냉매액을 저장하는 것
② 압축기 : 냉매를 고온고압의 기체로 만드는 곳
③ 응축기 : 고온의 기체냉매에 열을 제거하는 역할
④ 팽창밸브 : 냉매를 교축시켜 온도와 압력을 낮게 하여 증발기로 냉매를 조절하여 보내는 것

30 원심력을 이용하여 냉매를 압축하는 형식으로 터보압축기라고도 하며, 흡입하는 냉매 증기의 체적은 크지만 압축압력을 크게 하기 곤란한 압축기는?
① 원심식 압축기
② 스크류 압축기
③ 회전식 압축기
④ 왕복동식 압축기

해설 원심식 압축기 : 임펠러의 고속회전에 의한 압축방식으로 터보압축기, 센트리퓨걸 컴프레서라고도 한다.
① 스크류 압축기 : 2개 이상의 스크루의 회전운동에 의한 압축방식
② 회전식 압축기 : 로터의 회전에 의한 압축방식으로 로터리 컴프레서라 함
③ 왕복동식 압축기 : 피스톤의 왕복운동에 의한 압축방식

Answer 27. ③ 28. ① 29. ④ 30. ①

31 고체 냉각식 동결장치의 종류에 속하지 않는 것은?

① 스파이럴식 동결장치
② 배치식 콘택트 프리져 동결장치
③ 연속식 싱글 스틸 벨트 프리져 동결장치
④ 드럼 프리져 동결장치

해설 ▶ 고체 냉각식 동결장치 : 배치식 콘택트 프리져 동결장치, 연속식 싱글 스틸 벨트 프리져 동결장치, 드럼 프리져 동결장치 ※ 스파이럴식 동결장치 : 기체냉각식 동결장치

32 냉동장치에서 디스트리뷰터(distributor)의 역할로써 가장 적합한 것은?

① 냉매의 분배   ② 토출가스 과열
③ 증발온도 저하   ④ 플래시가스 발생

해설 ▶ 디스트리뷰터(distributor) 분배기 : 팽창밸브와 증발기 입구에 설치하여 냉매를 균등히 분배하는 장치

33 다음 그림은 무슨 냉동사이클 이라고 하는가?

① 2단 압축 1단 팽창 냉동사이클
② 2단 압축 2단 팽창 냉동사이클
③ 2원 냉동사이클
④ 강제 순환식 2단 사이클

해설 ▶ 2원 냉동사이클 : 2개의 냉동사이클을 카스케이드 콘덴서로 조합하여 고온측 증발기로 저온측 응축기 냉매를 냉각시켜 초저온 얻기 위함

34 열역학 제1법칙을 설명한 것 중 옳은 것은?

① 열평형에 관한 법칙이다.
② 이론적으로 유도 가능하여 엔트로피의 뜻을 잘 설명한다.
③ 이상 기체에만 적용되는 열량 법칙이다.
④ 에너지 보존의 법칙 중 열과 일의 관계를 설명한 것이다.

해설 ▶ 열역학 법칙
① **열역학 제0법칙(열평형의 법칙)** : 온도차가 있는 물체가 고온은 저온으로, 저온은 고온으로 열평형을 이루는 법칙
② **열역학 제1법칙(에너지보존의 법칙)** : 열은 일로, 일은 열로 상호 쉽게 교환시킬 수 있는 법칙
③ **열역학 제2법칙(에너지흐름의 법칙)** : 일은 쉽게 열로 바뀌나 열은 쉽게 일로 바뀔 수 없다는 법칙
④ **열역학 제3법칙** : 어떤 계를 절대온도 0도에 이르게 할 수 없다는 법칙

Answer 31. ① 32. ① 33. ③ 34. ④

35 증기 압축식 냉동기와 흡수식 냉동기에 대한 설명 중 잘못된 것은?

① 증기를 값싸게 얻을 수 있는 장소에서는 흡수식이 경제적으로 유리하다.
② 냉매를 압축하기 위해 압축식에서는 기계적 에너지를 흡수식에서는 화학적 에너지를 이용한다.
③ 흡수식에 비해 압축식이 열효율이 높다.
④ 동일한 냉동능력을 갖기 위해서 흡수식은 압축식에 비해 장치가 커진다.

해설 냉매를 압축하는 것은 증기 압축식이지만, 흡수식은 냉매와 흡수제의 융해 및 유리작용을 이용한다.

36 자연적인 냉동방법 중 얼음을 이용하는 냉각법과 가장 관계가 많은 것은?

① 융해열   ② 증발열
③ 승화열   ④ 응고열

해설 자연적 냉동방법 중 얼음은 융해잠열 79.68kcal/kg 열을 이용한다.

37 프레온 냉동장치에서 필요 없는 것은?

① 워터 자켓   ② 드라이어
③ 액분리기   ④ 유분리기

해설 워터 자켓 : 암모니아 냉매사용시 토출가스온도가 높아 실린더를 물로 냉각시키기 위해 물을 순환시키는 장치

38 브라인에 암모니아 냉매가 누설되었을 때, 적합한 누설 검사 방법은?

① 비눗물 등의 발포액을 발라 검사한다.
② 누설 검지기로 검사한다.
③ 헬라이드 토치로 검사한다.
④ 네슬러 시약으로 검사한다.

해설 브라인속에 누설된 암모니아 누설검사법
① 네슬러 시약 : 소량누설시 : 황색, 다량누설시 : 자색
② 페놀프탈렌인시험지 : 적색

39 2단 압축장치의 중간 냉각기 역할이 아닌 것은?

① 압축기로 흡입되는 액냉매를 방지하기 위함이다.
② 고압응축액을 냉각시켜 냉동능력을 증대시킨다.
③ 저단측 압축기 토출가스의 과열을 제거한다.
④ 냉매액을 냉각하여 그 중에 포함되어 있는 수분을 동결시킨다.

해설 2단 압축장치의 중간 냉각기 역할 : 고단압축기 과열방지, 고압액 과냉각으로 성적계수 향상, 액압축방지

Answer 35. ② 36. ① 37. ① 38. ④ 39. ④

40 각종 밸브의 종류와 용도와의 관계를 설명한 것이다. 잘못된 것은?

① 글로브 밸브 : 유량 조절용
② 체크 밸브 : 역류 방지용
③ 안전밸브 : 이상 압력 조정용
④ 콕 : 0 - 180° 사이의 회전으로 유로의 느린 개폐용

해설 콕 : 0~90°회전으로 개·폐가 빠르다.

41 터보 압축기의 특징으로 맞지 않는 것은?

① 임펠러에 의한 원심력을 이용하여 압축한다.
② 응축기에서 가스가 응축하지 않을 경우 이상고압이 발생된다.
③ 부하가 감소하면 서징을 일으킨다.
④ 진동이 적고 1대로도 대용량이 가능하다.

해설 터보 압축기는 왕복운동이 아닌 회전운동에 의한 압축으로 동적밸런스를 잡기 쉽고, 저압의 냉매를 사용하기에 위험이 적다.

42 역 카르노 사이클은 어떤 상태변화 과정으로 이루어져 있는가?

① 2개의 등온과정, 1개의 등압과정
② 2개의 등압과정, 2개의 교축작용
③ 2개의 단열과정, 1개의 교축과정
④ 2개의 단열과정, 2개의 등온과정

해설 역카르노 사이클 : 두 개의 등온선과 두 개의 단열선으로 구성되어 카르노사이클의 역으로 냉동사이클이라 함

43 단 압축 냉동사이클에서 저압측 증발압력이 3kgf/cm²g이고, 고압측 응축압력이 18kgf/cm²g일 때 중간 압력은 약 얼마인가? (단, 대기압은 1kgf/cm²a이다.)

① 6.7kgf/cm²a
② 7.8kgf/cm²a
③ 8.7kgf/cm²a
④ 9.5kgf/cm²a

해설 $\sqrt{(3+1) \times (18+1)} = 8.7 \text{kg}_f/\text{cm}^2\text{a}$

44 압축식 냉동장치를 운전하였더니 다음 그림과 같은 사이클이 형성되었다. 이 장치의 성적계수는 약 얼마인가? (단, 각 점의 엔탈피는 a : 115, b : 143, c : 154kcal/kg이다.)

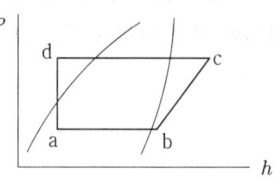

① 4.55
② 3.55
③ 2.55
④ 1.55

해설 $\text{C.O.P} = \dfrac{154-143}{143-115} = 2.545$

45 다음 중 열펌프(Heat Pump)의 열원이 아닌 것은?

① 대기   ② 지열
③ 태양열 ④ 빙축열

해설 빙축열은 심야전력을 이용한 얼음의 냉열을 이용하는 방식이다.

46 원통보일러의 장점에 속하지 않는 것은?

① 부하변동에 따른 압력변동이 적다.
② 구조가 간단하다.
③ 고장이 적으며 수명이 길다.
④ 보유수량이 적어 파열사고 발생 시 위험성이 적다.

해설 보유수량이 많아 파열사고 발생 시 위험성이 크다.

47 환기방법 중 제1종 환기법으로 맞는 것은?

① 강제급기와 강제배기
② 강제급기와 자연배기
③ 자연급기와 강제배기
④ 자연급기와 자연배기

해설 강제 환기방식 종류
① 제1종환기 : 급기팬 + 배기팬의 조합(환기 효과 가장 큼)
② 제2종환기 : 급기팬 + 자연배기(실내압은 정압)
③ 제3종환기 : 자연급기 + 배기팬(실내압은 부압)
④ 제4종환기 : 자연급기 + 자연배기의 조합 (자연중력환기)

48 쉘 튜브(shell & tube)형 열교환기에 관한 설명으로 옳은 것은?

① 전열관 내 유속은 내식성이나 내마모성을 고려하여 1.8m/s 이하가 되도록 하는 것이 바람직하다.
② 동관을 전열관으로 사용할 경우 유체 온도가 200℃ 이상이 좋다.
③ 증기와 온수의 흐름은 열 교환 측면에서 병행류가 바람직하다.
④ 열 관류율은 재료와 유체의 종류에 상관없이 거의 일정하다.

해설 쉘 튜브(shell & tube)형 열교환기는 원통(shell) 내부는 냉매가 관(tube)에 냉각수가 흐르는 구조이고, 전열관 내 유속은 내식성이나 내마모성을 고려하여 1.8m/s 이하가 되도록 한다.

49 공기의 설명 중 틀린 것은?

① 공기 중의 수분이 불포화 상태에서는 건구온도가 습구 온도보다 높게 나타난다.
② 공기에 가습, 감습이 없어도 온도가 변하면 상대습도는 변한다.
③ 건공기는 수분을 전혀 함유하지 않은 공기이며, 습공기란 건조공기 중에 수분을 함유한 공기이다.
④ 공기중의 수증기 일부가 응축하여 물방울이 맺히기 시작하는 점을 비등점이라 한다.

해설 공기 중의 수증기 일부가 응축하여 물방울이 맺히기 시작하는 것은 결로현상이고, 비등점은 물이 끓는 온도를 말함

Answer 45. ④   46. ④   47. ①   48. ①   49. ④

50 증기배관의 말단이나 방열기 환수구에 설치하여 증기관이나 방열기에서 발생한 응축수 및 공기를 배출시키는 장치는?

① 공기빼기밸브　② 신축이음
③ 증기트랩　　　④ 팽창탱크

해설 증기트랩 : 증기배관 내 응축수 및 공기 배출 장치

51 틈새바람에 의한 부하를 계산하는 방법에 속하지 않는 것은?

① 창 면적법　　② 크랙(crack)법
③ 환기 횟수법　④ 바닥 면적법

해설 틈새바람(극간풍) 부하 계산법
① 창 면적법 : 창 면적 1m^{2}당 외기침입량 × 창면적
② 크랙(crack)법 : 창문 틈새 1m 당 외기침입량 × 틈새길이
③ 환기 횟수법 : 환기횟수 × 실내체적

52 상당증발량이 3000kg/h이고 급수온도가 30℃, 발생 증기 엔탈피가 635.2kcal/kg일 때 실제 증발량은 약 얼마인가?

① 2048kg/h
② 2200kg/h
③ 2472kg/h
④ 2672kg/h

해설
$$3000kg/h = \frac{Ga(635.2-30)}{539}$$
$\therefore Ga = 2672kg/h$

53 개별 공조방식의 특징이 아닌 것은?

① 국소적인 운전이 자유롭다.
② 중앙방식에 비해 소음과 진동이 크다.
③ 외기 냉방을 할 수 있다.
④ 취급이 간단하다.

해설 개별방식 특징
① 각 유닛마다 냉동기 필요하고 국소운전가능
② 취급용이 하지만 소음, 진동이 크다.
③ 유닛이 분산되어 관리가 불편
④ 외기냉방을 할 수 없다.

54 공기조화기에 있어 바이패스 팩터(bypass factor)가 작아지는 경우에 해당되는 것이 아닌 것은?

① 전열면적이 클 때
② 코일의 열수가 많을 때
③ 송풍량이 클 경우
④ 핀 간격이 좁을 때

해설 바이패스 팩터(bypass factor) : 공기가 코일을 통과해도 코일과 접촉하지 못하고 지나가는 공기의 비율
※ 바이패스 팩터가 작아지는 경우
① 전열면적이 클 때
② 코일의 열수가 많을 때
③ 송풍량이 작을 경우
④ 핀 간격이 좁을 때

55 조화된 공기를 덕트에서 실내에 공급하기 위한 개구부는?

① 취출구　② 흡입구
③ 펀칭메탈　④ 그릴

해설 취출구 : 실내에 공기를 공급하는 개구부

Answer 50. ③　51. ④　52. ④　53. ③　54. ③　55. ①

56 온수난방 방식에서 방열량이 2500kcal/h 인 방열기에 공급되어야 할 온수량은 약 얼마인가? (단, 방열기 입구 온도는 80℃, 출구 온도는 70℃, 물의 비열은 1.0kcal/kg℃, 평균온도에 있어서 물의 밀도는 977.5kg/m³이다.)

① 0.135m³/h ② 0.255m³/h
③ 0.345m³/h ④ 0.465m³/h

해설) 2500kcal/h = G(Kg/h) × 1.0(kcal/ks℃) × 977.5(kg/m³) × (80 − 70)℃ = 0.255m³/h

57 송풍기의 종류 중 전곡형과 후곡형 날개 형태가 있으며 다익송풍기, 터보송풍기 등으로 분류되는 송풍기는?

① 원심 송풍기 ② 축류 송풍기
③ 사류 송풍기 ④ 관류 송풍기

해설) 원심식 송풍기의 종류
① 다익형(실로코형) : 전향날개형(날개 각도 > 90°)
② 방사형(플레이트형) : 날개가 방사형(날개 각도 = 90°)
③ 터보형 : 후향날개형(날개 각도 < 90°)

58 가습효율이 100%에 가까우며 무균이면서 응답성이 좋아 정밀한 습도제어가 가능한 가습기는?

① 물분무식 가습기
② 증발팬 가습기
③ 증기 가습기
④ 소형 초음파 가습기

해설) 가습장치 종류
① 수분무식 : 물을 공기 중에 직접 분무하는 방식(원심식, 초음파식, 분무식)
② 증기발생식 : 무균의 청정실, 습도제어가 가능하며, 가습효율 좋다(전열식, 적외선식, 전극식)
③ 증기공급식 : 증기를 가습용으로 사용(과열증기식, 분무식)
④ 증발식 : 높은 습도 요구되는 경우(적하식, 모세관식)

59 실내의 사람이 쾌적하게 생활할 수 있도록 조절해 주어야 할 사항으로 거리가 먼 것은?

① 공기의 온도 ② 공기의 습도
③ 공기의 압력 ④ 공기의 속도

해설) 공기조화 4대 요소 : 온도, 습도, 기류속도, 청정도

60 공기조화 방식 중에서 중앙식의 전공기 방식에 속하는 것은?

① 패키지 유닛방식
② 복사 냉난방식
③ 팬코일 유닛방식
④ 2중 덕트방식

해설) 공기조화 방식분류

구분		방식
중앙식	① 전공기 방식	단일 덕트 방식 (정풍량, 변풍량)
		2중덕트방식(정풍량, 변풍량, 멀티존유닛)
		각층 유닛 방식
	② 수-공기 방식	덕트 병용 팬 코일 유닛 방식
		유인 유닛 방식
		복사 냉난방 방식
	④ 수방식	팬 코일 유닛 방식
개별식	냉매방식	룸 쿨러 방식
		패키지 방식
		멀티유닛 방식

Answer 56. ② 57. ① 58. ③ 59. ③ 60. ④

공조냉동기계기능사 2000제 문제은행

2012년 10월 20일 시행

01 안전관리의 주된 목적을 바르게 설명한 것은?
① 사고 후 처리
② 사상자의 치료
③ 생산가의 절감
④ 사고의 미연방지

해설 사고를 미연에 방지하는데 그 목적이 있다.

02 고압가스안전관리법 시행규칙에 의거 원심식 압축기의 냉동설비 중 그 압축기의 원동기 냉동능력 산정기준으로 맞는 것은?
① 정격출력 1.0kW를 1일의 냉동능력 1톤으로 본다.
② 정격출력 1.2kW를 1일의 냉동능력 1톤으로 본다.
③ 정격출력 1.5kW를 1일의 냉동능력 1톤으로 본다.
④ 정격출력 2.0kW를 1일의 냉동능력 1톤으로 본다.

해설 원심식 압축기 냉동능력 산정기준 : 정격출력 1.2kW를 1일 냉동능력 1톤으로 본다.

03 렌치 사용 시 유의사항이다. 적절하지 못한 것은?
① 항상 자기 몸 바깥쪽으로 밀면서 작업한다.
② 렌치에 파이프 등을 끼워서 사용해서는 안 된다.
③ 볼트를 죌 때에는 나사가 일그러질 정도로 과도하게 조이지 않아야 한다.
④ 사용한 렌치는 깨끗하게 닦아서 건조한 곳에 보관한다.

해설 항상 자기 몸 안쪽으로 당기면서 작업한다.

04 공구를 취급할 때 지켜야 될 사항에 해당되지 않는 것은?
① 공구는 떨어지기 쉬운 곳에는 놓지 않는다.
② 공구는 손으로 넘겨주거나 때에 따라서 던져서 주어도 무방하다.
③ 공고는 항상 일정한 장소에 놓고 사용한다.
④ 불량공구는 함부로 수리하지 않는다.

해설 공구를 던져서 건네지 않도록 한다.

Answer 1. ④ 2. ② 3. ① 4. ②

05 냉동기운전 전 점검사항으로 잘못된 것은?
① 냉매량 확인
② 압축기 유면 점검
③ 전자밸브 작동 확인
④ 모든 밸브의 닫힘을 확인

해설 냉동기 운전 전 점검사항
① 압축기, 전동기 등의 유면 점검
② 냉매량 점검 및 누설개소 점검
③ 응축기, 워터 재킷의 냉각수 통수상태 점검
④ 밸브 개폐 상태 점검
⑤ 벨트 장력 및 커플링 점검
⑥ 제어장치의 전기결선, 조작회로, 절연저항 점검
⑦ 냉각수량, 수온, 누수, 통수상태 점검

06 전기 화재의 원인으로 거리가 먼 것은?
① 누전
② 합선
③ 접지
④ 과전류

해설 접지는 전기 화재예방을 위한 방법이다.

07 감전사고 발생 시 위험도에 영향을 주는 것과 관계없는 것은?
① 통전전류의 크기
② 통전시간과 전격의 위상
③ 사용기기의 크기와 모양
④ 전원(직류 또는 교류)의 종류

해설 전격(감전)에 영향을 주는 요인
① 통전 전류의 세기
② 통전 경로
③ 통전시간
④ 전원의 종류
⑤ 인체저항
⑥ 통전 전압의 크기, 주파수, 파형
⑦ 전격시 심장박동 주기의 위상

08 재해를 일으키는 원인 중 물적 원인(불안전한 상태)이라 볼 수 없는 것은?
① 불충분한 경보시스템
② 작업장소의 조명 및 환기불량
③ 안전수칙 및 지시의 불이행
④ 결함이 있는 기계나 기구의 배치

해설 안전수칙 및 지시 불이행은 간접원인 중 교육적 원인

09 안전장치의 취급에 관한 사항 중 틀린 것은?
① 안전장치는 반드시 작업 전에 점검한다.
② 안전장치는 구조상의 결함유무를 항상 점검한다.
③ 안전장치가 불량할 때에는 즉시 수정한 다음 작업한다.
④ 안전장치는 작업 형편상 부득이한 경우에는 일시 제거해도 좋다.

해설 안전장치는 어떠한 경우라도 제거하지 말 것

Answer 5. ④ 6. ③ 7. ③ 8. ③ 9. ④

10 아크 용접작업 사망재해의 주원인은?

① 아크광선에 의한 재해
② 전격에 의한 재해
③ 가스중독에 의한 재해
④ 가스폭발에 의한 재해

해설 아크 용접작업시 사망재해를 방지하기 위해 자동전격 방지 장치(용접기가 아크 발생을 중단시킬 때 무부하전압을 내려 주는 전기적 방호장치)를 설치한다.

11 안전 보호구 사용 시 주의할 점으로 잘못 된 것은?

① 규정된 장갑, 앞치마, 발 덮개를 사용한다.
② 보호구나 장갑 등은 사용하기 전에 결함이 있는지 확인한다.
③ 독극물을 취급하는 작업 시 입었던 보호구는 다음 작업 시에도 계속 입고 작업한다.
④ 보안경은 차광도에 맞게 사용하고 작업에 임한다.

해설 독극물을 취급하는 작업 시 입었던 보호구 1회용으로 사용할 것

12 고압가스 운반 등의 기준으로 적합하지 않은 것은?

① 충전용기를 차량에 적재하여 운반할 때에는 적재함에 세워서 운반할 것
② 독성가스 중 가연성가스와 조연성가스는 같은 차량의 적재함으로 운반하지 않을 것
③ 질량 500kg 이상의 암모니아 운반 시는 운반 책임자를 동승시킨다.
④ 운반 중인 충전용기는 항상 40℃ 이하를 유지할 것

해설 암모니아(25PPM)는 1,000kg 이상시 운반책임자 동승

※ 운반 책임자 동승 기준

구 분	압축가스 (m³)	액화가스 (kg)
독성 : 1PPM 이하	10m³ 이상	100kg 이상
독성 : 1PPM 이상	100m³ 이상	1,000kg 이상
가연성	300m³	3,000kg 이상
지연성	600m³	6,000kg 이상

13 보일러 파열사고 원인 중 구조물의 강도 부족에 의한 원인이 아닌 것은?

① 용접불량
② 재료불량
③ 동체의 구조불량
④ 용수관리의 불량

해설 용수관리 불량은 보일러 취급상 사고원인

Answer 10. ② 11. ③ 12. ③ 13. ④

14 공조실에서 용접작업 시 안전사항으로 적당하지 않은 것은?

① 전극 크램프 부분에는 작업 중 먼지가 많아도 그냥 두고 접속 부분의 접촉 저항만 크게 하면 된다.
② 용접기의 리드 단자와 케이블의 접속은 절연물로 보호한다.
③ 용접작업이 끝났을 경우 전원 스위치를 내린다.
④ 홀더나 용접봉은 맨손으로 취급하지 않는다.

해설 전극 크램프 부분에 먼지가 있을시 화재발생 위험을 줄이기 위해 먼지를 제거한다.

15 도수율(빈도율)이 20인 사업장의 연천인율은 얼마인가?

① 24   ② 48
③ 72   ④ 96

해설 연천인율 : 근로자 1000인당 1년간 발생하는 재해발생건수

$$연천인율 = \frac{재해발생건수}{연평균 근로자수} \times 1,000$$

연천인율과 도수율의 관계
① 연천인율 = 도수율 × 2.4
② 도수율(빈도율) = $\frac{연천인율}{2.4}$

도수율(빈도율) : 연 근로시간 합계 100만 시간당의 재해발생 건수

$$도수율(빈도율) = \frac{재해발생건수}{연근로시간수} \times 100만$$

∴ 20 × 2.4 = 48

16 증기분사 냉동법 설명으로 가장 옳은 것은?

① 융해열을 이용하는 방법
② 승화열을 이용하는 방법
③ 증발열을 이용하는 방법
④ 펠티어 효과를 이용하는 방법

해설 증기분사식 냉동기(증기이젝터사용) : 증발현상에 증발열을 이용하는 방법

17 다음 그림 기호의 밸브 종류는?

① 볼 밸브
② 게이트 밸브
③ 풋 밸브
④ 안전 밸브

해설 ① 볼 밸브 :
② 게이트 밸브 :
③ 풋 밸브 :
④ 안전 밸브 :

Answer 14. ① 15. ② 16. ③ 17. ②

18 2단 압축 냉동 사이클에 대한 설명으로 틀린 것은?

① 2단 압축이란 증발기에서 증발한 냉매 가스를 저단 압축기와 고단 압축기로 구성되는 2대의 압축기를 사용하여 압축하는 방식이다.
② NH_3 냉동장치에서 증발온도가 -35℃ 정도 이하가 되면 2단 압축을 하는 것이 유리하다.
③ 압축비가 16 이상이 되는 냉동장치인 경우에만 2단 압축을 해야 한다.
④ 최근에는 1대의 압축기가 2대의 압축기의 역할을 할 수 있는 콤파운드 압축기를 사용하기도 한다.

해설 ▶ 압축비가 6 이상이면 2단 압축, 압축비 10 이상시 3단, 온도가 더 낮으면 다원냉동사이클을 채택한다.

19 어떤 증발기의 열통과율이 500kcal/m²h℃ 이고 대수평균온도차가 7.5℃, 냉각능력이 15 RT일 때, 이 증발기의 전열면적은 약 얼마인가?

① 13.3m²
② 16.6m²
③ 18.2m²
④ 24.2m²

해설 ▶ $$\frac{3320 \times 15}{500 \times 7.5} = 13.28 m^2$$

20 프레온 응축기에 대하여 맞는 것은?

① 냉각관내의 유속을 빠르게 하면 할수록 열전달이 잘 되므로 빠를수록 좋다.
② 냉각수가 오염 되어도 응축온도는 상승 하지 않는다.
③ 냉매 중에 공기가 혼입되면 응축 압력이 상승하고 부식의 원인이 된다.
④ 냉각 수량이 부족하면 응축 온도는 상승하고 응축 압력은 하강한다.

해설 ▶ 냉매에 공기가 혼입되면 응축 압력이 상승하고 부식의 원인이 된다.

21 냉동 장치에서 가스 퍼져(purger)를 설치할 경우, 가스의 인입선은 어디에 설치해야 하는가?

① 응축기와 수액기의 균압관에 한다.
② 수액기와 팽창 밸브 사이에 한다.
③ 압축기의 토출관으로부터 응축기의 3/4 되는 곳에 한다.
④ 응축기와 증발기 사이에 한다.

해설 ▶ 불응축 가스는 응축기와 고압수액기에 주로 모이는데, 이것을 퍼지 드럼으로 유도하여, 퍼지 드럼 안이 공기와 기타 불응축가스로 가득차게 되면 냉매의 응축작용이 없어지므로 퍼지 드럼 안의 온도가 내려가고, 이를 신호로 온도식 자동퍼지 밸브가 열려 불응축 가스가 장치 밖으로 배출된다.

Answer 18. ③ 19. ① 20. ③ 21. ①

22 강관의 명칭과 KS 규격기호가 잘못된 것은?

① 배관용 합금강관 : SPA
② 고압 배관용 탄소강관 : SPW
③ 고온 배관용 탄소강관 : SPHT
④ 압력 배관용 탄소강관 : SPPS

해설 고압 배관용 탄소강관 : SPPH

23 흡수식 냉동기의 설명으로 잘못된 것은?

① 운전 시의 소음 및 진동이 거의 없다.
② 증기, 온수 등 배열을 이용할 수 있다.
③ 압축기에 비해서 설치면적 및 중량이 크다.
④ 흡수식은 냉매를 기계적으로 압축하는 방식이며 열적(熱的)으로 압축하는 방식은 증기압축식이다.

해설 기계적으로 압축하는 방식은 증기압축식이며, 흡수식은 열적(熱的)으로 냉동하는 방식이다.

24 브라인 부식 방지처리에 관한 설명으로 틀린 것은?

① 공기와 접촉하면 부식성이 증대하므로 가능한 공기와 접촉하지 않도록 한다.
② 염화칼슘 브라인 1L에는 중크롬산소다 1.6g을 첨가하고 중크롬산소다 100g마다 가성소다 27g씩 첨가한다.
③ 브라인은 산성을 띠게 되면 부식성이 커지므로 pH 7.5~8.2로 유지되도록 한다.
④ NaCl 브라인 1L 대하여 중크롬산소다 0.9g을 첨가하고 중크롬산소다 100kg마다 가성소다 1.3g씩 첨가한다.

해설 NaCl 브라인 1L 대하여 중크롬산소다 3.2g을 용해시키고 중크롬산소다 100g마다 가성소다 27g을 첨가한다.

25 제빙장치 중 결빙한 얼음을 제빙관에서 떼어낼 때 관내의 얼음 표면을 녹이기 위해 사용하는 기기는?

① 주수조
② 양빙기
③ 저빙고
④ 용빙조

해설 용빙조 : 결빙한 얼음을 제빙관에서 떼어낼 때 관내의 얼음 표면을 녹이기 위해 사용

Answer 22. ② 23. ④ 24. ④ 25. ④

26 표준 냉동 사이클에서 토출가스 온도가 제일 높은 냉매는?

① R-11
② R-22
③ NH₃
④ CH₃CI

해설 표준 냉동 사이클 토출가스 온도
R-11 : 44.4℃, R-22 : 55℃, NH₃ : 98℃, CH₃CI : 77.8℃

27 열전도가 좋아 급유관이나 냉각, 가열관으로 사용되나 고온에서 강도가 떨어지는 관은?

① 강관
② 플라스틱관
③ 주철관
④ 동관

해설 동관의 특징
① 전성, 연성이 풍부하여 가공용이
② 전기 및 열전도성이 양호하며, 급유관이나 냉각, 가열관, 열교환기용으로 사용
③ 가벼우나 외부 충격에 약하며, 고온에서 강도가 떨어짐

28 가스 용접에서 용제를 사용하는 이유는?

① 모재의 용융 온도를 낮게 하기 위해여
② 용접 중 산화물 등의 유해물을 제거하기 위하여
③ 침탄이나 질화작용을 돕기 위하여
④ 용접봉의 용융속도를 느리게 하기 위하여

해설 용제(flux) : 용접 중에 생성되는 산화물이나 불순물을 녹여서 슬래그로 떠오르게 하는 역할

29 0℃의 얼음 3.5Kg을 융해 시 필요한 잠열은 약 몇 kcal인가?

① 245
② 280
③ 326
④ 630

해설 3.5kg × 80kcal/kg = 280kcal

30 관 용접작업 시 지켜야 할 안전에 대한 사항으로 옳지 않은 것은?

① 실내나 지하실 등에서는 통기가 잘 되도록 조치한다.
② 인화성 물질이나 전기 배선으로부터 충분히 떨어지도록 한다.
③ 관내에 남아있는 잔류 기름이나 약품 따위를 가스 토치로 태운 후 작업한다.
④ 자신뿐만 아니라 옆 사람의 안전에도 최대한 주의한다.

해설 관내에 남아있는 잔류 기름이나 약품은 걸레 등으로 깨끗이 제거 후 작업한다.

Answer 26. ③ 27. ④ 28. ② 29. ② 30. ③

31 수냉식 응축기의 응축압력에 관한 설명 중 옳은 것은?

① 수온이 일정한 경우 유막 물때가 두껍게 부착 하여도 수량을 증가하면 응축압력에는 영향이 없다.
② 응축부하가 크게 증가하면 응축압력 상승에 영향을 준다.
③ 냉각수량이 풍부한 경우에는 불응축 가스의 혼입 영향이 없다.
④ 냉각수량이 일정한 경우에는 수온에 의한 영향은 없다.

해설 응축 온도 및 압력 상승원인
① 냉각수량이 부족시
② 응축기 냉각수온 및 냉각공기 온도가 높을 경우
③ 증발부하 및 응축부하가 클 경우
④ 냉각관에 유막 및 스케일 생성시
⑤ 냉매과충전시
⑥ 응축기 용량이 작을시
⑦ 불응축가스 혼입시

32 금속패킹의 재료로 적당치 않은 것은?

① 납
② 구리
③ 연강
④ 탄산마그네슘

해설 금속패킹 재료 : 납, 구리, 연강, 스테인레스강 등이 있으며 탄성이 적어 누설의 우려가 있다.
※ 탄산마그네슘은 무기질 보온재

33 그림과 같이 25A×25A×25A의 티에 20A관을 직접 A부에 연결하고자 할 때 필요한 이음쇠는?

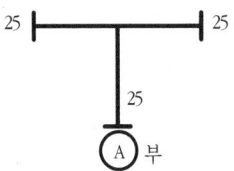

① 유니언
② 캡
③ 부싱
④ 플러그

해설 나사이음 부속의 사용처별 분류
① 배관 방향 바꿀 때 : 엘보우, 벤드
② 관을 분기할 때 : T, Y, 크로스(+)
③ 같은 관(동경) 직선 연결시 : 소켓, 유니온, 니플, 플랜지
④ 이경관 연결시 : 레듀셔, 줄임티이, 부싱, 이경 엘보우
⑤ 관끝을 막을 때 : 플러그, 캡

Answer 31. ② 32. ④ 33. ③

34 단상 유도 전동기 중 기동토크가 가장 큰 것은?

① 콘덴서기동형 ② 분상기동형
③ 반발기동형   ④ 세이딩코일형

해설 단상 유도전동기 기동방법에 따른 분류
① **콘덴서기동형** : 기동권선 회로에 직렬로 콘덴서를 연결해서 주권선의 지상전류와 콘덴서의 진상전류로 인해 두 전류 사이의 상차각이 커져서 분상 기동형보다 더 큰 기동토크를 얻음
② **분상기동형** : 권선을 주권선과 기동권선으로 나누어 기동시에만 기동권선이 연결되도록 한 것
③ **반발기동형** : 고정자에는 단상의 주권선이 감겨져 있고 회전자는 직류 전동기의 전기자와 거의 같은 권선과 정류자로 되어 있다. 기동 토크는 브러쉬의 위치를 적당히 하면 대단히 커지는데 보통 전부하 토크의 400~500%로 가장 큼
④ **세이딩코일형** : 자극의 일부를 나누어 여기에 코일을 감은 것, 수십 와트 이하의 소형전동기용

35 한쪽에는 구동원으로 바이메탈과 전열기가 조립된 바이메탈 부분과 다른 한쪽은 니들밸브가 조립되어 있는 밸브 본체 부분으로 구성되어 있는 팽창밸브로 맞는 것은?

① 온도식 자동 팽창밸브
② 정압식 자동 팽창밸브
③ 열전식 팽창밸브
④ 플로토식 팽창밸브

해설 **열전식 팽창밸브** : 한쪽은 구동원으로 바이메탈과 전열기가 조립된 바이메탈 부분과 다른 한쪽은 니들밸브가 조립되어 있는 밸브 본체로 구성된 팽창밸브

36 단열압축, 등온압축, 폴리트로픽 압축에 관한 사항 중 틀린 것은?

① 압축일량은 단열압축이 제일 크다.
② 압축일량은 등온압축이 제일 작다.
③ 실제 냉동기의 압축 방식은 폴리트로픽 압축이다.
④ 압축가스 온도는 폴리트로픽 압축이 제일 높다.

해설 가스의 압축
① **등온압축** : 압축 전후에 있어 온도를 일정하게 하는 압축(압축 후 온도상승, 소요일량, 압력상승이 가장 작음)
② **단열압축** : 실린더를 완전히 단열하여 열이 외부로 방출되지 않게 하는 압축(압축 후 온도상승, 소요일량, 압력 상승이 가장 큼)
③ **폴리트로픽압축** : 실제적인 압축 방식(등온과 단열의 중간 형태로 열량, 온도상승, 압력상승도 중간)

37 다음 그림에서 전류 I 값은 몇(A)인가?

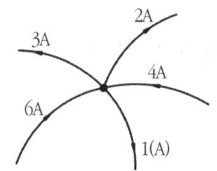

① 5
② 10
③ 15
④ 20

해설
$$I = (6+4) - (3+2) = 5[A]$$

Answer 34. ③ 35. ③ 36. ④ 37. ①

38 SI 단위에서 비체적의 설명으로 맞는 것은?

① 단위 엔트로피당 체적이다.
② 단위 체적당 중량이다.
③ 단위 체적당 엔탈피이다.
④ 단위 질량당 체적이다.

해설 비체적(Δv) : 단위질량당 체적(밀도의 역수)
단위 : [m³/kg] $\Delta v = \dfrac{체적}{중량}[m^3/kg] = \dfrac{1}{r}$

기체의 비체적 $= \dfrac{22.4}{분자량}$

39 펌프의 캐비테이션 방지책으로 잘못된 것은?

① 양흡입 펌프를 사용한다.
② 흡입관의 손실을 줄이기 위해 관지름을 굵게, 굽힘을 적게 한다.
③ 펌프의 설치 위치를 낮춘다.
④ 펌프 회전수를 빠르게 한다.

해설 펌프의 캐비테이션 방지책
① 펌프 회전수를 낮추어 유속을 느리게 한다.
② 펌프 위치를 수원과 가깝게 하여 흡입 양정을 작게 한다.
③ 가급적 만곡부를 줄인다.
④ 펌프를 2단 이상 설치한다.
⑤ 흡입관 손실 수두를 줄인다.

40 냉동기의 계통내에 스트레이너가 필요 없는 곳은?

① 압축기의 토출구
② 압축기의 흡입구
③ 팽창변 입구
④ 크랭크케이스 내의 저유통

해설 여과기 : 주요기기 전에 설치하여 불순물 제거 목적

41 단수 릴레이의 종류에 속하지 않는 것은?

① 단압식 릴레이
② 차압식 릴레이
③ 수류식 릴레이
④ 비례식 릴레이

해설 단수 릴레이 종류 : 단압식 릴레이, 차압식 릴레이, 수류식(flow switch) 릴레이

42 다음은 R-22 표준냉동사이클의 P-h 선도이다. 건조도는 약 얼마인가?

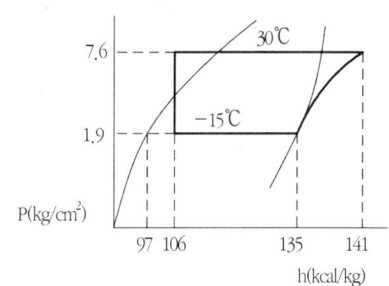

① 0.8
② 0.21
③ 0.24
④ 0.36

해설
$$\dfrac{106-97}{135-97} = 0.24[kg/kg]$$

Answer 38. ④ 39. ④ 40. ① 41. ④ 42. ③

43 냉매의 명칭과 표기방법이 잘못된 것은?

① 아황산가스 : R-764
② 물 : R-718
③ 암모니아 : R-717
④ 이산화탄소 : R-746

해설 이산화탄소 : R-744
※ 700번대 뒷 두자리는 분자량임
아황산가스(SO_2)분자량 : 64, 물(H_2O) : 18, 암모니아(NH_3) : 17

44 팽창밸브에서 냉매액이 팽창할 때 냉매의 상태 변화에 관한 사항으로 옳은 것은?

① 압력과 온도는 내려가나 엔탈피는 변하지 않는다.
② 압력은 내려가나 온도와 엔탈피는 변하지 않는다.
③ 온도는 변하지 않으나 압력과 엔탈피가 감소한다.
④ 엔탈피만 감소하고 압력과 온도는 변하지 않는다.

해설 팽창밸브는 교축작용에 의한 단열팽창으로 온도 및 압력이 내려간다(엔탈피변화 없다).

45 작동전에는 열려있고, 조작할 때 닫히는 접점은 무엇이라고 하는가?

① 브레이크 접점
② 메이크 접점
③ 보조 접점
④ b 접점

해설 접점
① a접점[a contact, 메이크 접점(make contact)] : 일반적으로 조작하고 있을 때만 닫히는 접점
② b접점[b contact, 브레이크 접점(break contact)] : 조작시에만 열리는 접점

46 외기온도 -5℃, 실내온도 18℃, 벽면적 15m^2인 벽체를 통한 손실 열량은 몇 kcal/h 인가?
(단, 벽체의 열통과율은 1.30kcal/m^2h℃이며, 방위계수는 무시한다.)

① 448.5   ② 529
③ 645   ④ 756.5

해설
$Q = K \cdot A \cdot \Delta T$
$Q = 1.30 \text{kcal/}m^2 h℃ \times 15m^2 \times [18-(-5)]$
$= 448.5 \text{kcal/h}$

47 공기조화설비 중에서 열원장치의 구성 요소가 아닌 것은?

① 냉각탑
② 냉동기
③ 보일러
④ 덕트

해설 공기조화 장치
① 열운반장치 : 열운반 장치로 송풍기, 펌프, 덕트 등
② 공기조화기 : 가열코일, 냉각코일, 가습기, 여과기 등
③ 열원장치 : 보일러, 냉동기, 냉각탑 등
④ 자동제어장치 : 실내온·습도조절로 경제적 운전

Answer 43. ④ 44. ① 45. ② 46. ① 47. ④

48 다음 중 환기의 목적이 아닌 것은?
① 연소가스의 도입
② 신선한 외기도입
③ 실내의 사람에 대한 건강과 작업 능률을 유지
④ 공기환경의 악화로부터 제품과 주변기기의 손상방지

해설 환기 : 실내 오염된 공기를 교환, 희석하여 쾌적한 공기로 만드는 것

49 펌프에 관한 설명 중 부적당한 것은?
① 양수량은 회전수에 비례한다.
② 양정은 회전수의 제곱에 비례한다.
③ 축동력은 회전수의 3승에 비례한다.
④ 토출속도는 회전수의 4승에 비례한다.

해설 상사법칙
① 양수량은 회전수에 비례한다.
② 양정은 회전수의 제곱에 비례한다.
③ 축동력은 회전수의 3승에 비례한다.

50 결로를 방지하기 위한 방법이 아닌 것은?
① 벽면의 온도를 올려준다.
② 다습한 외기를 도입한다.
③ 벽면을 단열시킨다.
④ 강제로 온풍을 해 준다.

해설 결로 : 습공기가 차가운 벽이나 천장 바닥 등에 닿으면 공기중에 함유된 수분이 응축되어 그 표면에 이슬이 맺히는 현상으로 다습한 외기를 도입하면 결로현상 유발됨

51 공기조화기 구성 요소가 아닌 것은?
① 댐퍼
② 필터
③ 펌프
④ 가습기

해설 공기조화기 구성 요소 : 에어필터, 냉각코일, 가열코일, 가습기, 팬(송풍기), 댐퍼

52 온수난방에 대한 설명으로 잘못된 것은?
① 예열부하가 증기난방에 비해 작다.
② 한냉지에서는 동결의 위험성이 있다.
③ 온수온도에 의해 보통온수식과 고온수식으로 구분한다.
④ 난방부하에 따라 온도조절이 용이하다.

해설 온수난방 특징
① 난방부하에 따라 온도조절이 쉽다.
② 쾌감도가 좋고 화상위험이 없다.
③ 가열시간은 길지만 잘 식지 않아 동결우려가 적다(한냉지에서는 동결의 위험성이 있다).
④ 취급이 용이하고 소규모 주택에 적합하다.
⑤ 예열부하가 증기난방에 비해 크다.
⑥ 보통온수식과 고온수식이 있다.

Answer 48. ① 49. ④ 50. ② 51. ③ 52. ①

53 공기조화기기에서 송풍기를 배출압력에 따라 분류할 때 블로어(blower)의 일반적인 압력범위는?

① $0.1 kg_f/cm^2$ 미만
② $0.1 kg_f/cm^2$ 미만 ~ $1 kg_f/cm^2$
③ $1 kg_f/cm^2$ ~ $2 kg_f/cm^2$
④ $2 kg_f/cm^2$ 이상

해설 송풍기 압력에 따른 분류
① 팬 : $0.1[kg/cm^2]$ 미만(송풍기)
② 블로어(blower) : $0.1 ~ 1[kg/cm^2]$ 정도
③ 압축기 : $1[kg/cm^2]$ 이상

54 보일러의 열 출력이 150000kcal/h, 연료소비율이 20kg/h이며 연료의 저위 발열량이 10000kcal/kg이라면 보일러의 효율은 얼마인가?

① 65%
② 70%
③ 75%
④ 80%

해설

$$\eta = \frac{G(h'' - h_1)}{Gf \times Hl} \times 100[\%]$$

$$\therefore \frac{150000}{20 \times 10000} \times 100\% = 75\%$$

55 다음 공조방식 중 개별식 공기조화 방식은?

① 팬코일 유닛방식
② 정풍량 단일덕트 방식
③ 패키지 유닛방식
④ 유인 유닛방식

해설 공조방식 분류

구 분		방 식
중앙식	① 전공기 방식	단일 덕트 방식 (정풍량, 변풍량)
		2중덕트방식(정풍량, 변풍량, 멀티존유닛)
		각층 유닛 방식
	② 수-공기 방식	덕트 병용 팬 코일 유닛 방식
		유인 유닛 방식
		복사 냉난방 방식
	④ 수방식	팬 코일 유닛 방식
개별식	냉매방식	룸 쿨러 방식
		패키지 방식
		멀티유닛 방식

56 클린룸(병원 수술실 등)의 공기조화 시 가장 중요시 해야 할 사항은?

① 공기의 청정도
② 공기 소음
③ 기류속도
④ 공기 압력

해설 클린룸 등급기준 : 미연방 규격에 의한 공기 $1[ft^3]$당 $0.5[\mu m]$ 크기의 유해 가스 크기의 입자수로 표시하기에 공기조화 4대 요소 중 청정도가 가장 중요

57 주철제 방열기의 종류가 아닌 것은?

① 2주형
② 3주형
③ 4세주형
④ 5세주형

해설 주철제 방열기 종류 : 2주형(Ⅱ), 3주형(Ⅲ), 3세주형(3C), 5세주형(5C)

Answer 53. ② 54. ③ 55. ③ 56. ① 57. ③

58 물과 공기의 접촉면적을 크게 하기 위해 증발포를 사용하여 수분을 자연스럽게 증발시키는 가습방식은?

① 초음파식　② 가열식
③ 원심분리식　④ 기화식

해설 가습장치종류
① 수분무식 : 물을 공기중에 직접 분무하는 방식(원심식, 초음파식, 분무식)
② 증기발생식 : 무균의 청정실, 습도제어 요구되는 곳(전열식, 적외선식, 전극식)
③ 증기공급식 : 증기를 가습용으로 사용(과열증기식, 분무식)
④ 증발식 : 높은 습도 요구되는 경우(적하식, 모세관식, 기화식)

59 공기조화용 취출구 종류 중 1차공기에 의한 2차공기의 유인성능이 좋고, 확산 반경이 크고 도달거리가 짧기 때문에 천장 취출구로 많이 사용하는 것은?

① 팬(pan)형
② 라인(line)형
③ 아네모스탯(annemostat)형
④ 그릴(grille)형

해설 취출구
① 팬(pan)형 : 아네모스탯형의 콘 대신에 중앙에 원판 모양의 팬을 붙인 것. 유인비, 소음발생이 심하다.
② 라인(line)형 : 창틀 밑이나 창위쪽에 설치하여 상향, 하향으로 취출
③ 아네모스탯(annemostat)형 : 확산형 취출구로 천장취출구로 사용
④ 베인격자형 : 날개 방향조절로 풍향조절, 주로 벽 설치용, 취출풍량 조절을 댐퍼로 하는 것은 레지스터, 댐퍼나 셔터가 없는 것은 그릴이라 함

60 전 공기방식에 비해 반송동력이 적고, 유닛 1대로서 조운을 구성하므로 조우닝이 용이하며, 개별제어가 가능한 장점이 있어 사무실, 호텔, 병원 등의 고층 건물에 적합한 공기 조화 방식은?

① 단일 덕트 방식
② 유인 유닛 방식
③ 이중 덕트 방식
④ 재열 방식

해설 유인 유닛방식 : 1차 공조기에서 나온 1차 공기를 고속 덕트로 각 실에 설치된 유인 유닛으로 보내어 노즐로부터 분출하는 1차 공기의 유인 작용에 의해 2차 공기인 실내공기를 유인하여 공급하는 방식
▶ 특징 : ① 개별제어 가능
② 부하변동에 따른 적응이 좋다.
③ 유닛내 소음이 있고, 고가이다.
④ 유닛내 노즐이 막히기 쉽다.

Answer　58. ④　59. ③　60. ②

공조냉동기계기능사 2000제 문제은행

CBT 시험대비
▶ 2013년 1월 27일 시행

01 냉동장치에서 안전상 운전 중에 점검해야 할 중요 사항에 해당되지 않는 것은?
① 냉매의 각부 압력 및 온도
② 윤활유의 압력과 온도
③ 냉각수 온도
④ 전동기의 회전방향

해설 냉동장치 운전 중 점검 사항
① 액백에 주의
② 압력계 및 전류계 등 지시도 점검
③ 윤활상태, 압력, 온도, 유면의 점검
④ 냉각수 온도점검
⑤ 각종 부속기기, 제어기기 작동상태 점검

02 가스보일러 점화시 주의사항 중 맞지 않는 것은?
① 연소실 내의 용적 4배 이상의 공기로 충분히 환기를 행할 것
② 점화는 3~4회로 착화될 수 있도록 할 것
③ 착화 실패나 갑작스런 실화 시에는 연료공급을 중단하고 환기 후 그 원인을 조사할 것
④ 점화버너의 스파크 상태가 정상인가 확인할 것

해설 점화는 1회에 이루어질 수 있도록 화력이 큰 불씨 사용

03 재해의 직접적 원인이 아닌 것은?
① 보호구의 잘못 사용
② 불안전한 조작
③ 안전지식 부족
④ 안전장치의 기능제거

해설 안전지식 부족은 간접원인 중 교육적 원인임

04 근로자가 보호구를 선택 및 사용하기 위해 알아두어야 할 사항으로 거리가 먼 것은?
① 올바른 관리 및 보관방법
② 보호구의 가격과 구입방법
③ 보호구의 종류와 성능
④ 올바른 사용(착용)방법

해설 보호구 가격이나 구입방법은 사업주나 안전관리자 업무

Answer 1. ④ 2. ② 3. ③ 4. ②

05 전기용접기 사용상의 준수사항으로 적합하지 않은 것은?

① 용접기 설치장소는 습기나 먼지 등이 많은 곳은 피하고 환기가 잘 되는 곳을 선택한다.
② 용접기의 1차측에는 용접기 근처에 규정 값보다 1.5배 큰 퓨즈(fuse)를 붙인 안전 스위치를 설치한다.
③ 2차측 단자의 한 쪽과 용접기 케이스는 접지(earth)를 확실히 해 둔다.
④ 용접 케이블 등의 파손된 부분은 즉시 절연 테이프로 감아야 한다.

해설 퓨즈, 차단기 등은 과전류를 방지하기 위해 용량 이상의 전류가 흐르는 것을 막기 위해 설치한다.

06 보안경을 사용하는 이유로 적합하지 않은 것은?

① 중량물의 낙하시 얼굴을 보호하기 위해서
② 유해물약으로부터 눈을 보호하기 위해서
③ 칩의 비산으로부터 눈을 보호하기 위해서
④ 유해광선으로부터 눈을 보호하기 위해서

해설 중량물 낙하시 보호하기 위한 것은 안전모이다.

07 일반 공구 사용시 주의사항으로 적합하지 않은 것은?

① 공구는 사용전보다 사용 후에 점검한다.
② 본래의 용도 이외에는 절대로 사용하지 않는다.
③ 항상 작업주위 환경에 주의를 기울이면서 작업한다.
④ 공구는 항상 일정한 장소에 비치하여 놓는다.

해설 공구는 사용 전에 반드시 점검한다.

08 가연성 가스의 화재, 폭발을 방지하기 위한 대책으로 틀린 것은?

① 가연성 가스를 사용하는 장치를 청소하고자 할 때는 가연성 가스로 한다.
② 가스가 발생하거나 누출될 우려가 있는 실내에서는 환기를 충분히 시킨다.
③ 가연성 가스가 존재할 우려가 있는 장소에서는 화기를 엄금한다.
④ 가스를 연료로 하는 연소설비에서는 점화하기 전에 누출유무를 반드시 확인한다.

해설 가연성 가스를 사용하는 장치를 청소하고자 할 때는 불연성 가스(CO_2, N_2)로 한다.

Answer 5. ② 6. ① 7. ① 8. ①

09 고압가스 안전관리법에서 규정한 용어를 바르게 설명한 것은?

① "저장소"라 함은 지식경제부령이 정하는 일정량 이상의 고압가스를 용기나 저장탱크로 저장하는 일정한 장소를 말한다.
② "용기"라 함은 고압가스를 운반하기 위한 것(부속품을 포함하지 않음)으로서 이동할 수 있는 것을 말한다.
③ "냉동기"라 함은 고압가스를 사용하여 냉동을 하기 위한 모든 기기를 말한다.
④ "특정설비"라 함은 저장탱크와 모든 고압가스 관계 설비를 말한다.

해설
① 용기란 고압가스를 충전하기 위한 것(부속품을 포함한다)으로서 이동할 수 있는 것을 말한다.
② 냉동기란 고압가스를 사용하여 냉동을 하기 위한 기기로서 지식경제부령으로 정하는 냉동능력 이상인 것을 말한다.
③ 특정설비란 저장탱크와 지식경제부령으로 정하는 고압가스 관련 설비를 말한다.

10 공기조화용으로 사용되는 교류 3상 220V의 전동기가 있다. 전동기의 외함 및 철대에 제3종 접지 공사를 하는 목적에 해당 되지 않는 것은?

① 감전 사고의 방지
② 성능을 좋게 하기 위해서
③ 누전 화재의 방지
④ 기기, 배관 등의 파괴 방지

해설 제3종 접지저항값은 100Ω 이하로 하고 접지선 굵기는 1.6mm 이상으로 하며 3종 접지 목적은 ① 화재 방지 ② 감전 방지 ③ 기기손상 방지이다.

11 압축기 토출압력이 정상보다 너무 높게 나타나는 경우 그 원인에 해당하지 않는 것은?

① 냉각수량이 부족한 경우
② 냉매 계통에 공기가 혼합되어 있는 경우
③ 냉각수 온도가 낮은 경우
④ 응축기 수 배관에 물때가 낀 경우

해설 압축기 토출압력 상승 원인
① 냉매중의 공기 혼입
② 냉각수 온도 상승 및 냉각수량 부족
③ 응축기 냉각관에 스케일 및 유막 형성
④ 냉매의 과충전 및 유효 전열면적 감소
⑤ 습증기의 혼입

12 보일러에서 폭발구(방폭문)를 설치하는 이유는?

① 연소의 촉진을 도모하기 위하여
② 연료의 절약을 위하여
③ 연소실의 화염을 검출하기 위하여
④ 폭발가스의 외부배기를 위하여

해설 방폭문 : 연소실 내의 불착화, 착화지연, 실화 등에 의해 축적된 미연가스로 인한 폭발시에 피해를 최소화하기 위한 장치

Answer 9. ① 10. ② 11. ③ 12. ④

13 전기로 인한 화재발생시의 소화제로서 가장 알맞은 것은?

① 모래 　　② 포말
③ 물 　　　④ 탄산가스

해설) 화재의 분류 및 적응소화기

구분 분류	종류	소화기 표시색	내용	적용 소화기
일반 화재	A급	백색	목재, 종이 등 일반화재	산·알칼리, 포, 주수(물)
유류 및 가스 화재	B급	황색	유류, 가스, 화재	CO_2, 하론, 분말, 포말
전기 화재	C급	청색	전기합선 화재	CO_2
금속 화재	D급	무색	Mg, Al분말 화재	마른모래 (건조사)

14 가스 용접에서 토치의 취급상 주의사항으로서 적합하지 않는 것은?

① 토치나 팁은 작업장 바닥이나 흙 속에 방치하지 않는다.
② 팁을 바꿀 때에는 반드시 가스밸브를 잠그고 한다.
③ 토치를 망치 등 다른 용도로 사용해서는 안 된다.
④ 토치에 기름이나 그리스를 주입하여 관리한다.

해설) 가스 용접 토치에 기름이나 그리스를 바르지 않는다.

15 재해예방의 4가지 기본원칙에 해당되지 않는 것은?

① 대책선정의 원칙
② 손실우연의 원칙
③ 예방가능의 원칙
④ 재해통계의 원칙

해설) 재해 예방의 4원칙
① 손실 우연의 원칙 : 사고의 결과 손실의 유무 또는 대소는 사고당시의 조건에 따라 우연적으로 발생한다.
② 원인 계기의 원칙 : 사고에는 반드시 원인이 있고 대부분 복합적 계기원인이다.
③ 예방가능의 원칙 : 천재지변을 제외한 모든 인재는 예방이 가능하다.
④ 대책 선정의 원칙 : 기술적, 교육적, 규제적 대책을 선정하여 실시한다.

16 냉동의 원리에 이용되는 열의 종류가 아닌 것은?

① 증발열
② 승화열
③ 융해열
④ 전기 저항열

해설) 자연적 냉동열의 종류는 증발열, 승화열, 융해열, 기한제를 이용하는 방법이 있다.

Answer　13. ④　14. ④　15. ④　16. ④

17 압축기에 관한 설명으로 옳은 것은?

① 토출가스 온도는 압축기의 흡입가스 과열도가 클수록 높아진다.
② 프레온 12를 사용하는 압축기에는 토출온도가 낮아 워터자켓(water jacket)을 부착한다.
③ 톱 클리어런스(top clearance)가 클수록 체적 효율이 커진다.
④ 토출가스 온도가 상승하여도 체적 효율은 변하지 않는다.

해설 ① 워터자켓은 토출가스온도가 높은 암모니아 압축기에 부착한다.
② 톱 클리어런스가 클수록 체적 효율은 떨어진다.

18 증발식 응축기의 엘리미네이트에 대한 설명으로 맞는 것은?

① 물의 증발을 양호하게 한다.
② 공기의 흡수하는 장치다.
③ 물이 과냉각되는 것을 방지한다.
④ 냉각관에 분사되는 냉각수가 대기 중에 비산되는 것을 막아주는 장치다.

해설 엘리미네이트 : 냉각관에 분사되는 냉각수가 대기 중에 비산되는 것을 막아주는 장치

19 다음 설명 중 내용이 맞는 것은?

① 1[BTU]는 물 1[lb]를 1[℃] 높이는 데 필요한 열량이다.
② 절대압력은 대기압의 상태를 0으로 기준하여 측정한 압력이다.
③ 이상기체를 단열팽창 시켰을 때 온도는 내려간다.
④ 보일-샤의 법칙이란 기체의 부피는 절대압력에 비례하고 절대온도에 반비례한다.

해설 ① 1[BTU] : 물 1[lb]의 온도를 1[°F] 올리는 데 필요한 열량
② 절대압력은 완전진공을 기준으로 한 압력이고, 게이지 압력은 대기압의 상태를 0으로 기준한 압력이다.
④ 보일-샤의 법칙은 기체의 부피는 절대압력에 반비례하고 절대온도에 비례한다.

20 정현파 교류전류에서 크기를 나타내는 실효치를 바르게 나타낸 것은? (단, Im은 전류의 최대치이다.)

① $Im\ \sin\omega t$
② $0.636\ Im$
③ $\sqrt{2}$
④ $0.707\ Im$

해설 실효값 : 일반적으로 사용되는 값으로 각 순시값의 제곱에 대한 1주기평균의 제곱근

실효값 = $\sqrt{\dfrac{I^2m}{2}} = \dfrac{Im}{\sqrt{2}} = 0.707 \cdot Im$

Answer 17. ① 18. ④ 19. ③ 20. ④

21 흡수식 냉동장치의 적용대상이 아닌 것은?
① 백화점 공조용 ② 산업 공조용
③ 제빙공장용   ④ 냉난방장치용

해설 흡수식 냉동장치 : 흡수제와 냉매를 사용한 온도가 낮아진 물을 냉·난방장치나 공기조화에 사용되며 온도가 낮아 제빙용으로 부적합하다.

22 다음 그림의 기호가 나타내는 밸브로 맞는 것은?

① 슬루스 밸브
② 글로브 밸브
③ 다이어프램 밸브
④ 감압밸브

해설 다이어프램 밸브 :

23 탄성이 부족하여 석면, 고무, 금속 등과 조합하여 사용되며 내열범위는 -260℃ ~ 260℃정도로 기름에 침식되지 않는 패킹은?
① 고무패킹
② 석면조인트 사이트
③ 합성수지 패킹
④ 오일시이트 패킹

해설 합성수지 패킹(테프론) 내열범위 : -260℃ ~ 260℃ 정도로 사용범위가 넓어 널리 사용된다.

24 증발기에 대한 제상방식이 아닌 것은?
① 전열제상
② 핫 가스 제상
③ 살수 제상
④ 피냉제거 제상

해설 제상방법
① 압축기정지제상 : 1일 6~8시간 정도 냉동기 정지
② 전열제상 : 증발기에 히터 설치한 제상
③ 온수살포제상 : 10~25[℃] 온수를 살수한 제상
④ 핫가스제상 : 압축기에서 토출된 고온고압의 핫가스를 증발기로 유입시켜 제상

25 사용압력이 비교적 낮은($10kg_f/cm^2$이하) 증기, 물, 기름 가스 및 공기 등의 각종 유체를 수송하는 관으로, 일명 가스관이라고도 하는 관은?
① 배관용 탄소강관
② 압력배관 탄소강관
③ 고압배관용 탄소강관
④ 고온배관용 탄소강관

해설
① SPP : 배관용 탄소강관 : $10kg/cm^2$(1Mpa) 이하 사용
② SPPS : 압력배관용 탄소강관 : 1~10Mpa 사용
③ SPPH : 고압배관용 탄소강관 : 10Mpa 이상 사용
④ SPHT : 고온배관용 탄소강관 : 350℃ 이상 고온에 사용(클리이프 강도 고려)

Answer 21. ③ 22. ③ 23. ③ 24. ④ 25. ①

26 OR회로를 나타내는 논리기호로 맞는 것은?

① (OR gate symbol) ② (NOT gate symbol)
③ (AND gate symbol) ④ (NOR gate symbol)

해설 ① OR회로 :
② NOT회로 :
③ AND회로 :
④ NOR회로 :

27 암모니아 냉동기에 사용되는 수냉 응축기의 전열계수(열통과율)가 800Kcal/m²h℃ 이며, 응축온도와 냉각수 입출구의 평균 온도차가 8℃일 때 1 냉동톤당의 응축기 전열 면적은 약 얼마인가?

① $0.52m^2$ ② $0.67m^2$
③ $0.97m^2$ ④ $1.7m^2$

해설 $Q_1 = Q_2 \cdot c = K \cdot F \cdot (t_1 - t_2)$ 에서
$F = \dfrac{1 \times 3320\text{kcal} \times 1.3}{800\text{kcal/m}^2\text{h℃} \times 8℃} = 0.674$

28 2차 냉매의 열전달 방법은?
① 상태 변화에 의한다.
② 온도 변화에 의하지 않는다.
③ 잠열로 전달한다.
④ 감열로 전달한다.

해설 ① 1차 냉매(직접 냉매) : 잠열상태로 열을 운반하는 냉매(프레온냉매, NH₃)
② 2차 냉매(간접 냉매) : 감열(현열) 상태로 열을 운반하는 냉매(브라인)

29 프레온 냉매 중 냉동능력이 가장 좋은 것은?
① R-113
② R-11
③ R-12
④ R-22

해설 R-22 : 프레온계 냉매 중에서 열역학적 성질이 암모니아와 가까워 냉동능력이 프레온계에서 가장 좋다.

30 응축온도 및 증발온도가 냉동기의 성능에 미치는 영향에 관한 사항 중 옳은 것은?
① 응축온도가 일정하고 증발온도가 낮아지면 압축비가 증가한다.
② 증발온도가 일정하고 응축온도가 높아지면 압축비는 감소한다.
③ 응축온도가 일정하고 증발온도가 높아지면 토출가스 온도는 상승한다.
④ 응축온도가 일정하고 증발온도가 낮아지면 냉동능력은 증가한다.

해설 ② 증발온도 일정, 응축온도 상승하면 압축비 증가
③ 응축온도 일정, 증발온도 상승하면 토출가스온도 저하
④ 응축온도 일정, 증발온도 낮아지면 냉동능력 감소

Answer 26. ① 27. ② 28. ④ 29. ④ 30. ①

31 왕복동 압축기의 용량제어 방법으로 적합하지 않은 것은?

① 흡입밸브 조정에 의한 방법
② 회전수 가감법
③ 안전스프링의 강도 조정법
④ 바이패스 방법

해설 압축기 용량제어 방법
1) 왕복동 압축기
  ① 회전수 가감방법
  ② 바이패스방법
  ③ 클리어런스 증대법
  ④ 타임드 밸브에 의한 방법
2) 원심식 압축기
  ① 흡입 가이드 베인 조절법
  ② 흡입 댐퍼 조절법
  ③ 회전수가감법
  ④ 바이패스법

32 냉동 사이클에서 액관 여과기의 규격은 보통 몇 매쉬(mesh) 정도인가?

① 40~60   ② 80~100
③ 150~200 ④ 250~300

해설 ① 액관여과망 : 80~100mesh
② 가스관여과망 : 40mesh

33 역률에 대한 설명 중 잘못된 것은?

① 유효전력과 피상전력과의 비이다.
② 저항만이 있는 교류회로에서는 1이다.
③ 유효전류와 전전류의 비이다.
④ 값이 0인 경우는 없다.

해설 역률 = $\frac{소비전력}{전원입력}$ = $\frac{유효전력}{피상전력}$ = $\frac{유효전력}{전압 \times 전류}$

역률이 0이란 말은 저항에 대한 전류가 없기 때문에 역률=0, 코사인 값=0, sin 값=1인 경우이다.

34 압력 표시에서 1atm과 값이 다른 것은?

① 1.01325bar   ② 1.10325MPa
③ 760mmHg   ④ 1.03227kg$_f$/cm^2

해설 1[atm] = 760[mmHg] = 1.0332[kg/cm^{2}a]
= 10.332[mH₂O] = 101325[N/m^2] = 1.01325[ba]
= 101325[Pa] = 0.10325[MPa]

35 2단압축 2단팽창 냉동사이클을 모리엘 선도에 표시한 것이다. 옳은 것은?

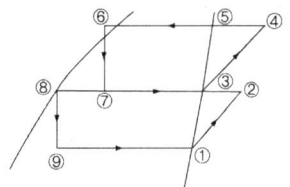

① 중간냉각기의 냉동효과 : ③~⑦
② 증발기의 냉동효과 : ②~⑨
③ 팽창변 통과직후의 냉매위치 : ④~⑤
④ 응축기의 방출열량 : ⑧~②

해설 ㉠ 중간냉각기의 냉동효과 : ③~⑦
㉡ 증발기의 냉동효과 : ①~⑨
㉢ 팽창변 통과직후의 냉매위치 : ⑥~⑦, ⑧~⑨
㉣ 응축기의 방출열량 : ④~⑥

Answer 31. ③ 32. ② 33. ④ 34. ② 35. ①

36 터보냉동기의 운전 중에 서징(surging)현상이 발생하였다. 그 원인으로 맞지 않는 것은?

① 흡입가이드 베인을 너무 조일 때
② 가스 유량이 감소될 때
③ 냉각수온이 너무 낮을 때
④ 어떤 한계치 이하의 가스유량으로 운전할 때

해설 서징(surging)현상 원인 : 흡입측 수두가 큰 경우, 마찰손실이 과대할 경우, 임펠러 속도가 과대할 경우, 흡입관경이 작을 경우, 설치위치가 수원보다 높을 때, 흡입압력이 유체의 증기압보다 낮을 때, 배관내의 흡입 압력이 유체의 증기압보다 낮을 때 원인이 되고, 냉각수온이 낮은 경우는 무관하다.

37 회전식 압축기의 피스톤 압출량(V)을 구하는 공식은 어느 것인가? (단, D=실린더 내경(m), d = 회전 피스톤의 외경(m), t = 실린더의 두께(m), R = 회전수(rpm), n = 기통수, L = 실린더 길이다.)

① $V = 60 \times 0.785 \times (D^2 - d^2) t \times n \times R (\text{m}^3/\text{h})$
② $V = 60 \times 0.785 \times D^2 \times t \times n \times R (\text{m}^3/\text{h})$
③ $V = 60 \times \dfrac{\pi D^2}{4} \times t \times n \times R (\text{m}^3/\text{h})$
④ $V = 60 \times \dfrac{\pi DR}{4} (\text{m}^3/\text{h})$

해설 ① 왕복압축기압축량식
$$V_a(\text{m}^3/h) = \frac{\pi}{4} D^2 \times L \times N \times R \times 60$$
[D : 실린더지름(m), L : 행정(m), N : 기통수, R : 회전수(rpm)]
② 회전압축기 압축량식
$$V_a(\text{m}^3/h) = \frac{\pi}{4}(D^2 - d^2) \times t \times R \times 60$$
[D : 실린더지름(m), d : 로터지름(m), t : 실린더두께(m), R : 회전수(rpm)]

38 다음 그림에서 습압축 냉동사이클은 어느 것인가?

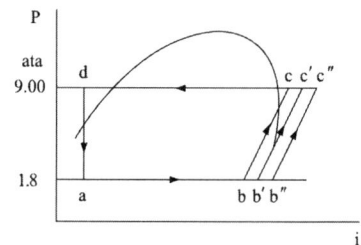

① ab'c'da
② bb"c"cb
③ ab"c"da
④ abcda

해설 ① abcda : 습압축
② ab'c'da : 건포화압축
③ ab"c"da : 과열압축

Answer 36. ③ 37. ① 38. ④

39 어떤 냉동기에서 0℃의 물로 0℃의 얼음 2톤(Ton)을 만드는데 40kwh의 일이 소요된다면 이 냉동기의 성적 계수는 약 얼마인가? (단, 얼음의 융해 잠열은 80kcal/kg이다.)

① 2.27 ② 3.04
③ 4.04 ④ 4.65

해설

$$COP = \frac{냉동효과}{압축일의 열당량} = \frac{q}{A_w}$$
$$= \frac{2000kg \times 80kcal/kg}{860kcal/kwh \times 40kwh}$$
$$= 4.65$$

40 동관 굽힘 가공에 대한 설명으로 옳지 않은 것은?

① 열관 굽힘시 큰 직경으로 관 두께가 두꺼운 경우에는 관내에 모래를 넣어 굽힘한다.
② 열간 굽힘시 가열온도는 100℃ 정도로 한다.
③ 굽힘 가공성이 강관에 비해 좋다.
④ 연질관은 핸드벤더(hand bender)를 사용하여 쉽게 굽힐 수 있다.

해설 열간벤딩시 가열온도
① 강관 : 800~900℃
② 동관 : 600~700℃ 가열 후 벤딩

41 어느 제빙공장의 냉동능력은 6RT이다. 응축기 방열량은 얼마인가? (단, 방열계수는 1.3이다)

① 10948kcal/h ② 11248kcal/h
③ 15952kcal/h ④ 25896kcal/h

해설 6RT × 3320kcal/h × 1.3 = 25896kcal/h

42 2원 냉동장치 냉매로 많이 사용되는 R-290은 어느 것인가?

① 프로판 ② 에틸렌
③ 에탄   ④ 부탄

해설 탄화수소냉매
① R-290 : 프로판
② R-170 : 에탄
③ R-600 : 부탄

43 p-h 선도상의 각 번호에 대한 명칭 중 맞는 것은?

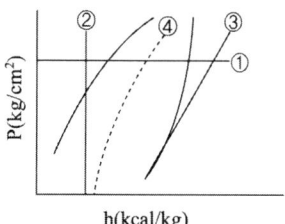

① ① : 등비체적선
② ② : 등엔트로피선
③ ③ : 등엔탈피선
④ ④ : 등건조도선

해설 ① 등압선   ② 등엔탈피선
③ 등엔트로피선 ④ 등건조도선

44 분해조립이 필요한 부분에 사용하는 배관연결 부속은?

① 부싱, 티이
② 플러그, 캡
③ 소켓, 엘보
④ 플랜지, 유니온

해설 플랜지, 유니온 : 배관을 분해, 조립시 사용

45 인버터 구동 가변 용량형 공기조화장치나 증발온도가 낮은 냉동장치에서는 냉매유량 조절의 특성 향상과 유량제어 범위의 확대 등이 중요하다. 이러한 목적으로 사용되는 팽창밸브로 적당한 것은?

① 온도식 자동팽창밸브
② 정압식 자동팽창밸브
③ 열전식 팽창밸브
④ 전자식 팽창밸브

해설 전자식 팽창밸브(electronic expansion valve) : 최근 냉동공조장치에 있어 전자화의 움직임에 따라 전기적 제어요소를 가진 팽창밸브의 필요성이 커져 사용. 검출부, 제어부, 조작부로 구성된다.

46 온수난방방식의 분류로 적당하지 않은 것은?

① 강제순환식
② 복관식
③ 상향공급식
④ 진공환수식

해설 온수난방방식 분류

분류기준	온수난방법 분류
온수온도	보통온수식(85~90℃), 고온수식(100℃ 이상)
배관방식	단관식, 복관식
온수공급방식	상향공급식, 하향공급식
온수순환방식	자연(중력)순환식, 강제 순환식

47 공조방식 중 패키지 유닛방식의 특징으로 틀린 것은?

① 공조기로의 외기도입이 용이하다.
② 각 층을 독립적으로 운전할 수 있으므로 에너지 절감 효과가 크다.
③ 실내에 설치하는 경우 급기를 위한 덕트 시프트가 필요 없다.
④ 송풍기 정압이 낮으므로 제진효율이 떨어진다.

해설 패키지 유닛방식은 냉동기 및 냉각 코일, 송풍기 등이 내장되어 있는 공조기를 실내에 설치하는 방식으로 외기도입이 어렵다.

Answer 44. ④ 45. ④ 46. ④ 47. ①

48 가변 풍량 단일 덕트 방식의 특징이 아닌 것은?

① 송풍기의 동력을 절약할 수 있다.
② 실내공기의 청정도가 떨어진다.
③ 일사량 변화가 심한 존(zone)에 적합하다.
④ 각 실이나 존(zone)의 온도를 개별 제어하기가 어렵다.

해설 가변풍량 단일덕트 방식은 각 실이나 존(zone)의 온도를 개별제어하기가 용이하다.

49 송풍기 선정시 고려해야 할 사항 중 옳은 것은?

① 소요 송풍량과 풍량조절 댐퍼 유무
② 필요 유효정압과 전동기 모양
③ 송풍기 크기와 공기 분출 방향
④ 소요 송풍량과 필요 정압

해설 송풍기 선정시 풍량, 풍압, 동력 등을 고려하여 선정한다.

50 감습장치에 대한 설명이다. 옳은 것은?

① 냉각식 감습장치는 감습만을 목적으로 사용하는 경우 경제적이다.
② 압축식 감습장치는 감습만을 목적으로 하면 소요동력이 커서 비경제적이다.
③ 흡착식 감습법은 액체에 의한 감습법보다 효율이 좋으나, 낮은 노점까지 감습이 어려워 주로 큰 용량의 것에 적합하다.
④ 흡수식 감습장치는 흡착식에 비해 감습효율이 떨어져 소규모 용량에만 적합하다.

해설 감습장치 종류
① **압축감습** : 공기를 압축하여 수분을 응축 제거
② **냉각감습** : 냉각코일, 공기 세정기 사용
③ **흡착감습** : 고체 흡착제(실리카겔, 활성알루미나)에 의한 감습
④ **흡수감습** : 액체 흡수제(트리에틸렌글리콜, 염화리튬)에 의한 방법

Answer 48. ① 49. ④ 50. ②

51 실내의 취득열량을 구했더니 현열이 28000kcal/h, 잠열이 12000kcal/h 였다. 실내를 21℃, 60%(RH)로 유지하기 위해 추출온도차 10℃로 송풍할 때, 현열비는 얼마인가?

① 0.7
② 1.8
③ 1.4
④ 0.4

해설
$$현열비(SHF) = \frac{현열부하}{현열부하 + 잠열부하}$$

$$\therefore \frac{28000}{28000 + 12000} = 0.7$$

52 공조용 급기 덕트에서 취출된 공기가 어느 일정 거리만큼 진행했을 때의 기류 중심선과 추출구 중심과의 거리를 무엇이라고 하는가?

① 도달거리
② 1차 공기거리
③ 2차 공기거리
④ 강하거리

해설
① 최대도달거리 : 취출구로부터 기류의 중심속도가 0.25[m/s]로 되는 곳까지의 수평거리
② 최소도달거리 : 취출구로부터 기류의 중심속도가 0.5[m/s]로 되는 곳까지의 수평거리
③ 강하거리 : 급기 덕트에서 취출된 공기가 어느 일정 거리만큼 진행했을 때 기류 중심선과 추출구 중심과의 거리

53 다음 공기의 성질에 대한 설명 중 틀린 것은?

① 최대한도의 수증기를 포함한 공기를 포화공기라 한다.
② 습공기의 온도를 낮추면 물방울이 맺히기 시작하는 온도를 그 공기의 노점온도라고 한다.
③ 건공기 1kg은 혼합된 수증기의 질량비를 절대습도라 한다.
④ 우리 주변에 있는 공기는 대부분의 경우 건공기이다.

해설 대기중 공기는 수증기를 함유한 습공기이다.

54 공조부하 계산시 잠열과 현열을 동시에 발생시키는 요소는?

① 벽체로부터의 취득열량
② 송풍기에 의한 취득열량
③ 극간풍에 의한 취득열량
④ 유리로부터의 취득열량

해설
① 벽체로부터의 취득열량(현열)
② 송풍기에 의한 취득열량(현열)
③ 극간풍에 의한 취득열량(현열+잠열)
④ 유리로부터의 취득열량(현열)

Answer 51. ① 52. ④ 53. ④ 54. ③

55 다익형 송풍기의 임펠러 직경이 600mm일 때 송풍기 번호는 얼마인가?
① No 2 ② No 3
③ No 4 ④ No 6

해설 송풍기 크기 : 송풍기 번호(No)로 나타냄
① 원심식(No) = $\dfrac{회전날개의 지름[mm]}{150[mm]}$

∴ $\dfrac{600}{150} = 4$

② 축류식(No) = $\dfrac{회전날개의 지름[mm]}{100[mm]}$

56 공연장의 건물에서 관람객이 500명이고 1인당 CO_2 발생량이 $0.05m^3/h$일 때 환기량 m^3/h은 얼마인가? (단, 실내 허용 CO_2 농도는 600ppm, 외기 CO_2 농도는 100ppm이다.)
① 30000 ② 35000
③ 40000 ④ 50000

해설 환기량(외기도입량)

$Q[m^3/h] = \dfrac{오염가스발생량[m^2]}{오염물질서한도[m^3/m^3] - 외기CO_2농도[m^3/m^3]}$

∴ $\dfrac{500 \times 0.05[m^3/h]}{600 - 100[ppm]} \times 1000000 = 50000$

57 증기 가열 코일의 설계시 증기코일의 열수가 적은 점을 고려하여 코일의 전면풍속은 어느 정도가 가장 적당한가?
① 0.1m/s ② 1~2m/s
③ 3~5m/s ④ 7~9m/s

해설 코일 전면풍속은 2~3[m/s]의 범위가 적당(일반적 : 2.5[m/s], 온수코일 : 2.0~3.5[m/s])

58 난방방식 중 방열체가 필요 없는 것은?
① 온수난방 ② 증기난방
③ 복사난방 ④ 온풍난방

해설 온풍난방은 개별난방으로 별도의 방열체가 필요 없다.

59 중앙식 공조기에서 외기측에 설치되는 기기는?
① 공기예열기 ② 엘리미네이터
③ 가습기 ④ 송풍기

해설 공기예열기는 공조기 외기측에 설치되어 급기되는 공기를 가열한다.

60 보일러에서의 상용출력이란?
① 난방부하
② 난방부하 + 급탕부하
③ 난방부하 + 급탕부하 + 배관부하
④ 난방부하 + 급탕부하 + 배관부하 + 예열부하

해설 ① 상용출력 : 난방부하 + 급탕부하 + 배관부하
② 정격출력 : 난방부하 + 급탕부하 + 배관부하 + 예열부하

Answer 55. ③ 56. ④ 57. ③ 58. ④ 59. ① 60. ③

공조냉동기계기능사 2000제 문제은행

2013년 4월 14일 시행

01 재해 조사 시 유의할 사항이 아닌 것은?
① 조사자는 주관적이고 공정한 입장을 취한다.
② 조사목적에 무관한 조사는 피한다.
③ 목격자나 현장 책임자의 진술을 듣는다.
④ 조사는 현장이 변경되기 전에 실시한다.

해설 조사자는 객관적이고 공정한 입장을 취할 것

02 다음 중 보일러의 부식원인과 가장 관계가 적은 것은?
① 온수에 불순물이 포함될 때
② 부적당한 급수 처리 시
③ 더러운 물을 사용 시
④ 증기 발생량이 적을 때

해설 보일러부식의 원인
① 보일러수 중에 산류, 가스류(O_2, CO_2)가 포함된 경우
② 보일러 내부에 전위차가 생겼을 경우
③ 보일러수의 P.H가 7 이하가 될 때
④ 보일러 내의 부분적인 온도차가 생겨 열전류가 발생된 경우
※ 증기 발생량과는 무관하다.

03 보일러 취급 부주의로 작업자가 화상을 입었을 때 응급처치 방법으로 적당하지 않은 것은?
① 냉수를 이용하여 화상부의 화기를 빼도록 한다.
② 물집이 생겼으면 터뜨리지 않고 그냥 둔다.
③ 기계유나 변압기유를 바른다.
④ 상처부위를 깨끗이 소독한 다음 상처를 보호한다.

해설 기계유나 변압기유를 인체에 바르는 것은 위험하다.

04 전기용접 작업 시 주의사항 중 맞지 않는 것은?
① 눈 및 피부를 노출시키지 말 것
② 우천시 옥외 작업을 하지 말 것
③ 용접이 끝나고 슬래그 제거작업 시 보안경과 장갑은 벗고 작업할 것
④ 홀더가 가열되면 자연적으로 열이 제거될 수 있도록 할 것

해설 용접이 끝나고 슬래그 제거작업시 보안경과 장갑은 착용 후 작업할 것

Answer 1. ① 2. ④ 3. ③ 4. ③

05 연삭작업 시 주의사항이다. 옳지 않은 것은?

① 숫돌은 장착하기 전에 균열이 없는가를 확인한다.
② 작업 시에는 반드시 보호안경을 착용한다.
③ 숫돌은 작업개시 전 1분 이상, 숫돌교환 후 3분 이상 시운전을 한다.
④ 소형숫돌은 측압에 강하므로 측면을 사용하여 연삭한다.

해설 연삭작업시 측면을 사용하지 말 것

06 안전관리자가 수행하여야 할 직무에 해당되는 내용이 아닌 것은?

① 사업장 생산 활동을 위한 노무 배치 및 관리
② 사업장 순회점검·지도 및 조치의 건의
③ 산업재해 발생의 원인조사
④ 해당 사업장의 안전교육계획의 수립 및 실시

해설 노무 배치 및 관리는 안전관리자 업무가 아님

07 전동공구 작업 시 감전의 위험성을 방지하기 위해 해야 하는 조치는?

① 단전 ② 감지
③ 단락 ④ 접지

해설 접지 목적
① 누전전류에 의한 감전방지
② 고압선과 저압선이 혼촉되면 위험하므로 대지로 흘려보내기 위함
③ 낙뢰로 인한 피해방지
④ 지락사고 발생시 보조계전기를 신속하게 동작되도록 함

08 줄 작업 시 안전수칙에 대한 내용으로 잘못된 것은?

① 줄 손잡이가 빠졌을 때에는 조심하여 끼운다.
② 줄의 칩은 브러시로 제거 한다.
③ 줄 작업 시 공작물의 높이는 작업자의 어깨 높이 이상으로 하는 것이 좋다.
④ 줄은 경도가 높고 취성이 커서 잘 부러지므로 충격을 주지 않는다.

해설 줄 작업시 공작물의 높이는 작업자의 어깨 높이 이하로 할 것

09 산소 용접토치 취급법에 대한 설명 중 잘못된 것은?

① 용접 팁을 흙바닥에 놓아서는 안 된다.
② 작업목적에 따라서 팁을 선정한다.
③ 토치는 기름으로 닦아 보관해 둔다.
④ 점화전에 토치의 이상 유무를 검사한다.

해설 토치는 기름이나 그리스를 바르지 않는다.

Answer 5. ④ 6. ① 7. ④ 8. ③ 9. ③

10 신규검사에 합격된 냉동용 특정설비의 각인 사항과 그 기호의 연결이 올바르게 된 것은?

① 용기의 질량 : TM
② 내용적 : TV
③ 최고 사용 압력 : FT
④ 내압 시험 압력 : TP

해설 각인 사항
① 용기질량 : W
② 내용적 : V
③ 최고사용압력 : FP
④ 내압 시험 압력 : TP

11 방진 마스크가 갖추어야 할 조건으로 적당한 것은?

① 안면에 밀착성이 좋아야 한다.
② 여과효율은 불량해야 한다.
③ 흡기·배기저항이 커야 한다.
④ 시야는 가능한 한 좁아야 한다.

해설 방진 마스크 구비 조건
① 여과 효율이 좋을 것
② 흡·배기 저항이 낮을 것
③ 사용적이 적을 것
④ 중량이 가벼울 것
⑤ 안면 밀착성이 좋고, 시야가 넓을 것

12 물을 소화재로 사용하는 가장 큰 이유는?

① 연소하지 않는다.
② 산소를 잘 흡수한다.
③ 기화잠열이 크다.
④ 취급하기가 편리하다.

해설 물을 소화재로 사용하는 가장 큰 이유는 기화잠열이 커서 냉각효과가 크다.

13 진공시험의 목적을 설명한 것으로 옳지 않은 것은?

① 장치의 누설 여부를 확인
② 장치내 이물질이나 수분제거
③ 냉매를 충전하기 전에 불응축 가스 배출
④ 장치내 냉매의 온도변화 측정

해설 장치내 냉매의 온도변화 측정과는 무관하다.

14 고온액체, 산, 알칼리 화학약품 등의 취급 작업을 할 때 필요 없는 개인 보호 장구는?

① 모자
② 토시
③ 장갑
④ 귀마개

해설 귀마개는 소음을 차단해야 할 곳에 사용하는 보호구이다.

15 보일러 사고원인 중 취급상의 원인이 아닌 것은?

① 저수위   ② 압력초과
③ 구조불량 ④ 역화

해설 구조불량은 보일러 사고원인 중 제작상 원인이다.

Answer 10. ④ 11. ① 12. ③ 13. ④ 14. ④ 15. ③

16 100000kcal의 열로 0℃의 얼음을 약 몇 kg을 용해시킬 수 있는가?

① 1000kg　② 1050kg
③ 1150kg　④ 1250kg

해설 $\frac{100000}{80} = 1250kg$

17 다음 그림과 같은 회로의 합성저항은 얼마인가?

① $6R$　② $\frac{2}{3}R$
③ $\frac{8}{5}R$　④ $\frac{11}{6}R$

해설 합성저항
$(R) = R + \frac{R \times R}{R+R} + \frac{R \times R \times R}{R+R+R} = \frac{6R+3R+2R}{6R}$
$= \frac{11}{6}R$

18 공비 혼합 냉매가 아닌 것은?

① 프레온 500　② 프레온 501
③ 프레온 502　④ 프레온 152a

해설 공비혼합냉매 : 단순 혼합냉매는 혼합비에 따라 액상과 기상의 조성에 따라 사용시 조성이 변하여 냉동 효과가 변동하나 공비혼합냉매는 액상, 기상에서도 그 조성이 동일하게 나타나 한 성분과 같은 성질을 갖는 냉매, 냉매번호 R-500번대
※ 프레온 152a는 HFC(수소화불화탄소)계 냉매이다.

19 냉동싸이클의 변화에서 증발온도가 일정할 때 응축온도가 상승할 경우의 영향으로 맞는 것은?

① 성적계수 증대
② 압축일량 감소
③ 토출가스 온도 저하
④ 플래쉬(flash)가스 발생량 증가

해설 플래쉬(flash)가스 발생량이 증가하면 증발온도가 일정할 때 응축온도가 상승한다.

20 온도가 일정할 때 가스압력과 체적은 어떤 관계가 있는가?

① 체적은 압력에 반비례한다.
② 체적은 압력에 비례한다.
③ 체적은 압력과 무관하다.
④ 체적은 압력과 제곱에 비례한다.

해설 ① 보일의 법칙(Boyle law) : 일정 온도에서 기체가 차지하는 부피는 압력에 반비례한다 : $P_1V_1 = P_2V_2$
② 샬의 법칙(Charle's law) : 일정 압력에서 기체가 차지하는 부피는 절대온도에 비례한다 : $\frac{V_1}{T_1} = \frac{V_2}{T_2}$

Answer　16. ④　17. ④　18. ④　19. ④　20. ①

21 모리엘(Mollier) 선도에서 등온선과 등압선이 서로 평행한 구역은?

① 액체 구역
② 습증기 구역
③ 건증기 구역
④ 평행인 구역은 없다.

해설 모리엘(Mollier)선도에서 포화액선과 포화증기선으로 둘러 쌓인 부분으로 포화액이 등압하에서 같은 온도의 증기와 공존하는 냉매상태구역은 습증기구역이다.

22 냉동사이클에서 응축온도를 일정하게 하고, 압축기 흡입가스의 상태를 건포화 증기로 할 때 증발온도를 상승시키면 어떤 결과가 나타나는가?

① 압축비 증가
② 냉동효과 감소
③ 성적계수 상승
④ 압축일량 증가

해설 과열도를 주면 성적계수는 상승한다.

23 자동제어장치의 구성에서 동작신호를 만드는 부분으로 맞는 것은?

① 조절부
② 조작부
③ 검출부
④ 제어부

해설 자동제어장치의 구성요소
① 조절부 : 동작신호를 받아 규정된 동작을 하기 위해 조작신호를 만들어 조작부로 보내는 부분
② 조작부 : 실제의 제어대상에 그 역할을 하는 부분으로 조작신호를 받아서 조작량으로 변환하는 부분
③ 검출부 : 제어대상으로부터 압력이나 온도, 유량 등의 제어량을 검출하여 신호로 만드는 역할을 하는 부분

24 2단 압축방식을 채용하는 이유로서 맞지 않는 것은?

① 압축기의 체적효율과 압축효율 증가를 위해
② 압축비를 감소시켜 냉동능력을 감소하기 위해
③ 압축비를 감소시켜 압축기의 과열을 방지하기 위해
④ 냉동기유의 변질과 압축기 수명단축 예방을 위해

해설 압축비를 감소시켜 냉동능력을 증가하기 위함이다.

Answer 21. ② 22. ③ 23. ① 24. ②

25 다음 그림과 같은 강관 이음부(A)에 적합하게 사용될 이음쇠로 맞는 것은?

① 동경 소켓   ② 이경 소켓
③ 니플   ④ 유니언

해설 이경소켓 : 서로 다른 관을 직선연결하는 강관이음쇠

26 드라이아이스(고체 CO_2)는 어떤 열을 이용하여 냉동효과를 얻는가?

① 승화잠열   ② 응축잠열
③ 증발잠열   ④ 융해잠열

해설 고체 드라이아이스를 기체로 변화시키는 승화잠열을 이용하여 냉동효과를 얻는다.

27 관의 결합방식 표시방법에서 결합방식의 종류와 그림 기호가 틀린 것은?

① 일반 : ——┼——
② 플랜지식 : ——╫——
③ 용접식 : ——●——
④ 소켓식 : ——┤D

해설 관의 결합방식 표시방법
① 일반 : ——┼——
② 플랜지식 : ——╫——
③ 용접식 : ——●——
④ 접수구방식 : ——)——
⑤ 유니온식 : ——╫——

28 냉매에 관한 설명 중 올바른 것은?

① 암모니아 냉매는 증발 잠열이 크고 냉동효과가 좋으나 구리와 그 합금을 부식 시킨다.
② 일반적으로 특정 냉매용으로 설계된 장치에도 다른 냉매를 그대로 사용할 수 있다.
③ 프레온 냉매의 누설시 리트머스 시험지가 청색으로 변한다.
④ 암모니아 냉매의 누설검사는 헬라이드 토오치를 이용하여 검사한다.

해설 암모니아 냉매는 증발 잠열이 크고 냉동효과가 좋으나 구리와 그 합금을 부식하고, 냉매 누설시 붉은 리트머스 시험지가 청색으로 변색하고, 프레온 냉매 누설검사는 헬라이드 토오치를 이용하여 검사한다.

29 관의 분기이음 시 주관에는 지관보다 얼마 정도의 큰 구멍을 뚫고 이음하는가?

① 8~9mm
② 6~7mm
③ 3~5mm
④ 1~2mm

해설 동관의 분기시 주관에 1~2mm 정도 큰 구멍을 뚫고 지관 이음 한다.

Answer 25. ② 26. ① 27. ④ 28. ① 29. ④

30 냉동기의 냉동능력이 24000kcal/h, 압축일 5kcal/kg, 응축열량이 35kcal/kg 일 경우 냉매 순환량은 얼마인가?

① 600kg/h   ② 800kg/h
③ 700kg/h   ④ 4000kg/h

해설

$$냉매순환량 = \frac{냉동능력}{냉동효과}$$

$$\therefore \frac{24000}{(35-5)} = 800\text{kg/h}$$

31 다음은 모리엘(Mollier) 선도를 참고로 했을 때 3냉동톤(RT)의 냉동기 냉매 순환량은 약 얼마인가?

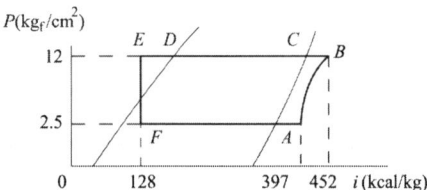

① 37.0kg/h   ② 51.3kg/h
③ 49.4kg/h   ④ 67.7kg/h

해설

$$냉매순환량 = \frac{냉동능력}{냉동효과}$$

$$\therefore \frac{3 \times 3320}{(397-128)} = 37.0\text{kg/h}$$

32 교류 전압계의 일반적인 지시값은?

① 실효값   ② 최대값
③ 평균값   ④ 순시값

해설 실효값 : 직류의 크기와 같은 일을 하는 교류 크기 값으로(전압이 앞서면 +, 뒤지면 −로 표시) 교류 전압계의 일반적 지시값

33 압축기 보호장치에 해당되는 것은?

① 냉각수 조절 밸브
② 유압 보호 스위치
③ 증발 압력 조절 밸브
④ 응축기용 팬 콘트롤

해설 압축기 보호장치
① 고압차단압력스위치(HPS) : 이상고압시 압축기 정지
② 저압차단압력스위치(LPS) : 이상저압시 압축기 정지
③ 유압 보호 스위치(OPS) : 비정상유압시 압축기 정지

34 냉동장치에 관한 설명 중 올바른 것은?

① 응축기에서 방출하는 열량은 증발기에서 흡수하는 열량과 같다.
② 응축기의 냉각수 출구 온도는 응축 온도보다 낮다.
③ 증발기에서 방출하는 열량은 응축기에서 흡수하는 열량보다 크다.
④ 증발기의 냉각수 출구 온도는 응축 온도보다 높다.

해설 응축기의 냉각수 출구 온도는 응축 온도 보다 낮다.

Answer 30. ② 31. ① 32. ① 33. ② 34. ②

35. 만액식 냉각기에 있어서 냉매측의 열전달률을 좋게 하기 위한 방법이 아닌 것은?

① 냉각관이 액 냉매에 접촉하거나 잠겨 있을 것
② 관 간격이 좁을 것
③ 유막이 존재하지 않을 것
④ 관면이 매끄러울 것

해설 만액식 냉각기 열전달률 향상시키는 방법
① 관경이 작고 관 간격이 좁을 것
② 관면이 거칠거나 핀을 부착할 것
③ 평균온도차가 크고 유속이 적당할 것

36. 다음 그림은 8핀 타이머의 내부회로도이다. ⑤-⑧ 접점을 옳게 표시한 것은?

① ⑤ ─o△o─ ⑧
② ⑤ ─o̅△─ ⑧
③ ⑤ ─o̅ o̅─ ⑧
④ ⑤ ─o o─ ⑧

해설 8핀 타이머의 내부회로도

37. 압력계의 지침이 9.80cmHgv였다면 절대압력은 약 몇 kgf/cm²인가?

① 0.9   ② 1.3
③ 2.1   ④ 3.5

해설
$$P = 1.0332 \times \left(1 - \frac{9.8}{76}\right) = 0.899 \, kgf/cm^2$$

38. 물-LiBr계 흡수식냉동기의 순환과정이 옳은 것은?

① 발생기 → 응축기 → 흡수기 → 증발기
② 발생기 → 응축기 → 증발기 → 흡수기
③ 흡수기 → 응축기 → 증발기 → 발생기
④ 흡수기 → 응축기 → 발생기 → 증발기

해설 흡수식냉동기 순환과정 : 발생기 → 응축기 → 증발기 → 흡수기

39. 다음 그림은 냉동용 그림기호(KS B 0063)에서 무엇을 표시하는가?

① 리듀서   ② 디스트리뷰터
③ 줄임 플랜지   ④ 플러그

해설 리듀셔 :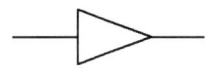

40 글랜드 패킹의 종류가 아닌 것은?
① 바운드 패킹   ② 석면 각형 패킹
③ 아마존 패킹   ④ 몰드 패킹

해설 글랜드 패킹의 종류
① 석면각형 패킹(대형 밸브 그랜드용)
② 석면 얀 패킹(소형 밸브 그랜드용)
③ 아마존 패킹(압축기 그랜드용)
④ 몰드 패킹(밸브, 펌프 그랜드용)

41 프레온 냉동장치에서 오일이 압력과 온도에 상당하는 양의 냉매를 용해하고 있다가 압축기 기동 시 오일과 냉매가 급격히 분리되어 크랭크 케이스 내의 유면이 약동하고 심하게 거품이 일어나는 현상은?
① 오일 해머   ② 동 부착
③ 에멀죤   ④ 오일 포밍

해설 오일 포밍(oil foaming) 현상 : 프레온 냉동장치에서 압축기 내 윤활유에 용해되어 있던 냉매가 압축기 가동시 분리되며 유면에 거품이 발생하는 현상

42 저압수액기와 액펌프의 설치 위치로 가장 적당한 것은?
① 저압수액기 위치를 액펌프보다 약 1.2m 정도 높게 한다.
② 응축기 높이와 일정하게 한다.
③ 액펌프와 저압 수액기 위치를 같게 한다.
④ 저압수액기를 액펌프보다 최소한 5m 낮게 한다.

해설 저압수액기와 액펌프의 낙차는 1.2m 이상되어야 한다.

43 강관의 전기용접 접합 시의 특징(가스 용접에 비해)으로 맞는 것은?
① 유해 광선의 발생이 적다.
② 용접속도가 빠르고 변형이 적다.
③ 박판 용접에 적당하다.
④ 열량조절이 비교적 자유롭다.

해설 전기용접은 가스용접에 비해 용접속도가 빠르고 재료변형이 적다.

44 압축기의 과열원인이 아닌 것은?
① 냉매 부족
② 밸브 누설
③ 윤활불량
④ 냉각수 과냉

해설 압축기의 과열원인
① 오일부족
② 냉매부족(흡입가스 온도가 높아진다.)
③ 고압부 압력이 높을 때(냉각수 부족, 냉각관 오염, 불응축 가스)

Answer 40. ① 41. ④ 42. ① 43. ② 44. ④

45 브라인의 구비 조건으로 틀린 것은?

① 비열이 클 것
② 점성이 클 것
③ 전열작용이 좋을 것
④ 응고점이 낮을 것

해설 브라인의 구비 조건
① 비열이 클 것
② 열전도율이 클 것
③ 점도가 작을 것
④ 냉동점(공정점)이 낮을 것
　(냉매의 증발온도보다 5~6[℃] 낮을 것)
⑤ pH값이 중성일 것(pH 7.5~8.2 정도)
⑥ 금속에 대한 부식성이 없을 것

46 공조방식을 개별식과 중앙식으로 구분하였을 때 중앙식에 해당되는 것은?

① 패키지 유닛방식
② 멀티 유닛형 룸쿨러방식
③ 팬 코일 유닛방식(덕트병용)
④ 룸쿨러방식

해설 공조방식

구 분		방 식
중앙식	전공기 방식	단일 덕트 방식(정풍량, 변풍량)
		2중 덕트 방식(정풍량, 변풍량, 멀티존유닛)
		각층 유닛 방식
	수-공기 방식	덕트 병용 팬 코일 유닛 방식
		유인 유닛 방식
		복사 냉난방 방식
	수방식	팬 코일 유닛 방식
개별식	냉매방식	룸 쿨러 방식
		패키지 방식
		멀티유닛 방식

47 환기횟수를 시간당 0.6회로 할 경우에 체적이 2000m³인 실의 환기량은 얼마인가?

① 800m³/h
② 1000m³/h
③ 1200m³/h
④ 1440m³/h

해설 환기량 = 2000m³ × 0.6회/h = 1200m³/h

48 송풍기의 축동력 산출시 필요한 값이 아닌 것은?

① 송풍량
② 덕트의 길이
③ 전압효율
④ 전압

해설

송풍기의 축동력 :

$$축동력(L_s) = \frac{Q \Delta P}{102 \times 60 \times \eta_f} [kW]$$

여기서, Q : 송풍량(m³/min)
　　　　P : 송풍기전압(mmAq)
　　　　η_f : 전압효율(%)

49 5℃인 350kg/h의 공기를 65℃가 될 때까지 가열하는 경우 필요한 열량은 몇 kcal/h 인가?

① 4464
② 5040
③ 6564
④ 6590

해설 가열량 = 350 × 0.24 × (65 − 5) = 5040

50 펌프에서 흡입양정이 크거나 회전수가 고속일 경우 흡입관의 마찰저항 증가에 따른 압력강하로 수중에 다수의 기포가 발생되고 소음 및 진동이 일어나는 현상은?

① 플라이밍 현상
② 캐비테이션 현상
③ 수격 현상
④ 포밍 현상

해설 캐비테이션 현상 : 펌프에서 흡입양정이 크거나 회전수가 고속일 경우 흡입관의 마찰저항 증가에 따른 압력강하로 수중에 다수의 기포가 발생되고 소음 및 진동이 일어나는 현상

51 설치가 쉽고 설치면적도 적으며 소규모 난방에 많이 사용되는 보일러는?

① 입형 보일러 ② 노통 보일러
③ 연관 보일러 ④ 수관 보일러

해설 입형보일러는 소규모 용량에 주로 사용되는 것으로 보일러본체가 원통형을 이루고 있으며 이것을 수직으로 세워서 설치한 것이다.

52 수조 내의 물이 진동자의 진동에 의해 수면에서 작은 물방울이 발생되어 가습되는 가습기의 종류는?

① 초음파식 ② 원심식
③ 전극식   ④ 증발식

해설 가습기 종류 중 수분무식으로 물을 공기 중에 직접 분무하는 방식(원심식, 초음파식, 분무식) 중, 초음파식으로 수조 내의 물이 진동자의 진동에 의해 수면에서 작은 물방울이 발생되어 가습되는 방법

53 덕트설계 시 고려사항으로 거리가 먼 것은?

① 송풍량
② 덕트방식과 경로
③ 덕트 내 공기의 엔탈피
④ 취출구 및 흡입구 수량

해설 덕트설계시 고려사항 : 송풍량, 덕트방식과 경로, 취출구 및 흡입구 수량 등

54 보건용 공기조화가 적용되는 장소가 아닌 것은?

① 병원   ② 극장
③ 전산실   ④ 호텔

해설 공기조화 분류
① 보건용(쾌감) 공조 : 인간을 대상으로 쾌적한 상태를 유지하기 위한 공조로 주택, 병원, 사무실, 백화점, 극장, 호텔 등
② 산업용 공조 : 생산물품이나 기계 등을 대상으로 한 공조로 공장, 전산실, 창고, 연구소 등

55 밀폐식 수열원 히트 펌프 유닛방식의 설명으로 옳지 않은 것은?

① 유닛마다 제어기구가 있어 개별운전이 가능하다.
② 냉·난방부하를 동시에 발생하는 건물에서 열회수가 용이하다.
③ 외기냉방이 가능하다.
④ 중앙기계실에 냉동기가 필요하지 않아 설치면적상 유리하다.

해설 밀폐식 수열원 히트펌프 유닛방식은 외기냉방이 불가능하다.

Answer 50. ② 51. ① 52. ① 53. ③ 54. ③ 55. ③

56 증기난방의 환수관 배관 방식에서 환수주관을 보일러의 수면보다 높은 위치에 배관하는 것은?

① 진공환수식
② 강제환수식
③ 습식환수식
④ 건식환수식

해설 ① 건식환수식 : 환수관이 보일러 수면보다 높은 경우 설치하며, 응축수가 체류할 곳에 열동식 트랩을 설치한다.
② 습식환수식 : 환수관을 보일러 수면 보다 낮게 배관한다.
③ 진공환수식 : 응축수를 끓어 올리기 위해 리프트 이음을 설치하며 보일러 설치높이에 제한을 받지 않는다.

57 공기를 냉각하였을 때 증가되는 것은?

① 습구온도
② 상대습도
③ 건구온도
④ 엔탈피

해설 공기냉각시 현상 : 상대습도 증가, 엔탈피 감소, 절대습도 감소, 습구온도 감소, 건구온도 감소

58 회전식 전열교환기의 특징 설명으로 옳지 않은 것은?

① 로우터 상부에 외기공기를 통과하고 하부에 실내공기가 통과한다.
② 배기공기는 오염물질이 포함되지 않으므로 필터를 설치할 필요가 없다.
③ 일반적으로 효율은 로우터 회전수가 5rpm 이상에서는 대체로 일정하고 10rpm 전후 회전수가 사용된다.
④ 로우터를 회전시키면서 실내공기의 배기공기와 외기공기를 열교환한다.

해설 전열교환기 종류
① 회전식 전열교환기 : 허니콤상 로터회전, 엔탈피 변화, 흡습제(염화리튬 침투판 사용), 필터 사용
② 고정식 전열교환기 : 석면, 박판소재 흡습제로 염화리튬사용판소재, 교대배열

Answer 56. ④ 57. ② 58. ②

59 온풍난방에 대한 설명으로 옳지 않은 것은?
① 예열시간이 짧고 간헐운전이 가능하다.
② 실내 온도분포가 균일하여 쾌적성이 좋다.
③ 방열기나 배관 등의 시설이 필요 없어 설비비가 비교적 싸다.
④ 송풍기로 인한 소음이 발생할 수 있다.

해설 온풍난방 특징
① 예열시간이 짧고 간헐운전이 가능하다.
② 온수난방에 비하여 설치비용이 저렴하다.
③ 배관·방열관 등이 없기 때문에 작업성이 우수하다.
④ 송풍기로 인한 소음이 발생한다.
⑤ 쾌적성이 떨어진다.

60 다음 용어 중 환기를 계획할 때 실내 허용 오염도의 한계를 의미하는 것은?
① 불쾌지수
② 유효온도
③ 쾌감온도
④ 서한도

해설 서한도 : 환기를 계획할 때 실내 허용 오염도의 한계를 의미한다.

Answer 59. ② 60. ④

Craftsman Air-Conditioning and Refrigerating Machinery

공조냉동기계기능사 2000제 문제은행

CBT 시험대비
▶ 2013년 7월 21일 시행

01 연삭기 숫돌의 파괴 원인에 해당되지 않은 것은?
① 숫돌의 회전속도가 너무 느릴 때
② 숫돌의 측면을 사용하여 작업할 때
③ 숫돌의 치수가 부적당할 때
④ 숫돌 자체에 균열이 있을 때

해설 연삭기 숫돌의 파괴 원인은 숫돌의 회전속도가 규정치보다 빠를 때 일어난다.

02 근로자의 안전을 위해 지급되는 보호구를 설명한 것이다. 이 중 작업조건에 맞는 보호구로 올바른 것은?
① 용접시 불꽃 또는 물체가 날이 흩어질 위험이 있는 작업 : 보안면
② 물체가 떨어지거나 날아올 위험 또는 근로자가 감전되거나 추락할 위험이 있는 작업 : 안전대
③ 감전의 위험이 있는 작업 : 보안경
④ 고열에 의한 화상 등의 위험이 있는 작업 : 방한복

해설 ① 안전모 : 물체가 떨어지거나 날아올 위험 또는 근로자가 감전되거나 추락할 위험이 있는 작업
② 전기용 안전장갑, 안전모 : 감전의 위험이 있는 작업
③ 방열복 : 고열에 의한 화상 등의 위험이 있는 작업

03 방폭 전기설비를 선정할 경우 중요하지 않은 것은?
① 대상가스의 종류
② 방호벽의 종류
③ 폭발성 가스의 폭발등급
④ 발화도

해설 방폭 전기설비는 가연성가스 누출에 의한 폭발을 방지하기 위한 전기설비로 가스의 종류, 폭발등급, 발화도에 따라 선정함. 방호벽은 가스폭발에 의한 직접 피해를 막기 위한 구조로 방폭전기설비와는 무관하다.

Answer 1. ① 2. ① 3. ②

04 산업안전보건기준에 관한 규칙에서 정한 가스장치실을 설치하는 경우 설치구조에 대한 내용에 해당되지 않는 것은?

① 벽에는 불연성 재료를 사용할 것
② 지붕과 천정에는 가벼운 불연성재료를 사용할 것
③ 가스가 누출된 경우에는 그 가스가 정체되지 않도록 할 것
④ 방음장치를 설치할 것

해설 가스장치실 설치구조는 지붕은 불연성(벽) 및 난연성의 가벼운 재료를 사용하며, 가스 누출에 대한 환기장치를 설치할 것, 방음장치는 해당사항이 아님

05 산소가 충전되어 있는 용기의 취급상 주의 사항으로 틀린 것은?

① 용기밸브는 녹이 생겼을 때 잘 열리지 않으므로 그리스 등 기름을 발라둔다.
② 용기밸브의 개폐는 천천히 하며, 산소누출여부 검사는 비눗물을 사용한다.
③ 용기밸브가 얼어서 녹일 경우에는 약 45℃ 정도의 따뜻한 물로 녹여야 한다.
④ 산소용기는 눕혀두거나 굴리는 등 충격을 주지 말아야 한다.

해설 산소용기 취급시 그리스, 기름 등은 폭발위험이 있으므로 묻지 않도록 할 것

06 정 작업 시 안전수칙으로 옳지 않은 것은?

① 작업시 보호구를 착용한다.
② 열처리한 것은 정 작업을 하지 않는다.
③ 공구의 사용전 이상 유무를 반드시 확인하다.
④ 정의 머리부분에는 기름을 칠해 사용한다.

해설 정작업 요령
① 쪼아내기 작업시에는 방진안경을 사용한다.
② 작업자의 눈은 정의 머리를 보지 말고, 날 끝을 보면서 작업한다.
③ 열처리한 재료는 정으로 작업하지 않는다.
④ 자르기 시작과, 끝날 무렵은 세게 치지 않는다.
⑤ 정 작업은 마주보고 하지 않는다.
⑥ 정의 날은 중심부에 닿게 사용하며, 공작물의 재질에 따라 날 끝 각도를 바꾸어야 한다.(각도 60° ~ 70°)

07 발화온도가 낮아지는 조건을 나열한 것으로 옳은 것은?

① 발열량이 높을수록
② 압력이 낮을수록
③ 산소농도가 낮을수록
④ 열전도도가 낮을수록

해설 발화온도가 낮아지는 조건
① 발열량이 높을수록
② 압력이 높을수록
③ 산소농도가 높을수록
④ 열전도도가 클수록

Answer 4. ④ 5. ① 6. ④ 7. ①

08 안전사고 예방을 위한 기술적 대책이 될 수 없는 것은?
① 안전기준의 설정
② 정신교육의 강화
③ 작업공정의 개선
④ 환경설비의 개선

해설 정신교육의 강화는 교육적 대책
안전대책 3원칙(3E)
① Engineering(기술) : 기술적(공학적) 대책
② Education(교육) : 교육적 대책
③ Enforcement(규제) : 규제적(관리적) 대책

09 사고 발생의 원인 중 정신적 요인에 해당되는 항목으로 맞는 것은?
① 불안과 초조
② 수면부족 및 피로
③ 이해부족 및 훈련미숙
④ 안전수칙의 미 제정

해설 사고 발생의 원인 중 간접원인
① 기술적 원인 : 건물, 기계 장치의 설계 불량 구조, 재료의 부적합, 생산 방법의 부적합, 점검, 정비, 보존 불량
② 교육적 원인 : 안전 지식의 부족, 안전 수칙의 오해, 경험 훈련의 미숙, 작업방법의 교육 불충분, 유해, 위험 작업의 교육 불충분
③ 신체의 요인 : 신체적 결함(두통, 현기증, 간질병, 근시, 난청) 및 수면 부족에 의한 피로, 숙취 등
④ 정신적 원인 : 태만, 불만, 반항 등의 태도 불량, 불안과 초조, 긴장, 공포, 불화 등의 정신적 동요, 편협 등의 성격적인 결함, 백치 등의 지능적인 결함 등

10 안전모를 착용하는 목적과 관계가 없는 것은?
① 감전의 위험방지
② 추락에 의한 위험경감
③ 물체의 낙하에 의한 위험방지
④ 분진에 의한 재해방지

해설 분진에 의한 재해방지 보호구는 방진마스크임

11 정전기의 예방 대책으로 적합하지 않은 것은?
① 설비 주변에 적외선을 쪼인다.
② 적정 습도를 유지해 준다.
③ 설비의 금속 부분을 접지한다.
④ 대전 방지제를 사용한다.

해설 정전기 예방 대책
① 공기를 70% 이상으로 가습한다.
② 정전기 발생이 우려되는 부분에 접지한다.
③ 공기를 이온화하여 정전기 발생을 예방한다.
④ 대전 방지제를 사용한다.
⑤ 정전기의 발생 방지 도장을 한다.

12 냉동기의 가동 전 유의사항으로 틀린 것은?
① 토출밸브는 완전히 닫고 기동한다.
② 압축기의 유면을 확인한다.
③ 액관 중에 있는 전자밸브의 작동을 확인한다.
④ 냉각수 펌프의 작동 유무를 확인한다.

해설 냉동기 가동 전 토출밸브는 완전히 열고 기동한다.

Answer 8. ② 9. ① 10. ④ 11. ① 12. ①

13 재해 발생 중 사람이 건축물, 비계, 기계, 사다리, 계단 등에서 떨어지는 것을 무엇이라고 하는가?

① 도괴　　② 낙하
③ 비래　　④ 추락

해설 ① 추락 : 높이 2미터 이상의 고소작업, 굴착작업 및 하역작업, 비계, 기계, 사다리, 계단 등에서 떨어지는 것을 의미
② 도괴 : 건축물 따위가 무너짐
③ 낙하(비래) : 물건이 주체가 되어 사람이 맞는 것

14 보일러 압력계의 최고눈금은 보일러의 최고사용압력의 몇 배 이상 지시할 수 있는 것이어야 하는가?

① 0.5배　　② 0.75배
③ 1.0배　　④ 1.5배

해설 보일러 압력계의 최고눈금은 보일러 최고사용압력의 1.5배 이상 3배 이하 지시할 것

15 고압 전선이 단선된 것을 발견하였을 때 어떠한 조치가 가장 안전한 것인가?

① 위험표시를 하고 돌아온다.
② 사고사항을 기록하고 다음 장소의 순찰을 계속한다.
③ 발견 즉시 회사로 돌아와 보고한다.
④ 통행의 접근을 막는 조치를 한다.

해설 고압 전선의 단선시 통행 접근을 막는 등 조치를 가장 먼저 하여 감전사고를 예방하는 것이 우선되어야 한다.

16 프레온 냉매의 일반적인 특성으로 틀린 것은?

① 누설되어 식품 등과 접촉하면 품질을 떨어뜨린다.
② 화학적으로 안정되고 연소되지 않는다.
③ 전기절연성이 양호하다.
④ 비열비가 작아 압축기를 공냉식으로 할 수 있다.

해설 프레온 냉매는 식품 등과 접촉하여도 무해하므로 품질을 떨어뜨리는 것과는 무관하다.

17 다음 그림과 같은 회로는 무슨 회로인가?

① AND회로
② OR회로
③ NOT회로
④ NAND회로

해설 A, B 중 한개만 닫혀도 출력이 닫힌 상태로 동작하는 회로로 OR회로이다.

Answer　13. ④　14. ④　15. ④　16. ①　17. ②

18 흡입관경이 20mm(7/8") 이하일 때 감온통의 부착 위치로 적당한 것은? (단, ● 표시가 감온통임)

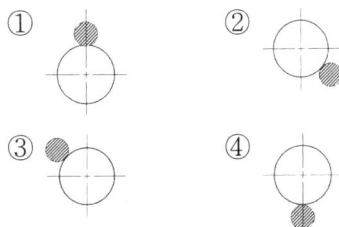

해설 ▶ 감온통 설치위치
① 증발기 출구의 흡입관 수평부에 밀착
② 흡입관 지름 7/8인치(20[mm]) 이하인 경우는 흡입관 상부에 7/8인치(20[mm]) 이상은 수평에서 45° 아래에 부착
③ 감온통 접촉부는 잘 닦고 동선 등으로 접촉
④ 트랩이 없는 곳 설치

19 다음 그림기호 중 정압식 자동팽창 밸브를 나타내는 것은?

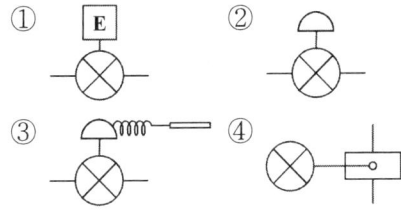

해설 ▶ ①은 전자식 자동팽창밸브, ②은 정압식 자동팽창밸브, ③은 온도식 자동팽창밸브, ④은 플로트식 팽창밸브

20 프레온 냉동장치에서 오일 포밍(oil foaming) 현상과 관계없는 것은?
① 오일해머(oil hammer)의 우려가 있다.
② 응축기, 증발기 등에 오일이 유입되어 전열효과를 증가시킨다.
③ 크랭크케이스 내에 오일부족현상을 초래한다.
④ 오일포밍을 방지하기 위해 크랭크케이스 내에 히터를 설치한다.

해설 ▶ 응축기, 증발기 등에 오일이 유입되어 전열효과를 나쁘게 한다.

21 서로 친화력을 가진 두 물질의 용해 및 유리작용을 이용하여 압축효과를 얻는 냉동법은 어느 것인가?
① 증기압축식 냉동법
② 흡수식 냉동법
③ 증기분사식 냉동법
④ 전자냉동법

해설 ▶ 흡수식 냉동법 : 흡수제와 냉매를 사용한 온도가 낮아진 물을 냉동목적에 사용하는 방법

Answer 18. ① 19. ② 20. ② 21. ②

22 회전식 압축기에서 회전식 베인형의 베인은 어떻게 회전하는가?

① 무게에 의하여 실린더에 밀착되어 회전한다.
② 고압에 의하여 실린더에 밀착되어 회전한다.
③ 스프링 힘에 의하여 실린더에 밀착되어 회전한다.
④ 원심력에 의하여 실린더에 밀착되어 회전한다.

해설 회전식(로타리식) : 원심력에 의해 실린더에 밀착되어 회전자(로우터)가 회전하면서 가스를 압축하는 방식

23 냉동능력이 40냉동톤인 냉동장치의 수직형 쉘 엔드 튜브 응축기에 필요한 냉각수량은 약 얼마인가? (단, 응축기 입구 온도는 23℃이며, 응축기 출구온도는 28℃이다)

① 51870(L/h)   ② 43200(L/h)
③ 38844(L/h)   ④ 34528(L/h)

해설 응축부하 = $Q_2 + AW = G.C.\Delta t$에서
(방열계수는 공기조화 : 1.2, 제빙, 냉장 : 1.3)

$$\frac{40 \times 3320 \times 1.3}{1 \times (28-23)} = 34528$$

24 동결점이 최저로 되는 용액의 농도를 공융농도라 하고 이때의 온도를 공융온도라 하는데, 다음 브라인 중에서 공융온도가 가장 낮은 것은?

① 염화칼슘
② 염화나트륨
③ 염화마그네슘
④ 에틸렌글리콜

해설 브라인 공융온도
① 염화칼슘 : -55℃
② 염화나트륨 : -21.2℃
③ 염화마그네슘 : -33.6℃
④ 에틸렌글리콜 : -33℃

25 1대의 압축기를 이용해 저온의 증발 온도를 얻으려 할 경우 여러 문제점이 발생되어 2단 압축 방식을 택한다. 1단 압축으로 발생되는 문제점으로 틀린 것은?

① 압축기의 과열
② 냉동능력 증가
③ 체적효율 감소
④ 성적계수 저하

해설 냉동능력이 감소한다.

26 할로겐화탄화수소 냉매가 아닌 것은?

① R-114   ② R-115
③ R-134a ④ R-717

해설 R-717은 암모니아 냉매로 무기화합물 냉매임

Answer 22. ④ 23. ④ 24. ① 25. ② 26. ④

27 다음 냉동 사이클에서 이론적 성적계수가 5.0일 때 압축기 토출가스의 엔탈피는 얼마인가?

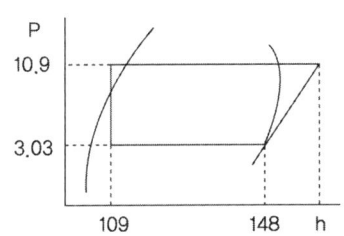

① 17.8kcal/kg
② 138.9kcal/kg
③ 19.5kcal/kg
④ 155.8kcal/kg

해설) 성적계수(COP) = $\frac{Qe}{Aw}$, $5 = \frac{148-109}{h-148}$

∴ $5h = 39 + 740$ ∴ $h = \frac{779}{5} = 155.8$

28 고속다기통 압축기의 장점으로 틀린 것은?
① 동적(動的)평형이 양호하여 진동이 적고 운전이 정숙하다.
② 압축비가 증가하여도 체적효율이 감소하지 않는다.
③ 냉동능력에 비해 압축기가 작아져 설치면적이 작아진다.
④ 부품의 교환이 간단하고 수리가 용이하다.

해설) 압축비가 증가하면 체적효율은 감소한다.

29 만액식 증발기의 전열을 좋게 하기 위한 것이 아닌 것은?
① 냉각관이 냉매액에 잠겨있거나 접촉해 있을 것
② 증발기 관에 핀(fin)을 부착할 것
③ 평균 온도차가 작고 유속이 빠를 것
④ 유막이 없을 것

해설) 만액식 증발기 전열을 좋게 하는 방법
① 냉각관이 냉매액에 잠겨 있거나 접촉해 있을 것
② 관면이 거칠거나 핀이 부착되어 있을 것
③ 관의 간격이 좁고 관경이 가늘 것
④ 평균 온도차가 클 것(7℃)
⑤ 유막이 존재하지 않을 것

30 증발기에 대한 설명 중 틀린 것은?
① 건식 증발기는 냉매액의 순환량이 많아 액분리기가 필요하다.
② 프레온을 사용하는 만액식 증발기에서 증발기내 오일이 체류할 수 있으므로 유회수 장치가 필요하다.
③ 반 만액식 증발기는 냉매액이 건식보다 많아 전열이 양호하다.
④ 건식 증발기는 주로 공기냉각용으로 많이 사용한다.

해설) 건식 증발기는 냉매액보다 냉매가스량이 많아 전열이 불량하여 주로 공기냉각용이며 액분리기가 필요 없다.

Answer 27. ④ 28. ② 29. ③ 30. ①

31 열펌프에 대한 설명 중 옳은 것은?

① 저온부에서 열을 흡수하여 고온부에서 열을 방출한다.
② 성적계수는 냉동기 성적계수보다 압축소요동력만큼 낮다.
③ 제빙용으로 사용이 가능하다.
④ 성적계수는 증발온도가 높고, 응축수온도가 낮을수록 작다.

해설 열펌프 : 열을 온도가 낮은 곳에서 온도가 높은 곳으로 이동시킬 수 있는 장치. 사이클의 구성과 작동방법은 냉동기와 같으며 단지 저온열의 사용을 목적으로 하는 경우에는 냉동기, 고온열의 사용을 목적으로 하는 경우에는 열펌프(Heat Pump)가 되는 것이다.

32 무기질 단열재에 해당되지 않은 것은?

① 코르크
② 유리섬유
③ 암면
④ 규조토

해설 유기질 단열재
① 펠트류
② 텍스류
③ 폼류
④ 탄화코르크류

33 냉동장치에 사용하는 냉동기유의 구비조건으로 잘못된 것은?

① 적당한 점도를 가지며, 유막형성 능력이 뛰어날 것
② 인화점이 충분히 높아 고온에서도 변하지 않는다.
③ 밀폐형에 사용하는 것은 전기절연도가 크다.
④ 냉매와 접촉하여도 화학반응을 하지 않고, 냉매와의 분리가 어려울 것

해설 냉매와 분리성이 좋고, 화학반응을 일으키지 않을 것

34 냉동장치의 흡입관 시공 시 흡입관의 입상이 매우 길 때에는 약 몇 m마다 중간에 트랩을 설치하는가?

① 5m　　② 10m
③ 15m　　④ 20m

해설 냉동장치의 흡입관 시공시 흡입관 입상이 매우 길 때는 10m마다 중간에 트랩을 설치하여 유귀환을 쉽게 한다.

35 압축기 보호장치 중 고압가스 스위치(HPS)의 작동압력은 정상적인 고압에 몇 kg_f/cm^2 정도 높게 설정하는가?

① 1　　② 4
③ 10　　④ 25

해설 압축기 안전장치 작동압력
① 안전두 = 정상고압 +3[kg/cm^2]
② 고압차단스위치 = 정상고압 + 4[kg/cm^2]
③ 안전밸브 = 정상고압 + 5[kg/cm^2]

Answer 31. ①　32. ①　33. ④　34. ②　35. ②

36 브라인을 사용할 때 금속의 부식방지법으로 맞지 않는 것은?

① 브라인 pH를 7.5~8.2 정도로 유지한다.
② 방청제를 첨가한다.
③ 산성이 강하면 가성소다로 중화시킨다.
④ 공기와 접촉시키고, 산소를 용입시킨다.

해설 공기와 접촉하면 부식력이 증대하므로 용해도를 크게 하여 공기와 접촉하지 않는 액순환방식을 채택한다.

37 냉동관련 설명에 대한 내용 중에서 잘못된 것은?

① 1BTU란 물 1lb를 1°F 높이는데 필요한 열량이다.
② 1kcal란 물 1kg을 1℃ 높이는데 필요한 열량이다.
③ 1BTU는 3.968kcal에 해당된다.
④ 기체에서 정압비열은 정적비열보다 크다.

해설 열량의 단위 : 1BTU는 0.252kcal

[kcal]	[B.T.U]	[C.H.U]
1	3.968	2.205
0.252	1	0.556
0.4536	1.8	1

38 100V 교류 전원에 1kW 배연용 송풍기를 접속하였더니 15A의 전류가 흘렀다. 이 송풍기의 역률은 약 얼마인가?

① 0.57
② 0.67
③ 0.77
④ 0.87

해설
$$역률 = \frac{소비전력}{전원입력} = \frac{유효전력}{피상전력} = \frac{유효전력}{전압 \times 전류}$$

$$\frac{1000}{100 \times 15} = 0.67$$

39 핀 튜브에 관한 설명 중 틀린 것은?

① 관내에 냉각수, 관외부에 프레온 냉매가 흐를 때 관외측에 부착한다.
② 증발기에 핀 튜브를 사용하는 것은 전열 효과를 크게 하기 위함이다.
③ 핀은 열전달이 나쁜 유체 쪽에 부착한다.
④ 관내에 냉각수, 관외부에 프레온 냉매가 흐를 때 관내측에 부착한다.

해설 핀 튜브 : 칠러의 증발기와 응축기에 쓰이는 열교환용으로 내부에 냉수나 냉각수가 흐르고, 외부는 냉매가 접촉하여 외부에 접촉하는 냉매의 열전달율이 냉수보다 못하므로 냉매와 핀 간의 열교환율을 높이기 위해 부착한다.

Answer 36. ④ 37. ③ 38. ② 39. ④

40 냉동사이클의 구성 순서가 바른 것은?

① 증발 → 응축 → 팽창 → 압축
② 압축 → 응축 → 증발 → 팽창
③ 압축 → 응축 → 팽창 → 증발
④ 팽창 → 압축 → 증발 → 응축

해설 냉동사이클의 구성 순서 : 압축 → 응축 → 팽창 → 증발

41 물이 얼음으로 변할 때의 동결잠열은 얼마인가?

① 79.68kJ/kg   ② 632kJ/kg
③ 333.62kJ/kg ④ 0.5kJ/kg

해설 물의 동결잠열 79.68kcal/kg × 4.18 kJ/kcal = 333.62kJ/kg

42 압축기의 축봉장치에서 슬립 링형 축봉장치의 종류에 속하는 것은?

① 소프트 패킹식
② 메탈릭 패킹식
③ 스터핑 박스식
④ 금속 벨로우즈식

해설 압축기 축봉장치 종류는 패킹글랜드식, 슬립링식(벨로우즈식)이 있다.

43 다음 중 동관작업에 필요하지 않는 공구는?

① 튜브 벤더   ② 사이징 툴
③ 플레어링 툴 ④ 클립

해설 클립은 주철관 연결시 사용하는 부속품이다.

44 다음 중 냉동능력의 단위로 옳은 것은?

① kcal/kg·m^2
② kJ/hr
③ m^3/hr
④ kcal/kg℃

해설 냉동능력이란 단위시간에 냉매가 증발기에서 흡수한 열량으로 단위는 kJ/hr(kcal/hr)이다.

45 냉동기의 정상적인 운전상태를 파악하기 위하여 운전관리상 검토해야 할 사항으로 틀린 것은?

① 윤활유의 압력, 온도 및 청정도
② 냉각수 온도 또는 냉각공기 온도
③ 정지 중의 소음 및 진동
④ 압축기용 전동기의 전압 및 전류

해설 냉동기 운전상태를 파악하기 위해 운전 중의 소음 및 진동을 확인한다.

46 실내에 있는 사람이 느끼는 더위, 추위의 체감에 영향을 미치는 수정 유효온도의 주요 요소는?

① 기온, 습도, 기류, 복사열
② 기온, 기류, 불쾌지수, 복사열
③ 기온, 사람의 체온, 기류, 복사열
④ 기온, 주위의 벽면온도, 기류, 복사열

해설 수정유효온도(CET : Corrected Effective Temperature) : 건구온도를 글로브 온도로 대체하여 복사열 효과를 감안한 온도로 주요 요소는 기온, 습도, 기류, 복사열이다.

Answer 40. ③ 41. ③ 42. ④ 43. ④ 44. ② 45. ③ 46. ①

47 송풍기의 법칙에 대한 내용 중 잘못된 것은?
① 동력은 회전속도비의 2제곱에 비례하여 변화한다.
② 풍량은 회전속도비의 비례하여 변화한다.
③ 압력은 회전속도비의 2제곱에 비례하여 변화한다.
④ 풍량은 송풍기 크기비의 3제곱에 비례하여 변화한다.

해설 송풍기 상사법칙
① 풍량은 회전속도에 비례하여 변화한다.
② 풍압은 회전속도의 2제곱에 비례하여 변화한다.
③ 동력은 회전속도의 3제곱에 비례하여 변화한다.
④ 풍량은 송풍기 크기비의 3제곱에 비례하여 변화한다.
⑤ 압력은 송풍기의 크기비의 2제곱에 비례하여 변화한다.
⑥ 동력은 송풍기 크기비의 5제곱에 비례하여 변화한다.

48 실내 냉방시 현열부하가 8000kcal/hr인 실내를 26℃로 냉방하는 경우 20℃의 냉풍으로 송풍하면 필요한 송풍량은 약 몇 m³/hr인가? (단, 공기의 비열은 0.24kcal/kg℃이며, 비중량은 1.2kg/m³)
① 2893   ② 4630
③ 5787   ④ 9260

해설
$$송풍량 = \frac{8000}{0.24 \times 1.2 \times (26-20)} = 4629.6 \, m^3/hr$$

49 유체의 역류방지용으로 가장 적당한 밸브는?
① 게이트 밸브(Gate Valve)
② 글로브 밸브(Globe Valve)
③ 앵글 밸브(Angle Valve)
④ 체크 밸브(Check Valve)

해설 체크 밸브(Check Valve) : 유체의 역류방지용 밸브

50 냉방부하를 줄이기 위한 방법으로 적당하지 않은 것은?
① 외벽 부분의 단열화
② 유리창 면적의 증대
③ 틈새바람의 차단
④ 조명기구 설치축소

해설 냉방부하를 줄이기 위해 유리창 면적은 적게 한다.

51 덕트 시공에 대한 내용 중 잘못된 것은?
① 덕트의 단면적비가 75% 이하의 축소부분은 압력손실을 적게 하기 위해 30° 이하(고속덕트에서는 15° 이하)로 한다.
② 덕트의 단면변화 시 정해진 각도를 넘을 경우에는 가이드 베인을 설치한다.
③ 덕트의 단면적비가 75% 이하의 확대부분은 압력손실을 적게 하기 위해 15° 이하(고속덕트에서는 8° 이하)로 한다.
④ 덕트의 경로는 될 수 있는 한 최장거리로 한다.

해설 덕트 경로는 될 수 있는 한 최단거리로 한다.

 Answer 47. ① 48. ② 49. ④ 50. ② 51. ④

52 공기조화기의 열원장치에 사용되는 온수보일러의 개방형 팽창탱크에 설치되지 않는 부속설비는?

① 통기관　② 수위계
③ 팽창관　④ 배수관

해설
① 개방식 팽창탱크 주변배관 : 급수관, 배수관, 방출관(안전관), 배기관, 오버플로우, 팽창관
② 밀폐식 팽창탱크 주변배관 : 급수관, 배수관, 방출관(안전관), 수위계, 압력계, 압축공기관

53 환기방식 중 환기의 효과가 가장 낮은 환기법은?

① 제1종 환기　② 제2종 환기
③ 제3종 환기　④ 제4종 환기

해설 환기방식 종류
① 제1종 환기 : 급기팬 + 배기팬의 조합(환기효과 가장 큼)
② 제2종 환기 : 급기팬 + 자연배기(실내압은 정압)
③ 제3종 환기 : 자연급기 + 배기팬(실내압은 부압)
④ 제4종 환기 : 자연급기 + 자연배기의 조합(자연중력환기)

54 건구온도 20℃, 절대습도 0.008kg/kg(DA)인 공기의 엔탈피는 약 얼마인가? (단, 공기의 정압비열(C_p)은 0.24kcal/kg℃, 수증기의 정압비열(C_p)은 0.441kcal/kg℃ 이다)

① 7kcal/kg(DA)
② 8.3kcal/kg(DA)
③ 9.6kcal/kg(DA)
④ 11kcal/kg(DA)

해설 습공기 엔탈피 : (건공기의 엔탈피 + 수증기의 엔탈피)
$hw = ha + x \cdot hv [kcal/kg] = C_p \cdot t + x(r + C_{vp} \cdot t)$
$= 0.24t + x(597.5 + 0.44t)$
$(0.24 \times 20℃) + 0.008(597.5 + 0.441 \times 20℃) = 9.6$

55 개별공조방식의 특징으로 틀린 것은?

① 개별제어가 가능하다.
② 실내 유닛이 분리되어 있지 않는 경우는 소음과 진동이 크다.
③ 취급이 용이하며, 국소운전이 가능하다.
④ 외기냉방이 용이하다.

해설 개별공조방식의 특징
① 설치가 간단하며, 개별제어가 가능하고, 각 유닛마다 냉동기가 필요하다.
② 실내공기의 오염이 크며, 소음, 진동이 크다.
③ 유닛이 분산되어 관리가 불편하다.
④ 외기냉방을 할 수 없다.

Answer　52. ②　53. ④　54. ③　55. ④

56 역 환수(Reverse Return) 방식을 채택하는 이유로 가장 적합한 것은?

① 환수량을 늘리기 위하여
② 배관으로 인한 마찰저항이 균등해지도록 하기 위하여
③ 온수 귀환관을 가장 짧은 거리로 배관하기 위하여
④ 열손실을 줄이기 위하여

해설 역환수(Reverse Return) 배관 방식 : 온수의 유량을 균등하게 분배하기 위하여 각 방열기마다 배관회로 길이를 같게 하는 방식

57 보일러의 종류에 따른 전열면적당 증발량으로 틀린 것은?

① 노통보일러 : 45 ~ 65(kg$_f$/m^2 · hr) 정도
② 연관보일러 : 30 ~ 65(kg$_f$/m^2 · hr) 정도
③ 입형보일러 : 15 ~ 20(kg$_f$/m^2 · hr) 정도
④ 노통연관보일러 : 30 ~ 60(kg$_f$/m^2 · hr) 정도

해설 보일러 전열면적당 증발량
① 노통보일러 : 20 ~ 40(kg$_f$/m^2 · hr) 정도
② 연관보일러 : 30 ~ 65(kg$_f$/m^2 · hr) 정도
③ 입형보일러 : 15 ~ 20(kg$_f$/m^2 · hr) 정도
④ 노통연관보일러 : 30 ~ 60(kg$_f$/m^2 · hr) 정도
⑤ 수관보일러 : (소) 25 ~ 65,
(중, 대) 50 ~ 150(kg$_f$/m^2 · hr)

58 팬형 가습기(증발식)에 대한 설명으로 틀린 것은?

① 팬속의 물을 강제적으로 증발시켜 가습한다.
② 가습장치 중 효율이 가장 우수하며, 가습량을 자유로이 변화시킬 수 있다.
③ 가습의 응답속도가 느리다.
④ 패키지형의 소형 공조기에 많이 사용한다.

해설 가습장치 중 효율(100%)이 가장 우수한 것은 증기분무식 가습장치로, 가습량을 자유로이 변화시킬 수 있다.
※ 팬형 가습기(증발식) : 수조내 온수를 증기나 전기로 가열하여 온수의 증기압과 팬가동에 의한 공기의 증기압차를 이용하여 온수를 증발시키는 방법

59 공기 가열코일의 종류에 해당되지 않은 것은?

① 전열 코일
② 습 코일
③ 증기 코일
④ 온수 코일

해설 공기 가열코일 종류 : 전열코일, 증기코일, 온수코일

Answer 56. ② 57. ① 58. ② 59. ②

60 이중 덕트 공기조화 방식의 특징이라고 할 수 없는 것은?

① 열매체가 공기이므로 실온의 응답이 빠르다.
② 혼합으로 인한 에너지 손실이 없으므로 운전비가 적게 든다.
③ 실내 습도의 제어가 어렵다.
④ 실내 부하에 따라 개별제어가 가능하다.

해설 혼합으로 인한 혼합손실이 있어서 에너지 소비량이 많이 든다.

Answer 60. ②

2013년 10월 12일 시행

01 산업안전보건기준에 관한 규칙에 의거 사다리식 통로 등을 설치하는 경우에 대한 내용으로 잘못된 것은?

① 견고한 구조로 할 것
② 발판과 벽과의 사이는 15cm 이상의 간격을 유지할 것
③ 폭은 55cm 이상으로 할 것
④ 발판의 간격은 일정하게 할 것

해설 사다리식 통로 구조
① 견고한 구조로 할 것
② 심한 손상부식 등이 없는 재료를 사용할 것
③ 발판의 간격은 일정하게 할 것
④ 발판과 벽과의 사이는 15센티미터 이상의 간격을 유지하고, 폭은 30센티미터 이상으로 할 것
⑤ 사다리의 상단은 걸쳐놓은 지점으로부터 60센티미터 이상 올라가도록 할 것
⑥ 사다리식 통로의 길이가 10미터 이상인 경우에는 5미터 이내마다 계단참을 설치할 것

02 산업현장에서 위험이 잠재한 곳이나 현존하는 곳에 안전표지를 부착하는 목적으로 적당한 것은?

① 작업자의 생산능률을 저하시키기 위함
② 예상되는 재해를 방지하기 위함
③ 작업장의 환경미화를 위함
④ 작업자의 피로를 경감시키기 위함

해설 산업안전보건표지 : 회사에서 근로자의 잘못된 행동을 일으키기 쉽거나 실수로 인한 중대 재해가 발생될 위험이 있는 장소에서 근로자의 안전을 지키기 위한 표지

Answer 1. ③ 2. ②

03 전기설비의 방폭성능 기준 중 용기 내부에 보호구조를 압입하여 내부압력을 유지함으로써 가연성 가스가 용기 내부로 유입되지 아니하도록 한 구조를 말하는 것은?

① 내압방폭구조
② 유입방폭구조
③ 압력방폭구조
④ 안전증방폭구조

해설 방폭구조 종류 : 압력(P), 유입(O), 내압(d), 안전증(e), 본질안전 방폭구조(ia, ib)
① 유입방폭구조(O) : 절연유를 주입하여 불꽃, 아크, 고온부가 절연유에 잠겨 가연성 가스가 인화되지 않도록 한 구조
② 압력방폭구조(P) : 용기내부에 보호가스를 압입해 내부압력을 유지함으로써 가연성 가스가 용기내부로 유입되지 않도록 한 구조
③ 본질안전방폭구조(ia, ib) : 정상시 및 사고시 발생하는 전기불꽃 아크나 고온부로 인해 가연성가스가 점화되지 않는 것이 점화시험 그 밖의 방법에 의해 확인된 구조
④ 내압 방폭구조(d) : 전기기구의 용기 내에 외부의 폭발성 가스가 침입하여 내부에서 점화·폭발해도 외부에 영향을 미치지 않도록 하기 위해서 용기가 내부의 폭발압력에 견디도록 설계한 것
⑤ 안전증 방폭구조(e) : 정상상태에서 폭발성 분위기의 점화원이 되는 전기불꽃 및 고온부 등이 발생할 염려가 없도록 전기기기에 대하여 전기적, 기계적 또는 구조적 안전도를 증강시킨 구조

04 드라이버 작업 시 유의사항으로 올바른 것은?

① 드라이버를 정이나 지렛대 대용으로 사용한다.
② 작은 공작물은 바이스에 물리지 말고 손으로 잡고 사용한다.
③ 드라이버의 날끝이 홈의 폭과 길이가 같은 것을 사용한다.
④ 전기작업 시 금속부분이 자루 밖으로 나와 있어 전기가 잘 통하는 드라이버를 사용한다.

해설 드라이버 작업시 유의사항
① 드라이버의 날 끝이 홈의 나비와 길이에 맞는 것을 사용한다.
② 드라이버의 날 끝은 평편한 것이라야 하며, 이가 빠지거나, 둥글게 된 것은 사용치 않는다.
③ 나사를 조일 때, 날 끝이 미끄러지지 않게 나사나 탭(tap) 구멍에 수직으로 대고 한 손으로 가볍게 잡고서 작업한다.

Answer 3. ③ 4. ③

05 산업재해 원인분류 중 직접원인에 해당되지 않는 것은?
① 불안전한 행동
② 안전보호장치 결함
③ 작업자의 사기의욕 저하
④ 불안전한 환경

해설 재해 발생원인에 따른 분류
1) 직접원인
① 물적원인(불안전상태) : 물자체결함, 안전보호장치결함, 복장보호구결함, 작업장소결함
② 인적원인(불안전행동) : 안전장치기능 제거, 복장·보호구 잘못사용, 불안전한 자세 및 동작
2) 간접원인
① 기술적 원인 : 건물, 기계 장치의 설계 불량 구조, 재료의 부적합, 생산 방법의 부적합, 점검, 정비, 보존 불량
② 교육적 원인 : 안전 지식의 부족, 안전 수칙의 오해, 경험 훈련의 미숙, 작업 방법의 교육 불충분, 유해, 위험 작업의 교육 불충분
③ 신체의 요인 : 신체적 결함(두통, 현기증, 간질병, 근시, 난청) 및 수면 부족에 의한 피로, 숙취 등
④ 정신적 원인 : 태만, 불만, 반항 등의 태도 불량, 초조, 긴장, 공포, 불화 등의 정신적 동요, 편협 등의 성격적인 결함, 백치 등의 지능적인 결함 등

06 산업재해의 발생 원인별 순서로 맞는 것은?
① 불안전한 상태 > 불안전한 행동 > 불가항력
② 불안전한 행동 > 불가항력 > 불안전한 상태
③ 불안전한 상태 > 불가항력 > 불안전한 행동
④ 불안전한 행동 > 불안전한 상태 > 불가항력

해설 산업재해 직접원인 중 인적원인(불안전한 행동) > 물적원인(불안전한 상태) > 천재지변 순서로 크다.

07 액화가스의 저장탱크에는 그 저장탱크 내용적의 몇 %를 초과하여 충전하면 안 되는가?
① 90% ② 80%
③ 75% ④ 60%

해설 10% 이상 안전공간을 두는 이유 : 온도상승에 의한 액화 가스의 저장탱크 및 용기의 파열을 방지하기 위해

08 냉동장치의 운전관리에서 운전준비사항으로 잘못된 것은?
① 압축기의 유면을 점검한다.
② 응축기의 냉매량을 확인한다.
③ 응축기, 압축기의 흡입측 밸브를 닫는다.
④ 전기결선, 조작회로를 점검하고, 절연저항을 측정한다.

해설 냉동장치 운전준비사항으로 응축기, 압축기의 흡입측 밸브를 연다.

Answer 5. ③ 6. ④ 7. ① 8. ③

09 다음 내용의 ( )에 알맞은 것은?

> 사업주는 아세틸렌 용접장치를 사용하여 금속의 용접. 용단 또는 가열작업을 하는 경우에는 게이지 압력이 (   )킬로파스칼을 초과하는 압력의 아세틸렌을 발생시켜 사용해서는 아니 된다.

① 12.7　　② 20.5
③ 127　　④ 205

해설 아세틸렌 가스발생기 압력은 $1.3kg/cm^2$(127kPa) 이하로 해야 하며, 50~60℃ 내에서 운전한다.

10 보일러의 사고 원인을 열거하였다. 이 중 취급자의 부주의로 인한 것은?

① 구조의 불량
② 판 두께의 불량
③ 보일러수의 부족
④ 재료의 강도 부족

해설 보일러 사고의 원인
① 제작상의 원인 : 재료불량, 강도 부족, 설계불량, 구조 불량, 부속기기 설비의 미비, 용접불량 등
② 취급상의 원인 : 압력초과, 저수위, 급수처리불량, 부식, 과열, 미연소 가스폭발사고, 부속기기의 정비불량 등

11 전기의 접지 목적에 해당되지 않는 것은?

① 화재 방지　　② 설비 증설 방지
③ 감전 방지　　④ 기기손상 방지

해설 접지 목적
① 누전전류에 의한 감전방지
② 화재 방지
③ 감전방지
④ 지락사고 발생시 보조계전기를 신속하게 동작하도록 하여 기기손상방지 목적

12 냉동제조의 시설 및 기술기준으로 적당하지 못한 것은?

① 냉매설비에는 긴급상태가 발생하는 것을 방지하기 위하여 자동제어장치를 설치할 것
② 압축기 최종단에 설치한 안전장치는 3년에 1회 이상 압력 시험을 할 것
③ 제조설비는 진동, 충격, 부식 등으로 냉매 가스가 누설되지 않을 것
④ 가연성 가스의 냉동설비 부근에는 작업에 필요한 양 이상의 연소하기 쉬운 물질

해설 안전장치의 점검
① 압축기 최종단 안전장치(안전밸브)는 1년에 1회 이상 압력 시험을 할 것
② 그 밖의 안전장치는 2년에 1회 이상
③ 설계압력 이상 내압시험 압력의 8/10 이하의 압력에서 작동하도록 조정을 두지 않을 것

13 안전모가 내전압성을 가졌다는 말은 최대 몇 볼트의 전압에 견디는 것을 말하는가?

① 800V　　② 720V
③ 1000V　　④ 7000V

해설 내전압성이란 7,000볼트 이하의 전압에 견디는 것을 말한다.

Answer　9. ③　10. ③　11. ②　12. ②　13. ④

14 수공구에 의한 재해를 방지하기 위한 내용 중 적당하지 않은 것은?

① 결함이 없는 공구를 사용할 것
② 작업에 꼭 알맞은 공구가 없을 시에는 유사한 것을 대용할 것
③ 사용 전에 충분한 사용법을 숙지하고 익히도록 할 것
④ 공구는 사용 후 일정한 장소에 정비·보관할 것

해설 작업에 꼭 알맞은 공구를 사용할 것

15 전기화재의 소화에 사용하기에 부적당한 것은?

① 분말 소화기   ② 포말 소화기
③ CO_2 소화기 ④ 할로겐 소화기

해설 포말 소화기 : 기름이나 화학 약품으로 인한 화재를 진화하는데 적합하다.

16 응축기 중 외기습도가 응축기 능력을 좌우하는 것은?

① 횡형 쉘엔 튜브식 응축기
② 이중관식 응축기
③ 7통로식 응축기
④ 증발식 응축기

해설 증발식 응축기 : 냉매 가스가 흐르는 냉각관 코일의 외면에 냉각수를 분무 노즐에 의해 분사시키고 송풍기를 이용하여 건조한 공기를 3[m/sec]의 속도로 보내어 공기의 대류작용 및 물의 증발 잠열로 응축하는 형식. 외기 습구온도가 낮을수록 응축능력이 증가하며, 냉매 압력강하가 크다.(주로 NH_3용, 중형 프레온용)

17 실린더 내경 20cm, 피스톤 행정 20cm, 기통수 2개, 회전수 300rpm인 압축기의 피스톤 배출량은 약 얼마인가?

① $182m^3/h$
② $201m^3/h$
③ $226m^3/h$
④ $263m^3/h$

해설 왕복압축기 압축량식

$$V_a(m^3/h) = \frac{\pi}{4}D^2 \times L \times N \times R \times 60$$

D : 실린더지름(m)
L : 행정(m)
N : 기통수
R : 회전수(rpm)]

$\frac{\pi}{4}(0.2)^2 \times 0.2 \times 2 \times 300 \times 60 = 226m^3/h$

18 정상적으로 운전되고 있는 증발기에 있어서, 냉매상태의 변화에 관한 사항 중 옳은 것은? (단, 증발기는 건식증발기이다.)

① 증기의 건조도가 감소한다.
② 증기의 건조도가 증대한다.
③ 포화액이 과냉각액으로 된다.
④ 과냉각액이 포화액으로 된다.

해설 건식증발기 : 증발기내 냉매액이(25%), 냉매가스가(75%)로 증발기 상부에서 하부로 열교환하며 증기의 건조도가 증대하며, 전열이 불량하다. 부하 조절 및 오일 회수가 용이, 소형프레온용, 공기냉각용에 사용

Answer 14. ② 15. ② 16. ④ 17. ③ 18. ②

19 관 또는 용기 안의 압력을 항상 일정한 수준으로 유지하여 주는 밸브는?

① 릴리프 밸브
② 체크 밸브
③ 온도조정 밸브
④ 감압 밸브

해설 릴리프 밸브 : 계통내(밀폐 또는 개방) 일정압력 이상 올라가면 기기 또는 배관계 보호를 위해 계통 내의 압력을 대기 중으로 방출하여 설정된 압력 이내로 유지하는 기능

20 공정점이 -55℃이고 저온용 브라인으로서 일반적으로 제빙, 냉장 및 공업용으로 많이 사용되고 있는 것은?

① 염화칼슘
② 염화나트륨
③ 염화마그네슘
④ 프로필렌 글리콜

해설 무기질 브라인
① **염화칼슘**($CaCl_2$) : 제빙용, 냉장용으로 현재 가장 많이 사용, 공정점(-55[℃])로 저온용
② **염화나트륨**($NaCl$) : 식료품과 직접접촉해도 이상없는 생선류의 냉동, 냉장용, 가격 저렴, 공정점 -21[℃]
③ **염화마그네슘**($MgCl_2$) : $CaCl_2$ 대용으로 사용할 때가 있으나 거의 사용되지 않음. 공정점 -33.6[℃]
※ 프로필렌 글리콜 : 부식이 적고 독성이 없으며 냉동식품의 동결용으로 유기질 브라인

21 저장품을 동결하기 위한 동결부하 계산에 속하지 않는 것은?

① 동결 전 부하
② 동결 후 부하
③ 동결 잠열
④ 환기 부하

해설 동결부하 계산항목 : 동결 전후 부하, 동결 잠열

22 다음 기호 중 콕의 도시기호는?

① ②
③ ④

해설 ① 체크밸브 :
② 게이트밸브 :
③ 레듀셔 :
④ 콕밸브 :

Answer 19. ① 20. ① 21. ④ 22. ④

23 용적형 압축기에 대한 설명으로 맞지 않는 것은?

① 압축상태의 체적을 감소시켜 냉매의 압력을 증가시킨다.
② 압축기의 성능은 냉동능력, 소비동력, 소음, 진동값 및 수명 등 종합적인 평가가 요구된다.
③ 압축기의 성능을 측정하는데 유용한 두 가지 방법은 성능계수와 단위 냉동능력당 소비동력을 측정하는 것이다.
④ 개방형 압축기의 성능계수는 전동기와 압축기의 운전효율을 포함하는 반면 밀폐형 압축기의 성능계수에는 전동기효율이 포함되지 않는다.

해설 압축기 성능계수는 전동기효율 및 압축기 운전효율을 포함한다.

24 "회로 내의 임의의 점에서 들어오는 전류와 나가는 전류의 총합은 0이다."라는 법칙으로 맞는 것은?

① 키르히호프의 제1법칙
② 키르히호프의 제2법칙
③ 줄의 법칙
④ 앙페르의 오른나사법칙

해설 키르히 호프법칙
① 키르히호프 제1법칙(전류 평형의 법칙) : 회로 내 들어오는 전류와 나가는 전류의 총합은 0이다.
② 키르히호프 제2법칙(전압 평형의 법칙) : 폐회로에서 기전력의 합과 전압강하의 합은 같다.

25 고체에서 기체로 상태가 변화할 때 필요로 하는 열을 무엇이라 하는가?

① 증발열 ② 융해열
③ 기화열 ④ 승화열

해설 고체에서 기체로 변화할 때 열 : 승화열

26 냉동기유의 구비 조건으로 맞지 않는 것은?

① 냉매와 접하여도 화학적 작용을 하지 않을 것
② 왁스 성분이 많을 것
③ 유성이 좋을 것
④ 인화점이 높을 것

해설 냉동기 윤활유 구비조건
① 응고점, 유동점이 낮을 것
② 인화점이 높을 것
③ 점도가 적당할 것
④ 항 유화성이 있을 것
⑤ 불순물이 적고 절연내력이 클 것
⑥ 왁스 성분이 적고 저온에서 왁스 성분이 분리되지 않을 것

27 터보 냉동기의 구조에서 불응축 가스 퍼지, 진공작업, 냉매 재생 등의 기능을 갖추고 있는 장치는?

① 플로우트 챔버 장치
② 추기회수 장치
③ 엘리미네이터 장치
④ 전동 장치

해설 추기회수 장치 : 터보 냉동기 운전 중 불응축 가스를 배출하는 장치로 불응축가스퍼지, 진공작업, 냉매 충전, 냉매 재생의 기능

Answer 23. ④ 24. ① 25. ④ 26. ② 27. ②

28 냉동장치의 온도 관계에 대한 사항 중 올바르게 표현한 것은? (단, 표준냉동 사이클을 기준으로 할 것)

① 응축온도는 냉각수 온도보다 낮다.
② 응축온도는 압축기 토출가스 온도와 같다.
③ 팽창밸브 직후의 냉매온도는 증발온도보다 낮다.
④ 압축기 흡입가스 온도는 증발온도와 같다.

해설 냉동장치 온도 관계
① 응축온도는 냉각수 온도보다 높다.
② 응축온도는 압축기 토출가스 온도보다 낮다.
③ 팽창밸브 직후의 냉매온도는 증발온도보다 높다.
④ 압축기 흡입가스 온도는 증발온도와 같다.

29 냉동장치 내에 냉매가 부족할 때 일어나는 현상으로 옳은 것은?

① 흡입관에 서리가 보다 많이 붙는다.
② 토출압력이 높아진다.
③ 냉동능력이 증가한다.
④ 흡입압력이 낮아진다.

해설 냉매 부족시 현상 : 흡입가스온도 상승, 흡입압력이 저하, 냉동능력이 감소

30 불응축가스의 침입을 방지하기 위해 액순환식 증발기와 액펌프 사이에 부착하는 것은?

① 감압 밸브   ② 여과기
③ 역지 밸브   ④ 건조기

해설 불응축가스의 침입을 방지하기 위해 액순환식 증발기와 액펌프 사이에 체크밸브를 부착한다.

31 시트 모양에 따라 삽입형, 홈꼴형, 랩형 등으로 구분되는 배관의 이음방법은?

① 나사 이음
② 플레어 이음
③ 플랜지 이음
④ 납땜 이음

해설 플랜지는 시트 모양에 따라 삽입형, 홈꼴형, 유합(랩 : lap)형 등이 있고, 재질에 따라 황동제, 포금제, 단조제품 등이 있다.

32 다음 모리엘 선도에서의 성적계수는 약 얼마인가?

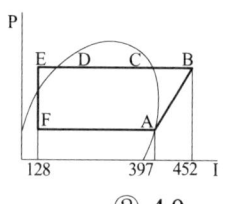

① 2.4   ② 4.9
③ 5.4   ④ 6.3

해설 $$성적계수 = \frac{397-128}{452-397} = 4.89$$

Answer 28. ④ 29. ④ 30. ③ 31. ③ 32. ②

33 프레온 냉동장치에서 오일 포밍 현상이 일어나면 실린더내로 다량의 오일이 올라가 오일을 압축하여 실린더 헤드부에서 이상음이 발생하게 되는 현상은?

① 에멀존 현상
② 동부착 현상
③ 오일 포밍 현상
④ 오일 해머 현상

해설 오일 해머(oil hammer) 현상 : 오일 포밍 및 피스톤링의 불량으로 이상음 발생 및 오일이 압축되는 현상

34 관을 절단하는데 사용하는 공구는?

① 파이프 리머
② 파이프 커터
③ 오스터
④ 드레서

해설 관 절단공구 : 파이프커터, 기계톱, 고속숫돌 절단기, 띠톱기계, 가스절단기

35 다음 중 자연적인 냉동 방법이 아닌 것은?

① 증기분사식을 이용하는 방법
② 융해열을 이용하는 방법
③ 증발잠열을 이용하는 방법
④ 승화열을 이용하는 방법

해설 증기분사식 냉동 방법은 기계적 냉동방법

36 구조에 따라 증발기를 분류하여 그 명칭들과 동시에 그들의 주 용도를 나타내었다. 틀린 것은?

① 핀 튜브형 : 주로 0℃ 이상의 물 냉각용
② 탱크식 : 제빙용 브라인 냉각용
③ 판냉각형 : 가정용 냉장고의 냉각용
④ 보데로(Baudelot)식 : 우유, 각종 기름류 등의 냉각용

해설 핀 튜브형 : 소형냉장고, 냉장용 진열장, 공기 조화용으로 암모니아, 프레온 등에 사용

37 옴의 법칙에 대한 설명으로 적절한 것은?

① 도체에 흐르는 전류(I)는 전압(V)에 비례한다.
② 도체에 흐르는 전류(I)는 저항(R)에 비례한다.
③ 도체에 흐르는 전압(V)은 저항(R)의 값과는 상관없다.
④ 도체에 흐르는 전류 $I = R/V$[A]이다.

해설 옴의 법칙 : 전류 I는 전압 V에 비례하고, 저항 R에 반비례 한다.
$\left(I = \dfrac{V}{R}\right)$ [I : 전류, V : 전압, R : 저항]

Answer 33. ④ 34. ② 35. ① 36. ① 37. ①

38 흡수식 냉동기에서 냉매순환과정을 바르게 나타낸 것은?

① 재생(발생)기 → 응축기 → 냉각(증발)기 → 흡수기
② 재생(발생)기 → 냉각(증발)기 → 흡수기 → 응축기
③ 응축기 → 재생(발생)기 → 냉각(증발)기 → 흡수기
④ 냉각(증발)기 → 응축기 → 흡수기 → 재생(발생)기

해설 흡수식 냉동기 냉매순환과정 : 재생(발생)기 → 응축기 → 냉각(증발)기 → 흡수기

39 다음 중 입력신호가 모두 1일 때만 출력신호가 0인 논리게이트는?

① AND 게이트 ② OR 게이트
③ NOR 게이트 ④ NAND 게이트

해설 논리회로

명칭	논리기호	설명
AND 회로 (논리곱)	$X = A \cdot B$	2개의 입력 A와 B가 모두 1일 때만 출력이 1이 되는 회로
OR 회로 (논리합)	$X = A + B$	입력 A 또는 B의 어느 한 쪽이든가 양자가 1일 때 출력이 1인 회로
NOT 회로 (논리부정)	$X = \overline{A}$	입력이 1일 때 출력은 0, 입력이 0일 때 출력이 1인 회로
NAND 회로 (논리곱부정)	$X = \overline{A \cdot B}$	AND 회로에 NOT 회로를 접속한 회로 즉, 입력신호가 모두 1일 때만 출력신호가 0인 회로
NOR 회로 (논리합부정)	$X = \overline{A + B}$	OR 회로에 NOT 회로를 접속한 회로

40 압축기에서 보통 안전밸브의 작동압력으로 옳은 것은?

① 저압 차단 스위치 작동 압력과 같게 한다.
② 고압 차단 스위치 작동 압력보다 다소 높게 한다.
③ 유압 보호 스위치 작동 압력과 같게 한다.
④ 고·저압 차단 스위치 작동 압력보다 낮게 한다.

해설 압축기 안전장치 작동압력
① 안전두 = 정상고압 + 3[kg/cm^2]
② 고압차단스위치 = 정상고압 + 4[kg/cm^2]
③ 안전밸브 = 정상고압 + 5[kg/cm^2]으로 고압 차단 스위치 작동 압력보다 약간 높게 한다.

41 온도 자동팽창 밸브에서 감온통의 부착위치는?

① 팽창밸브 출구
② 증발기 입구
③ 증발기 출구
④ 수액기 출구

해설 온도 자동팽창 밸브에서 감온통의 부착위치는 증발기 출구에 감온통 부착으로 증발기 출구온도 상승시 유량 증가

Answer 38. ① 39. ④ 40. ② 41. ③

42 0℃의 물 1kg을 0℃의 얼음으로 만드는데 필요한 응고잠열은 대략 얼마 정도인가?

① 80kcal/kg
② 540kcal/kg
③ 100kcal/kg
④ 50kcal/kg

해설 물의 증발 잠열은 539kcal/kg이고, 응고 잠열은 79.7kcal/kg

43 스윙(swing)형 체크밸브에 관한 설명으로 틀린 것은?

① 호칭치수가 큰 관에 사용된다.
② 유체의 저항이 리프트(lift)형보다 작다.
③ 수평배관에만 사용할 수 있다.
④ 핀을 축으로 하여 회전시켜 개폐한다.

해설 체크밸브 : 유체 흐름의 역류 방지 목적
① 스윙식 : 수직, 수평 배관 모두 사용 가능
② 리프트식 : 수평 배관만 사용 가능

44 암모니아 냉동기에서 일반적으로 압축비가 얼마 이상일 때 2단 압축을 하는가?

① 2 ② 3
③ 4 ④ 6

해설 압축비에 의한 2단 압축은 : $\dfrac{응축압력}{증발압력} > 6$ 이하일 때

45 어떤 물질의 산성, 알칼리성 여부를 측정하는 단위는?

① CHU ② RT
③ pH   ④ B.T.U

해설 수소 이온 농도[pH] : 화학에서 물질의 산성, 알칼리성의 정도를 나타내는 수치로 1~14까지이며, 중성은 7, 1에 가까울수록 강산성, 14에 가까울수록 강염기성

46 유체의 속도가 20m/s일 때 이 유체의 속도수두는 얼마인가?

① 5.1m   ② 10.2m
③ 15.5m ④ 20.4m

해설 속도수두 = $\dfrac{v^2}{2g} = \dfrac{20^2}{2 \times 9.8} = 20.4m$

47 어떤 보일러에서 발생되는 실제증발량을 1000kg/h, 발생증기의 엔탈피를 614kcal/kg, 급수의 온도를 20℃라 할 때, 상당증발량은 얼마인가? (단, 증발잠열은 540kcal/kg으로 한다.)

① 847kg/h
② 1100kg/h
③ 1250kg/h
④ 1450kg/h

해설 $\dfrac{1000(614-20)}{540} = 1100$

Answer 42. ① 43. ③ 44. ④ 45. ③ 46. ④ 47. ②

48 다음 난방방식에 대한 설명으로 틀린 것은?

① 온풍난방은 습도를 가습 또는 감습할 수 있는 장치를 설치할 수 있다.
② 증기난방의 응축수환수관 연결 방식은 습식과 건식이 있다.
③ 온수난방의 배관에는 팽창탱크를 설치하여야 하며 밀폐식과 개방식이 있다.
④ 복사난방은 천정이 높은 실(室)에는 부적합하다.

해설 복사난방은 강당, 건물의 로비 등과 같이 천장이 높은 실의 경우도 복사난방을 채용하면, 대류난방과는 달리, 천장부근에 따뜻한 공기가 모여 난방효과가 저하되는 일이 없어 효과적이다.

49 풍량 조절용으로 사용되지 않는 댐퍼는?

① 방화 댐퍼
② 버터플라이 댐퍼
③ 루버 댐퍼
④ 스플릿 댐퍼

해설 방화 댐퍼 : 화재발생시 덕트를 통해 화재가 번지는 것을 방지하기 위한 댐퍼
※ 방화댐퍼 종류 : ① 루버형 ② 피벳(pivot)형 ③ 슬라이드형 ④ 스윙형

50 실내 필요 환기량을 결정하는 조건과 거리가 먼 것은?

① 실의 종류
② 실의 위치
③ 재실자의 수
④ 실내에서 발생하는 오염물질 정도

해설 실내 필요 환기량 결정 조건 : 실의 종류, 재실자의 수, 실내에서 발생하는 오염물질 정도

51 공기조화 방식의 중앙식 공조방식에서 수-공기방식에 해당되지 않는 것은?

① 이중 덕트방식
② 팬 코일 유닛방식(덕트병용)
③ 유인 유닛방식
④ 복사 냉난방 방식(덕트병용)

해설 공기조화 방식 분류

구 분		방 식
중앙식	① 전공기 방식	단일 덕트 방식(정풍량, 변풍량)
		2중 덕트 방식(정풍량, 변풍량, 멀티존유닛)
		각층 유닛 방식
	② 수-공기 방식	덕트 병용 팬 코일 유닛 방식
		유인 유닛 방식
		복사 냉난방 방식
	③ 수방식	팬 코일 유닛 방식
개별식	냉매방식	룸 쿨러 방식
		패키지 방식
		멀티유닛 방식

Answer 48. ④ 49. ① 50. ② 51. ①

52 공기상태에 관한 내용 중 틀린 것은?

① 포화습공기의 상대습도는 100%이며 건조공기의 상대습도는 0%가 된다.
② 공기를 가습, 감습하지 않으면 노점온도 이하가 되어도 절대습도는 변함이 없다.
③ 습공기 중의 수분 중량과 포화습공기 중의 수분의 비를 상대습도라 한다.
④ 공기 중의 수증기가 분리되어 물방울이 되기 시작하는 온도를 노점온도라 한다.

해설 공기는 가열 또는 냉각하여도 그때 가습 또는 감습을 하여주지 않으면 그 공기의 절대습도는 변치 않는다. 절대 습도를 내리려면 공기의 노점 온도 이하로 내려서 감습해 주어야 한다.

53 송풍기의 특성곡선에 나타나 있지 않는 것은?

① 효율   ② 축동력
③ 전압   ④ 풍속

해설 송풍기 특성곡선 : 일정한 회전수에서 가로축을 풍량 Q(m^3/min), 세로축을 정압 Ps. 전압 Pt(mmAq), 효율(%). 소요동력 L(kw)로 놓고 풍량에 따라 이들의 압력 및 효율의 변화 과정을 나타낸 것

54 수조 내의 물에 초음파를 가하여 작은 물방울을 발생시켜 가습을 행하는 초음파 가습장치는 어떤 방식에 해당하는가?

① 수분무식
② 증비 발생식
③ 증발식
④ 에어와셔식

해설 가습장치종류
① 수분무식 : 물을 공기 중에 직접 분무하는 방식(원심식, 초음파식, 분무식)
② 증기발생식 : 무균의 청정실, 습도제어 요구되는 곳(전열식, 적외선식, 전극식)
③ 증기공급식 : 증기를 가습용으로 사용(과열증기식, 분무식)
④ 증발식 : 높은 습도 요구되는 경우(적하식, 모세관식, 기화식)

55 겨울철 창면을 따라서 존재하는 냉기에 의해 외기와 접한 창면에 접해있는 사람은 더욱 추위를 느끼게 되는 현상을 콜드 드래프트라 한다. 이 콜드 드래프트의 원인으로 볼 수 없는 것은?

① 인체 주위의 온도가 너무 낮을 때
② 주위벽면의 온도가 너무 낮을 때
③ 창문의 틈새가 많을 때
④ 인체 주위 기류속도가 너무 느릴 때

해설 콜드 드래프트 원인
① 인체 주위의 공기온도가 너무 낮을 때
② 기류 속도가 너무 빠를 때
③ 습도가 낮을 때
④ 벽면의 온도가 너무 낮을 때
⑤ 극간풍이 많을 때

Answer 52. ② 53. ④ 54. ① 55. ④

56 복사난방의 특징이 아닌 것은?
① 외기온도의 급변화에 따른 온도조절이 곤란하다.
② 배관시공이나 수리가 비교적 곤란하고 설비비용이 비싸다.
③ 공기의 대류가 많아 쾌감도가 나쁘다.
④ 방열기가 불필요하다.

해설 복사난방 특징
① 쾌감도가 높고, 외기 부족현상이 적다.
② 실내공간의 이용율이 높다(방열기 설치 불필요).
③ 열운반 동력을 줄일 수 있다.
④ 매입배관으로 시공 및 수리 곤란하다.
⑤ 고장 발견이 곤란하고, 시설비가 비싸다.

57 개별식 공기조화방식으로 볼 수 있는 것은?
① 사무실 내에 패케이지형 공조기를 설치하고, 여기에서 조화된 공기는 패케이지 상부에 있는 취출구로 실내에 송풍한다.
② 사무실 내에 유인유닛형 공조기를 설치하고, 외부의 공기조화기로부터 유인유닛에 공기를 공급한다.
③ 사무실 내에 팬코일 유닛형 공조기를 설치하고, 외부의 열원기기로부터 팬코일 유닛에 냉·온수를 공급한다.
④ 사무실 내에는 덕트만 설치하고, 외부의 공기조화기로부터 덕트 내에 공기를 공급한다.

해설 개별방식 특징
① 설치가 간단하며, 개별제어가 가능하고, 각 유닛마다 냉동기가 필요하다.
② 실내공기의 오염이 크며, 소음, 진동이 크다.
③ 유닛이 분산되어 관리가 불편하다.
④ 외기냉방을 할 수 없다.

58 온풍난방의 특징을 바르게 설명한 것은?
① 예열시간이 짧다.
② 조작이 복잡하다.
③ 설비비가 많이 든다.
④ 소음이 생기지 않는다.

해설 온풍난방의 특징 : 공기를 직접 가열하는 방식으로, 온실 전체에 난방이 가능하다.
• 장점
① 예열시간이 짧고 신속하게 목표온도에 도달할 수 있다.
② 온수난방에 비하여 설치비용이 저렴하다.
③ 배관·방열관 등이 없기 때문에 작업성이 우수한 장점을 지니고 있다.
• 단점
① 정지할 경우 온도가 급격히 강하한다.
② 불완전연소시 시설내 공기의 환기가 필요하다.

59 일반적으로 덕트의 종횡비(aspect ratio)는 얼마를 표준으로 하는가?
① 2:1   ② 6:1
③ 8:1   ④ 10:1

해설 일반적 덕트의 종횡비(aspect ratio) : 2 : 1(4 이내로 한다)

60 열이 이동되는 3가지 기본현상(형식)이 아닌 것은?
① 전도   ② 관류
③ 대류   ④ 복사

해설 열의 이동방식 3가지 : 전도, 대류, 복사

Answer 56. ③ 57. ① 58. ① 59. ① 60. ②

Craftsman Air-Conditioning and Refrigerating Machinery

공조냉동기계기능사 2000제 문제은행

CBT 시험대비
▶ 2014년 1월 26일 시행

01 크레인(crane)의 방호장치에 해당되지 않는 것은?
① 권과방지장치
② 과부하방지장치
③ 비상정지장치
④ 과속방지장치

해설 크레인 방호장치 : 권과방지장치, 과부하방지장치, 비상정지장치, 브레이크장치 등

02 용기의 파열사고 원인에 해당되지 않는 것은?
① 용기의 용접불량
② 용기 내부압력의 상승
③ 용기 내에서 폭발성 혼합가스에 의한 발화
④ 안전밸브의 작동

해설 안전밸브의 작동은 용기의 파열사고를 방지한다.

03 물체가 떨어지거나 날아올 위험 또는 근로자가 추락할 위험이 있는 작업 시에 착용할 보호구로 적당한 것은?
① 안전모   ② 안전벨트
③ 방열복   ④ 보안면

해설 안전모 종류(기호)
① A : 물체의 낙하 및 비래에 의한 위험을 방지 및 경감 시키기 위한 것(재료 : 합성수지, 금속)
② AB : 물체의 낙하 또는 비래 및 추락에 의한 위험을 방지 및 경감시키기 위한 것
③ AE : 물체의 낙하 및 비래에 의한 위험을 방지 및 경감하고 머리 부위 감전에 의한 위험을 방지하기 위한 것, 내전압성(재료 : 합성수지)
④ ABE : 물체의 낙하 또는 비래 및 추락에 의한 위험을 방지 및 경감하고, 머리 부위 감전에 의한 위험을 방지하기 위한 것, 내전압성(재료 : 합성수지)

04 안전관리 감독자의 업무가 아닌 것은?
① 안전작업에 관한 교육훈련
② 작업 전, 후 안전점검 실시
③ 작업의 감독 및 지시
④ 재해 보고서 작성

해설 작업 전후 안전점검 실시는 업무담당자가 한다.

Answer 1. ④ 2. ④ 3. ① 4. ②

05 드릴작업 시 주의사항으로 틀린 것은?
① 드릴회전 중에는 칩을 입으로 불어서는 안 된다.
② 작업에 임할 때는 복장을 단정히 한다.
③ 가공 중 드릴 끝이 마모되어 이상한 소리가 나면 즉시 바꾸어 사용한다.
④ 이송레버에 파이프를 끼워 걸고 재빨리 돌린다.

해설 이송레버는 손으로 천천히 돌리며 가공한다.

06 전기 사고 중 감전의 위험 인자에 대한 설명으로 옳지 않은 것은?
① 전류량이 클수록 위험하다.
② 통전시간이 길수록 위험하다.
③ 심장에 가까운 곳에서 통전되면 위험하다.
④ 인체에 습기가 없으면 저항이 감소하여 위험하다.

해설 인체에 습기가 있으면 전류가 잘 통전되어 위험하다.

07 냉동시스템에서 액 햄머링의 원인이 아닌 것은?
① 부하가 감소했을 때
② 팽창밸브의 열림이 너무 적을 때
③ 만액식 증발기의 경우 부하변동이 심할 때
④ 증발기 코일에 유막이나 서리가 끼었을 때

해설 액 햄머링(liquid back) 원인
① 냉동부하가 급격한 변동이 있을 시
② 액분리기, 열교환기 기능이 불량할 시
③ 증발기, 냉각관에 과대한 서리가 있을 시
④ 냉매 충전량 과다 시
※ 팽창 밸브를 과도하게 잠글 때 현상은 ① 저압이 저하하고 ② 흡입가스 과열로 압축기가 과열이 되고 ③ 오일의 탄화, 열화로 윤활불량 ④ 토출가스 온도상승 ⑤ 소요동력 증가의 현상 유발

08 산소가 결핍되어 있는 장소에서 사용되는 마스크는?
① 송기 마스크
② 방진 마스크
③ 방독 마스크
④ 전안면 방독 마스크

해설 송기마스크, 산소호흡기, 공기호흡기, 송풍마스크는 저장조, 하수구 등 청소 및 산소결핍 위험작업장소에서 사용

Answer 5. ④ 6. ④ 7. ② 8. ①

09 냉동설비의 설치공사 후 기밀시험 시 사용되는 가스로 적합하지 않은 것은?

① 공기
② 산소
③ 질소
④ 아르곤

해설 기밀시험에 사용되는 기체는 공기, 질소, 아르곤 등 불연성 기체를 사용하고 산소는 조연성 기체로 사용하지 않는다.

10 소화효과의 원리가 아닌 것은?

① 질식 효과
② 제거 효과
③ 희석 효과
④ 단열 효과

해설 소화효과 3요소 : 가연물제거효과, 산소공급원차단효과(질식효과), 냉각효과(희석효과)

11 해머작업 시 지켜야 할 사항 중 적절하지 못한 것은?

① 녹슨 것을 때릴 때 주의하도록 한다.
② 해머는 처음부터 힘을 주어 때리도록 한다.
③ 작업 시에는 타격하려는 곳에 눈을 집중시킨다.
④ 열처리 된 것은 해머로 때리지 않도록 한다.

해설 해머는 처음부터 힘을 주어 때리지 않도록 한다.

12 가스용접 작업 중에 발생되는 재해가 아닌 것은?

① 전격
② 화재
③ 가스폭발
④ 가스중독

해설 전격(감전)은 전기용접 작업중에 발생하는 재해

13 보일러 점화 직전 운전원이 반드시 제일 먼저 점검해야 할 사항은?

① 공기온도 측정
② 보일러 수위 측정
③ 연료의 발열량 측정
④ 연소실의 잔류가스 측정

해설 보일러 점화전 보일러 저수위를 방지하는 것이 제일 중요함

14 교류 용접기의 규격란에 AW 200이라고 표시되어 있을 때 200이 나타내는 값은?

① 정격 1차 전류값
② 정격 2차 전류값
③ 1차 전류 최대값
④ 2차 전류 최대값

해설 교류 용접기의 규격(KSC 9602) : AW 200에서 AW는 교류 용접기, 200은 정격 2차 전류[A]를 뜻하고, 최고 2차 무부하 전압(개로 전압)은 AW 400까지는 85(V) 이하, AW 500 이상에서 95(V) 이하로 규정.

Answer 9. ② 10. ④ 11. ② 12. ① 13. ② 14. ②

15 산소 용기 취급 시 주의사항으로 옳지 않은 것은?

① 용기를 운반시 밸브를 닫고 캡을 씌워서 이동할 것
② 용기는 전도, 충돌, 충격을 주지 말 것
③ 용기는 통풍이 안 되고 직사광선이 드는 곳에 보관할 것
④ 용기는 기름이 묻은 손으로 취급하지 말 것

해설 산소 용기 보관시 통풍이 잘 되고, 직사광선을 받지 않는 곳에 보관할 것

16 전력의 단위로 맞는 것은?

① C　　② A
③ V　　④ W

해설 C : 전하, A : 전류크기, V : 전압, W : 전력

17 브롬화 리튬 수용액이 필요한 냉동장치는?

① 증기 압축식 냉동장치
② 흡수식 냉동장치
③ 증기 분사식 냉동장치
④ 전자 냉동장치

해설 흡수식 냉동장치의 흡수제와 냉매

흡수제	냉매
H_2O(물)	NH_3(암모니아)
LiBr(리튬브로마이드)	H_2O(물)

18 기체의 비열에 관한 설명 중 옳지 않은 것은?

① 비열은 보통 압력에 따라 다르다.
② 비열이 큰 물질일수록 가열이나 냉각하기가 어렵다.
③ 일반적으로 기체의 정적비열은 정압비열보다 크다.
④ 비열에 따라 물체를 가열, 냉각하는 데 필요한 열량을 계산할 수 있다.

해설 비열비(C_P/C_V) : 정압비열과 정적비열의 비
▶ 값이 항상 1보다 크다. (C_P) > (C_V)

19 지수식 응축기라고도 하며 나선 모양의 관에 냉매를 통과시키고 이 나선관을 구형 또는 원형의 수조에 담고 순환시켜 냉매를 응축시키는 응축기는?

① 쉘 앤 코일식 응축기
② 증발식 응축기
③ 공랭식 응축기
④ 대기식 응축기

해설 쉘 앤 코일식(지수식 응축기) 특징
① 나선 모양의 관에 냉매를 통과시키고 이 나선관을 구형 또는 원형의 수조에 담고 순환시켜 냉매를 응축시키는 응축기
② 냉각관 내는 냉각수가 쉘 내는 냉매가 흐름
③ 냉각관 청소 곤란
④ 소형 프레온용

Answer 15. ③　16. ④　17. ②　18. ③　19. ①

20 동력나사 절삭기의 종류가 아닌 것은?

① 오스터식
② 다이헤드식
③ 로터리식
④ 호브식

해설 동력나사 절삭기 : 다이헤드식, 오스터식, 호브식

21 암모니아 냉매의 성질에서 압력이 상승할 때 성질변화에 대한 것으로 맞는 것은?

① 증발잠열은 커지고 증기의 비체적은 작아진다.
② 증발잠열은 작아지고 증기의 비체적은 커진다.
③ 증발잠열은 작아지고 증기의 비체적도 작아진다.
④ 증발잠열은 커지고 증기의 비체적도 커진다.

해설 암모니아 냉매는 압력이 상승하면 증발잠열과 비체적이 작아진다.

22 다음 P-h 선도는 NH_3를 냉매로 하는 냉동장치의 운전상태를 냉동 사이클로 표시한 것이다. 이 냉동장치의 부하가 45000kcal/h일 때 NH_3의 냉매 순환량은 약 얼마인가?

① 189.4kg/h
② 602.4kg/h
③ 170.5kg/h
④ 120.5kg/h

해설
냉동능력(Q)
= 냉매순환량(G) × 냉동효과(q)

$$\therefore G = \frac{Q}{q} \text{에서}$$

$$\frac{45000\,\text{kcal/h}}{(392-128)\,\text{kcal/kg}} = 170.45\,\text{kg/h}$$

23 1초 동안에 76kgf · m의 일을 할 경우 시간당 발생하는 열량은 약 몇 kcal/h인가?

① 641kcal/h   ② 658kcal/h
③ 673kcal/h   ④ 685kcal/h

해설
$$76[\text{kg}_f \cdot \text{m/s}] \times \frac{1}{427}[\text{kcal/kgm}] \times 3600[\text{s/h}]$$
$$= 640.75[\text{kcal/h}]$$

Answer 20. ③ 21. ③ 22. ③ 23. ①

24 저온을 얻기 위해 2단 압축을 했을 때의 장점은?

① 성적계수가 향상된다.
② 설비비가 적게 된다.
③ 체적효율이 저하 된다.
④ 증발압력이 높아진다.

해설 2단 압축 : 1단 냉동사이클에서는 증발온도가 −30℃ 정도 이하가 되면, 증발압력이 너무 낮아져 압축비가 증대하여 체적효율이 저하하고, 냉매증기의 비체적이 커져 냉매순환량이 감소한다. 따라서 2단 압축을 하여 1단 압축의 단점을 보완하며 성적계수가 향상된다.

25 1분간에 25℃의 순수한 물 100L를 3℃로 냉각하기 위하여 필요한 냉동기의 냉동톤은 약 얼마인가?

① 0.66RT
② 39.76RT
③ 37.67RT
④ 45.18RT

해설 냉동톤(한국RT) : 0[℃]의 물 1톤을 24시간 동안 0[℃]의 얼음으로 만드는데 제거해야 할 열량
① 1냉동톤(RT) : $1000 \times 79.68 = 79680$ [kcal/24시간]
▶ 1RT = 3320 [kcal/h]
② 1USRT(미국RT) : 32[℉]의 물 2000[lb]를 24시간 동안 32[℉]의 얼음으로 만드는데 제거해야 할 열량
▶ 1USRT : $12000/3.968 = 3024$ [kcal/h]
∴ $\dfrac{Q}{3320} = \dfrac{60 \times 100 \times 22 \times 1}{3320} = 39.76\text{RT}$

26 증발 온도가 낮을 때 미치는 영향 중 틀린 것은?

① 냉동능력 감소
② 소요동력 증대
③ 압축비 증대로 인한 실린더 과열
④ 성적계수 증가

해설 증발 온도가 낮을 때 성적계수가 감소한다.

27 강관의 이음에서 지름이 서로 다른 관을 연결하는데 사용하는 이음쇠는?

① 캡(cap) ② 유니언(union)
③ 리듀서(reducer) ④ 플러그(plug)

해설 강관 나사이음 부속 사용처별 분류
① 배관 방향 바꿀 때 : 엘보우, 리턴벤드
② 관을 분기할 때 : T . Y .크로스(+)
③ 같은 관(동경) 직선 연결시 : 소켓, 유니언, 니플, 플랜지
④ 이경관 연결시 : 레듀서, 줄임티이, 붓싱, 이경엘보우
⑤ 관끝을 막을 때 : 플러그, 캡

28 탄산마그네슘 보온재에 대한 설명 중 옳지 않은 것은?

① 열전도율이 적고 300~320℃ 정도에서 열분해한다.
② 방습 가공한 것은 습기가 많은 옥외 배관에 적합하다.
③ 250℃ 이하의 파이프, 탱크의 보냉용으로 사용된다.
④ 유기질 보온재의 일종이다.

해설 탄산마그네슘 보온재는 무기질 보온재이다.

Answer 24. ① 25. ② 26. ④ 27. ③ 28. ④

29 전자밸브에 대한 설명 중 틀린 것은?

① 전자코일에 전류가 흐르면 밸브는 닫힌다.
② 밸브의 전자코일을 상부로 하고 수직으로 설치한다.
③ 일반적으로 소용량에는 직동식, 대용량에는 파일롯트 전자밸브를 사용한다.
④ 전압과 용량에 맞게 설치한다.

해설 전자밸브는 전자코일에 전류가 흐르면 밸브가 열림

30 증기를 단열 압출할 때 엔트로피의 변화는?

① 감소한다.
② 증가한다.
③ 일정하다.
④ 감소하다가 증가한다.

해설 증기의 단열 압출시 현상 : 압력상승, 온도상승, 비체적 감소, 엔트로피 일정, 엔탈피 증가

31 냉동장치의 계통도에서 팽창 밸브에 대한 설명으로 옳은 것은?

① 압축 증대장치로 압력을 높이고 냉각시킨다.
② 액봉이 쉽게 일어나고 있는 곳이다.
③ 냉동부하에 따른 냉매액의 유량을 조절한다.
④ 플래시 가스가 발생하지 않는 곳이며, 일명 냉각 장치라 부른다.

해설 팽창 밸브 : 증발기 부하에 따라 냉매 유량 조절기능

32 온수난방의 배관 시공 시 적당한 기울기로 맞는 것은?

① 1/100 이상   ② 1/150 이상
③ 1/200 이상   ④ 1/250 이상

해설 온수난방 배관 기울기 : 1/250 이상의 구배로 한다.

33 냉동장치 배관 설치 시 주의사항으로 틀린 것은?

① 냉매의 종류, 온도 등에 따라 배관 재료를 선택한다.
② 온도변화에 의한 배관의 신축을 고려한다.
③ 기기 조작, 보수, 점검에 지장이 없도록 한다.
④ 굴곡부는 가능한 적게 하고 곡률 반경을 작게 한다.

해설 굴곡부는 가능한 적게 하고 곡률 반경은 관 지름의 6~8배 정도로 크게 한다.

34 유분리기의 종류에 해당되지 않는 것은?

① 배플형   ② 어큐물레이터형
③ 원심분리형   ④ 철망형

해설 유분리기 종류 : 배플형, 격판형, 원심분리형, 철망형

Answer 29. ① 30. ③ 31. ③ 32. ④ 33. ④ 34. ②

35 냉매와 화학 분자식이 옳게 짝지어진 것은?

① R113 : CCl_3F_3
② R114 : CCl_2F_4
③ R500 : $CCl_2F_2 + CH_2CHF_2$
④ R502 : $CHClF_2 + C_2ClF_5$

해설 냉매 분자식 : R113 : $C_2Cl_3F_3$, R114 : $C_2Cl_2F_4$, R500 : $CCl_2F_2 + CH_3CHF_2$, R502 : $CHClF_2 + C_2ClF_5$

36 다음 그림이 나타내는 관의 결합방식으로 맞는 것은?

① 용접식
② 플랜지식
③ 소켓식
④ 유니언식

해설
① ─┤├─ : 유니온 이음
② ─╫─ : 플랜지 이음
③ ─┼─ : 나사 이음
④ ─✕─ : 용접 이음
⑤ ─→ : 소켓 이음

37 압축기의 흡입 및 토출밸브의 구비조건으로 적당하지 않은 것은?

① 밸브의 작동이 확실하고, 개폐하는 데 큰 압력이 필요하지 않을 것
② 밸브의 관성력이 크고, 냉매의 유동에 저항을 많이 주는 구조일 것
③ 밸브가 닫혔을 때 냉매의 누설이 없을 것
④ 밸브가 마모와 파손에 강할 것

해설 냉매의 유동에 저항을 적게 걸릴 것

38 압축기 용량제어의 목적이 아닌 것은?

① 경제적 운전을 하기 위하여
② 일정한 증발온도를 유지하기 위하여
③ 경부하 운전을 하기 위하여
④ 응축압력을 일정하게 유지하기 위하여

해설 압축기 용량제어 목적
① 부하변동에 따른 용량제어로 경제적 운전 도모
② 무부하 및 경부하 기동으로 기동시 소비 전력이 적고 기동이 쉽다.
③ 압축기를 보호하여 기계의 수명을 연장
④ 일정한 증발 온도 유지

39 냉동장치에 사용하는 브라인의 산성도로 가장 적당한 것은?

① 9.2~9.5
② 7.5~8.2
③ 6.5~7.0
④ 5.5~6.0

해설 브라인의 pH는 약 7.5~8.2로 유지해야 한다.

40 다음 냉매 중 대기압 하에서 냉동력이 가장 큰 냉매는?

① R-11
② R-12
③ R-21
④ R-717

해설 R-717인 암모니아 냉매가 냉동능력 269[kcal/kg]로 가장 크다.(R-11 : 38.6, R-12 : 29.5, R-21 : 51)

Answer 35. ④ 36. ③ 37. ② 38. ④ 39. ② 40. ④

41 다음 중 브라인의 구비조건으로 옳지 않은 것은?

① 응고점이 낮을 것
② 전열이 좋을 것
③ 열용량이 작을 것
④ 점성이 작을 것

[해설] 브라인의 구비조건
① 비열이 클 것
② 열전도율이 클 것
③ 점도가 작을 것
④ 냉동점(공정점)이 낮을 것(냉매의 증발온도보다 5~6[℃]낮을 것)
⑤ pH값이 중성일 것
⑥ 금속에 대한 부식성이 없을 것
⑦ 열용량이 작을 것

42 냉매 R-22의 분자식으로 옳은 것은?

① CCl₄   ② CCl₃F
③ CHCl₂F ④ CHClF₂

[해설] R-22 분자식 : CHClF₂

43 냉동 부속 장치 중 응축기와 팽창 밸브사이의 고압관에 설치하여 증발기의 부하 변동에 대응하여 냉매 공급을 원활하게 하는 것은?

① 유분리기   ② 수액기
③ 액분리기   ④ 중간 냉각기

[해설] 수액기 : 응축기에서 응축한 고압 액화 냉매를 일시 저장하는 고압용기로 팽창밸브로 공급하며 응축기 하부에 설치하며 응축기 상부와 수액기상부에 균압관을 설치한다.

44 표준사이클을 유지하고 암모니아의 순환량을 186kg/h로 운전했을 때의 소요동력 kW은 약 얼마인가? (단, NH₃ 1kg을 압축하는데 필요한 열량은 모리엘 선도상에서는 56kcal/kg이라 한다.)

① 12.1   ② 24.2
③ 28.6   ④ 36.4

[해설] $\text{kw} = \dfrac{Aw \times G}{860} = \dfrac{56 \times 186}{860} = 12.11$

45 가용전(fusible plug)에 대한 설명으로 틀린 것은?

① 불의의 사고(화재 등)시 일정온도에서 녹아 냉동장치의 파손을 방지하는 역할을 한다.
② 용융점은 냉동기에서 68~75℃ 이하로 한다.
③ 구성 성분은 주석, 구리, 납으로 되어 있다.
④ 토출가스의 영향을 직접 받지 않는 곳에 설치해야 한다.

[해설] 가용전(fusible plug)
① 가용전(가용마개) 용융온도 : 68~75[℃] 이하
② 가용전 성분 : 비스무트, 카드뮴, 납, 주석

Answer 41. ③ 42. ④ 43. ② 44. ① 45. ③

46 보일러의 부속장치에서 댐퍼의 설치목적으로 틀린 것은?

① 통풍력을 조절한다.
② 연료의 분무를 조절한다.
③ 주연도와 부연도가 있을 경우 가스 흐름을 차단한다.
④ 배기가스의 흐름을 조절한다.

해설 댐퍼 설치목적 : 통풍력 조절, 주연도 부연도의 가스흐름 차단, 배기가스 조절기능

47 송풍기의 풍량을 증가시키기 위해 회전속도를 변화시킬 때 송풍기의 법칙에 대한 설명 중 옳은 것은?

① 축동력은 회전수의 제곱에 반비례하여 변화한다.
② 축동력은 회전수의 3제곱에 비례하여 변화한다.
③ 압력은 회전수의 3제곱에 비례하여 변화한다.
④ 압력은 회전수의 제곱에 반비례하여 변화한다.

해설 송풍기 상사법칙
① 풍량은 회전속도에 비례 : $Q_2 = Q_1 \left(\dfrac{N_2}{N_1}\right)$
② 풍압은 회전속도의 2제곱에 비례 : $P_2 = P_1 \left(\dfrac{N_2}{N_1}\right)^2$
③ 동력은 회전속도의 3제곱에 비례 : $L_2 = L_1 \left(\dfrac{N_2}{N_1}\right)^3$
④ 풍량은 송풍기 크기비의 3제곱에 비례 : $Q_2 = Q_1 \left(\dfrac{D_2}{D_1}\right)^3$
⑤ 압력은 송풍기 크기비의 2제곱에 비례 : $P_2 = P_1 \left(\dfrac{D_2}{D_1}\right)^2$
⑥ 동력은 송풍기 크기비의 5제곱에 비례 : $L_2 = L_1 \left(\dfrac{D_2}{D_1}\right)^5$

48 난방부하에서 손실열량의 요인으로 볼 수 없는 것은?

① 조명기구의 발열
② 벽 및 천장의 전도열
③ 문틈의 틈새바람
④ 환기용 도입외기

해설 조명기구의 발열은 냉방부하에서 취득 열량이다.

Answer 46. ② 47. ② 48. ①

49 덕트 설계시 주의사항으로 올바르지 않은 것은?

① 고속 덕트를 이용하여 소음을 줄인다.
② 덕트 재료는 가능하면 압력손실이 적은 것을 사용한다.
③ 덕트 단면은 장방형이 좋으나 그것이 어려울 경우 공기이동이 원활하고 덕트 재료도 적게 들도록 한다.
④ 각 덕트가 분기되는 지점에 댐퍼를 설치하여 압력이 평형을 유지할 수 있도록 한다.

해설 고속 덕트를 이용하면 소음이 더욱 커진다.

50 공기가 노점온도보다 낮은 냉각코일을 통과하였을 때의 상태를 기술한 것 중 틀린 것은?

① 상대습도 감소
② 절대습도 감소
③ 비체적 감소
④ 건구온도 저하

해설 공기가 노점온도보다 낮은 냉각코일을 통과 할시 상대습도는 증가한다.

51 공기조화설비의 구성요소 중에서 열원장치에 속하지 않는 것은?

① 보일러
② 냉동기
③ 공기 여과기
④ 열펌프

해설 공기조화 장치
① 열운반 장치 : 열운반 장치로 송풍기, 펌프, 덕트 등
② 공기조화기 : 가열코일, 냉각코일, 가습기, 여과기 등
③ 열원장치 : 보일러, 냉동기, 열펌프 등
④ 자동제어장치 : 실내온, 습도조절로 경제적 운전

52 방열기의 EDR이란 무엇을 뜻하는가?

① 최대방열면적
② 표준방열면적
③ 상당방열면적
④ 최소방열면적

해설 EDR(상당방열면적) : 방열기의 방열면적당 보일러의 능력으로 레이팅(Rating)이라고도 함

53 1보일러 마력은 약 몇 kcal/h의 증발량에 상당하는가?

① 7205kcal/h
② 8435kcal/h
③ 9600kcal/h
④ 10800kcal/h

해설 1보일러마력 : 표준대기압(760[mmHg])에서 100[℃]의 포화수 15.65[kg]을 1시간에 100[℃]의 포화증기로 바꿀 수 있는 능력
※ 보일러 1마력의 열량 : 약 8435[kcal/h]

Answer 49. ① 50. ① 51. ③ 52. ③ 53. ②

54 공조방식의 분류에서 2중 덕트 방식은 어느 방식에 속하는가?

① 물-공기 방식
② 전수 방식
③ 전공기 방식
④ 냉매 방식

해설 공조방식 분류

구 분		방 식
중앙식	① 전공기 방식	단일 덕트 방식(정풍량, 변풍량)
		2중 덕트 방식(정풍량, 변풍량, 멀티존유닛)
		각층 유닛 방식
	② 수-공기 방식	덕트 병용 팬 코일 유닛 방식
		유인 유닛 방식
		복사 냉난방 방식
	③ 수방식	팬 코일 유닛 방식
개별식	냉매방식	룸 쿨러 방식
		패키지 방식
		멀티유닛 방식

55 코일의 열수 계산 시 계산항목에 해당되지 않는 것은?

① 코일의 열관류율
② 코일의 정면면적
③ 대수평균온도차
④ 코일 내를 흐르는 유체의 유속

해설 코일의 필요열수(N) 계산

$$\frac{전열부하}{코일의 전면적 \times 열관류율 \times 습면 보정계수 \times 대수평균온도차}[열]$$

56 팬코일 유닛 방식의 특징으로 옳지 않은 것은?

① 외기 송풍량을 크게 할 수 없다.
② 수 배관으로 인한 누수의 염려가 있다.
③ 유닛별로 단독운전이 불가능하므로 개별 제어도 불가능하다.
④ 부분적인 팬코일 유닛만의 운전으로 에너지 소비가 적은 운전이 가능하다.

해설 팬코일 유닛 방식 특징
① 개별제어 용이(유닛별 단독운전 가능)
② 콜드 드래프트(cold draft)를 방지할 수 있다.
③ 유닛의 위치 변경이 쉽다.
④ 외기량 부족으로 실내공기 오염이 심하다.
⑤ 팬코일 유닛내 팬으로부터 소음 발생 및 유닛내 필터청소 필요하다.
⑥ 수 배관으로 인한 누수 염려가 있다.

57 겨울철 창문의 창면을 따라서 존재하는 냉기가 토출기류에 의하여 밀려 내려와서 바닥을 따라 거주구역으로 흘러 들어와 인체의 과도한 차가움을 느끼는 현상을 무엇이라 하는가?

① 쇼크 현상
② 콜드 드래프트
③ 도달거리
④ 확산 반경

해설 콜드 드래프트 현상 : 창문의 냉기가 토출기류에 의해 인체의 과도한 차가움을 느끼는 현상

Answer 54. ③ 55. ④ 56. ③ 57. ②

58 다음 중 개별제어 방식이 아닌 것은?
① 유인유닛 방식
② 패키지유닛 방식
③ 단일덕트 정풍량 방식
④ 단일덕트 변풍량 방식

해설) 단일덕트 정풍량 방식은 전공기 방식으로 중앙식이다.

59 증기배관 설계 시 고려사항으로 잘못된 것은?
① 증기의 압력은 기기에서 요구되는 온도조건에 따라 결정하도록 한다.
② 배관관경, 부속기기는 부분부하나 예열부하시의 과열부하도 고려해야 한다.
③ 배관에는 적당한 기울기를 주어 응축수가 고이지 않도록 해야 한다.
④ 증기배관은 가동 시나 정지 시 온도차이가 없으므로 온도변화에 따른 열응력을 고려할 필요가 없다.

해설) 온도 변화에 따른 열응력을 고려할 것

60 실내 냉방부하 중에서 현열부하가 2500 kcal/h, 잠열부하가 500kcal/h일 때 현열비는 약 얼마인가?
① 0.21   ② 0.83
③ 1.2   ④ 1.85

해설) 현열비 $SHF = \dfrac{\text{현열부하}}{\text{현열부하} + \text{잠열부하}}$

$SHF = \dfrac{2500}{2500 + 500} = 0.83$

Answer 58. ③ 59. ④ 60. ②

공조냉동기계기능사 2000제 문제은행

2014년 4월 6일 시행

01 와이어로프를 양중기에 사용해서는 아니 되는 기준으로 잘못된 것은?
   ① 열과 전기충격에 의해 손상된 것
   ② 지름의 감소가 공칭지름의 7%를 초과하는 것
   ③ 심하게 변형 또는 부식된 것
   ④ 이음매가 없는 것

해설 ▶ 와이어로프 안전기준
   ① 소선의 수가 10% 이상 절단되지 않아야 한다.
   ② 지름의 감소가 공칭지름의 7%를 초과하지 않아야 한다.
   ③ 꼬이지 않아야 된다.
   ④ 현저한 변형·마모·부식 등이 없어야 한다.
   ⑤ 이음매가 없어야 한다.

02 응축압력이 높을 때의 대책이라 볼 수 없는 것은?
   ① 가스퍼저(gas purger)를 점검하고 불응축가스를 배출시킬 것
   ② 설계 수량을 검토하고 막힌 곳이 없는가를 조사 후 수리할 것
   ③ 냉매를 과충전하여 부하를 감소시킬 것
   ④ 냉각면적에 대한 설계계산을 검토하여 냉각면적을 추가할 것

해설 ▶ 냉매를 과충전하면 부하가 증가한다.

03 아세틸렌 용접기에서 가스가 새어 나올 경우 적당한 검사방법은?
   ① 촛불로 검사한다.
   ② 기름을 칠해본다.
   ③ 성냥불로 검사한다.
   ④ 비눗물을 칠해 검사한다.

해설 ▶ 가스누설검사는 비눗물 검사를 한다.

04 전기기계 · 기구의 퓨즈 사용 목적으로 가장 적합한 것은?
   ① 기동 전류차단
   ② 과전류 차단
   ③ 과전압 차단
   ④ 누설 전류차단

해설 ▶ 퓨즈 사용 목적은 과전류 차단을 하기 위함이다.

Answer 1. ④ 2. ③ 3. ④ 4. ②

05 안전표시를 하는 목적이 아닌 것은?
① 작업환경을 통제하여 예상되는 재해를 사전에 예방함
② 시각적 자극으로 주의력을 키움
③ 불안전한 행동을 배제하고 재해를 예방함
④ 사업장의 경계를 구분하기 위해 실시함

해설> 산업안전보건표지 : 회사에서 근로자의 잘못된 행동을 일으키기 쉽거나 실수로 인한 중대 재해가 발생될 위험이 있는 장소에서 근로자의 안전을 지키기 위한 표지

06 수공구인 망치(hammer)의 안전 작업수칙으로 올바르지 못한 것은?
① 작업 중 해머 상태를 확인할 것
② 담금질한 것은 처음부터 힘을 주어 두들길 것
③ 장갑이나 기름 묻은 손으로 자루를 잡지 않는다.
④ 해머의 공동 작업 시에는 서로 호흡을 맞출 것

해설> 담금질한 것은 처음부터 힘을 주어 두들기지 아니할 것

07 안전사고 발생의 심리적 요인에 해당되는 것은?
① 감정
② 극도의 피로감
③ 육체적 능력의 초과
④ 신경계통의 이상

해설> 안전사고 발생의 심리적 요인은 감정이다.
① 기술적 원인 : 건물, 기계 장치의 설계 불량 구조, 재료의 부적합, 생산 방법의 부적합, 점검, 정비, 보존 불량
② 교육적 원인 : 안전 지식의 부족, 안전 수칙의 오해 경험 훈련의 미숙, 작업방법의 교육 불충분, 유해, 위험 작업의 교육 불충분
③ 신체의 요인 : 신체적 결함(두통, 현기증, 간질병, 근시, 난청) 및 수면 부족에 의한 피로, 숙취 등
④ 심리적(정신적) 원인 : 태만, 불만, 반항 등의 태도 불량, 초조, 긴장, 공포, 불화 등의 정신적 동요, 편협 등의 성격적인 결함, 백치 등의 지능적인 결함 등

08 다음 중 C급 화재에 적합한 소화기는?
① 건조사
② 포말 소화기
③ 물 소화기
④ 분말 소화기와 CO_2 소화기

해설> C급 화재는 전기화재로 CO_2 및 분말 소화기를 사용

Answer 5. ④ 6. ② 7. ① 8. ④

09 상용주파수(60Hz)에서 전류의 흐름을 느낄 수 있는 최소전류 값으로 옳은 것은?

① 1mA ② 5mA
③ 10mA ④ 20mA

해설 감전에 대한 영향
① 1mA - 전기를 자각할 정도(최소의 감지전류)
② 5mA - 어느 정도의 고통을 느낌
③ 10mA - 참기 어려운 정도의 고통
④ 20mA - 근육이 수축되어 행동이 불가능 함
⑤ 50mA - 위험한 상태
⑥ 100mA - 치사전류

10 연삭기의 받침대와 숫돌차의 중심 높이에 대한 내용으로 적합한 것은?

① 서로 같게 한다.
② 받침대를 높게 한다.
③ 받침대를 낮게 한다.
④ 받침대가 높던 낮던 관계없다.

해설 연삭기의 받침대와 숫돌차의 중심 높이는 서로 같게 한다.

11 동력에 의해 운전되는 컨베이어 등에 근로자의 신체의 일부가 말려드는 등 근로자에게 위험을 미칠 우려가 있을 때 설치해야 할 장치는 무엇인가?

① 권과 방지 장치
② 비상정지장치
③ 해지장치
④ 이탈 및 역주행 방지장치

해설 기계설비 안전장치
① 권과 방지 장치 : 권과를 방지하기 위하여 자동적으로 동력을 차단하고 작동을 제동하는 장치
② 비상정지장치 : 이동 중 이상상태 발생시 급정지 시킬 수 있는 장치
③ 후크해지장치 : 후크에서 와이어 로우프가 이탈하는 것을 방지하는 장치
④ 과부하방지장치 : 크레인에 있어서 정격하중 이상의 하중이 부하되었을 때 자동적으로 상승이 정지되면서 경보음 발생하는 장치

12 산소의 저장설비 주위 몇 m 이내에는 화기를 취급해서는 안 되는가?

① 5m ② 6m ③ 7m ④ 8m

해설 산소 저장설비 주위 8m 이내는 화기사용 금지

13 안전사고 예방을 위하여 신는 작업용 안전화의 설명으로 틀린 것은?

① 중량물을 취급하는 작업장에서는 앞 발가락 부분이 고무로 된 신발을 착용한다.
② 용접공은 구두창에 쇠붙이가 없는 부도체의 안전화를 신어야 한다.
③ 부식성 약품 사용 시에는 고무제품 장화를 착용한다.
④ 작거나 헐거운 안전화는 신지 말아야 한다.

해설 스크랩(scrap)이나 파쇄철 때문에 갑피(甲皮)가 상하기 쉬운 작업장에서는 신 끝에 강철에 끝심이 들어 있어야 한다.

Answer 9. ① 10. ① 11. ② 12. ④ 13. ①

14 보일러 휴지 시 보존방법에 관한 내용 중 틀린 것은?

① 휴지기간이 6개월 이상인 경우에는 건조보존법을 택한다.
② 휴지기간이 3개월 이내인 경우에는 만수보존법을 택한다.
③ 만수보존 시의 pH값은 4~5 정도로 유지하는 것이 좋다.
④ 건조보존 시에는 보일러를 청소하고 완전히 건조시킨다.

해설 만수보존시 pH값은 12~13 정도 유지한다.

15 보일러에 사용하는 안전밸브의 필요조건이 아닌 것은?

① 분출압력에 대한 작동이 정확할 것
② 안전밸브의 크기는 보일러의 정격 용량 이상을 분출할 것
③ 밸브의 개폐동작이 완만할 것
④ 분출 전·후에 증기가 새지 않을 것

해설 안전밸브의 개폐동작이 신속할 것

16 절대 압력과 게이지 압력과의 관계식으로 옳은 것은?

① 절대압력 = 대기압력 + 게이지 압력
② 절대압력 = 대기압력 - 게이지 압력
③ 절대압력 = 대기압력 × 게이지 압력
④ 절대압력 = 대기압력 ÷ 게이지 압력

해설 절대압력 = 대기압력 + 게이지 압력

17 제빙 장치에서 브라인의 온도가 -10도씨이고, 결빙소요시간이 48시간일 때 얼음의 두께는 약 몇 mm인가? (단, 결빙계수는 0.56이다.)

① 253mm ② 273mm
③ 293mm ④ 313mm

해설 결빙시간 $h = \dfrac{0.56 \times t^2}{-(tb)}$

t : 얼음의 두께(cm), tb : 브라인 냉매 온도(℃)

$48 = \dfrac{0.56 \times t^2}{-(-10)} = t^2 = \dfrac{480}{0.56} = 857.14\text{cm}$

∴ $t = 293\text{mm}$

18 2단 압축장치의 구성 기기에 속하지 않는 것은?

① 증발기
② 팽창 밸브
③ 고단 압축기
④ 캐스케이드 응축기

해설 캐스케이드 응축기는 2원냉동장치 구성 기기임

19 수평배관을 서로 직선 연결할 때 사용되는 이음쇠는?

① 캡
② 티
③ 유니온
④ 엘보우

해설 직선 연결 이음쇠 : 유니온, 소켓, 니플, 플랜지

Answer 14. ③ 15. ③ 16. ① 17. ③ 18. ④ 19. ③

20 냉동기의 보수계획을 세우기 전에 실행하여야 할 사항으로 옳지 않은 것은?

① 인사기록철의 완비
② 설비 운전기록의 완비
③ 보수용 부품 명세의 기록 완비
④ 설비 인·허가에 관한 서류 및 기록 등의 보존

해설 냉동기 보수계획과 인사기록철의 완비(인사관련업무)는 무관

21 온도식 자동팽창 밸브에 관한 설명으로 옳은 것은?

① 냉매의 유량은 증발기 입구의 냉매 가스 과열도에 의해 제어된다.
② R-12에 사용하는 팽창밸브를 R-22 냉동기에 그대로 사용해도 된다.
③ 팽창 밸브가 지나치게 적으면 압축기 흡입가스의 과열도는 크게 된다.
④ 증발기가 너무 길어 증발기의 출구에서 압력 강하가 커지는 경우에는 내부균압형을 사용한다.

해설 온도식 자동팽창밸브
① 냉동부하에 따라 냉매량이 자동 조절되는 구조
  ※ 내부균압형 : 증발기 출구와 입구 압력이 같게 하여 과열도(3~8[℃]) 조절
  ※ 외부균압형 : 증발기내 압력 강하가 클 때($0.14kg/cm^2$ 이상) 증발기 출구 압력에 대응하여 과열도 조절
② 건식증발기 출구에 감온통 부착으로 증발기 출구온도 상승시 유량 증가
③ 소, 중형 건식 증발기에 사용
④ 흡입증기 과열도를 일정하게 유지한다.

22 냉매에 관한 설명으로 옳은 것은?

① 비열비가 큰 것이 유리하다.
② 응고온도가 낮을수록 유리하다.
③ 임계온도가 낮을수록 유리하다.
④ 증발온도에서의 압력은 대기압보다 약간 낮은 것이 유리하다.

해설 임계온도가 높고, 응고온도가 낮을 것

23 2원 냉동장치에 사용하는 저온측 냉매로서 옳은 것은?

① R-717
② R-718
③ R-14
④ R-22

해설 2원 냉동장치에 사용하는 냉매는 고온측에는 응축압력이 낮은 R-12, R-22를 저온측에는 비등점이 낮고 저온에 우수한 R-13, R-14, 에틸렌, 메탄, 에탄, 프로판 사용

24 회로망 중의 한 점에서의 전류의 흐름이 그림과 같을 때 전류 I는 얼마인가?

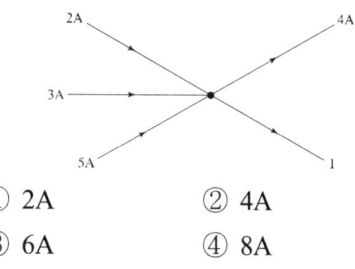

① 2A
② 4A
③ 6A
④ 8A

해설 $I = (2+3+5) - 4 = 6[A]$

Answer 20. ① 21. ③ 22. ② 23. ③ 24. ③

25 냉동 효과의 증대 및 플래쉬(flash) 가스 방지에 적당한 싸이클은?

① 건조 압축 싸이클
② 과열 압축 싸이클
③ 습압축 싸이클
④ 과냉각 싸이클

해설 ※ 플래시 가스(flash gas) : 교축 작용시 자체 내에서 증발 잠열에 의해 냉매가 증발되어 발생되는 기체로 냉동 능력을 상실한 가스
☞ 플래시 가스 발생을 억제하기 위해 팽창밸브 직전의 냉매를 5[℃] 정도 과냉각시켜 냉동 효과를 증대시킨다.

26 수액기 취급 시 주의 사항으로 옳은 것은?

① 직사광선을 받아도 무방하다.
② 안전밸브를 설치할 필요가 없다.
③ 균압관은 지름이 작은 것을 사용한다.
④ 저장 냉매액을 $\frac{3}{4}$ 이상 채우지 말아야 한다.

해설 수액기 취급 시 주의 사항
① 화기 및 직사광선을 피할 것
② 수액기의 냉매량은 $\frac{3}{4}$(75[%]) 이상 만액시키지 말 것
③ 안전밸브는 항상 열어두고, NH_3용 : (안전밸브), 프레온용 : (가용전)설치
④ 수액기가 응축기보다 낮게 설치될 것
⑤ 균압관은 지름이 큰 것을 사용할 것

27 15℃의 1ton의 물을 0℃의 얼음으로 만드는데 제거해야 할 열량은? (단, 물의 비열 4.2kJ/kg·K, 응고잠열 334kJ/kg이다.)

① 63000kJ
② 271600kJ
③ 334000kJ
④ 397000kJ

해설 ① 15[℃] 물 → 0[℃] 물
$Q_S = 1000 \times 4.2 \times 15 = 63000kJ$
② 0[℃] 물 → 0[℃] 얼음
$Q_L = 1000kg \times 334kJ/kg = 334000kJ$
∴ ① + ② = 397000kJ

28 다음 중 브라인의 동파방지책으로 옳지 않은 것은?

① 부동액을 첨가한다.
② 단수릴레이를 설치한다.
③ 흡입압력조절밸브를 설치한다.
④ 브라인 순환펌프와 압축기 모터를 인터록 한다.

해설 E.P.R(증발압력 조정 밸브)를 설치한다.

29 다음 중 수소, 염소, 불소, 탄소로 구성된 냉매계열은?

① HFC계
② HCFC계
③ CFC계
④ 할론계

해설 HCFC계 냉매 : 수소, 염소, 불소, 탄소로 구성

Answer 25. ④ 26. ④ 27. ④ 28. ③ 29. ②

30 15A 강관을 45°로 구부릴 때 곡관부의 길이(mm)는? (단, 굽힘 반지름은 100mm이다.)
① 78.5   ② 90.5
③ 157   ④ 209

해설 $$\frac{2 \times \pi \times 100 \times 45°}{360°} = 78.5$$

31 유니언 나사이음의 도시기호로 옳은 것은?
① —||—
② —|—
③ —|||—
④ —×—

해설 ① 플랜지이음 ② 나사이음 ④ 용접이음

32 탱크형 증발기에 관한 설명으로 옳지 않은 것은?
① 만액식에 속한다.
② 주로 암모니아용으로 제빙용에 사용된다.
③ 상부에는 가스헤드, 하부에는 액헤드가 존재한다.
④ 브라인의 유동속도가 늦어도 능력에는 변화가 없다.

해설 탱크형 증발기(헤링본) : 상부에는 가스헤드, 하부에는 액헤드가 존재하며, 주로 암모니아용 제빙장치, 만액식, 액순환이 용이하여 기액분리 쉽고 전열 양호하다.

33 증발식 응축기 설계시 1RT당 전열면적은? (단, 응축온도는 43℃로 한다.)
① 1.2m²/RT   ② 3.5m²/RT
③ 6.5m²/RT   ④ 7.5m²/RT

해설 증발식 응축기 1RT당 전열면적 : 1.2~1.5m²/RT

34 회전식과 비교환 왕복동식 압축기의 특징으로 옳지 않은 것은?
① 진동이 크다.
② 압축능력이 적다.
③ 압축이 단속적이다.
④ 크랭크 케이스 내부압력이 저압이다.

해설 왕복동식 압축기는 압축능력이 크다.

35 증발열을 이용한 냉동법이 아닌 것은?
① 증기분사식 냉동법
② 압축 기체 팽창 냉동법
③ 흡수식 냉동법
④ 증기 압축식 냉동법

해설 증발열을 이용한 냉동법 : 증기분사식, 흡수식, 증기 압축식 냉동법
※ 압축기체 팽창 냉동법 : 교축팽창, 단열팽창 냉동법

Answer 30. ① 31. ③ 32. ④ 33. ① 34. ② 35. ②

36 다음 그림(p-h 선도)에서 응축부하를 구하는 식으로 맞는 것은?

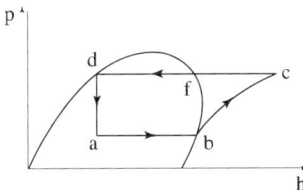

① hc-hd ② hc-hb
③ hb-ha ④ hd-ha

해설 ① hc-hd : 응축부하
② hc-hb : 압축부하
③ hb-ha : 증발부하
④ hd-ha : 단열팽창

37 동관을 용접 이음하려고 한다. 다음 중 가장 적당한 것은?
① 가스 용접
② 스폿 용접
③ 테르밋 용접
④ 프라즈마 용접

해설 동관 용접은 가스 용접으로 경납 및 연납용접으로 구분한다.

38 최대값이 Im인 사인파 교류전류가 있다. 이 전류의 파고율은?
① 1.11 ② 1.414
③ 1.71 ④ 3.14

해설 파고율 = $\dfrac{\text{최대값}}{\text{실효값}} = \sqrt{2} = 1.414$

39 4방 밸브를 이용하여 겨울에는 고온부 방출열로 난방을 행하고 여름에는 저온부로 열을 흡수하여 냉방을 행하는 장치는?
① 열펌프
② 열전 냉동기
③ 증기분사 냉동기
④ 공기사이클 냉동기

해설 열펌프 : 4방 밸브를 이용하여 겨울에는 고온부 방출열로 난방을 행하고 여름에는 저온부로 열을 흡수하여 냉방을 행하는 장치

40 압축방식에 의한 분류 중 체적 압축식 압축기에 속하지 않는 것은?
① 왕복동식 압축기
② 회전식 압축기
③ 스크류식 압축기
④ 흡수식 압축기

해설 체적 압축식 압축기종류 : 왕복동식, 회전식, 스크류식압축기

Answer 36. ① 37. ① 38. ② 39. ① 40. ④

41 다음 중 입력신호가 0이면 출력이 1이 되고 반대로 입력이 1이면 출력이 0이 되는 회로는?

① NAND회로
② OR회로
③ NOR회로
④ NOT회로

해설 ① NOT회로(논리부정 NOT gate) : 입력이 0일 때 출력은 1, 입력이 1일 때 출력은 0이 되는 회로
② AND회로(논리곱회로, AND gate) : 두 개의 입력 A와 B가 모두 1일 때만 출력이 1이 되는 회로
③ OR회로(논리합, OR gate) : 입력 A 또는 B의 어느 한 쪽이든가 양자가 1일 때 출력이 1이 되는 회로
④ NOR회로(논리합 부정, NOR gate)회로 : OR 회로에 NOT 회로를 접속한 OR-NOT 회로
⑤ NAND회로 : AND회로에서 NOT회로를 접속한 회로

42 다음의 역 카르노 사이클에서 냉동장치의 각 기기에 해당되는 구간이 바르게 연결된 것은?

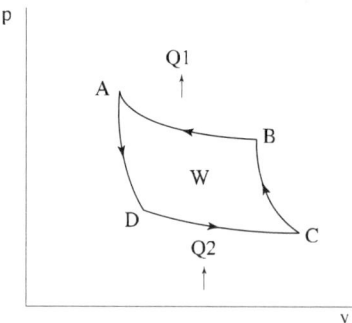

① B→A : 응축기, C→B : 팽창변, D→C : 증발기, A→D : 압축기
② B→A : 증발기, C→B : 압축기, D→C : 응축기, A→D : 팽창변
③ B→A : 응축기, C→B : 압축기, D→C : 증발기, A→D : 팽창변
④ B→A : 압축기, C→B : 응축기, D→C : 증발기, A→D : 팽창변

해설 역카르노 사이클(냉동장치 구성)
B→A : 응축기, C→B : 압축기, D→C : 증발기, A→D : 팽창변

Answer 41. ④ 42. ③

43 냉동기 오일에 관한 설명으로 옳지 않은 것은?

① 윤활 방식에는 비말식과 강제급유식이 있다.
② 사용 오일은 응고점이 높고 인화점이 낮아야 한다.
③ 수분의 함유량이 적고 장기간 사용하여도 변질이 적어야 한다.
④ 일반적으로 고속다기통 압축기의 경우 윤활유의 온도는 50~60℃ 정도이다.

해설 응고점이 낮아 저온에서도 유동성이 좋고, 인화점이 높아 열적 안정성이 있을 것

44 다음 중 냉동장치에서 전자밸브의 사용 목적과 가장 거리가 먼 것은?

① 온도 제어
② 습도 제어
③ 냉매, 브라인의 흐름제어
④ 리퀴드 백(Liquid back) 방지

해설 전자밸브 사용 목적 : 온도제어, 액면제어, 냉매, 브라인의 흐름제어, 리퀴드백 방지에 사용한다.

45 수증기를 열원으로 하여 냉방에 적용시킬 수 있는 냉동기는?

① 원심식 냉동기 ② 왕복식 냉동기
③ 흡수식 냉동기 ④ 터보식 냉동기

해설 흡수식 냉동기 : 물(수증기)을 열원으로 하여 냉방에 적용시킬 수 있는 냉동기

※ 흡수제와 냉매

흡수제	냉매
H_2O(물)	NH_3(암모니아)
LiBr(리튬브로마이드)	H_2O(물)

46 터보형 펌프의 종류에 해당되지 않는 것은?

① 볼류트 펌프   ② 터빈 펌프
③ 축류 펌프   ④ 수격 펌프

해설 터보형 펌프
1) 원심식
   ① 볼류트 ② 터빈
2) 사류식
3) 축류식
※ 특수펌프 : 마찰, 제트, 기포, 수격 펌프

47 벌집모양의 로터를 회전시키면서 윗 부분으로 외기를 아래쪽으로 실내배기를 통과하면서 외기와 배기의 온도 및 습도를 교환하는 열교환기는?

① 고정식 전열교환기
② 현열교환기
③ 히트 파이프
④ 회전식 전열교환기

해설 열교환기 종류
① 회전식 전열교환기 : 허니콤상 로터를 회전시켜 열교환, 엔탈피변화 : 흡습제(염화리튬 침투판 사용)
② 고정식 전열교환기 : 석면, 박판소재 흡습제로 염화리튬사용, 판소재, 교대배열

Answer 43. ② 44. ② 45. ③ 46. ④ 47. ④

48 공기조화 설비의 구성은 열원장치, 공기조화기, 열 운반장치 등으로 구분하는데, 이중 공기조화기에 해당되지 않는 것은?

① 여과기　　② 제습기
③ 가열기　　④ 송풍기

해설 공기조화 설비 구성
① 열운반장치 : 열운반 장치로 송풍기, 펌프, 덕트 등
② 공기조화기 : 가열코일, 냉각코일, 가습기, 여과기 등
③ 열원장치 : 보일러, 냉동기 등
④ 자동제어장치 : 실내온·습도조절로 경제적 운전

49 수-공기 방식인 팬 코일 유닛(fan coil unit) 방식의 장점으로 옳지 않은 것은?

① 개별제어가 가능하다.
② 부하면경에 따른 증설이 비교적 간단하다.
③ 전공기 방식에 비해 이송동력이 적다.
④ 부분 부하 시 도입 외기량이 많아 실내공기의 오염이 적다.

해설 외기도입량이 부족하여 실내공기의 오염이 크다.

50 습공기 선도에서 표시되어 있지 않은 값은?

① 건구온도　　② 습구온도
③ 엔탈피　　　④ 엔트로피

해설 ※ 습공기 선도구성 : 건구온도, 습구온도, 노점온도, 상대습도, 절대 습도, 엔탈피, 비체적, 현열비, 열수분비, 수증기 분압 등을 표시

51 송풍기의 정압에 대한 내용으로 옳은 것은?

① 정압 = 정압 × 전압
② 정압 = 동압 ÷ 전압
③ 정압 = 전압 - 동압
④ 정압 = 전압 + 동압

해설 전압 = 정압 + 동압
∴ 정압 = 전압 - 동압

52 보일러의 증발량이 20ton/h이고 본체 전열면적이 400m²일 때, 이 보일러의 증발률은 얼마인가?

① 30kg/m²h　　② 40kg/m²h
③ 50kg/m²h　　④ 60kg/m²h

해설 증발율[kg/m²h] : 보일러의 전열면적 1[m²]당 1시간 동안의 실제 증발량

※ 전열면(실제) 증발율 = $\frac{20000}{400}$ = 50kg/m²h

53 적당한 위치에서 배기구를 설치하고 송풍기에 의하여 외기를 강제적으로 도입하여 배기는 배기구에서 자연적으로 환기되도록 하는 환기법은?

① 제1종 환기　　② 제2종 환기
③ 제3종 환기　　④ 제4종 환기

해설 강제 환기방식 종류
① 제1종 환기 : 급기팬 + 배기팬의 조합(환기효과 가장 큼)
② 제2종 환기 : 급기팬 + 자연배기(실내압은 정압)
③ 제3종 환기 : 자연급기 + 배기팬(실내압은 부압)
④ 제4종 환기 : 자연급기 + 자연배기의 조합(자연중력환기)

Answer 48. ④　49. ④　50. ④　51. ③　52. ③　53. ②

54 냉방부하 계산 시 현열부하에만 속하는 것은?

① 인체에서의 발생열
② 실내 기구에서의 발생열
③ 송풍기의 동력열
④ 틈새바람에 의한 열

해설 기기내 취득 부하
송풍기에 의한 부하 : 현열
덕트를 통한 부하 : 현열

55 온풍난방의 특징에 대한 설명으로 옳은 것은?

① 예열시간이 짧아 간헐운전이 가능하다.
② 온·습도 조정을 할 수 없다.
③ 실내 상하온도차가 적어 쾌적성이 좋다.
④ 공기를 공급하므로 소음발생이 적다.

해설 온풍난방은 예열시간이 짧아 간헐운전이 가능

56 콜드 드래피트(cold draft) 현상의 원인에 해당되지 않는 것은?

① 주위 벽면의 온도가 낮을 때
② 동절기 창문의 극간풍이 없을 때
③ 기류의 속도가 클 때
④ 주위 공기의 습도가 낮을 때

해설 콜드 드래프트 원인
① 인체 주위 공기 온도가 너무 낮을 때
② 기류 속도가 클 때
③ 습도가 낮을 때
④ 주위 벽면 온도가 낮을 때
⑤ 동절기 창문의 극간풍이 많을 때

57 공기조화기용 코일의 배열방식에 따른 분류에 해당되지 않는 것은?

① 풀 서킷 코일
② 더블 서킷 코일
③ 슬릿 핀 서킷 코일
④ 하프 서킷 코일

해설 ③ 코일 배열방식에 따른 분류
① 풀서킷 코일
② 더블 서킷 코일
③ 하프 서킷 코일

58 온도, 습도, 기류를 1개의 지수로 나타낸 것으로 상대습도 100%, 풍속 0m/s인 경우의 온도는?

① 복사온도
② 유효온도
③ 불쾌온도
④ 효과온도

해설 유효온도(ET : effective temperature) : 어떤 온·습도하에서 방에서 느끼는 쾌감과 동일한 쾌감을 얻을 수 있는 바람이 없고 (0[m/s]), 포화상태(100[%])인 실내의 온도를 감각온도라고도 함

Answer 54. ③ 55. ① 56. ② 57. ③ 58. ②

59 독립계통으로 운전이 자유롭고 냉수 배관이나 복잡한 덕트 등이 없기 때문에 소규모 상점이나 사무실 등에서 사용되는 경제적인 공조 방식은?

① 중앙식 공조 방식
② 복사 냉난방 공조 방식
③ 유인유닛 공조 방식
④ 패키지 유닛 공조 방식

해설 패키지 유닛 방식 : 냉동기 및 냉각 코일, 송풍기 등이 내장되어 있는 공조기를 실내에 설치하는 방식으로 소규모 상점이나 사무실 등에서 사용되는 경제적인 공조 방식

60 다익형 송풍기의 임펠러 지름이 450mm인 경우 이 송풍기의 번호는 몇 번인가?

① NO 2　② NO 3
③ NO 4　④ NO 5

해설 ② $(No) = \dfrac{450[mm]}{150[mm]} = 3$

Answer 59. ④ 60. ②

공조냉동기계기능사 2000제 문제은행

2014년 7월 20일 시행

01 고압가스 냉동제조 시설에서 압축기의 최종단에 설치한 안전장치의 작동 점검기준으로 옳은 것은? (단, 액체의 열팽창으로 인한 배관의 파열방지용 안전밸브는 제외한다.)
① 3개월에 1회 이상
② 6개월에 1회 이상
③ 1년에 1회 이상
④ 2년에 1회 이상

해설 압축기 최종단에 설치한 안전밸브: 1년에 1회 이상, 그 밖의 안전밸브: 2년에 1회 이상 점검

02 산업재해의 직접적인 원인에 해당되지 않는 것은?
① 안전장치의 기능상실
② 불안전한 자세와 동작
③ 위험물의 취급 부주의
④ 기계장치 등의 설계 불량

해설 기계장치 등의 설계불량은 간접원인 중 기술적 원인

03 작업조건에 따라 착용하여야 하는 보호구의 연결로 틀린 것은?
① 고열에 의한 화상 등의 위험이 있는 작업 - 안전대
② 근로자가 추락할 위험이 있는 작업 - 안전모
③ 물체가 흩날릴 위험이 있는 작업 - 보안경
④ 감전의 위험이 있는 작업 - 절연용 보호구

해설 고열에 의한 화상 등의 위험이 있는 작업은 방열복

04 피로의 원인 중 외부인자로 볼 수 있는 것은?
① 경험
② 책임감
③ 생활조건
④ 신체적 특성

해설 생활조건은 피로의 원인 중 외부인자다.

Answer 1. ③ 2. ④ 3. ① 4. ③

05 전기용접 작업할 때 안전관리 사항 중 적합하지 않은 것은?

① 피용접물은 완전히 접지시킨다.
② 우천 시에는 옥외작업을 하지 않는다.
③ 용접봉은 홀더로부터 빠지지 않도록 정확히 끼운다.
④ 옥외용접 시에는 헬멧이나 핸드실드를 사용하지 않는다.

해설 전기용접 작업 시 헬멧이나 핸드실드를 사용한다.

06 압축기 운전 중 이상음이 발생하는 원인으로 가장 거리가 먼 것은?

① 기초볼트의 이완
② 피스톤 하부에 오일이 고임
③ 토출 밸브, 흡입 밸브의 파손
④ 크랭크샤프트 및 피스톤 핀의 마모

해설 압축기 운전 중 이상음 발생 원인은 압축기 내 이물질 혼입, 액해머, 기초볼트의 이완, 밸브의 파손, 커플링의 중심이 맞지 않을 시, 피스톤 핀. 연결봉 등의 마모 시 이상음이 발생한다.

07 보일러 파열사고의 원인으로 가장 거리가 먼 것은?

① 역화의 발생   ② 강도 부족
③ 취급 불량   ④ 계기류의 고장

해설 보일러 사고의 원인
① 제작상의 원인 : 재료불량, 강도부족, 설계불량, 구조불량, 부속기기 설비의 미비, 용접불량 등
② 취급상의 원인 : 압력 초과, 저수위, 급수처리 불량, 부식, 과열, 부속기기의 정비불량 등
※ 역화의 발생도 미연소가스에 의한 폭발을 유발할 수 있지만 문제상 가장거리가 먼 것으로 본다.

08 작업장에서 계단을 설치할 때 계단의 폭은 최소 얼마 이상으로 하여야 하는가? (단, 급유용 · 보수용 · 비상용 계단 및 나선형 계단이 아닌 경우)

① 0.5m   ② 1m   ③ 2m   ④ 5m

해설 계단 최소 폭은 일방통행 50cm, 쌍방통행 120cm 이상, 작업장 계단 폭은 1m 이상으로 한다.

09 다음의 안전 · 보건표지가 의미하는 것은?

① 사용금지   ② 보행금지
③ 탑승금지   ④ 출입금지

해설 안전·보건표지

출입금지	보행금지	차량통행금지	사용금지
탑승금지	금연	화기금지	물체이동금지

Answer 5. ④ 6. ② 7. ① 8. ② 9. ①

10 가스용접 작업의 안전사항으로 틀린 것은?
① 기름 묻은 옷은 인화의 위험이 있으므로 입지 않도록 한다.
② 역화하였을 때에는 산소밸브를 조금 더 연다.
③ 역화의 위험을 방지하기 위하여 역화 방지기를 사용하도록 한다.
④ 밸브를 열 때는 용기 앞에서 몸을 피하도록 한다.

해설 역화하였을 때는 산소밸브를 잠근다.

11 드릴로 뚫어진 구멍의 내벽이나 절단한 관의 내벽을 다듬어서 구멍의 치수를 정확하게 하고, 구멍 내면을 다듬는 구멍 수정용 공구는?
① 평줄
② 리머
③ 드릴
④ 렌치

해설 리머 : 드릴로 뚫어진 구멍의 내벽이나 절단한 관의 내벽을 다듬어서 구멍의 치수를 정확하게 하고, 구멍 내면의 거스름을 제거하여 다듬는 공구

12 드릴링 머신의 작업 시 일감의 고정 방법에 관한 설명으로 틀린 것은?
① 일감이 작을 때-바이스로 고정
② 일감이 클 때-볼트와 고정구(클램프) 사용
③ 일감이 복잡할 때-볼트와 고정구(클램프) 사용
④ 대량 생산과 정밀도를 요구할 때-이동식 바이스 사용

해설 대량 생산과 정밀도를 요구할 때는 지그를 사용하여 고정한다.

13 목재 화재 시에는 물을 소화제로 이용하는데, 주된 소화 효과는?
① 제거효과
② 질식효과
③ 냉각효과
④ 억제효과

해설 목재 화재는 일반화재로 물을 소화제로 사용하여 냉각효과로 소화한다.

14 냉동 장치 내에 공기가 유입되었을 경우 나타나는 현상으로 가장 거리가 먼 것은?
① 응축 압력이 높아진다.
② 압축비가 높게 되어 체적 효율이 증가된다.
③ 냉매와 증발관과의 열전달을 방해하여 냉동능력이 감소된다.
④ 공기흡입시 수분도 혼입되어 프레온 냉동 장치에서 부식이 일어난다.

해설 압축비가 높게 되어 체적 효율을 저하시킨다.

Answer 10. ② 11. ② 12. ④ 13. ③ 14. ②

15 보호구 사용 시 유의사항으로 틀린 것은?

① 작업에 적절한 보호구를 선정한다.
② 작업장에는 필요한 수량의 보호구를 비치한다.
③ 보호구는 사용하는데 불편이 없도록 관리를 철저히 한다.
④ 작업을 할 때 개인에 따라 보호구는 사용 안해도 된다.

해설 작업할 때 용도에 맞는 보호구를 사용한다.

16 강관의 보온 재료로 가장 거리가 먼 것은?

① 규조토
② 유리면
③ 기포성 수지
④ 광명단

해설 광명단은 녹방지를 위해 페인트 밑칠용에 사용하는 도료이다.

17 이론상의 표준냉동사이클에서 냉매가 팽창밸브를 통과할 때 변하는 것은?

① 엔탈피의 압력
② 온도와 엔탈피
③ 압력과 온도
④ 엔탈피와 비체적

해설 냉매가 팽창밸브를 통과할 때의 변화는 압력강하, 온도 강하, 엔탈피 불변, 비체적 증대를 일으킨다.

18 냉동장치에서 자동제어를 위해 사용되는 전자밸브(Solenoide valve)의 역할로 가장 거리가 먼 것은?

① 액압축 방지
② 냉매 및 브라인 흐름 제어
③ 용량 및 액면 제어
④ 고수위 경보

해설 전자밸브의 역할 : 전기적 조작에 의해 밸브가 자동으로 개폐되어 용량, 액면조정, 온도제어, 리퀴드 백 방지, 냉매나 브라인, 냉각수 흐름제어에 사용(불연속동작의 ON, OFF제어)

19 강관의 나사식 이음쇠 중 밴드의 종류에 해당하지 않는 것은?

① 양수 롱 밴드
② 45° 롱 밴드
③ 리턴 밴드
④ 크로스 밴드

해설 강관 이음쇠 중 나사식 밴드의 종류 : 양수 롱 밴드, 45°롱 밴드, 리턴 밴드

20 압축기 종류에 따른 정상적인 유압이 아닌 것은?

① 터보 = 정상저압 + 6kg/cm^2
② 입형저속 = 정상저압 + 0.5 ~ 1.5kg/cm^2
③ 소형 = 정상저압 + 0.5kg/cm^2
④ 고속다기통 = 정상저압 6kg/cm^2

해설 고속다기통 = 정상저압(크랭크 케이스압력) + 1.5kg/cm^2 ~ 3kg/cm^2

Answer 15. ④ 16. ④ 17. ③ 18. ④ 19. ④ 20. ④

21 암모니아 냉동장치에서 실린더 직경 150mm, 행정 90mm, 회전수 1170rpm, 6기통일 때 냉동능력(RT)은? (단, 냉매상수는 8.4 이다.)

① 약 98.2
② 약 79.7
③ 약 59.2
④ 약 38.9

해설 ① 왕복압축기 압축량 식

$$V_a(\text{m}^3/\text{h}) = \frac{\pi}{4}D^2 \times L \times N \times R \times 60$$

[D : 실린더지름(m), L : 행정(m), N : 기통수, R : 회전수(rpm)]에서

$V_a(\text{m}^3/\text{h}) = \frac{\pi}{4}(0.15)^2 \times 0.09 \times 1170 \times 6 \times 60 = 669.55$

∴ $\frac{669.55}{8.4} = 79.7$

22 동결장치 상부에 냉각코일을 집중적으로 설치하고 공기를 유동시켜 피냉각물체를 동결시키는 장치는?

① 송풍 동결장치
② 공기 동결장치
③ 접촉 동결장치
④ 브라인 동결장치

해설 송풍 동결장치 : 동결장치 상부에 냉각코일을 집중적으로 설치하고 공기를 유동시켜 피냉각물체를 동결시키는 장치로 급속동결이 가능하고 동결식품의 제조에 광범위하게 사용되며, 피동결식품의 형상 및 크기에 제약을 받지 않는다.

23 건포화증기를 압축기에서 압축시킬 경우 토출되는 증기의 상태는?

① 과열증기
② 포화증기
③ 포화액
④ 습증기

해설 건조포화증기를 더욱 가열하여 포화증기 온도보다 높은 상태를 나타내는 구역으로 압축기 토출증기 상태를 과열증기라 한다.

24 냉동기용 전동기의 시동 릴레이는 전동기 정격속도의 얼마에 달할 때까지 시동전선에 전류를 흐르게 하는가?

① 1/2
② 2/3
③ 1/4
④ 1/5

해설 냉동기용 전동기의 시동 릴레이는 전동기 정격속도의 2/3에 도달할 때까지 시동전선에 전류를 흐르게 한다.

25 열전달율에 대한 설명 중 옳은 것은?

① 열이 관벽 또는 브라인(Brine)등의 재질 내에서의 이동을 나타내며 단위는 kcal/m·h·℃ 이다.
② 액체면과 기체면 사이의 열의 이동을 나타내며 단위는 kcal/m·h·℃ 이다.
③ 유체와 고체 사이의 열의 이동을 나타내며 단위는 $kcal/m^2·h·℃$ 이다.
④ 고체와 기체 사이의 열의 이동을 나타내며 단위는 $kcal/m^3·h·℃$ 이다.

해설 ① 열전달(kcal/h) : 유체와 고체간에 열 이동현상 $Q = \alpha \cdot A \cdot \Delta t$
② 열전달율, 열관류율(K)(열통과)($kcal/m^2·h·℃$) : 온도가 다른 유체가 고체벽을 사이에 두고 있을 때 고온 유체에서 저온 유체로 열이 이동하는 것

Answer 21. ② 22. ① 23. ① 24. ② 25. ③

26 표준냉동사이클의 증발 과정 동안 압력과 온도는 어떻게 변화하는가?

① 압력과 온도가 모두 상승한다.
② 압력과 온도가 모두 일정하다.
③ 압력은 상승하고 온도는 일정하다.
④ 압력은 일정하고 온도는 상승한다.

해설 압력과 온도가 모두 일정하고, 엔탈피는 증가한다.

27 흡수식 냉동장치에서 냉매로 암모니아를 사용할 때 흡수제로 가장 적당한 것은?

① LiBr   ② $CaCl_2$
③ LiCl   ④ H_2O

해설 흡수제와 냉매

흡수제	냉매
H_2O(물)	NH_3(암모니아)
LiBr(리튬브로마이드)	H_2O(물)

28 냉동 장치에서 다단 압축을 하는 목적으로 옳은 것은?

① 압축비 증가와 체적 효율 감소
② 압축비와 체적 효율 증가
③ 압축비와 체적 효율 감소
④ 압축비 감소와 체적 효율 증가

해설 다단 압축을 하는 목적
① 압축비 감소로 체적 효율 상승
② 냉매순환량 증가
③ 윤활유 열화방지
④ 압축기 과열방지
⑤ 성적계수 향상

29 동력의 단위 중 값이 큰 순서대로 바르게 나열된 것은?

① 1kW > 1PS > $1kg_f$·m/sec > 1kcal/h
② 1kW > 1kcal/h > $1kg_f$·m/sec > 1PS
③ 1PS > $1kg_f$·m/sec > 1kcal/h > 1kW
④ 1PS > $1kg_f$·m/sec > 1kW > 1kcal/h

해설 1kW(860kcal/h) > 1PS(632kcal/h) > $1kg_f$·m/sec(8.43kcal/h) > 1kcal/h

30 암모니아 냉동 장치에 대한 설명 중 틀린 것은?

① 윤활유에는 잘 용해되나, 수분과의 용해성이 극히 적다.
② 연소성, 폭발성, 독성 및 악취가 있다.
③ 전열 성능이 양호하다.
④ 프레온 냉동장치에 비해 비열비가 크다.

해설 윤활유와 잘 용해하지 않고, 수분과의 용해성이 크다.

31 온도식 자동팽창 밸브에서 감온통의 부착위치는?

① 응축기 출구
② 증발기 입구
③ 증발기 출구
④ 수액기 출구

해설 온도식 자동팽창 밸브는 건식증발기에 사용하며 증발기 출구에 감온통을 부착한다.

Answer 26. ② 27. ④ 28. ④ 29. ① 30. ① 31. ③

32 냉동장치 운전에 관한 설명으로 옳은 것은?

① 흡입압력이 저하되면 토출가스 온도가 저하된다.
② 냉각수온이 높으면 응축압력이 저하된다.
③ 냉매가 부족하면 증발압력이 상승한다.
④ 응축압력이 상승되면 소요동력이 증가한다.

해설 응축압력이 상승되면 소요동력, 압축비가 증가하고, 냉동효과, 체적효율, 냉매순환량이 감소한다.

33 다음 보기 중 브라인의 구비 조건으로 적절한 것은?

(가) 비열과 열전도율이 클 것
(나) 끓는점이 높고, 불연성일 것
(다) 동결온도가 높을 것
(라) 점성이 크고 부식성이 클 것

① (가), (나) ② (가), (다)
③ (나), (다) ④ (가), (라)

해설 브라인의 구비 조건
① 응고점이 낮고, 비열이 클 것
② 열전도율이 클 것(열용량이 클 것)
③ 점도가 작을 것
④ pH값이 중성일 것(pH 7.5~8.2 정도)
⑤ 냉동점(공정점)이 낮을 것(냉매의 증발온도보다 5~6[℃] 낮을 것)
⑥ 금속에 대한 부식성이 없을 것(유기질은 부식이 적고, 무기질은 부식성이 크다)

34 냉동능력이 5냉동톤(한국냉동톤)이며, 압축기의 소요동력이 5마력(PS)일 때 응축기에서 제거하여야 할 열량(kcal/h)은?

① 약 18790kcal/h
② 약 19760kcal/h
③ 약 20900kcal/h
④ 약 21100kcal/h

해설 $(5 \times 3320\text{kcal/h}) + (5 \times 632\text{kcal/h})$
$= 19760\text{kcal/h}$

35 동일한 증발온도일 경우 간접 팽창식과 비교하여 직접 팽창식 냉동장치에 대한 설명으로 틀린 것은?

① 소요동력이 적다.
② 냉동톤(RT)당 냉매 순환량이 적다.
③ 감열에 의해 냉각시키는 방법이다.
④ 냉매의 증발 온도가 높다.

해설 ① 간접팽창식(브라인식) : 냉매에 의한 냉각된 브라인이 다시 피냉동 물체로부터 감열 형태로 열을 흡수하는 냉동방식
② 직접팽창식 : 냉동공간에 냉각관을 설치하여 냉매를 직접 흐르게 하여 그 냉매의 잠열로 열을 흡수하여 냉각하는 냉동방식

Answer 32. ④ 33. ① 34. ② 35. ③

36 증발기에 대한 설명으로 옳은 것은?

① 증발기 입구 냉매 온도는 출구 냉매 온도보다 높다.
② 탱크형 냉각기는 주로 제빙용에 쓰인다.
③ 1차 냉매는 감열로 열을 운반한다.
④ 브라인은 무기질이 유기질보다 부식성이 작다.

해설 탱크형(헤링본) 냉각기 : 주로 암모니아용 제빙장치에 사용, 만액식, 액순환이 용이하여 기액분리가 쉽고 전열이 양호하다.

37 냉동기의 스크류 압축기(screw compressor)에 대한 특징으로 틀린 것은?

① 암·나사 2개의 로터나사의 맞물림에 의해 냉매 가스를 압축한다.
② 왕복동식 압축기와 동일하게 흡입, 압축, 토출의 3행정으로 이루어진다.
③ 액격 및 유격이 비교적 크다.
④ 흡입·토출 밸브가 없다.

해설 스크류 압축기(screw compressor)는 액격(liquid hammer) 또는 유격(oil hammer)이 적다.

38 증발식 응축기에 대한 설명 중 옳은 것은?

① 냉각수의 사용량이 많아 증발량도 커진다.
② 응축능력은 냉각관 표면의 온도와 외기 건구온도차에 비례한다.
③ 냉각수량이 부족한 곳에 적합하다.
④ 냉매의 압력강하가 작다.

해설 증발식 응축기 특징
① 냉매 가스가 흐르는 냉각관 코일의 외면에 냉각수를 분무 노즐에 의해 분사시키고 송풍기를 이용하여 건조한 공기를 3[m/sec]의 속도로 보내어 공기의 대류작용 및 물의 증발 잠열로 응축하는 형식
② 주로 NH_3용, 중형 프레온용
③ 상부에 엘리미네이터(eliminator) 설치
④ 냉각수량이 가장 적고, 청소나 보수가 곤란
⑤ 외기 습구온도가 낮을수록 응축능력 증가하며, 냉매 압력강하 크다.
⑥ 냉각탑이 필요 없고, 팬, 노즐, 냉각수 펌프 등 부속설비가 많이 든다.

39 시간적으로 변화하지 않는 일정한 입력신호를 단속 신호로 변환하는 회로로서 경보용 부저 신호에 많이 사용하는 것은?

① 선택 회로
② 플리커 회로
③ 인터로크 회로
④ 자기유지 회로

해설 플리커 회로 : 설정한 시간에 따라 ON/OFF를 반복하는 회로로 시간적으로 변화하지 않는 일정한 입력신호를 단속 신호로 변환하는 회로로서 경보용 부저 신호에 많이 사용한다.

Answer 36. ② 37. ③ 38. ③ 39. ②

40 저압 차단 스위치의 작동에 의해 장치가 정지 되었을 때, 행하는 점검사항 중 가장 거리가 먼 것은?

① 응축기의 냉각수 단수 여부 확인
② 압축기의 용량제어 장치의 고장 여부 확인
③ 저압측 적상 유무 확인
④ 팽창밸브의 개도 점검

해설 응축기의 냉각수 단수 여부 확인은 고압차단 스위치 작동에 의한 점검사항이다.

41 왕복동 압축기와 비교하여 원심 압축기의 장점으로 틀린 것은?

① 흡입밸브, 토출밸브 등의 마찰부분이 없으므로 고장이 적다.
② 마찰에 의한 손상이 적어서 성능저하가 적다.
③ 저온장치에는 압축단수를 1단으로 가능하다.
④ 왕복동 압축기에 비해 구조가 간단하다.

해설 원심 압축기는 대용량의 공기조화용으로 많이 사용되고, 저온장치에 압축단수를 1단으로 불가능하다.

42 냉동장치에서 응축기나 수액기 등 고압부에 이상이 생겨 점검 및 수리를 위해 고압측 냉매를 저압측으로 회수하는 작업은?

① 펌프아웃(pump out)
② 펌프다운(pump down)
③ 바이패스아웃(bypass out)
④ 바이패스다운(bypass down)

해설 펌프아웃(pump out) : 냉동장치에서 고압측(응축기, 수액기 등)에 이상이 생겼을 때 점검 및 수리를 위해서 고압측 냉매를 저압측으로 회수하는 작업
펌프다운(pump down) : 냉동장치에서 저압측(증발기) 등에 이상이 생겼을 때 저압측 냉매를 고압측으로 회수하는 작업(액맥 방지, 기동 시 과부하 방지, 브라인 및 냉수의 동결 방지)

43 응축 온도가 13℃이고, 증발온도가 −13℃인 이론적 냉동 사이클에서 냉동기의 성적 계수는?

① 0.5
② 2
③ 5
④ 10

해설
$$COP = \frac{T_2}{T_1 - T_2} = \frac{(273-13)}{(273+13)-(273-13)} = 10$$

Answer 40. ① 41. ③ 42. ① 43. ④

44 입형 셸 앤 튜브식 응축기의 특징으로 가장 거리가 먼 것은?

① 옥외 설치가 가능하다.
② 액냉매의 과냉각이 쉽다.
③ 과부하에 잘 견딘다.
④ 운전 중 청소가 가능하다.

해설 냉매가스와 냉각수가 평행류로 되어 냉각수가 많이 필요하고 과냉각이 잘 안 된다.

45 동관을 구부릴 때 사용되는 동관전용 벤더의 최소곡률 반지름은 관지름의 약 몇 배인가?

① 약 1~2배   ② 약 4~5배
③ 약 7~8배   ④ 약 10~11배

해설 동관 전용 벤더의 최소곡률 반지름은 관지름의 약 4~5배가 되도록 구부린다.

46 사무실의 공기조화를 행할 경우, 다음 중 전체 열부하에서 가장 큰 비중을 차지하는 항목은?

① 바닥에서 침입하는 열과 재실자로부터의 발생열
② 문을 열 때 들어오는 열과 문 틈으로 들어오는 열
③ 재실자로부터의 발생열과 조명기구로부터의 발생열
④ 벽, 창, 천장 등에서 침입하는 열과 일사에 의해 유리창을 투과하여 침입하는 열

해설 공기조화 열부하는 벽, 창, 천장 등에서 침입하는 열과 일사에 의해 유리창을 투과하여 침입하는 열이 가장 큰 비중을 차지한다.

47 실내의 오염된 공기를 신선한 공기로 희석 또는 교환하는 것을 무엇이라고 하는가?

① 환기
② 배기
③ 취기
④ 송기

해설 환기 : 실내의 오염된 공기를 신선한 공기로 희석 또는 교환하는 것

48 보일러 스케일 방지책으로 적절하지 않은 것은?

① 청정제를 사용한다.
② 보일러 판을 미끄럽게 한다.
③ 급수 중의 불순물을 제거한다.
④ 수질분석을 통한 급수의 한계 값을 유지한다.

해설 보일러 스케일 방지책
① 청정제를 사용한다. 약품 첨가로 스케일 성분 고착방지(관내처리)
③ 급수 중의 불순물을 제거한다. 염류 등 불순물 제거(관외처리)
④ 수질분석을 통한 급수의 한계 값을 유지한다.(농축방지위해 분출)

Answer 44. ② 45. ② 46. ④ 47. ① 48. ②

49 냉방부하 계산 시 인체로부터의 취득열량에 대한 설명으로 틀린 것은?

① 인체 발열부하는 작업 상태와는 관계없다.
② 땀의 증발, 호흡 등은 잠열이라 할 수 있다.
③ 인체의 발열량은 재실 인원수와 현열량과 잠열량으로 구한다.
④ 인체 표면에서 대류 및 복사에 의해 방사되는 열은 현열이다.

해설 ▶ 인체 발열부하는 작업 상태에 따라 다르며 현열량과 잠열량으로 구한다.

50 보일러 송기장치의 종류로 가장 거리가 먼 것은?

① 비수방지관   ② 주증기밸브
③ 증기헤더   ④ 화염검출기

해설 ▶ 화염검출기는 안전장치이다.

51 건물 내 장소에 따라 부하변동의 상황이 달라질 경우, 구역 구분을 통해 구역마다 공조기를 설치하여 부하처리를 하는 방식은?

① 단일덕트 재열 방식
② 단일덕트 변풍량 방식
③ 단일덕트 정풍량 방식
④ 단일덕트 각층유닛 방식

해설 ▶ 건물 내 장소에 따라 부하변동의 상황이 달라질 경우, 구역 구분을 통해 구역마다 공조기를 설치하여 부하처리를 하는 방식은 단일덕트 정풍량 방식이다.

52 복사난방에 대한 설명으로 틀린 것은?

① 설비비가 적게 든다.
② 매립 코일이 고장나면 수리가 어렵다.
③ 외기침입이 있는 곳에도 난방감을 얻을 수 있다.
④ 실내의 벽, 바닥 등을 가열하여 평균복사온도를 상승시키는 방법이다.

해설 ▶ 복사난방은 설비비 및 유지관리비가 고가이다.

53 다음 설명에 알맞은 취출구의 종류는?

- 취출 기류의 방향조정이 가능하다.
- 댐퍼가 있어 풍량조절이 가능하다.
- 공기저항이 크다.
- 공장 주방 등의 국소 냉방에 사용된다.

① 다공판형
② 베인격자형
③ 펑커루버형
④ 아네모스탯형

해설 ▶
① 다공판형 : 취출구 프레임에 다공판을 부착시킨 것, 천장 내 덕트 공간이 작은 경우 적합
② 베인격자형 : 날개 방향조절로 풍향조절, 주로 벽 설치용
③ 펑커루버형 : 취출 기류의 방향조정이 가능하고, 댐퍼가 있어 풍량조절도 가능하다. 공기저항이 크고, 공장 주방 등의 국소 냉방용, 선박환기용으로 사용
④ 아네모스탯형 : 확산형 취출구로 천장 취출구로 사용(확산 반지름이 크고, 도달거리 짧다)

Answer 49. ① 50. ④ 51. ③ 52. ① 53. ③

54 공기조화용 에어필터의 여과효율을 측정하는 방법으로 가장 거리가 먼 것은?

① 중량법 ② 비색법
③ 계수법 ④ 용적법

해설 에어필터효율 측정법
① 중량법 : 필터 상류측과 하류측의 분진 중량 (mg/m^3) 측정법
② 변색도법(비색법) : 필터 상·하류의 분진을 각각 여과지로 채집하여 광 투과량이 같도록 상·하류에 통과되는 공기량을 조절하여 계산하는 방법
③ 계수법(DOP법) : 광산란식 입자계수기를 사용하여 필터의 상·하류의 미립자에 의한 산란광에서 그 입경과 개수를 계측하여 농도를 측정하여 포집률을 구하는 법

55 열원이 분산된 개별공조방식에 대한 설명으로 틀린 것은?

① 써모스탯이 내장되어 개별제어가 가능하다.
② 외기냉방이 가능하여 중간기에는 에너지 절약형이다.
③ 유닛에 냉동기를 내장하고 있어 부분운전이 가능하다.
④ 장래의 부하 증가, 증축 등에 대해 쉽게 대응할 수 있다.

해설 개별방식 특징
① 설치가 간단하며, 써모스탯이 내장되어 개별제어가 가능하고, 각 유닛마다 냉동기가 필요하며 부분운전이 가능하다.
② 실내공기의 오염이 크며, 소음, 진동이 크다.
③ 유닛이 분산되어 관리가 불편하다.
④ 외기냉방을 할 수 없다.
⑤ 장래의 부하 증가, 증축 등에 대해 쉽게 대응할 수 있다.

56 실내에서 폐기되는 공기 중의 열을 이용하여 외기 공기를 예열하는 열 회수방식은?

① 열펌프 방식
② 팬코일 방식
③ 열파이프 방식
④ 런 어라운드 방식

해설 런 어라운드 방식(Run Around Coil) : 실내에서 폐기되는 공기 중의 열을 이용하여 외기 공기를 예열하는 열 회수방식

57 유체의 속도가 15m/s일 때 이 유체의 속도 수두는?

① 약 5.1m ② 약 11.5m
③ 약 15.5m ④ 약 20.4m

해설 단위 중량의 유체가 가지는 속도 에너지 속도 V(m/s)로 유출하고 있을 때 유체가 가지는 에너지는 $\dfrac{V^2}{2 \cdot g}$ 이다. 따라서 속도 V(m/s)의 유체는 $\dfrac{V^2}{2 \cdot g}$(m)에 상당하는 에너지를 가지게 된다. 이것을 속도 수두라 한다.

∴ $\dfrac{(15)^2}{2 \times 9.8} = 11.48$

58 흡수식 감습장치에서 주로 사용하는 흡수제는?

① 실리카겔 ② 염화리튬
③ 아드 소울 ④ 활성 알루미나

해설 ① 흡착감습 : 고체 흡착제(실리카겔, 활성알루미나)에 의한 감습
② 흡수감습 : 액체 흡수제(트리에틸렌글리콜, 염화리튬)에 의한 방법

Answer 54. ④ 55. ② 56. ④ 57. ② 58. ②

59 습공기의 엔탈피에 대한 설명으로 틀린 것은?

① 습공기가 가열되면 엔탈피가 증가된다.
② 습공기 중에 수증기가 많아지면 엔탈피는 증가한다.
③ 습공기의 엔탈피는 온도, 압력, 풍속의 함수로 결정된다.
④ 습공기 중의 건공기 엔탈피와 수증기 엔탈피의 합과 같다.

해설 습공기 엔탈피는 건구온도, 습구온도, 절대습도, 상대습도, 비엔탈피, 비체적, 현열비, 열수분비의 함수들로 결정된다.

60 공기조화기의 자동제어 시 제어요소가 바르게 나열된 것은?

① 온도제어 - 습도제어 - 환기제어
② 온도제어 - 습도제어 - 압력제어
③ 온도제어 - 차압제어 - 환기제어
④ 온도제어 - 수위제어 - 환기제어

해설 공기조화 자동제어 제어요소가 온도, 습도, 환기(기류, 청정도)이다.

Answer 59. ③ 60. ①

01 연삭 숫돌을 교체한 후 시험운전 시 최소 몇 분 이상 공회전을 시켜야 하는가?

① 1분 이상
② 3분 이상
③ 5분 이상
④ 10분 이상

해설 연삭작업시 안전수칙
① 작업대와 연삭면과의 간격은 3mm 이내로 할 것, 숫돌과 덮개 사이의 간격은 5mm 이내
② 시운전 시간은 숫돌 교체 후 3분 이상, 작업시간 전 1분 이상
③ 최대 회전속도 이상으로 초과하여 사용금지
④ 덮개를 설치하여 신체접촉을 방지
⑤ 플랜지의 직경은 숫돌지름의 1/3 이상으로 할 것

02 전기용접 작업의 안전사항으로 옳은 것은?

① 홀더는 파손되어도 사용에는 관계없다.
② 물기가 있거나 땀에 젖은 손으로 작업해서는 안 된다.
③ 작업장은 환기를 시키지 않아도 무방하다.
④ 용접봉을 갈아 끼울 때는 홀더의 충전부가 몸에 닿도록 한다.

해설 전기용접 작업 안전사항
① 홀더는 파손된 것 사용금지
② 물기가 있거나 땀에 젖은 손으로 작업하지 말 것
③ 작업장은 환기를 시킬 것
④ 용접봉을 갈아 끼울 때는 홀더의 충전부가 몸에 닿지 않도록 할 것

03 압축기의 탑 클리어런스(top clearance)가 클 경우에 일어나는 현상으로 틀린 것은?

① 체적효율 감소
② 토출가스온도 감소
③ 냉동능력 감소
④ 윤활유의 열화

해설 압축기 톱 클리어런스(상부간격)가 크면
토출 가스 온도 상승, 실린더 과열, 오일의 탄화 및 열화, 체적효율 감소, 냉동능력 감소, 체적효율 감소

Answer 1. ② 2. ② 3. ②

04 화물을 벨트, 롤러 등을 이용하여 연속적으로 운반하는 컨베이어의 방호장치에 해당되지 않는 것은?

① 이탈 및 역주행 방지장치
② 비상 정지 장치
③ 덮개 또는 울
④ 권과 방지 장치

해설 권과방지장치는 크레인 안전장치로 권과를 방지하기 위하여 자동적으로 동력을 차단하고 작동을 제동하는 장치임

05 냉동설비에 설치된 수액기의 방류둑 용량에 관한 설명으로 옳은 것은?

① 방류둑 용량은 설치된 수액기 내용적의 90% 이상으로 할 것
② 방류둑 용량은 설치된 수액기 내용적의 80% 이상으로 할 것
③ 방류둑 용량은 설치된 수액기 내용적의 70% 이상으로 할 것
④ 방류둑 용량은 설치된 수액기 내용적의 60% 이상으로 할 것

해설 냉동설비에 설치된 수액기의 방류둑 용량은 내용적의 90% 이상으로 한다.

06 공장 설비 계획에 관하여 기계 설비의 배치와 안전의 유의사항으로 틀린 것은?

① 기계설비의 주위에는 충분한 공간을 둔다.
② 공장 내외에는 안전 통로를 설정한다.
③ 원료나 제품의 보관 장소는 충분히 설정한다.
④ 기계 배치는 안전과 운반에 관계없이 가능한 가깝게 설치한다.

해설 공장 설비 계획에서 기계 배치는 안전과 운반을 고려해 가능한 가깝게 설치한다.

07 아세틸렌-산소를 사용하는 가스용접장치를 사용할 때 조정기로 압력 조정 후 점화순서로 옳은 것은?

① 아세틸렌과 산소 밸브를 동시에 열어 조연성 가스를 많이 혼합 후 점화시킨다.
② 아세틸렌 밸브를 열어 점화시킨 후 불꽃 상태를 보면서 산소밸브를 열어 조정한다.
③ 먼저 산소 밸브를 연 다음 아세틸렌 밸브를 열어 점화시킨다.
④ 먼저 아세틸렌 밸브를 연 다음 산소 밸브를 열어 적정하게 혼합한 후 점화시킨다.

해설 아세틸렌-산소 가스용접장치 점화 요령 : 아세틸렌 밸브를 연 다음 산소 밸브를 열어 적정하게 혼합한 후 점화한다.

Answer 4. ④ 5. ① 6. ④ 7. ④

08 보일러 사고원인 중 제작상의 원인이 아닌 것은?

① 재료 불량   ② 설계 불량
③ 급수처리 불량   ④ 구조 불량

해설 급수처리 불량은 보일러 사고원인 중 취급상 원인

09 보일러 운전상의 장애로 인한 역화(back fire) 방지 대책으로 틀린 것은?

① 점화방법이 좋아야 하므로 착화를 느리게 한다.
② 공기를 노 내에 먼저 공급하고 다음에 연료를 공급한다.
③ 노 및 연도 내에 미연소 가스가 발생하지 않도록 취급에 유의한다.
④ 점화 시 댐퍼를 열고 미연소 가스를 배출시킨 뒤 점화한다.

해설 착화가 늦어지면 역화(back fire) 현상을 유발한다.

10 가스용접 또는 가스절단 시 토치 관리의 잘못으로 인한 가스누출 부위로 타당하지 않는 것은?

① 산소밸브, 아세틸렌 밸브의 접속 부분
② 팁과 본체의 접속 부분
③ 절단기의 산소관과 본체의 접속 부분
④ 용접기와 안전홀더 및 어스선 연결 부분

해설 용접기와 안전홀더 및 어스선 연결 부분은 전기 용접 및 아크용접 관리 사항임

11 유류 화재 시 사용하는 소화기로 가장 적합한 것은?

① 무상수 소화기
② 봉상수 소화기
③ 분말 소화기
④ 방화수

해설 유류 화재는 B급화재로 CO_2, 하론, 분말, 포말 등 소화기로 사용한다.

12 다음 중 감전사고 예방을 위한 방법으로 틀린 것은?

① 전기 설비의 점검을 철저히 한다.
② 전기 기기에 위험 표시를 해둔다.
③ 설비의 필요 부분에는 보호 접지를 한다.
④ 전기 기계 기구의 조작은 필요 시 아무나 할 수 있게 한다.

해설 감전사고 예방을 위해 전기기계 기구의 조작은 담당자가 한다.

Answer 8. ③ 9. ① 10. ④ 11. ③ 12. ④

13 위험을 예방하기 위하여 사업주가 취해야 할 안전상의 조치로 틀린 것은?

① 시설에 대한 안전조치
② 기계에 대한 안전조치
③ 근로수당에 대한 안전조치
④ 작업방법에 대한 안전조치

해설 위험을 예방하기 위해 사업주는 안전상의 조치로 기계, 시설, 작업방법 등에 대한 안전조치를 취해야 한다.

14 다음 산업안전대책 중 기술적인 대책이 아닌 것은?

① 안전설계
② 근로의욕의 향상
③ 작업행정의 개선
④ 점검보전의 확립

해설 산업안전대책 3원칙(3E)
① 기술적(공학적)대책 : Engineering(기술)
② 교육적 대책 : Education(교육)
③ 규제적(관리적)대책 : Enforcement(규제)
중 근로의욕의 향상은 관리적 대책임

15 고압 전선이 단선된 것을 발견하였을 때 조치로 가장 적절한 것은?

① 위험하다는 표시를 하고 돌아온다.
② 사고사항을 기록하고 다음 장소의 순찰을 계속 한다.
③ 발견 즉시 회사로 돌아와 보고한다.
④ 일반인의 접근 및 통행을 막고 주변을 감시한다.

해설 고압 전선이 단선된 것을 발견하였을 때 일반인의 접근 및 통행을 막고 주변을 감시하는 조치를 가장 먼저 한다.

16 다음 냉매 중 물에 용해성이 좋아서 흡수식 냉동기의 냉매로 가장 적합한 것은?

① R-50
② 황
③ 암모니아
④ R-22

해설 흡수식 냉동기 흡수제와 냉매

흡수제	냉매
H_2O(물)	NH_3(암모니아)
LiBr(리튬브로마이드)	H_2O(물)

17 냉동장치의 장기간 정지 시 운전자의 조치사항으로 틀린 것은?

① 냉각수는 그 다음 사용 시 필요하므로 누설되지 않게 밸브 및 플러그의 잠김 상태를 확인하여 잘 잠가 둔다.
② 저압측 냉매를 전부 수액기에 회수하고, 수액기에 전부 회수할 수 없을 때는 냉매통에 회수한다.
③ 냉매 계통 전체의 누설을 검사하여 누설 가스를 발견했을 때는 수리해 둔다.
④ 압축기의 축봉 장치에서 냉매가 누설될 수 있으므로 압력을 걸어 둔 상태로 방치해서는 안 된다.

해설 냉동장치 장기간 정지 시 냉각수는 완전 배출시킨다.

Answer 13. ③ 14. ② 15. ④ 16. ③ 17. ①

18 다음과 같은 P-h 선도에서 온도가 가장 높은 곳은?

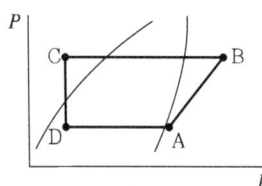

① A ② B
③ C ④ D

해설 P-h 선도에서 온도가 가장 높은 곳은 압축기 출구 및 응축기 입구이다.

19 팽창 밸브를 적게 열었을 때 일어나는 현상으로 옳은 것은?

① 증발 압력 상승
② 토출 온도 상승
③ 증발 온도 상승
④ 냉동 능력 상승

해설 팽창 밸브를 적게 열었을 때 현상
① 저압이 저하한다.
② 흡입가스 과열로 압축기 과열
③ 오일의 탄화, 열화로 윤활 불량
④ 토출가스 온도 상승
⑤ 소요동력 증가

20 개방식 냉각탑의 종류로 가장 거리가 먼 것은?

① 대기식 냉각탑
② 자연 통풍식 냉각탑
③ 강제 통풍식 냉각탑
④ 증발식 냉각탑

해설 ① 개방식 냉각탑 : 냉각수가 냉각탑 내에서 대기에 노출되는 개방회로 방식으로, 공기 조화에서는 대부분이 방식이 사용된다.
② 밀폐식 냉각탑 : 냉각수 배관이 밀폐된 것으로서 순환수의 오염을 방지하고, 냉매가스를 대류작용 및 증발 잠열로 응축하는 형식으로 증발식 냉각탑 등

21 프레온 누설 검사 중 헬라이드 토치 시험에서 냉매가 다량으로 누설될 때 변화된 불꽃의 색깔은?

① 청색 ② 녹색
③ 노랑 ④ 자색

해설 헬라이드 토치의 불꽃색 검사
① 정상일 때 : 청색
② 소량누설 : 녹색
③ 다량누설 : 자색
④ 과량누설 : 꺼짐
※ 헬라이드 토치 사용연료 : 알콜, 프로판, 아세틸렌, 부탄

22 냉매배관에 사용되는 저온용 단열재에 요구되는 성질로 틀린 것은?

① 열전도율이 작을 것
② 투습 저항이 크고 흡습성이 작을 것
③ 팽창 계수가 클 것
④ 불연성 또는 난연성일 것

해설 단열시공은 상온에서 이루어지므로 완성 후 냉각될 때 재료가 수축하기 때문에 팽창계수가 크면 균열이 발생하여 단열효과를 저하시킨다.

Answer 18. ② 19. ② 20. ④ 21. ④ 22. ③

23 다음과 같은 냉동장치의 P-h 선도에서 이론 성적계수는?

① 3.7
② 4
③ 4.7
④ 5

해설 이론 성적계수 : 냉동능력과 소요동력에 상당하는 열량과의 비

※ COP = $\dfrac{냉동효과}{압축일의 열당량} = \dfrac{q}{A_w}$

∴ COP = $\dfrac{420-140}{490-420} = 4$

24 2원 냉동사이클에 대한 설명으로 가장 거리가 먼 것은?

① 각각 독립적으로 작동하는 저온측 냉동사이클과 고온측 냉동사이클로 구성된다.
② 저온측의 응축기 방열량을 고온측의 증발기로 흡수하도록 만든 냉동사이클이다.
③ 보통 저온측 냉매는 임계점이 낮은 냉매, 고온측은 임계점이 높은 냉매를 사용한다.
④ 일반적으로 −180℃ 이하의 저온을 얻고자 할 때 이용하는 냉동사이클이다.

해설 2원 냉동사이클 : 2단 또는 다단압축냉동시스템으로 −70℃이하의 저온을 얻기 위해 서로 다른 냉매를 사용하여 각각 독립된 냉동사이클을 온도적으로 2단계 분리한 장치로 가스 케이드 콘덴서로 조합하여 고온측 증발기로 저온측 응축기 냉매를 냉각시켜 초저온을 얻기 위함

25 암모니아 냉매에 대한 설명으로 틀린 것은?

① 가연성, 독성, 자극적인 냄새가 있다.
② 전기 절연도가 떨어져 밀폐식 압축기에는 부적합하다.
③ 냉동효과와 증발잠열이 크다.
④ 철, 강을 부식시키므로 냉매배관은 동관을 사용해야 한다.

해설 수분을 함유한 암모니아 증기는 아연, 동, 동합금에는 부식하지만, 철, 강에는 부식성이 없다.

26 냉동장치 내에 냉매가 부족할 때 일어나는 현상으로 가장 거리가 먼 것은?

① 냉동능력이 감소한다.
② 고압측 압력이 상승한다.
③ 흡입관에 상이 붙지 않는다.
④ 흡입가스가 과열된다.

해설 냉동장치 내 냉매 부족 시 고압측 압력이 저하한다.

Answer 23. ② 24. ④ 25. ④ 26. ②

27 냉동장치의 냉각기에 적상이 심할 때 미치는 영향이 아닌 것은?

① 냉동능력 감소
② 냉장고내 온도 저하
③ 냉동 능력당 소요동력 증대
④ 리키드 백(liquid back) 발생

해설 냉동장치 냉각기에 적상이 심할 때 냉장고내 온도는 상승한다.

28 동관의 이음방식이 아닌 것은?

① 플레어 이음
② 빅토리 이음
③ 납땜 이음
④ 플랜지 이음

해설 빅토리 이음은 주철관 접합법이다.

29 유기질 브라인으로 부식성이 적고, 독성이 없으므로 주로 식품 냉동의 동결용에 사용되는 브라인은?

① 염화마그네슘
② 염화칼슘
③ 에틸렌글리콜
④ 프로필렌글리콜

해설 유기질 브라인
① 에틸렌글리콜(제상용) : 부식성이 거의 없으며 모든 금속에 사용 가능, 소형 냉동기에 사용되며, 저온에 알맞다.
② 프로필렌글리콜(식품 동결용) : 부식이 적고 독성이 없으며 냉동식품의 동결용
③ 에틸알콜(초저온 동결용)

30 다음 그림은 2단압축, 2단팽창 이론 냉동사이클이다. 이론 성적계수를 구하는 공식으로 옳은 것은? (G_L 및 G_H는 각각 저단, 고단 냉매순환량이다.)

① $COP = \dfrac{G_L \times (h_1 - h_8)}{(G_L + G_H) \times (h_4 - h_1)}$

② $COP = \dfrac{G_L \times (h_1 - h_8)}{(G_L - G_H) \times (h_4 - h_1)}$

③ $COP = \dfrac{G_H \times (h_1 - h_8)}{G_L \times (h_2 - h_1) + G_H \times (h_4 - h_3)}$

④ $COP = \dfrac{G_L \times (h_1 - h_8)}{G_L \times (h_2 - h_1) + G_H \times (h_4 - h_3)}$

해설 2단압축, 2단팽창 냉동사이클 이론 성적 계수식
$COP = \dfrac{G_L \times (h_1 - h_8)}{G_L \times (h_2 - h_1) + G_H \times (h_4 - h_3)}$

31 강관 이음법 중 용접 이음에 대한 설명으로 틀린 것은?

① 유체의 마찰손실이 적다.
② 관의 해체와 교환이 쉽다.
③ 접합부 강도가 강하며, 누수의 염려가 적다.
④ 중량이 가볍고 시설의 보수 유지비가 절감된다.

해설 강관 이음법 중 용접 이음은 관의 해체와 교환이 어렵다.

Answer 27. ② 28. ② 29. ④ 30. ④ 31. ②

32 브라인에 대한 설명 중 옳은 것은?

① 브라인은 잠열 형태로 열을 운반한다.
② 에틸렌글리콜, 프로필렌글리콜, 염화칼슘 용액은 유기질 브라인 이다.
③ 염화칼슘 브라인은 그 중에 용해되고 있는 산소량이 많을수록 부식성이 적다.
④ 프로필렌글리콜은 부식성이 적고, 독성이 없어 냉동식품의 동결용으로 사용된다.

해설 유기질 브라인 프로필렌글리콜은 부식성이 적고, 독성이 없어 냉동식품의 동결용으로 사용된다.

33 압축기의 토출가스 압력의 상승 원인이 아닌 것은?

① 냉각수온의 상승
② 냉각수량의 감소
③ 불응축가스의 부족
④ 냉매의 과충전

해설 압축기 토출가스 압력 상승 원인 : 냉각수온의 상승, 냉각수량의 감소, 냉각관오염, 불응축가스 발생, 냉매의 과충전, 워터재킷 기능 불량, 토출 및 흡입 밸브의 누설 등

34 건포화 증기를 흡입하는 압축기가 있다. 고압이 일정한 상태에서 저압이 내려가면 이 압축기의 냉동 능력은 어떻게 되는가?

① 증대한다.
② 변하지 않는다.
③ 감소한다.
④ 감소하다가 점차 증대한다.

해설 응축압력이 일정하고, 증발압력이 내려가면 냉동 능력은 감소한다.

35 아래의 기호에 대한 설명으로 적절한 것은?

① 누르고 있는 동안만 접점이 열린다.
② 누르고 있는 동안만 접점이 닫힌다.
③ 누름/안누름 상관없이 언제나 접점이 열린다.
④ 누름/안누름 상관없이 언제나 접점이 닫힌다.

해설 • 접점 및 기호
① a접점 : 버튼을 누르는 동안만 전기가 통하는 접점(NO)
② b접점 : 버튼을 누르는 동안만 전기가 통하지 않는 접점(NC)

36 교류 주기가 0.004sec일 때 주파수는?

① 400Hz   ② 450Hz
③ 200Hz   ④ 250Hz

해설 주기(T) = $\dfrac{1}{주파수(f)}$

$0.004 = \dfrac{1}{f}$

∴ $f = \dfrac{1}{0.004} = 250\text{Hz}$

Answer 32. ④ 33. ③ 34. ③ 35. ① 36. ④

37 광명단 도료에 대한 설명 중 틀린 것은?

① 밀착력이 강하고 도막도 단단하여 풍화에 강하다.
② 연단에 아마인유를 배합한 것이다.
③ 기계류의 도장 밑칠에 널리 사용된다.
④ 은분이라고도 하며, 방청효과가 매우 좋다.

해설 은분은 알루미늄 도료로 열반사 특성이 양호하여 방열기에 사용된다.

38 다고속 다기통 압축기의 흡입 및 토출밸브에 주로 사용하는 것은?

① 포핏 밸브   ② 플레이트 밸브
③ 리이드 밸브   ④ 와샤 밸브

해설 밸브종류
① 포핏 밸브 : 중량이 무겁고 튼튼하여 파손이 적어 NH₃ 입형저속에 사용
② 플레이트 밸브 : 고속 다기통 압축기의 흡입 및 토출 밸브에 사용
③ 리이드 밸브 : 중량이 가벼워 신속 경쾌하게 작동하며 자체 탄성에 의해 개폐되며 소형 프레온 냉동장치에 사용
④ 와샤 밸브 : 얇은 원판 중심에 구멍을 뚫고 고정시킨 것으로 카 쿨러에 주로 사용

39 압축기의 축봉장치에 대한 설명으로 옳은 것은?

① 냉매나 윤활유가 외부로 새는 것을 방지한다.
② 축의 회전을 원활하게 하는 베어링 역할을 한다.
③ 축이 빠지는 것을 막아주는 역할을 한다.
④ 윤활유를 냉각하는 장치이다.

해설 축봉장치 : 크랭크케이스를 관통하는 곳에 냉매나 윤활유의 누설, 공기 침입을 방지하기 위함
※ 종류 : 축상형 축봉장치, 기계적 축봉장치

40 프레온 냉매 액관을 시공할 때 플래시가스 발생 방지 조치로서 틀린 것은?

① 열교환기를 설치한다.
② 지나친 입상을 방지한다.
③ 액관을 방열한다.
④ 응축 설계온도를 낮게 한다.

해설 플래시가스 발생 방지 조치로 열교환기 설치, 지나친 입상 방지, 액관 방열을 한다.

Answer 37. ④ 38. ② 39. ① 40. ④

41 표준 냉동 사이클의 온도조건으로 틀린 것은?

① 증발온도 : $-15℃$
② 응축온도 : $30℃$
③ 팽창밸브 입구에서의 냉매액 온도 : $25℃$
④ 압축기 흡입가스 온도 : $0℃$

해설 표준 냉동 사이클
① 증발온도 : $-15℃$
② 응축온도 : $30℃$
③ 팽창밸브 직전온도 : $25℃$(과냉각도 5℃)
④ 압축기 흡입가스온도 : 건조포화증기($-15℃$)

42 열의 이동에 관한 설명으로 틀린 것은?

① 열에너지가 중간물질과 관계없이 열선의 형태를 갖고 전달되는 전열형식을 복사라 한다.
② 대류는 기체나 액체 운동에 의한 열의 이동현상을 말한다.
③ 온도가 다른 두 물체가 접촉할 때 고온에서 저온으로 열이 이동하는 것을 전도라 한다.
④ 물체 내부를 열이 이동할 때 전열량은 온도차에 반비례하고, 도달거리에 비례한다.

해설 물체 내부를 열이 이동할 때 전열량은 온도차에 비례하고, 도달거리에 반비례한다.

$$Q = \lambda \cdot \frac{A \cdot \Delta t}{l}$$

43 프레온 응축기(수냉식)에서 냉각수량이 시간당 18000L, 응축기 냉각관의 전열면적 20m², 냉각수입구온도 30℃, 출구온도 34℃인 응축기의 열통과율 900kcal/m²·h·℃라고 할 때 응축온도는?

① 32℃ ② 34℃
③ 36℃ ④ 38℃

해설
$$Q = G \cdot C \cdot (t_1 - t_2) = K \cdot F \cdot \Delta t_m$$

$18000 \times 1 \times (34-30)$
$= 900 \times 20 \times \left(응축온도 - \frac{34+30}{2}\right)$

∴ 응축온도 $= \frac{18000 \times 1 \times (34-30)}{900 \times 20} + 32 = 36℃$

44 다음의 기호가 표시하는 밸브로 옳은 것은?

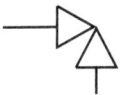

① 볼 밸브 ② 게이트 밸브
③ 수동 밸브 ④ 앵글밸브

해설 앵글밸브로 흐름을 직각으로 전환하는 기능

45 완전 기체에서 단열압축 과정 동안 나타나는 현상은?

① 비체적이 커진다.
② 전열량의 변화가 없다.
③ 엔탈피가 증가한다.
④ 온도가 낮아진다.

해설 완전 기체에서 단열압축 과정은 압력 상승, 온도 상승, 비체적 감소, 엔트로피 불변, 엔탈피 증가

Answer 41. ④ 42. ④ 43. ③ 44. ④ 45. ③

46 공기조화기의 가열코일에서 건구온도 3℃의 공기 2500kg/h를 25℃까지 가열하였을 때 가열 열량은? (단, 공기의 비열은 0.24kcal/kg·℃이다)

① 7200kcal/h ② 8700kcal/h
③ 9200kcal/h ④ 13200kcal/h

해설
$$Q = G \cdot C \cdot \Delta t$$
$$\therefore Q = 2500 \times 0.24 \times (25-3) = 13200$$

47 복사난방에 대한 설명으로 틀린 것은?

① 실내의 쾌감도가 높다.
② 실내온도 분포가 균등하다.
③ 외기 온도의 급변에 대한 방열량 조절이 용이하다.
④ 시공, 수리, 개조가 불편하다.

해설 복사난방 특징
① 장점 : 쾌감도가 좋다. 실내공간의 이용율이 높다(방열기설치 불필요). 동일 방열량에 대한 열손실이 적다.
② 단점 : 매입배관이므로 시공 및 수리가 곤란. 외기온도 변화에 대한 조절이 곤란. 고장 발견이 곤란하고, 시설비가 비싸다.

48 덕트 보온 시공 시 주의사항으로 틀린 것은?

① 보온재를 붙이는 면은 깨끗하게 한 후 붙인다.
② 보온재의 두께가 50mm 이상인 경우는 두 층으로 나누어 시공한다.
③ 보의 관통부 등은 반드시 보온 공사를 실시한다.
④ 보온재를 다층으로 시공할 때는 종횡의 이음이 한곳에 합쳐지도록 한다.

해설 보온재를 다층으로 시공할 때는 종횡의 이음이 한곳에 모이지 않도록 시공한다.

49 온풍난방에 대한 설명으로 틀린 것은?

① 예열시간이 짧다.
② 송풍온도가 고온이므로 덕트가 대형이다.
③ 설치가 간단하며 설비비가 싸다.
④ 별도의 가습기를 부착하여 습도조절이 가능하다.

해설 송풍온도가 고온이고, 덕트가 대형인 것은 중앙 난방법 중 간접난방이다.

50 보일러에서 연도로 배출되는 배기열을 이용하여 보일러 급수를 예열하는 부속장치는?

① 과열기 ② 연소실
③ 절탄기 ④ 공기예열기

해설
① 과열기 : 연소가스의 여열을 이용한 포화증기를 과열 증기로 만들어주는 가열장치
② 절탄기 : 연소가스의 여열을 이용한 급수 예열장치
③ 공기예열기 : 연소가스의 여열을 이용한 연소용 공기를 예열하는 장치

Answer 46. ④ 47. ③ 48. ④ 49. ② 50. ③

51 30℃인 습공기를 80℃ 온수로 가열가습한 경우 상태변화로 틀린 것은?

① 절대습도가 증가한다.
② 건구온도가 감소한다.
③ 엔탈피가 증가한다.
④ 노점온도가 증가한다.

해설 ▶ 건구온도가 상승한다.

52 난방부하를 줄일 수 있는 요인으로 가장 거리가 먼 것은?

① 천장을 통한 전도열
② 태양열에 의한 복사열
③ 사람에서의 발생열
④ 기계의 발생열

해설 ▶ 천장을 통한 전도열은 손실열로 난방부하를 줄일 수 있는 요인이 아니고, 난방부하 시 고려할 사항이다.

53 건물의 바닥, 벽, 천장 등에 온수코일을 매설하고 열원에 의해 패널을 직접 가열하여 실내를 난방하는 방식은?

① 온수 난방
② 열펌프 난방
③ 온풍 난방
④ 복사 난방

해설 ▶ 복사 난방(방사 난방) : 천정이나 벽, 바닥 등에 코일을 매설하여 온수 등 열매체를 이용하여 복사열에 의해 실내를 난방하는 방식

54 열의 운반을 위한 방법 중 공기방식이 아닌 것은?

① 단일덕트방식
② 이중덕트방식
③ 멀티존유닛방식
④ 패키지유닛방식

해설 ▶ 패키지유닛 방식은 냉매방식이다.
공기조화 방식분류

구 분		방 식
중앙식	① 공기방식	단일 덕트 방식(정풍량, 변풍량)
		2중 덕트 방식(정풍량, 변풍량, 멀티존유닛)
		각층 유닛 방식
	② 수-공기방식	덕트 병용 팬 코일 유닛 방식
		유인 유닛 방식
		복사 냉난방 방식
	③ 수방식	팬 코일 유닛 방식
개별식	냉매방식	룸 쿨러 방식
		패키지 유닛 방식
		멀티유닛 방식

55 원심식 송풍기의 종류에 속하지 않는 것은?

① 터보형 송풍기
② 다익형 송풍기
③ 플레이트형 송풍기
④ 프로펠러형 송풍기

해설 ▶ 송풍기 분류
① 원심식 : 다익형, 플레이트(방사)형, 터보형, 리밋로드형, 익형(다익+터보형개량)
② 축류식 : 베인형, 튜브형, 프로펠러형
③ 사류식

Answer 51. ② 52. ① 53. ④ 54. ④ 55. ④

56 다음 공조방식 중 개별 공기조화 방식에 해당되는 것은?

① 팬코일 유닛 방식
② 이중 덕트 방식
③ 복사 냉난방 방식
④ 패키지 유닛 방식

해설 개별 공기조화 방식은 룸쿨러 방식, 패키지 유닛 방식, 멀티 유닛 방식이 있다.

57 캐비테이션(공동현상)의 방지대책으로 틀린 것은?

① 펌프의 흡입양정을 짧게 한다.
② 펌프의 회전수를 적게 한다.
③ 양흡입 펌프를 단흡입 펌프로 바꾼다.
④ 흡입관경은 크게 하며 굽힘을 적게 한다.

해설 캐비테이션(Cavitation)의 방지대책 : 흡입양정을 짧게, 펌프 회전수를 적게, 양흡입 펌프 사용, 흡입관경은 크게, 굽힘을 적게, 흡입측 손실을 가능한 작게 한다.

58 공기조화에서 시설 내 일산화탄소의 허용되는 오염기준은 시간당 평균 얼마인가?

① 25ppm 이하
② 30ppm 이하
③ 35ppm 이하
④ 40ppm 이하

해설 환경정책 기본법상 일산화탄소의 평균 대기 환경기준은 1시간당 25ppm 이하

59 공기 중의 미세먼지 제거 및 클린룸에 사용되는 필터는?

① 여과식 필터
② 활성탄 필터
③ 초고성능 필터
④ 자동감기용 필터

해설 ULPA FILTER(초고성능 필터)
입경 $0.12 \sim 0.17 \mu m$의 공기중 미세먼지 입자를 99.9995% 이상 포집할 수 있는 초고성능 FILTER로 클린룸 등에 사용한다.

60 환기에 대한 설명으로 틀린 것은?

① 환기는 배기에 의해서만 이루어진다.
② 환기는 급기, 배기의 양자를 모두 사용하기도 한다.
③ 공기를 교환해서 실내 공기 중의 오염물 농도를 희석하는 방식은 전체환기라고 한다.
④ 오염물이 발생하는 곳과 주변의 국부적인 공간에 대해서 처리하는 방식을 국소환기라고 한다.

해설 환기는 배기에 의해서만 이루어지는 것이 아닌 급기 및 배기에 의한 실내 오염된 공기를 교환, 희석하여 쾌적한 공기로 만드는 것

Answer 56. ④ 57. ③ 58. ① 59. ③ 60. ①

공조냉동기계기능사 2000제 문제은행
2015년 1월 25일 시행

01 개별 공조방식이 아닌 것은?
① 패키지방식
② 룸쿨러방식
③ 멀티유닛방식
④ 팬코일유닛방식

해설 공조방식분류

구 분		방 식
중앙식	① 전-공기 방식	단일 덕트 방식(정풍량, 변풍량)
		2중 덕트 방식(정풍량, 변풍량, 멀티존유닛)
		각층 유닛 방식
	② 수-공기 방식	덕트 병용 팬 코일 유닛 방식
		유인 유닛 방식
		복사 냉난방 방식
	③ 수방식	팬 코일 유닛 방식
개별식	냉매방식	룸 쿨러 방식
		패키지 방식
		멀티유닛 방식

02 판형 열교환기에 관한 설명 중 틀린 것은?
① 열전달 효율이 높아 온도차가 작은 유체 간의 열교환에 매우 효과적이다.
② 전열판에 요철 형태를 성형시켜 사용하므로 유체의 압력손실이 크다.
③ 셸튜브형에 비해 열관류율이 매우 높으므로 전열면적을 줄일 수 있다.
④ 다수의 전열판을 겹쳐 놓고 볼트로 고정시키므로 전열면의 점검 및 청소가 불편하다.

해설 판형 열교환기는 볼트를 체결하는 조립식으로 분해, 교체, 조립, 세척이 간단하고 용량의 증가나 감소시 Plate와 Gasket의 가감이 가능하다.

03 난방 방식의 분류에서 간접 난방에 해당하는 것은?
① 온수난방
② 증기난방
③ 복사난방
④ 히트펌프난방

해설 중앙식 난방법
① 직접 난방법 : 실내에 방열기를 설치하여 배관을 통해 증기, 온수를 공급하여 난방
② 간접 난방법(공기조화에 의한 덕트난방) : 열기에 의해 공기가 온풍이 되어 덕트시설을 통하여 공기의 습도, 청정도, 온도를 조절한다.(히트펌프난방)
③ 복사난방(방사난방) : 천정이나 벽, 바닥 등에 코일을 매설하여 온수 등 열매체를 이용하여 복사열에 의해 실내를 난방하는 방법

Answer 1. ④ 2. ④ 3. ④

04 다음의 공기선도에서 (2)에서 (1)로 냉각, 감습을 할 때 현열비(SHF)의 값을 식으로 나타낸 것 중 옳은 것은?

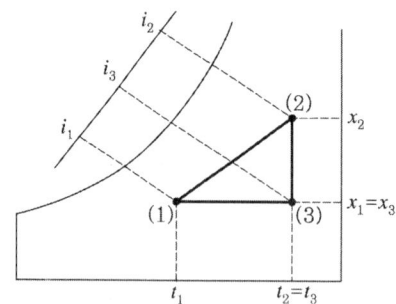

① $\dfrac{i_2 - i_3}{i_2 - i_1}$

② $\dfrac{i_3 - i_1}{i_2 - i_1}$

③ $\dfrac{i_2 - i_1}{i_3 - i_1}$

④ $\dfrac{i_3 + i_2}{i_2 + i_1}$

해설 현열비 $SHF = \dfrac{현열부하}{현열부하 + 잠열부하} = \dfrac{i_3 - i_1}{i_2 - i_1}$

05 덕트 속에 흐르는 공기의 평균 유속 10m/s, 공기의 비중량 1.2kg$_f$/m^3, 중력 가속도가 9.8m/s^{2}일 때 동압(mmAq)은?

① 약 3   ② 약 4
③ 약 5   ④ 약 6

해설
$\Delta P = r \cdot \left(\dfrac{v^2}{2g}\right)$

$\Delta P = 1.2\text{kg}_f/\text{m}^3 \cdot \left(\dfrac{(10\text{m/s})^2}{2 \times 9.8\text{m/s}^2}\right) = 6.12$

06 냉동기를 운전하기 전에 준비해야 할 사항으로 틀린 것은?

① 압축기 유면 및 냉매량을 확인한다.
② 응축기, 유냉각기의 냉각수 입·출구밸브를 연다.
③ 냉각수 펌프를 운전하여 응축기 및 실린더 자켓의 통수를 확인한다.
④ 암모니아 냉동기의 경우는 오일 히터를 기동 30~60분 전에 통전한다.

해설 프레온 냉동기의 경우 크랭크 케이스 내에 오일 히터 설치(크랭크 케이스 내를 미리 30~60분을 예열시켜 35[℃] 이상 유지)

07 냉동기 검사에 합격한 냉동기 용기에 반드시 각인해야 할 사항은?

① 제조업체의 전화번호
② 용기의 번호
③ 제조업체의 등록번호
④ 제조업체의 주소

해설 냉동기 용기 각인 사항
• 냉매가스의 종류, 내용적(단위 : ℓ)
• 용기제조번호
• 내압시험에 합격한 연월일
• 내압시험압력(기호 : TP, 단위 : kg/cm^2)
• 최고사용압력(기호 : DP, 단위 : kg/cm^2)

Answer 4. ② 5. ④ 6. ④ 7. ②

08 가스용접 작업 시 주의사항이 아닌 것은?
① 용기밸브는 서서히 열고 닫는다.
② 용접 전에 소화기 및 방화사를 준비한다.
③ 용접 전에 전격방지기 설치 유무를 확인한다.
④ 역화 방지를 위하여 안전기를 사용한다.

해설 전격방지기 설치 유무를 확인하는 것은 전기 용접작업시 주의사항이다.

09 전기 기기의 방폭구조의 형태가 아닌 것은?
① 내압 방폭구조
② 안전증 방폭구조
③ 유입 방폭구조
④ 차동 방폭구조

해설 방폭구조 종류
- 압력(P)
- 유입(O)
- 내압(d)
- 안전증(e)
- 본질안전 방폭구조(ia, ib) 등

10 수공구 사용에 대한 안전사항 중 틀린 것은?
① 공구함에 정리를 하면서 사용한다.
② 결함이 없는 완전한 공구를 사용한다.
③ 작업완료 시 공구의 수량과 훼손 유무를 확인한다.
④ 불량공구는 사용자가 임시 조치하여 사용한다.

해설 불량공구는 사용하지 말 것

11 표준냉동사이클로 운전될 경우, 다음 왕복동압축기용 냉매 중 토출가스 온도가 제일 높은 것은?
① 암모니아   ② R-22
③ R-12   ④ R-500

해설 표준 냉동 사이클 토출가스 온도
- NH_3 : 98℃
- R-22 : 55℃
- R-12 : 37.8℃
- R-500 : 40℃

12 증기압축식 냉동사이클의 압축 과정 동안 냉매의 상태변화로 틀린 것은?
① 압력 상승
② 온도 상승
③ 엔탈피 증가
④ 비체적 증가

해설 압축과정 상태변화
압력 상승, 온도 상승, 엔탈피 증가, 비체적 감소, 엔트로피 불변

13 다음 중 동관작업용 공구가 아닌 것은?
① 익스팬더
② 티뽑기
③ 플레어링 툴
④ 클립

해설 클립은 주철관 소켓접합시 필요한 공구임

Answer 8. ③ 9. ④ 10. ④ 11. ① 12. ④ 13. ④

14 유체의 입구와 출구의 각이 직각이며, 주로 방열기의 입구 연결밸브나 보일러 주증기 밸브로 사용되는 밸브는?

① 슬루우스 밸브(Sluice valve)
② 체크밸브(Check valve)
③ 앵글밸브(Angle valve)
④ 게이트밸브(Gate valve)

해설 앵글밸브 : 흐름을 직각으로 전환하며, 방열기 밸브, 보일러 주증기 밸브로 사용

15 횡형 쉘 앤 튜브(Horizental shell and tube)식 응축기에 부착되지 않는 것은?

① 역지 밸브
② 공기배출구
③ 물 드레인 밸브
④ 냉각수 배관 출·입구

해설 횡형 쉘 앤 튜브식 응축기 부대설비

16 다음 중 정전기 방전의 종류가 아닌 것은?

① 불꽃 방전   ② 연면 방전
③ 분기 방전   ④ 코로나 방전

해설 정전기 방전 종류
불꽃 방전, 연면 방전, 코로나 방전, 브러쉬 방전이 있다.

17 보일러 운전 중 과열에 의한 사고를 방지하기 위한 사항으로 틀린 것은?

① 보일러의 수위가 안전저수면 이하가 되지 않도록 한다.
② 보일러수의 순환을 교란시키지 말아야 한다.
③ 보일러 전열면을 국부적으로 과열하여 운전한다.
④ 보일러수가 농축되지 않게 운전한다.

해설 보일러 전열면을 국부적으로 과열하면 과열 사고의 원인이 된다.

18 보일러의 수압시험을 하는 목적으로 가장 거리가 먼 것은?

① 균열의 유무를 조사
② 각종 덮개를 장치한 후의 기밀도 확인
③ 이음부의 누설정도 확인
④ 각종 스테이의 효력을 조사

해설 수압시험 목적 : 균열 유무를 조사, 기밀도 확인, 이음부의 누설정도 확인

Answer 14. ③ 15. ① 16. ③ 17. ③ 18. ④

19 응축압력이 지나치게 내려가는 것을 방지하기 위한 조치방법 중 틀린 것은?

① 송풍기의 풍량을 조절한다.
② 송풍기 출구에 댐퍼를 설치하여 풍량을 조절한다.
③ 수냉식일 경우 냉각수의 공급을 증가시킨다.
④ 수냉식일 경우 냉각수의 온도를 높게 유지한다.

해설 › 응축압력이 지나치게 내려가는 것을 방지하기 위해서는 냉각수 공급을 줄인다.

20 작업 시 사용하는 해머의 조건으로 적절한 것은?

① 쐐기가 없는 것
② 타격면에 흠이 있는 것
③ 타격면이 평탄한 것
④ 머리가 깨어진 것

해설 › 해머의 조건
쐐기가 있는 것, 타격면에 흠이 없는 것, 타격면이 평탄한 것, 머리가 깨지지 않은 것 등

21 팽창밸브가 냉동 용량에 비하여 너무 작을 때 일어나는 현상은?

① 증발압력 상승
② 압축기 소요동력 감소
③ 소요전류 증대
④ 압축기 흡입가스 과열

해설 › 팽창밸브가 냉동 용량에 비해 작을 때 현상
증발압력 저하, 오일의 탄화, 열화로 윤활불량, 압축기 흡입가스 과열, 토출가스 온도상승 등

22 보일러의 운전 중 파열사고의 원인으로 가장 거리가 먼 것은?

① 수위상승
② 강도의 부족
③ 취급의 불량
④ 계기류의 고장

해설 › 수위상승은 오버플로우관으로 배출하면 되고, 수위저하로 인한 저수위, 강도부족, 취급불량, 계기류 고장 등이 파열 원인

23 전기화재의 원인으로 고압선과 저압선이 나란히 설치된 경우, 변압기의 1, 2차 코일의 절연파괴로 인하여 발생하는 것은?

① 단락
② 지락
③ 혼촉
④ 누전

해설 › ① 단락 : 2개 이상의 전선이 서로 접촉하여 열이 발생하여 녹아 버리는 현상
② 지락 : 누전전류의 일부가 대기로 흐르게 되는 것
③ 혼촉 : 고압선과 저압 가공선이 병가 된 경우 접촉으로 발생되는 것과 1, 2차 코일의 절연파괴로 발생
④ 누전 : 전류가 설계된 부분 이외의 곳에 흐르는 현상

Answer 19. ③ 20. ③ 21. ④ 22. ① 23. ③

24 기계 작업 시 일반적인 안전에 대한 설명 중 틀린 것은?

① 취급자나 보조자 이외에는 사용하지 않도록 한다.
② 칩이나 절삭된 물품에 손을 대지 않는다.
③ 사용법을 확실히 모르면 손으로 움직여 본다.
④ 기계는 사용 전에 점검한다.

해설 사용법을 확실히 모르면 사용하지 않는다.

25 보호구의 적절한 선정 및 사용 방법에 대한 설명 중 틀린 것은?

① 작업에 적절한 보호구를 선정한다.
② 작업장에는 필요한 수량의 보호구를 비치한다.
③ 보호구는 방호 성능이 없어도 품질이 양호해야 한다.
④ 보호구는 착용이 간편해야 한다.

해설 보호구는 사용 용도에 맞는 방호 성능이 충분히 있어야 하고, 품질이 양호할 것

26 냉동장치의 냉매배관에서 흡입관의 시공상 주의점으로 틀린 것은?

① 두 개의 흐름이 합류하는 곳은 T이음으로 연결한다.
② 압축기가 증발기보다 밑에 있는 경우, 흡입관은 증발기 상부보다 높은 위치까지 올린 후 압축기로 가게 한다.
③ 흡입관의 입상이 매우 길 때는 약 10m 마다 중간에 트랩을 설치한다.
④ 각각의 증발기에서 흡인 주관으로 들어가는 관은 주관 위에서 접속한다.

해설 두 개의 흐름이 합류하는 곳은 T이음으로 하지 말고, 분배기로 연결한다.

27 압축기의 상부간격(Top Clearance)이 크면 냉동 장치에 어떤 영향을 주는가?

① 토출가스 온도가 낮아진다.
② 체적 효율이 상승한다.
③ 윤활유가 열화되기 쉽다.
④ 냉동능력이 증가한다.

해설 톱 클리어런스(Top Clearance)(상부간격)가 크면 토출가스 온도상승, 실린더과열, 오일의 탄화 및 열화, 체적효율 감소, 냉동능력 감소

Answer 24. ③ 25. ③ 26. ① 27. ③

28 200V, 300W의 전열기를 100V 전압에서 사용할 경우 소비전력은?

① 약 50kW
② 약 75kW
③ 약 100kW
④ 약 150kW

해설
$$P(\text{전력}) = \frac{V^2(\text{전압})}{R(\text{저항})}$$

$R = \frac{200^2}{300} = 133.33$

$\therefore P = \frac{100^2}{133.33} = 75[\text{kW}]$

29 흡수식 냉동기에 사용되는 흡수제의 구비조건으로 틀린 것은?

① 용액의 증기압이 낮을 것
② 농도변화에 의한 증기압의 변화가 클 것
③ 재생에 많은 열량을 필요로 하지 않을 것
④ 점도가 높지 않을 것

해설 흡수식 냉동기 흡수제 구비조건
① 용액의 증기압이 낮을 것
② 농도변화에 의한 증기압의 변화가 작을 것
③ 재생에 많은 열량을 필요로 하지 않을 것
④ 점도가 높지 않을 것
⑤ 냉매의 용해도가 높을 것
⑥ 열전도율이 높을 것
⑦ 금속과 화학반응을 일으키지 않으며 안정적일 것
⑧ 독성이 없고 비가연성일 것

30 냉동장치의 능력을 나타내는 단위로서 냉동톤(RT)이 있다. 1냉동톤에 대한 설명으로 옳은 것은?

① 0℃의 물 1kg을 24시간에 0℃의 얼음으로 만드는데 필요한 열량
② 0℃의 물 1ton을 24시간에 0℃의 얼음으로 만드는데 필요한 열량
③ 0℃의 물 1kg을 1시간에 0℃의 얼음으로 만드는데 필요한 열량
④ 0℃의 물 1ton을 1시간에 0℃의 얼음으로 만드는데 필요한 열량

해설 1냉동톤(RT) : 0℃의 물 1ton을 24시간에 0℃의 얼음으로 만드는데 필요한 열량

31 암모니아 냉매의 특성으로 틀린 것은?

① 물에 잘 용해된다.
② 밀폐형 압축기에 적합한 냉매이다.
③ 다른 냉매보다 냉동효과가 크다.
④ 가연성으로 폭발의 위험이 있다.

해설 밀폐형 압축기에 적합한 냉매는 프레온 냉매이다.

32 동관에 관한 설명 중 틀린 것은?

① 전기 및 열전도율이 좋다.
② 가볍고 가공이 용이하며 일반적으로 동파에 강하다.
③ 산성에는 내식성이 강하고 알칼리성에는 심하게 침식된다.
④ 전연성이 풍부하고 마찰저항이 적다.

해설 동관은 알카리성에 내식성이 강하고, 산성에는 약하다.

Answer 28. ② 29. ② 30. ② 31. ② 32. ③

33 회전 날개형 압축기에서 회전 날개의 부착은?

① 스프링 힘에 의하여 실린더에 부착한다.
② 원심력에 의하여 실린더에 부착한다.
③ 고압에 의하여 실린더에 부착한다.
④ 무게에 의하여 실린더에 부착한다.

해설 회전 날개형 압축기는 실린더 원통에 블레이드(blade)를 꽂아 넣어, 편심의 원통이 회전하면서 원심력에 의해 압축하는 원리

34 회전식 압축기의 특징에 관한 설명으로 틀린 것은?

① 조립이나 조정에 있어서 고도의 정밀도가 요구된다.
② 대형 압축기와 저온용 압축기에 많이 사용한다.
③ 왕복동식보다 부품수가 적으며 흡입밸브가 없다.
④ 압축이 연속적으로 이루어져 진공 펌프로도 사용된다.

해설 회전식압축기 특징
왕복동 압축기에 비하여 부품수가 적고 구조가 간단하다. 대형압축기 제작이 가능하지만 저온용은 부적합, 진동도 적다. 고압축비를 얻을 수 있다. 흡입밸브가 없고, 토출밸브는 역지밸브 형식이며, 압축이 연속적이고 고진공을 얻을 수 있어 진공펌프로 널리 사용한다. 무부하기동이 가능하여 전력소비가 적다.

35 액체가 기체로 변할 때의 열은?

① 승화열   ② 응축열
③ 증발열   ④ 융해열

해설 ① 승화열 : 고체가 기체로 변할 때 열
② 응축열 : 기체가 액체로 변할 때 열(액화열)
③ 증발열 : 액체가 기체로 변할 때 열(기화열)
④ 융해열 : 고체가 액체로 변할 때 열

36 다음 그림과 같이 15A 강관을 45° 엘보에 동일부속 나사 연결할 때 관의 실제 소요길이는? (단, 엘보중심 길이 21mm, 나사물림 길이 11mm이다.)

① 약 255.8mm
② 약 258.8mm
③ 약 274.8mm
④ 약 262.8mm

해설 $200 \times 1.414 - 2(21 - 11) = 262.8mm$

Answer 33. ② 34. ② 35. ③ 36. ④

37 기준냉동사이클에 의해 작동되는 냉동장치의 운전 상태에 대한 설명 중 옳은 것은?

① 증발기 내의 액냉매는 피냉각 물체로부터 열을 흡수함으로써 증발기 내를 흘러감에 따라 온도가 상승한다.
② 응축온도는 냉각수 입구온도보다 높다.
③ 팽창과정 동안 냉매는 단열팽창하므로 엔탈피가 증가한다.
④ 압축기 토출 직후의 증기온도는 응축과정 중의 냉매 온도보다 낮다.

해설 기준냉동사이클 냉동장치 운전 상태
① 증발기 내의 온도는 일정, 엔탈피는 증가한다.
② 응축온도는 냉각수 입구온도보다 높다.
③ 팽창과정의 엔탈피는 일정하다.
④ 압축기 토출 온도는 응축 온도보다 높다.

38 표준냉동사이클의 P-h(압력-엔탈피)선도에 대한 설명으로 틀린 것은?

① 응축과정에서는 압력이 일정하다.
② 압축과정에서는 엔트로피가 일정하다.
③ 증발과정에서는 온도와 압력이 일정하다.
④ 팽창과정에서는 엔탈피와 압력이 일정하다.

해설 팽창과정은 엔탈피는 일정, 압력은 떨어진다.

39 냉동장치의 압축기에서 가장 이상적인 압축과정은?

① 등온 압축
② 등엔트로피 압축
③ 등압 압축
④ 등엔탈피 압축

해설 압축기에서는 이상적인 단열압축이 이루어지므로 등엔트로피선을 따라 가스의 상태가 변한다.

40 다음은 NH_3 표준냉동사이클의 P-h선도이다. 플래시 가스 열량(kcal/kg)은 얼마인가?

① 48
② 55
③ 313
④ 368

해설 플래시 가스량 : 132-84 = 48kcal/kg

Answer 37. ② 38. ④ 39. ② 40. ①

41 15℃의 공기 15kg과 30℃의 공기 5kg을 혼합할 때 혼합 후의 공기온도는?

① 약 22.5℃ ② 약 20℃
③ 약 19.2℃ ④ 약 18.7℃

해설 평균온도 구하는 식

$$\Delta tm = \frac{G_1 C_1 \Delta t_1 + G_2 C_2 \Delta t_2}{G_1 C_1 + G_2 C_2}$$

$$\Delta tm = \frac{(15 \times 0.24 \times 15) + (5 \times 0.24 \times 30)}{(15 \times 0.24) + (5 \times 0.24)}$$

$$= 18.75℃$$

42 동절기의 가열코일의 동결방지 방법으로 틀린 것은?

① 온수코일은 야간 운전정지 중 순환 펌프를 운전한다.
② 운전 중에는 전열교환기를 사용하여 외기를 예열하여 도입한다.
③ 외기와 환기가 혼합되지 않도록 별도의 통로를 만든다.
④ 증기코일의 경우 0.5kg/cm² 이상의 증기를 사용하고 코일 내에 응축수가 고이지 않도록 한다.

해설 외기와 환기가 혼합되어야 가열코일이 동결되지 않는다.

43 송풍기의 효율을 표시하는데 사용되는 정압효율에 대한 정의로 옳은 것은?

① 팬의 축 동력에 대한 공기의 저항력
② 팬의 축 동력에 대한 공기의 정압 동력
③ 공기의 저항력에 대한 팬의 축 동력
④ 공기의 정압 동력에 대한 팬의 축 동력

해설

$$축동력(L_s) = \frac{Q \cdot \Delta P}{102 \times 60 \times \eta_f} [kW]$$

여기서, Q : 송풍량(m³/min)
P : 송풍기정압(mmAq)
η_f : 송풍기효율

∴ 정압효율 : 팬의 축 동력에 대한 공기의 정압 동력

44 노통 연관 보일러에 대한 설명으로 틀린 것은?

① 노통 보일러와 연관 보일러의 장점을 혼합한 보일러이다.
② 보유수량에 비해 보일러 열효율이 80~85% 정도로 좋다.
③ 형체에 비해 전열면적이 크다.
④ 구조상 고압, 대용량에 적합하다.

해설 고압, 대용량에 적합한 보일러는 수관식 보일러

Answer 41. ④ 42. ③ 43. ② 44. ④

45 고체 냉각식 동결장치가 아닌 것은?

① 스파이럴식 동결장치
② 배치식 콘택트 프리져 동결장치
③ 연속식 싱글 스틸 벨트 프리져 동결장치
④ 드럼 프리져 동결장치

해설 스파이럴식은 기체, 액체 냉각식 동결장치

46 흡수식 냉동장치의 주요구성 요소가 아닌 것은?

① 재생기   ② 흡수기
③ 이젝터   ④ 용액펌프

해설 흡수식 냉동장치의 주요구성 요소
흡수기, 용액펌프, 고온재생기, 응축기, 저온재생기, 증발기 등

47 단단 증기압축식 냉동사이클에서 건조압축과 비교하여 과열압축이 일어날 경우 나타나는 현상으로 틀린 것은?

① 압축기 소비동력이 커진다.
② 비체적이 커진다.
③ 냉매 순환량이 증가한다.
④ 토출가스의 온도가 높아진다.

해설 과열증기를 압축할 때 영향
• 냉매 순환량 감소
• 토출가스 온도상승
• 체적 효율감소
• 소요 동력 증대
• 실린더 과열
• 윤활유 탄화
• 냉동 능력 감소
※ 과열도를 주면 성적 계수는 상승

48 다음 P-h선도(Mollier Diagram)에서 등온선을 나타낸 것은?

①

②

③

④

해설 ① 등건도선
② 등온선
③ 등엔트로피선
④ 등비체적

49 냉동기의 2차 냉매인 브레인의 구비조건으로 틀린 것은?

① 낮은 응고점으로 낮은 온도에서도 동결되지 않을 것
② 비중이 적당하고 점도가 낮을 것
③ 비열이 크고 열전달 특성이 좋을 것
④ 증발이 쉽게 되고 잠열이 클 것

해설 증발이 쉽게 되고, 비열이 클 것

Answer 45. ① 46. ③ 47. ③ 48. ② 49. ④

50 두 전하 사이에 작용하는 힘의 크기는 두 전하 세기의 곱에 비례하고, 두 전하 사이의 거리의 제곱에 반비례하는 법칙은?

① 옴의 법칙
② 쿨롱의 법칙
③ 패러데이의 법칙
④ 키르히호프의 법칙

해설 쿨롱의 법칙
두 전하 사이에 작용하는 힘은 두 전하의 전기량(세기) 제곱에 비례하고, 두 전하 사이 거리의 제곱에 반비례한다.

51 2단압축 1단 팽창 사이클에서 중간 냉각기 주위에 연결되는 장치로 적당하지 않은 것은?

① (가) : 수액기
② (나) : 고단측압축기
③ (다) : 응축기
④ (라) : 증발기

해설 (다) : 저단측 압축기

52 지열을 이용하는 열펌프(Heat Pump)의 종류로 가장 거리가 먼 것은?

① 엔진 구동 열펌프
② 지하수 이용 열펌프
③ 지표수 이용 열펌프
④ 토양 이용 열펌프

해설 지열을 이용한 열펌프 종류 : 지하수, 지표수, 토양 이용 열펌프 등

53 냉동사이클에서 응축온도는 일정하게 하고 증발온도를 저하시키면 일어나는 현상으로 틀린 것은?

① 냉동능력이 감소한다.
② 성능계수가 저하한다.
③ 압축기의 토출온도가 감소한다.
④ 압축비가 증가한다.

해설 증발온도(압력) 저하 시 영향
① 흡입 가스 과열
② 토출가스 온도상승
③ 실린더 과열로 오일의 탄화 및 열화
④ 윤활유 불량으로 활동부 마모
⑤ 압축비, 소요동력 증가
⑥ 체적 효율, 냉매 순환량, 냉동 능력감소

Answer 50. ② 51. ③ 52. ① 53. ③

54 점토 또는 탄산마그네슘을 가하여 형틀에 압축 성형한 것으로 다른 보온재에 비해 단열효과가 떨어져 두껍게 시공하며, 500℃ 이하의 파이프, 탱크노벽 등의 보온에 사용하는 것은?

① 규조토　　　② 합성수지 패킹
③ 석면　　　　④ 오일시일 패킹

해설 규조토 보온재 : 무기질 보온재로 점토 또는 탄산마그네슘을 가하여 형틀에 압축 성형한 것으로 다른 보온재에 비해 단열효과가 떨어져 두껍게 시공하며, 500℃ 이하의 파이프, 탱크노벽 등의 보온에 사용

55 공기조화에 사용되는 온도 중 사람이 느끼는 감각에 대한 온도, 습도, 기류의 영향을 하나로 모아 만든 쾌감의 지표는?

① 유효온도(effective temperature : ET)
② 흑구온도(globe temperature : GT)
③ 평균복사온도(mean radiant temperature : MRT)
④ 작용온도(operation temperature : OT)

해설 유효온도(ET) : 온도, 습도, 기류에 의해 인체의 온열감각에 영향을 미치는 것으로 무풍(0m/sec), 상대습도 100%일 때 기준임

56 핀(fin)이 붙은 튜브형 코일을 강판형 박스에 넣은 것으로 대류를 이용한 방열기는?

① 콘벡터(convector)
② 팬코일 유닛(fan coil unit)
③ 유닛 히터(unit heater)
④ 라디에이터(radiator)

해설 대류 방열기(콘벡터, 베이스보드)
대류 작용의 촉진을 위해 철제 캐비닛 속에 핀튜브를 넣은 것으로 열효율이 좋아 널리 사용, 높이가 낮은 것을 베이스보드히터, 바닥에서 90[mm] 이상 높게 설치한다.

57 단일 덕트 방식의 특징으로 틀린 것은?

① 단일 덕트 스페이스가 비교적 크게 된다.
② 외기 냉방운전이 가능하다.
③ 고성능 공기정화장치의 설치가 불가능하다.
④ 공조기가 집중되어 있으므로 보수관리가 용이하다.

해설 단일 덕트 방식은 고성능 공기정화장치의 설치가 가능하다.

Answer 54. ①　55. ①　56. ①　57. ③

58 건축물에서 외기와 접하지 않는 내벽, 내창, 천정 등에서의 손실열량을 계산할 때 관계없는 것은?

① 열관류율
② 면적
③ 인접실과 온도차
④ 방위계수

해설 벽체전열에 의한 열량 : $q = K \cdot A \cdot (t_1 - t_2)$
여기서, q : 벽체부하(kcal/h)
K : 열통과율(kcal/m²h℃)
A : 벽체면적(m²)
t_1 : 실내온도(℃)
t_2 : 실외온도(℃)

59 공기조화방식 중에서 외기도입을 하지 않아 덕트 설비가 필요 없는 방식은?

① 팬 코일 유닛방식
② 유인 유닛방식
③ 각층 유닛방식
④ 멀티존 방식

해설 팬 코일 유닛 방식
냉·온수 코일, 팬, 에어 필터를 내장한 유닛으로 여름에는 코일에 냉수를 통과시켜 공기를 냉각, 감습하고, 겨울에는 온수를 통과시켜 공기를 가열하는 방식
[특징]
① 개별제어 용이
② 콜드 드래프트(cold draft)를 방지할 수 있다.
③ 유닛의 위치 변경이 쉽다.
④ 외기량 부족으로 실내공기 오염이 심하다.
⑤ 팬코일 유닛 내 팬으로부터 소음 발생 및 유닛 내 필터 청소가 필요하다.

60 다음 그림에서 설명하고 있는 냉방 부하의 변화 요인은?

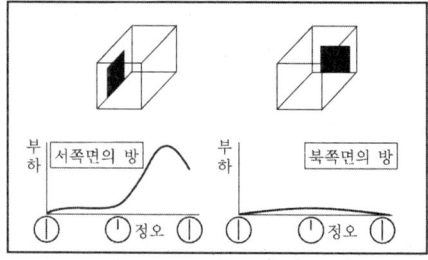

① 방의 크기
② 방의 방위
③ 단열재의 두께
④ 단열재의 종류

해설 그림에서 냉방 부하의 변화요인은 동, 서, 남, 북의 방위 계수이다.

Answer 58. ④ 59. ① 60. ②

공조냉동기계기능사 2000제 문제은행
2015년 4월 4일 시행

01 다음 중 저속 왕복동 냉동장치의 운전 순서로 옳은 것은?

> 1. 압축기를 시동한다.
> 2. 흡입측 스톱밸브를 천천히 연다.
> 3. 냉각수 펌프를 운전한다.
> 4. 응축기의 액면계 등으로 냉매량을 확인한다.
> 5. 압축기의 유면을 확인한다.

① 1-2-3-4-5
② 5-4-3-2-1
③ 5-4-3-1-2
④ 1-2-5-3-4

해설 왕복동 냉동장치 운전 순서
① 압축기 오일의 오염 및 누설, 드레인, 유면 등 점검
② 냉매량 점검 및 누설개소 점검
③ 응축기, 워터재킷의 냉각수 점검
④ 토출측 밸브는 반드시 열려 있을 것
⑤ 압축기 가동
⑥ 흡입측 밸브를 연다.

02 전기스위치 조작 시 오른손으로 하기를 권장하는 이유로 가장 적당한 것은?

① 심장에 전류가 직접 흐르지 않도록 하기 위하여
② 작업을 손쉽게 하기 위하여
③ 스위치 개폐를 신속히 하기 위하여
④ 스위치 조작 시 많은 힘이 필요하므로

해설 왼쪽 심장에 전류가 직접 흐르지 않도록 하기 위하여 오른손으로 조작하기를 권장한다.

03 보일러의 과열 원인으로 적절하지 못한 것은?

① 보일러 수의 수위가 높을 때
② 보일러 내 스케일이 생성되었을 때
③ 보일러 수의 순환이 불량할 때
④ 전열면에 국부적인 열을 받았을 때

해설 보일러 과열 원인: 보일러 동내면에 스케일 생성시, 보일러 수 농축으로 순환이 불량할 때, 전열면 국부적인 과열 시 등

Answer 1. ③ 2. ① 3. ①

04 스패너 사용 시 주의 사항으로 틀린 것은?
① 스패너가 벗겨지거나 미끄러짐에 주의한다.
② 스패너의 입이 너트 폭과 잘 맞는 것을 사용한다.
③ 스패너 길이가 짧은 경우에는 파이프를 끼어서 사용한다.
④ 무리하게 힘을 주지 말고 조심스럽게 사용한다.

해설 스패너 사용 시 길이에 맞는 스패너를 사용하고, 길이가 짧은 경우는 파이프에 끼워서 사용하지 말 것

05 다음 중 위생 보호구에 해당되는 것은?
① 안전모 ② 귀마개
③ 안전화 ④ 안전대

해설
1) 안전보호구 : 안전화, 안전대, 안전모, 안전장갑 등
2) 위생보호구 : 방진·방독·호흡용 마스크, 보호의, 차광·방진안경, 귀마개, 귀덮개 등

06 왕복펌프의 보수 관리 시 점검 사항으로 틀린 것은?
① 윤활유 작동 확인
② 축수 온도 확인
③ 스터핑 박스의 누설 확인
④ 다단 펌프에 있어서 프라이밍 누설 확인

해설 프라이밍 누설 확인은 원심 펌프의 물 채우는 작업으로 왕복 펌프의 보수 관리 시 점검 사항이 아님

07 작업복 선정 시 유의사항으로 틀린 것은?
① 작업복의 스타일은 착용자의 연령, 성별 등은 고려할 필요가 없다.
② 화기사용 작업자는 방염성, 불연성의 작업복을 착용한다.
③ 작업복은 항상 깨끗이 하여야 한다.
④ 작업복은 몸에 맞고 동작이 편하며, 상의 끝이나 바지자락 등이 기계에 말려 들어갈 위험이 없도록 한다.

해설 작업복 선정 시 작업복의 스타일은 착용자의 연령, 성별 등 고려하여 작업 의욕을 돋구기 위해 외관이 좋은 디자인으로 만들고, 직종에 따라 여러 색채로 나누는 것도 효과적이다.

08 안전보건관리책임자의 직무에 가장 거리가 먼 것은?
① 산업재해의 원인 조사 및 재발 방지 대책 수립에 관한 사항
② 안전에 관한 조직편성 및 예산책정에 관한 사항
③ 안전 보건과 관련된 안전장치 및 보호구 구입 시의 적격품 여부 확인에 관한 사항
④ 근로자의 안전 보건교육에 관한사항

해설 안전에 관한 조직편성 및 예산책정에 관한 사항은 사업주 책무

Answer 4. ③ 5. ② 6. ④ 7. ① 8. ②

09 가스집합용접장치의 배관을 하는 경우 주관, 분기관에 안전기를 설치하는데, 이는 하나의 취관에 몇 개 이상의 안전기를 설치해야 하는가?

① 1　　② 2
③ 3　　④ 4

해설 가스집합 용접장치의 배관 : 사업주는 가스집합 용접 장치의 배관을 하는 때는 다음 사항을 준수한다.
1) 플랜지·밸브·콕크 등의 접합부에는 가스킷을 사용하고 접합면을 상호 밀착시키는 등의 조치를 취할 것
2) 주관 및 분기관에는 안전기를 설치할 것 (하나의 취관에 대하여 2개 이상의 안전기 설치한다)

10 전동공구 사용상의 안전수칙이 아닌 것은?

① 전기 드릴로 아주 작은 물건이나 긴 물건에 작업할 때에는 지그를 사용한다.
② 전기 그라인더나 샌더가 회전하고 있을 때 작업대 위에 공구를 놓아서는 안 된다.
③ 수직 휴대용 연삭기의 숫돌의 노출각도는 90°까지 허용된다.
④ 이동식 전기 드릴 작업 시 장갑을 끼지 말아야 한다.

해설 수직 휴대용 연삭기 숫돌의 노출각도는 65°까지 허용한다.
※ 연삭기 안전커버 최대 노출각도
  ㉠ 스탠드용 : 125°　㉡ 평면용 : 150°
  ㉢ 원통용 : 180°

11 전기 용접 시 전격을 방지하는 방법으로 틀린 것은?

① 용접기의 절연 및 접지상태를 확실히 점검할 것
② 가급적 개로 전압이 높은 교류용접기를 사용할 것
③ 장시간 작업 중지 때는 반드시 스위치를 차단시킬 것
④ 반드시 주어진 보호구와 복장을 착용할 것

해설 전격을 방지하기 위해 가급적 개로 전압이 낮은 교류용접기 사용

12 소화기 보관상의 주의사항으로 틀린 것은?

① 겨울철에는 얼지 않도록 보온에 유의한다.
② 소화기 뚜껑은 조금 열어놓고 봉인하지 않고 보관한다.
③ 습기가 적고 서늘한 곳에 둔다.
④ 가스를 채워 넣는 소화기는 가스를 채울 때 반드시 제조업자에게 의뢰하도록 한다.

해설 뚜껑을 닫고, 봉인하여 보관할 것

Answer　9. ②　10. ③　11. ②　12. ②

13 다음 중 점화원으로 볼 수 없는 것은?

① 전기 불꽃
② 기화열
③ 정전기
④ 못을 박을 때 튀는 불꽃

해설 점화원 : 불꽃, 고열물, 단열압축, 산화열, 마찰열, 정전기, 충격열 등
※ 기화열은 액체가 기체로 변할 때의 열로 점화원이 아님

14 교류 아크 용접기 사용 시 안전 유의사항으로 틀린 것은?

① 용접변압기의 1차측 전로는 하나의 용접기에 대해서 2개의 개폐기로 할 것
② 2차측 전로는 용접봉 케이블 또는 캡타이어 케이블을 사용할 것
③ 용접기의 외함은 접지하고 누전차단기를 설치할 것
④ 일정 조건하에서 용접기를 사용할 때는 자동전격방지 장치를 사용할 것

해설 용접변압기의 1차측 전로는 하나의 용접기에 대해서 1개의 개폐기로 할 것

15 근로자가 안전하게 통행할 수 있도록 통로에는 몇 럭스 이상의 조명시설을 해야 하는가?

① 10 ② 30
③ 45 ④ 75

해설 안전 통로 조명 밝기 : 75[Lux] 이상

16 암모니아 냉매 배관을 설치할 때 시공방법으로 틀린 것은?

① 관이음 패킹재료는 천연고무를 사용한다.
② 흡입관에는 U트랩을 설치한다.
③ 토출관의 합류는 Y접속으로 한다.
④ 액관의 트랩부에는 오일 드레인 밸브를 설치한다.

해설 냉매 배관시 흡입관에 U트랩이나 배관 마감은 기름이 고이기 쉬우므로 설치하지 않는다.

17 2원 냉동장치에 대한 설명 중 틀린 것은?

① 냉매는 주로 저온용과 고온용을 1:1로 섞어서 사용한다.
② 고온측 냉매로는 비등점이 높은 냉매를 주로 사용한다.
③ 저온측 냉매로는 비등점이 낮은 냉매를 주로 사용한다.
④ -80~-70℃ 정도 이하의 초저온 냉동장치에 주로 사용된다.

해설 2원 냉동장치의 냉매는 저온용과 고온용이 각각 독립된 2개의 냉동기로 구성되어 있다.

Answer 13. ② 14. ① 15. ④ 16. ② 17. ①

18 팽창밸브 본체와 온도센서 및 전자제어부를 조립함으로써 과열도 제어를 하는 특징을 가지며, 바이메탈과 전열기가 조립된 부분과 니들밸브 부분으로 구성된 팽창밸브는?

① 온도식 자동 팽창밸브
② 정압식 자동 팽창밸브
③ 열전식 팽창밸브
④ 플로토식 팽창밸브

해설 열전식 팽창밸브 : 한쪽은 구동원으로 바이메탈과 전열기가 조립된 바이메탈 부분과, 다른 한쪽은 니들밸브가 조립되어 있는 밸브 본체로 구성된 팽창밸브

19 다음 중 흡수식 냉동기의 용량제어 방법이 아닌 것은?

① 구동열원 입구제어
② 증기토출 제어
③ 발생기 공급 용액량 조절
④ 증발기 압력제어

해설 흡수식 냉동기 용량제어 방법 : 구동열원 입구제어, 증기 토출 제어, 발생기 공급 용액량 조절 등
※ 증발기 압력제어는 증기압축식 냉동장치 용량제어방법이다.

20 냉매의 특징에 관한 설명으로 옳은 것은?

① NH_3는 물과 기름에 잘 녹는다.
② $R-12$은 기름과 잘 용해하나 물에는 잘 녹지 않는다.
③ $R-12$는 NH_3보다 전열이 양호하다.
④ NH_3의 포화증기의 비중은 $R-12$보다 작지만 $R-22$보다 크다.

해설 냉매의 특징에서 NH_3는 기름(윤활유)에 녹지 않고, 물에 녹고, 프레온계($R-12$)는 기름(윤활유)에 녹고, 물에 녹지 않는다. 전열이 가장 양호한 것은 NH_3이다.
※ 비중크기 : 프레온 > H_2O > 오일 > 암모니아

21 다음 수냉식 응축기에 관한 설명으로 옳은 것은?

① 수온이 일정한 경우 유막 물때가 두껍게 부착하여도 수량을 증가하면 응축압력에는 영향이 없다.
② 응축부하가 크게 증가하면 응축압력 상승에 영향을 준다.
③ 냉각수량이 풍부한 경우에는 불응축 가스의 혼입 영향이 없다.
④ 냉각수량이 일정한 경우에는 수온에 의한 영향은 없다.

해설 수냉식 응축기는 냉각수의 현열을 이용하여 냉매가스를 냉각, 액화하는 방식으로, 입형 쉘엔튜브식, 횡형 쉘엔튜브식, 2중관식 등이 있으나 거의 횡형 쉘엔튜브식을 사용하고, 응축부하가 크게 되면 응축압력이 상승한다.

Answer 18. ③ 19. ④ 20. ② 21. ②

22 다음 중 등온변화에 대한 설명으로 틀린 것은?

① 압력과 부피의 곱은 항상 일정하다.
② 내부 에너지는 증가한다.
③ 가해진 열량과 한 일이 같다.
④ 변화 전과 후의 내부 에너지의 값이 같아진다.

해설 등온변화 과정에서 내부 에너지는 일정하다.

23 동관 공작용 작업 공구가 아닌 것은?

① 익스팬더   ② 사이징 툴
③ 튜브 벤더   ④ 봄볼

해설 봄볼 : 연관 주관에 가지관을 분기시 구멍을 뚫는 공구

24 주로 저압증기나 온수배관에서 호칭지름이 작은 분기관에 이용되며, 굴곡부에서 압력 강하가 생기는 이음쇠는?

① 슬리브형   ② 스위블형
③ 루프형   ④ 벨로즈형

해설 스위블형 신축 이음은 주로 저압증기나 온수배관에서 방열기 입구에 설치하는 신축이음으로 굴곡부 압력 강하가 크다.

25 유량이 적거나 고압일 때에 유량조절을 한층 더 엄밀하게 행할 목적으로 사용되는 것은?

① 콕   ② 안전밸브
③ 글로브밸브   ④ 앵글밸브

해설 글로브 밸브는 유량조절이 가능한 밸브로 유체 저항을 많이 받는다.

26 증발압력 조정밸브를 부착하는 주요 목적은?

① 흡입압력을 저하시켜 전동기의 기동 전류를 적게 한다.
② 증발기 내의 압력이 일정 압력 이하가 되는 것을 방지한다.
③ 냉매의 증발온도를 일정치 이하로 내리게 한다.
④ 응축압력을 항상 일정하게 유지한다.

해설 증발압력 조정밸브 부착 목적 : 증발기내 압력이 일정 압력 이하가 되는 것을 방지한다.

27 다음 중 압축기 효율과 가장 거리가 먼 것은?

① 체적효율
② 기계효율
③ 압축효율
④ 팽창효율

해설 압축기 효율은 압축효율, 기계효율, 체적효율이다.

28 냉방능력 1냉동톤인 응축기에 10L/min의 냉각수가 사용되었다. 냉각수 입구의 온도가 32℃이면 출구 온도는? (단, 방열계수는 1.2로 한다.)

① 12.5℃   ② 22.6℃
③ 38.6℃   ④ 49.5℃

해설 $1[RT] = 3320[kcal/h]$
$\therefore 3320 \times 1.2 = 3984[kcal/h]$
$3984 = 10 \times 1 \times 60 \times (x - 32)$
$x = 32 + \dfrac{3984}{10 \times 1 \times 60} = 38.64[℃]$

Answer 22. ② 23. ④ 24. ② 25. ③ 26. ② 27. ④ 28. ③

29 흡수식 냉동장치의 적용대상으로 가장 거리가 먼 것은?

① 백화점 공조용
② 산업공조용
③ 제빙공장용
④ 냉난방장치용

해설 흡수식 냉동장치는 공조용으로 가능하나, 저온을 얻기 어려워 제빙용으로 부적합하다.

30 2단 압축냉동장치에서 각각 다른 2대의 압축기를 사용하지 않고 1대의 압축기가 2대의 압축기 역할을 할 수 있는 압축기는?

① 부스터 압축기
② 캐스케이드 압축기
③ 콤파운드 압축기
④ 보조 압축기

해설 콤파운드 압축기는 2단 압축냉동장치에서 각각 다른 2대의 압축기를 사용하지 않고도 1대의 압축기로 2대의 압축기 역할을 한다.

31 냉동사이클에서 증발온도가 −15℃이고 과열도가 5℃일 경우 압축기 가스온도는?

① 5℃
② −10℃
③ −15℃
④ −20℃

해설 일반적으로 습·압축을 방지할 목적으로 압축기 흡입가스를 열교환하여 약 5℃ 정도 과열도를 준다.
∴ −15℃ + 5℃ = −10℃

32 시퀀스 제어에 속하지 않는 것은?

① 자동 전기밥솥
② 전기세탁기
③ 가정용 전기냉장고
④ 네온사인

해설 시퀀스 제어 : 미리 정해진 순서에 따라 제어의 각 단계를 점차로 진행해 나가는 제어(불연속적인 작업을 행하는 공정제어 등에 이용) 엘리베이터, 세탁기, 전기밥솥, 자동판매기, 네온사인 등

33 2000W의 전기가 1시간 일한 양을 열량으로 표현하면 얼마인가?

① 172kcal/h
② 860kcal/h
③ 17200kcal/h
④ 1720kcal/h

해설 1kwh = 860kcal/h
∴ 2kwh × 860kcal/h = 1720kcal/h

34 엔탈피의 단위로 옳은 것은?

① kcal/kg
② kcal/h·℃
③ kcal/kg·℃
④ kcal/m³·h·℃

해설 엔탈피 : kcal/kg, 비열 : kcal/kg·℃

35 −15℃에서 건조도가 0인 암모니아 가스를 교축 팽창시켰을 때 변화가 없는 것은?

① 비체적
② 압력
③ 엔탈피
④ 온도

해설 교축 팽창시 변화 : 압력강하, 온도강하, 엔탈피불변, 비체적 증대

Answer 29. ③ 30. ③ 31. ② 32. ③ 33. ④ 34. ① 35. ③

36 글랜드 패킹의 종류가 아닌 것은?

① 오일시일 패킹 ② 석면 야안 패킹
③ 아마존 패킹   ④ 몰드 패킹

해설 글랜드 패킹
① 석면각형 패킹(대형밸브 그랜드용)
② 석면 얀 패킹(소형밸브 그랜드용)
③ 아마존 패킹(압축기 그랜드용)
④ 몰드 패킹(밸브, 펌프 그랜드용)
※ 플랜지 패킹 : 고무패킹, 석면 조인트시트, 합성수지 패킹, 오일시일 패킹(한지를 내유가공), 금속패킹

37 팽창밸브 직후의 냉매 건조도를 0.23, 증발잠열이 52kcal/kg이라 할 때, 이 냉매의 냉동 효과는?

① 226kcal/kg   ② 40kcal/kg
③ 38kcal/kg   ④ 12kcal/kg

해설 $52 \times 0.23 = 11.96 [\text{kcal/kg}]$
∴ $52 - 11.96 = 40.04 [\text{kcal/kg}]$

38 열역학 제1법칙을 설명한 것으로 옳은 것은?

① 밀폐계가 변화할 때 엔트로피의 증가를 나타낸다.
② 밀폐계에 가해 준 열량과 내부에너지의 변화량의 합은 일정하다.
③ 밀폐계에 전달된 열량은 내부에너지 증가와 계가 한 일의 합과 같다.
④ 밀폐계의 운동에너지와 위치에너지의 합은 일정하다.

해설 열역학 제1법칙(에너지보존의 법칙) : 열은 일로, 일은 열로 상호 쉽게 교환시킬 수 있는 법칙으로 밀폐계에 전달된 열량은 내부에너지 증가와 계가 한 일의 합과 같다.

39 역 카르노 사이클은 어떤 상태변화 과정으로 이루어져 있는가?

① 1개의 등온과정, 1개의 등압과정
② 2개의 등압과정, 2개의 교축작용
③ 1개의 단열과정, 2개의 교축과정
④ 2개의 단열과정, 2개의 등온과정

해설 역 카르노 사이클 : 두 개의 등온과정과 두개의 단열과정으로 구성되어 카르노 사이클의 역으로 냉동사이클이라 함

40 회전식 압축기의 특징에 관한 설명으로 틀린 것은?

① 용량제어가 없고 분해조립 및 정비에 특수한 기술이 필요하다.
② 대형 압축기와 저온용 압축기로 사용하기 적당하다.
③ 왕복동식처럼 격간이 없어 체적효율, 성능 계수가 양호하다.
④ 소형이고 설치면적이 적다.

해설 회전식 압축기(연속압축기)는 일반적으로 소용량 압축기

Answer 36. ① 37. ② 38. ③ 39. ④ 40. ②

41 터보냉동기의 운전 중 서징(surging)현상이 발생하였다. 그 원인으로 틀린 것은?

① 흡입가이드 베인을 너무 조일 때
② 가스 유량이 감소될 때
③ 냉각수온이 너무 낮을 때
④ 너무 낮은 가스유량으로 운전할 때

해설 냉각수온이 높을 때 서징(surging)현상이 발생한다.

42 열에 관한 설명으로 틀린 것은?

① 승화열은 고체가 기체로 되면서 주위에서 빼앗는 열량이다.
② 잠열은 물체의 상태를 바꾸는 작용을 하는 열이다.
③ 현열은 상태 변화 없이 온도 변화에 필요한 열이다.
④ 융해열은 현열의 일종이며, 고체를 액체로 바꾸는데 필요한 열이다.

해설 융해열은 잠열이다.

43 왕복동식 압축기와 비교하여 스크류 압축기의 특징이 아닌 것은?

① 흡입·토출밸브가 없으므로 마모부분이 없어 고장이 적다.
② 냉매의 압력 손실이 크다.
③ 무단계 용량제어가 가능하며 연속적으로 행할 수 있다.
④ 체적 효율이 좋다.

해설 스크류 압축기의 특징
※ 장점
① 흡입, 토출밸브가 없어 밸브의 마모, 소음이 적다.
② 냉매의 압력손실이 없어 효율이 양호하다.
③ 크랭크축, 피스톤링, 커넥팅로드 등의 마모부분이 없어 고장율이 적다.
④ 소형으로 대용량의 가스를 처리할 수 있다.
⑤ 1단의 압축비를 크게 할 수 있다(체적효율이 크다).
※ 단점
① 고속회전이므로 소음이 크다.
② 독립된 오일펌프가 필요하며 윤활유의 소비가 많다.
③ 경부하시 동력이 많이 소요된다.

44 컨덕턴스는 무엇을 뜻하는가?

① 전류의 흐름을 방해하는 정도를 나타낸 것이다.
② 전류가 잘 흐르는 정도를 나타낸 것이다.
③ 전위차를 얼마나 적게 나타내느냐의 정도를 나타낸 것이다.
④ 전위차를 얼마나 크게 나타내느냐의 정도를 나타낸 것이다.

해설 컨덕턴스 : 전기가 얼마나 잘 통하느냐 하는 정도를 나타내는 계수, 따라서 저항은 컨덕턴스와 반대로 전기를 얼마나 못 흐르게 하느냐 하는 계수이므로 컨덕턴스는 저항의 역수가 된다.

Answer 41. ③ 42. ④ 43. ② 44. ②

45 다음 중 2단압축, 2단팽창 냉동사이클에서 주로 사용되는 중간 냉각기의 형식은?

① 플래시형 ② 액냉각형
③ 직접팽창식 ④ 저압수액기식

해설 중간 냉각기 형식 : 플래시식, 직접팽창식, 액냉각식이 있으며 2단압축, 2단팽창 냉동사이클에서 주로 플래시식 사용

46 복사난방에 관한 설명 중 틀린 것은?

① 바닥면의 이용도가 높고 열손실이 적다.
② 단열층 공사비가 많이 들고 배관의 고장 발견이 어렵다.
③ 대류 난방에 비하여 설비비가 많이 든다.
④ 방열체의 열용량이 적으므로 외기 온도에 따라 방열량의 조절이 쉽다.

해설 복사난방은 방열체의 열용량이 적으므로 외기온도에 따라 방열량의 조절이 어렵다.

47 실내의 현열부하를 3200kcal/h, 잠열부하를 600kcal/h일 때, 현열비는?

① 0.16 ② 6.25
③ 1.20 ④ 0.84

해설 현열비 $= \dfrac{\text{현열부하}}{\text{잠열부하} + \text{현열부하}}$

$\therefore \dfrac{3200}{3200 + 600} = 0.84$

48 온수난방에 대한 설명 중 틀린 것은?

① 일반적으로 고온수식과 저온수식의 기준온도는 100℃이다.
② 개방형은 방열기보다 1m 이상 높게 설치하고, 밀폐형은 가능한 보일러로부터 멀리 설치한다.
③ 중력 순환식 온수난방 방법은 소규모 주택에 사용된다.
④ 온수난방 배관의 주재료는 내열성을 고려해서 선택해야 한다.

해설 밀폐형은 보일러 설치 위치에 관계없이 설치가 가능하다.

49 체감을 나타내는 척도로 사용되는 유효온도와 관계있는 것은?

① 습도와 복사열
② 온도와 습도
③ 온도와 기압
④ 온도와 복사열

해설 유효온도(ET:effective temperature) : 어떤 온도, 습도 하에서 방에서 느끼는 쾌감과 동일한 쾌감을 얻을 수 있는 바람이 없고(0[m/s]), 포화상태(100[%])인 실내의 온도를 감각온도라고도 함

Answer 45. ① 46. ④ 47. ④ 48. ② 49. ②

50 다음의 습공기선도에 대하여 바르게 설명한 것은?

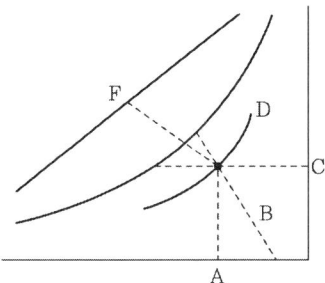

① F점은 습공기의 습구온도를 나타낸다.
② C점은 습공기의 노점온도를 나타낸다.
③ A점은 습공기의 절대습도를 나타낸다.
④ B점은 습공기의 비체적을 나타낸다.

해설 A : 건구온도, B : 비체적, C : 절대습도, D : 상대습도, F : 엔탈피

51 흡수식 냉동기의 특징으로 틀린 것은?
① 전력 사용량이 적다.
② 압축식 냉동기보다 소음, 진동이 크다.
③ 용량제어 범위가 넓다.
④ 부분 부하에 대한 대응성이 좋다.

해설 흡수식 냉동기는 압축식 냉동기보다 소음 및 진동이 적다.

52 환기에 대한 설명으로 틀린 것은?
① 기계환기법에는 풍압과 온도차를 이용하는 방식이 있다.
② 제품이나 기기 등의 성능을 보전하는 것도 환기의 목적이다.
③ 자연환기는 공기의 온도에 따른 비중차를 이용한 환기이다.
④ 실내에서 발생하는 열이나 수증기도 제거한다.

해설 풍압과 온도차를 이용하는 방식은 자연환기법이다.

53 냉방부하에서 틈새 바람으로 손실되는 열량을 보호하기 위하여 극간풍을 방지하는 방법으로 틀린 것은?
① 회전문을 설치한다.
② 충분한 간격을 두고 이중문을 설치한다.
③ 실내의 압력을 외부압력보다 낮게 유지한다.
④ 에어 커튼(air curtain)을 사용한다.

해설 실내의 압력을 외부압력보다 높게 유지하여 외부 공기가 실내로 들어오지 못하도록 한다.

Answer 50. ④ 51. ② 52. ① 53. ③

54 개별 공조방식에서 성적계수에 관한 설명으로 옳은 것은?

① 히트펌프의 경우 축열조를 사용하면 성적계수가 낮다.
② 히트펌프 시스템의 경우 성적계수는 1보다 적다.
③ 냉방 시스템은 냉동효과가 동일한 경우에는 압축일이 클수록 성적계수는 낮아진다.
④ 히트펌프의 난방 운전 시 성적계수는 냉방운전 시 성적계수보다 낮다.

해설 냉동효과가 동일한 경우 압축일이 클수록 성적계수가 낮아진다.

55 난방부하에 대한 설명으로 틀린 것은?

① 건물의 난방시에 재실자 또는 기구의 발생열량은 난방 개시 시간을 고려하여 일반적으로 무시해도 좋다.
② 외기부하 계산은 냉방부하 계산과 마찬가지로 현열부하와 잠열부하로 나누어 계산해야 한다.
③ 덕트면의 열통과에 의한 손실 열량은 작으므로 일반적으로 무시해도 좋다.
④ 건물의 벽체는 바람을 통하지 못하게 하므로 건물 벽체에 의한 손실열량은 무시해도 좋다.

해설 건물 벽체에 의한 손실열량이 크기 때문에 난방부하시 꼭 고려해야 한다.

56 기계 배기와 적당한 자연급기에 의한 환기방식으로서, 화장실, 탕비실, 소규모 조리장의 환기 설비에 적당한 환기법은?

① 제1종 환기법
② 제2종 환기법
③ 제3종 환기법
④ 제4종 환기법

해설 강제 환기방식 종류
① 제1종 환기 : 급기팬 + 배기팬의 조합(환기효과 가장 큼)
② 제2종 환기 : 급기팬 + 자연배기(실내압은 정압)
③ 제3종 환기 : 자연급기 + 배기팬(실내압은 부압)
④ 제4종 환기 : 자연급기 + 자연배기의 조합(자연중력환기)

57 다음은 덕트 내의 공기압력을 측정하는 방법이다. 그림 중 정압을 측정하는 방법은?

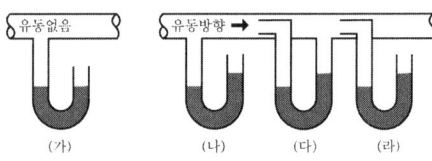

① (가)
② (나)
③ (다)
④ (라)

해설 (나) : 정압, (다) : 전압, (라) : 동압

Answer 54. ③ 55. ④ 56. ③ 57. ②

58. 2중 덕트 방식의 특징이 아닌 것은?

① 설비비가 저렴하다.
② 각 실, 각 존의 개별 온습도의 제어가 가능하다.
③ 용도가 다른 존 수가 많은 대규모 건물에 적합하다.
④ 다른 방식에 비해 덕트 공간이 크다.

해설 2중 덕트 방식은 덕트가 2계통으로 설비비가 많이 든다.

59. 공기의 감습방법에 해당되지 않는 것은?

① 흡수식   ② 흡착식
③ 냉각식   ④ 가열식

해설 감습방법 : 흡수법, 흡착법, 냉각법

60. 건구온도 33℃, 상대습도 50%인 습공기 500m³/h를 냉각 코일에 의하여 냉각한다. 코일의 장치노점온도는 9℃이고 바이패스 팩터가 0.1이라면, 냉각된 공기의 온도는?

① 9.5℃   ② 10.2℃
③ 11.4℃   ④ 12.6℃

해설 냉각된 공기의 온도(코일 출구 온도)
=[바이패스팩터×(공기온도−장치노점온도)]+장치노점온도
∴ [0.1×(33℃−9℃)]+9℃=11.4℃

Answer 58. ① 59. ④ 60. ③

공조냉동기계기능사 2000제 문제은행

CBT 시험대비
▶ 2015년 7월 19일 시행

01 수공구 사용방법 중 옳은 것은?
① 스패너에 너트를 깊이 물리고 바깥쪽으로 밀면서 풀고 죈다.
② 정 작업시 끝날 무렵에는 힘을 빼고 천천히 타격 한다.
③ 쇠톱 작업 시 톱날을 고정한 후에는 재조정을 하지 않는다.
④ 장갑을 낀 손이나 기름 묻은 손으로 해머를 잡고 작업해도 된다.

해설 정 작업 안전 수칙
㉠ 쪼아내기 작업을 할 때에는 보안경을 착용할 것
㉡ 시작과 끝에 조심할 것
㉢ 정 머리가 찌그러진 것은 수정하여 사용할 것
㉣ 마주보고 작업하지 말 것
㉤ 열처리한 재료는 정 작업을 하지 말 것
㉥ 정 머리에 기름이 묻어 있으면 닦아서 사용할 것

02 각 작업조건에 맞는 보호구의 연결로 틀린 것은?
① 물체가 떨어지거나 날아올 위험이 있는 작업 : 안전모
② 고열에 의한 화상 등의 위험이 있는 작업: 방열복
③ 선창 등에서 분진이 심하게 발생하는 하역작업 : 방한복
④ 높이 또는 깊이 2미터 이상의 추락할 위험이 있는 장소에서 하는 작업 : 안전대

해설 분진이 발생하는 하역 작업 시는 방진마스크 및 안전모가 필요하다.

03 화재 시 소화제로 물을 사용하는 이유로 가장 적당한 것은?
① 산소를 잘 흡수하기 때문에
② 증발잠열이 크기 때문에
③ 연소하지 않기 때문에
④ 산소공급을 차단하기 때문에

해설 물의 비열이 1kca/kg℃로 가장 크고, 증발(기화)잠열(539 kcal/kg)도 모든 액체 중에서 가장 크다. 따라서 물의 소화 효과 중 가장 대표적인 것은 냉각 효과이다.

Answer 01. ② 02. ③ 03. ②

04 보일러의 폭발사고 예방을 위하여 그 기능이 정상적으로 작동할 수 있도록 유지 관리해야 하는 장치로 가장 거리가 먼 것은?

① 압력방출장치　② 감압밸브
③ 화염 검출기　　④ 압력제한스위치

해설 감압밸브는 증기나 공기의 압력을 조절하여 안정된 공급을 목적으로 하는 송기장치로 폭발을 방지하기 위한 안전장치가 아니다.

05 보일러의 휴지보존법 중 장기보전법에 해당되지 않는 것은?

① 석회밀폐건조법
② 질소가스봉입법
③ 소다만수보존법
④ 가열건조법

해설 보일러 휴지보존법
㉠ 장기보존법 : 휴지기간이 2~3개월 이상일 때 사용하는 방법
　ⓐ 석회밀폐 보존법
　ⓑ 질소가스봉입법
　ⓒ 소다만수보존법
㉡ 단기보존법 : 휴지기간이 3주~1개월 이내 : 가열건조법, 만수법

06 다음 중 불응축 가스가 주로 모이는 곳은?

① 증발기　　② 액분리기
③ 압축기　　④ 응축기

해설 불응축 가스 : 냉매가 응축기 또는 수액기 상부에 모여서 액화되지 않고 남아 있는 가스(공기)

07 어떤 물질의 산성, 알칼리성 여부를 측정하는 단위는?

① CHU　　② USRT
③ pH　　　④ Therm

해설 수소 이온 농도(독일어 : pH 페하)는 화학에서 물질의 산성, 알칼리성의 정도를 나타내는 수치로 사용되며, 1~14 중 7은 중성, 1에 가까울수록 강산성, 14에 가까울수록 강알카리성으로 구분된다.

08 1PS는 1시간당 약 몇 kcal에 해당되는가?

① 860　　② 550
③ 632　　④ 427

해설 $1PS = \dfrac{75kg \cdot m}{s} \times \dfrac{3600s}{1h} \times \dfrac{kcal}{427kg \cdot m}$
$= 632 kcal/h$

09 강관용 공구가 아닌 것은?

① 파이프 바이스
② 파이프 커터
③ 드레서
④ 동력 나사절삭기

해설 연관용 공구
㉠ 연관톱 : 연관 절단 공구(일반 쇠톱으로도 가능)
㉡ 봄보올 : 주관에 구멍을 뚫을 때 사용
㉢ 드레서 : 연관 표면의 산화피막 제거
㉣ 벤드벤 : 연관의 굽힘 작업에 사용

Answer　04. ②　05. ④　06. ④　07. ③　08. ③　09. ③

10 냉동기에서 압축기의 기능으로 가장 거리가 먼 것은?

① 냉매를 순환시킨다.
② 응축기에 냉각수를 순환시킨다.
③ 냉매의 응축을 돕는다.
④ 저압을 고압으로 상승시킨다.

해설 응축기 냉각수를 순환시키는 것은 냉각수 펌프이다.

11 아크 용접의 안전 사항으로 틀린 것은?

① 홀더가 신체에 접촉되지 않도록 한다.
② 절연 부분이 균열이나 파손되었으면 교체한다.
③ 장시간 용접기를 사용하지 않을 때는 반드시 스위치를 차단시킨다.
④ 1차 코드는 벗겨진 것을 사용해도 좋다.

해설 1차 코드는 벗겨진 것을 사용하지 말 것

12 연삭작업의 안전수칙으로 틀린 것은?

① 작업 도중 진동이나 마찰면에서의 파열이 심하면 곧 작업을 중지한다.
② 숫돌차에 편심이 생기거나 원주면의 메짐이 심하면 드레싱을 한다.
③ 작업 시 반드시 숫돌의 정면에 서서 작업한다.
④ 축과 구멍에는 틈새가 없어야 한다.

해설 작업은 정면을 피해서 작업한다.

13 전체 산업 재해의 원인 중 가장 큰 비중을 차지하는 것은?

① 설비의 미비
② 정돈상태의 불량
③ 계측 공구의 미비
④ 작업자의 실수

해설 산업재해원인 중 가장 큰 비중을 차지하는 것은 직접원인의 (불안전한 행동) 작업자의 실수이다.

14 가스용접 시 역화를 방지하기 위하여 사용하는 수봉식 안전기에 대한 내용 중 틀린 것은?

① 하루에 1회 이상 수봉식 안전기의 수위를 점검할 것
② 안전기는 확실한 점검을 위하여 수직으로 부착할 것
③ 1개의 안전기에는 3개 이하의 토치만 사용할 것
④ 동결 시 화기를 사용하지 말고 온수를 사용할 것

해설 1개의 안전기에 1개의 토치만 사용할 것

Answer 10. ② 11. ④ 12. ③ 13. ④ 14. ③

15 보일러의 역화(back fire)의 원인이 아닌 것은?

① 점화 시 착화를 빨리한 경우
② 점화 시 공기보다 연료를 먼저 노 내에 공급하였을 경우
③ 노 내의 미연소가스가 충만해 있을 때 점화하였을 경우
④ 연료 밸브를 급개하여 과다한 양을 노 내에 공급하였을 경우

해설 보일러 역화 원인
㉠ 댐퍼를 너무 조였거나, 흡입통풍이 부족할 경우
㉡ 압입통풍과다
㉢ 점화할 때 착화가 늦어졌을 경우
㉣ 불완전연소
㉤ 공기보다 연료를 먼저 공급했을 때
㉥ 프리퍼지 부족

16 산업안전보전기준에 따른 작업장의 출입구 설치기준으로 틀린 것은?

① 출입구의 위치·수 및 크기가 작업장의 용도와 특성에 맞도록 할 것
② 출입구에 문을 설치하는 경우에는 근로자가 쉽게 열고 닫을 수 있도록 할 것
③ 주된 목적이 하역운반기계용인 출입구에는 보행자용 출입구를 따로 설치하지 말 것
④ 계단이 출입구와 바로 연결된 경우에는 작업자의 안전한 통행을 위하여 그 사이에 충분한 거리를 둘 것

해설 주된 목적이 하역운반기계용인 출입구에는 인접하여 보행자용 출입구를 따로 설치할 것

17 크레인을 사용하여 작업을 하고자 한다. 작업 시작 전의 점검사항으로 틀린 것은?

① 권과방지장치·브레이크·클러치 및 운전장치의 기능
② 주행로의 상측 및 트롤리가 횡행(橫行)하는 레일의 상태
③ 와이어로프가 통하고 있는 곳의 상태
④ 압력방출장치의 기능

해설 압력방출장치의 기능은 압력용기 및 보일러 파손을 방지하기위한 안전장치로 크레인 작업 전 점검사항이 아님

18 냉동장치 안전운전을 위한 주의사항 중 틀린 것은?

① 압축기와 응축기 간에 스톱밸브가 닫혀있는 것을 확인한 후 압축기를 가동할 것
② 주기적으로 유압을 체크할 것
③ 동절기(휴지기)에는 응축기 및 수배관의 물을 완전히 뺄 것
④ 압축기를 처음 가동 시에는 정상으로 가동되는가를 확인할 것

해설 압축기 가동시는 압축기와 응축기 사이 스톱밸브가 열려있는가를 확인한다.

Answer 15. ① 16. ③ 17. ④ 18. ①

19 차량계 하역 운반 기계의 종류로 가장 거리가 먼 것은?

① 지게차 ② 화물 자동차
③ 구내 운반차 ④ 크레인

해설 크레인은 동력을 사용하여 중량물을 매달아 상하 및 좌우로 운반하는 기계장치로 차량계 하역운반 기계로 보기 어렵다.

20 공기압축기를 가동할 때, 시작 전 점검사항에 해당되지 않는 것은?

① 공기저장 압력용기의 외관상태
② 드레인밸브의 조작 및 배수
③ 압력방출장치의 기능
④ 비상정지장치 및 비상하강방지장치 기능의 이상 유무

해설 비상정지 장치 및 비상하강 방지장치는 이동 중 이상상태 발생시 급정지 시킬 수 있는 장치로 공기압 축기와 관계없다.

21 2개 이상의 엘보를 사용하여 배관의 신축을 흡수하는 신축이음은?

① 루프형 이음 ② 벨로즈형 이음
③ 슬리브형 이음 ④ 스위블형 이음

해설 신축이음종류
㉠ 루프형(곡관형) : 옥외고압배관용, 구부림의 반지름은 관지름의 6배 이상, 설치장소 크다.
㉡ 벨로즈형(주름통형, 팩렉스형, 파형) : 설치장소 적다. 응력 및 누설 적다. 신축에 의한 피로현상 때문에 스테인레스제 사용

㉢ 슬리브형(미끄럼형) : 응력 발생이 적다. 직관의 선 팽창만 흡수한다.
㉣ 스위블형 : 2~3개의 엘보를 사용하여 관의 신축조절(방열기 인입관이나 저압 온수관에 사용)

22 냉동장치에서 압축기의 이상적인 압축 과정은?

① 등엔트로피 변화
② 정압 변화
③ 등온 변화
④ 정적 변화

해설 압축과정 : 압력 상승, 온도 상승, 비체적 감소, 등엔트로피, 엔탈피 증가

23 다음 온도-엔트로피 선도에서 a → b 과정은 어떤 과정인가?

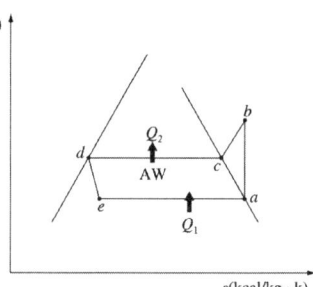

① 압축과정 ② 응축과정
③ 팽창과정 ④ 증발과정

해설
- ab : 단열압축
- bc : 과열제거
- cd : 응축액화
- de : 교축과정
- ea : 증발과정

Answer 19. ④ 20. ④ 21. ④ 22. ① 23. ①

24 다음에 해당하는 법칙은?

> 회로망 중 임의의 한 점에서 흘러 들어오는 전류와 나가는 전류의 대수합은 0이다.

① 쿨롱의 법칙
② 옴의 법칙
③ 키르히호프의 제1법칙
④ 키르히호프의 제2법칙

해설 ㉠ 쿨롱의법칙
두 전하 사이에 작용하는 힘은 두 전하의 전기량 제곱에 비례하고, 두 전하 사이 거리의 제곱에 반비례
㉡ 옴의 법칙
전류 I는 전압 V에 비례하고, 저항 R에 반비례 한다.

$$I = \frac{V}{R}$$

여기서, I : 전류, V : 전압, R : 저항
㉢ 키르히호프 법칙
ⓐ 키르히호프 제1법칙(전류 평형의 법칙) : 회로 내 들어오는 전류와 나가는 전류의 총합은 0이다.
ⓑ 키르히호프 제2법칙(전압 평형의 법칙) : 폐회로에서 기전력의 합과 전압강하의 합은 같다.

25 시퀀스 제어장치의 구성으로 가장 거리가 먼 것은?

① 검출부
② 조절부
③ 피드백부
④ 조작부

해설 피드백 회로 4대 구성 요소
검출부 → 비교부 → 조절부 → 조작부

26 서로 다른 지름의 관을 이을 때 사용되는 것은?

① 소켓
② 유니온
③ 플러그
④ 부싱

해설 이경(서로 다른)관 이음부속
레듀셔, 줄임티, 부싱, 이경 엘보우

27 NH_3, $R-12$, $R-22$ 냉매의 기름과 물에 대한 용해도를 설명한 것으로 옳은 것은?

> ㉠ 물에 대한 용해도는 $R-12$가 가장 크다.
> ㉡ 기름에 대한 용해도는 $R-12$가 가장 크다.
> ㉢ $R-22$는 물에 대한 용해도와 기름에 대한 용해도가 모두 암모니아보다 크다.

① ㉠, ㉡, ㉢
② ㉡, ㉢
③ ㉡
④ ㉢

해설 물에 대한 용해도는 암모니아가 크고, 기름에 대한 용해도는 $R-12$가 크다.

Answer 24. ③ 25. ③ 26. ④ 27. ③

28 식품을 냉각된 부동액에 넣어 직접 접촉시켜서 동결시키는 것으로 살포식과 침지식으로 구분하는 동결장치는?

① 접촉식 동결장치
② 공기 동결장치
③ 브라인 동결장치
④ 송풍식 동결장치

해설 브라인 동결장치 : 액상 냉각 열매체(부동액, 브라인, 2차냉매)를 제품에 직접 접촉시켜 동결시키며, 살포식과 침지식이 있다. 일반적으로 널리 사용되고 있는 것은 염화나트륨, 염화칼슘 등의 무기 브라인과 에틸렌글리콜, 프로필렌글리콜 등의 유기 브라인이있다.

29 -10℃ 얼음 5Kg을 20℃ 물로 만드는데 필요한 열량은? (단, 물의 융해잠열은 80kcal/kg으로 한다.)

① 25kcal
② 125kcal
③ 325kcal
④ 525kcal

해설
㉠ $5\text{kg} \times 0.5\text{kcal/kg}℃ \times 10℃ = 25\text{kcal}$
㉡ $5\text{kg} \times 80\text{kcal/kg} = 400\text{kcal}$
㉢ $5\text{kg} \times 1\text{kcal/kg}℃ \times 20℃ = 100\text{kcal}$
∴ ㉠+㉡+㉢ = 525kcal

30 2단 압축 1단 팽창 냉동장치에 대한 설명 중 옳은 것은?

① 단단 압축시스템에서 압축비가 작을 때 사용된다.
② 냉동부하가 감소하면 중간냉각기는 필요 없다.
③ 단단 압축시스템보다 응축능력을 크게 하기 위해 사용된다.
④ -30℃ 이하의 비교적 낮은 증발온도를 요하는 곳에 주로 사용된다.

해설 낮은 증발 온도를 요구하는 -30℃ 이하의 냉동 장치에 사용하며, 증발기에서 흡열 작용을 하여 기화한 냉매를 저단 압축기에서 압축하고, 이것을 중간 냉각기에서 냉각한 후 고단 압축기로 보내는 방식으로 2단 압축을 하면 압축비를 작게하여 체적 효율을 크게 하고, 토출 가스 온도를 낮게 하여 윤활유 탄화를 막는다.

31 냉동장치 운전 중 유압이 너무 높을 때 원인으로 가장 거리가 먼 것은?

① 유압계가 불량일 때
② 유배관이 막혔을 때
③ 유온이 낮을 때
④ 유압조정밸브 개로가 과다하게 열렸을 때

해설 유압조정밸브가 너무 많이 열렸을 땐 유압이 낮은 원인이다.

Answer 28. ③ 29. ④ 30. ④ 31. ④

32 원심식 압축기에 대한 설명으로 옳은 것은?

① 임펠러의 원심력을 이용하여 속도에너지를 압력에너지로 바꾼다.
② 임펠러 속도가 빠르면 유량흐름이 감소한다.
③ 1단으로 압축비를 크게 할 수 있어 단단 압축방식을 주로 채택한다.
④ 압축비는 원주 속도의 3제곱에 비례한다.

해설) 원심식 압축기
터보 압축기라고도 하며, 고속 회전하는 임펠러의 원심력을 이용하여 냉매가스의 속도에너지를 압력으로 바꾸는 냉동기이다. 사용 냉매는 R11, R113과 같이 비중이 큰 냉매가 요구 되며 1단으로 압축비를 크게 할 수 없어 다단으로 압축한다.

33 파이프 내의 압력이 높아지면 고무링은 더욱 파이프 벽에 밀착되어 누설을 방지하는 접합 방법은?

① 기계적 접합
② 플랜지 접합
③ 빅토릭 접합
④ 소켓 접합

해설) 빅토리접합 : 빅토리형 주철관을 고무링과 금속제 칼라를 사용 접합하는 것으로 관내 압력이 증가함에 따라 고무링이 관벽에 밀착하여 더욱더 기밀이 유지된다.

34 양측의 표면 열전달율이 $3000kcal/m^2 \cdot h \cdot ℃$ 인 수냉식 응축기의 열관류율은? (단, 냉각관의 두께는 3mm이고, 냉각관 재질의 열전도율은 $40kcal/m^2 \cdot h \cdot ℃$ 이며, 부착 물때의 두께는 0.2mm, 물 때의 열전도율은 $0.8kcal/m^2 \cdot h \cdot ℃$ 이다.)

① $978kcal/m^2 \cdot h \cdot ℃$
② $988kcal/m^2 \cdot h \cdot ℃$
③ $998kcal/m^2 \cdot h \cdot ℃$
④ $1008kcal/m^2 \cdot h \cdot ℃$

해설)
$$k = \frac{1}{\frac{1}{3000} + \frac{0.003}{40} + \frac{0.0002}{0.8} + \frac{1}{3000}}$$
$= 1008.4 kcal/m^2 h ℃$

35 온도 작동식 자동팽창 밸브에 대한 성명으로 옳은 것은?

① 실온을 써모스텟에 의하여 감지하고, 밸브의 개도를 조정한다.
② 팽창밸브 직전의 냉매온도에 의하여 자동적으로 개도를 조정한다.
③ 증발기 출구의 냉매온도에 의하여 자동적으로 개도를 조정한다.
④ 압축기의 토출 냉매온도에 의하여 자동적으로 개도를 조정한다.

해설) 증발기 출구의 감온통에서 감지한 냉매가스의 과열도가 증가하면 열리고, 부하가 감소하여 과열도가 적으면 닫혀 냉매량을 제어한다.

Answer 32. ① 33. ③ 34. ④ 35. ③

36 표준 냉동사이클에서 과냉각도는 얼마인가?

① 45℃
② 30℃
③ 15℃
④ 5℃

해설 표준 냉동 사이클
㉠ 증발온도 : -15℃
㉡ 응축온도 : 30℃
㉢ 팽창밸브 직전온도 : 25℃(과냉각도 5℃)
㉣ 압축기 흡입가스온도 : 건조포화증기 (-15℃)

37 빙점 이하의 온도에 사용하며 냉동기 배관, LPG 탱크용 배관 등에 많이 사용하는 강관은?

① 고압배관용 탄소강관
② 저온배관용 강관
③ 라이닝강관
④ 압력배관용 탄소강관

해설 ㉠ SPP(배관용 탄소강관) : 10kg/cm²(1MPa) 이하 사용
㉡ SPPS(압력 배관용 탄소강관) : 10~100kg/cm²(1~10MPa) 사용, 350℃ 이하 사용
㉢ SPPH(고압 배관용 탄소강관) : 100kg/cm²(10MPa) 이상 사용
㉣ SPHT(고온 배관용 탄소강관) : 350℃ 이상 고온에 사용(클리이프 강도 고려)
㉤ SPLT(저온 배관용 탄소강관) : 빙점 이하의 저온에 사용하며, LPG 탱크용 배관에 사용

38 소요 냉각수량 120L/min, 냉각수 입·출구 온도차 6℃인 수냉 응축기의 응축부하는?

① 6400kcal/h   ② 12000kcal/h
③ 14400kcal/h ④ 43200kcal/h

해설 $Q = 120 \times 60 \times 1 \times 6 = 43,200 [kcal/h]$

39 고열원 온도 T_1, 저열원 온도 T_2인 카르노 사이클의 열 효율은?

① $\dfrac{T_2 - T_1}{T_1}$ ② $\dfrac{T_1 - T_2}{T_2}$

③ $\dfrac{T_2}{T_1 - T_2}$ ④ $\dfrac{T_1 - T_2}{T_1}$

해설 카르노사이클(열펌프)효율식 :
$\dfrac{Q_1 - Q_2}{Q_1} = \dfrac{T_1 - T_2}{T_1}$

40 제빙장치 중 결빙한 얼음을 제빙관에서 떼어낼 때 관내의 얼음 표면을 녹이기 위해 사용하는 기기는?

① 주수조   ② 양빙기
③ 저빙고   ④ 용빙조

해설 용빙조 : 결빙한 얼음을 제빙관에서 떼어낼 때 관 내의 얼음 표면을 녹이기 위해 사용한다.

Answer 36. ④ 37. ② 38. ④ 39. ④ 40. ④

41 다음 중 제2종 환기법으로 송풍기만 설치하여 강제 급기하는 방식은?

① 병용식　② 압입식
③ 흡출식　④ 자연식

해설 환기방식 종류
㉠ 제1종환기 : 급기팬 + 배기팬의 조합으로 병용식(환기효과 가장 큼)
㉡ 제2종환기 : 급기팬 + 자연배기(강제급기 방식)
㉢ 제3종환기 : 자연급기 + 배기팬(강제배기 방식)
㉣ 제4종환기 : 자연급기 + 자연배기(자연환기방식)

42 물과 공기의 접촉면적을 크게 하기 위해 증발포를 사용하여 수분을 자연스럽게 증발시키는 가습방식은?

① 초음파식　② 가열식
③ 원심분리식　④ 기화식

해설 가습기 원리에 따라 초음파식, 기화식, 가열식, 원심 분리식으로 구분되고, 기화식은 가습기 내부에서 물을 부직포에 적신 다음 증발시키는 원리이다.

43 다음 장치 중 신축이음 장치의 종류로 가장 거리가 먼 것은?

① 스위블 조인트　② 볼 조인트
③ 루프형　④ 버켓형

해설 신축이음종류
㉠ 루프형(곡관형)
㉡ 벨로즈형(주름통형, 팩렉스형, 파형)
㉢ 슬리브형 (미끄럼형)
㉣ 스위블형
㉤ 볼조인트형

44 수분무식 가습장치의 종류가 아닌 것은?

① 모세관식　② 초음파식
③ 분무식　④ 원심식

해설 가습장치종류
㉠ 수분무식 : 물을 공기 중에 직접 분무하는 방식(원심식, 초음파식, 분무식)
㉡ 증기발생식 : 무균의 청정실, 습도제어 요구되는 곳(전열식, 적외선식, 전극식)
㉢ 증기공급식 : 증기를 가습용으로 사용(과열증기식, 분무식)
㉣ 증발식 : 높은 습도 요구되는 경우(회전식, 적하식, 모세관식)

45 온수난방에 이용되는 밀폐형 팽창탱크에 관한 설명으로 틀린 것은?

① 공기층의 용적을 작게 할수록 압력의 변동은 감소한다.
② 개방형에 비해 용적은 크다.
③ 통상 보일러 근처에 설치되므로 동결의 염려가 없다.
④ 개방형에 비해 보수점검이 유리하고 가압실이 필요하다.

해설 밀폐식 팽창탱크는 탱크안에 고무로 된 물주머니 또는 다이아 프램에의해 수실과 공기실로 구분되어 있으며 배관수는 대기(공기)와의 접촉이 완전히 차단되어 있다. 공기실의 체적이 감소함에 따라 압력은 상승한다.

Answer 41. ②　42. ④　43. ④　44. ①　45. ①

46 공기의 냉각, 가열코일의 선정 시 유의사항에 대한 내용 중 가장 거리가 먼 것은?

① 냉각코일 내에 흐르는 물의 속도는 통상 약 1m/s 정도로 하는 것이 좋다.
② 증기코일을 통과하는 풍속은 통상 약 3~5m/s 정도로 하는 것이 좋다.
③ 냉각코일의 입·출구 온도차는 통상 약 5℃ 정도로 하는 것이 좋다.
④ 공기 흐름과 물의 흐름은 평행류로 하여 전열을 증대시킨다.

해설 물이나 공기 흐름 방향은 대향류로 하여 대수평균온도 차를 크게 하여 전열효과를 좋게 한다.

47 단일덕트 정풍량 방식에 대한 설명으로 틀린 것은?

① 실내 부하가 감소될 경우에 송풍량을 줄여도 실내공기가 오염되지 않는다.
② 고성능 필터의 사용이 가능하다.
③ 기계실에 기기류가 집중 설치되므로 운전 보수관리가 용이하다.
④ 각 실이나 존의 부하변동이 서로 다른 건물에서는 온습도에 불균형이 생기기 쉽다.

해설 실내부하가 감소될 경우 송풍량을 줄이면 실내 공기의 오염이 심하다.

48 100℃ 물의 증발 잠열은 약 몇 kcal/kg인가?

① 539
② 600
③ 627
④ 700

해설
- 물의 증발 잠열 : 539kcal/kg
- 얼음의 융해잠열 : 79.68kcal/kg

49 난방방식 중 방열체가 필요 없는 것은?

① 온수난방
② 증기난방
③ 복사난방
④ 온풍난방

해설 온수, 증기, 복사난방은 방열기 또는 방열코일의 방열체가 필요하지만 온풍난방은 공기를 가열하여 실내에 그대로 공급하기 때문에 방열체가 필요 없다.

50 어떤 사무실 동쪽 유리면이 $50m^2$이고 안쪽은 베니션 블라인드가 설치되어 있을 때, 동쪽 유리면에서 실내에 침입하는 냉방부하는? (단, 유리 통과율은 $6.2kcal/m^2 \cdot h \cdot ℃$, 복사량은 $512kcal/m^2 \cdot h$, 차폐계수는 0.56, 실내외 온도차는 10℃이다.)

① 3100kcal/h
② 14336kcal/h
③ 17436kcal/h
④ 15886kcal/h

해설
㉠ 유리창 일사부하
태양에 의한 복사량×유리창 면적×차폐계수 = 512×50×0.56 = 14336
㉡ 유리창 통과열량
유리창 열통과율×유리창 면적×실내·외 온도차 = 6.2×50×10 = 3100
∴ ㉠+㉡ = 17436

Answer 46. ④ 47. ① 48. ① 49. ④ 50. ③

51 단수 릴레이의 종류로 가장 거리가 먼 것은?

① 단압식 릴레이
② 차압식 릴레이
③ 수류식 릴레이
④ 비례식 릴레이

해설 단수릴레이는 브라인 쿨러, 수냉각기에서 수량의 감소로 액체냉각용 동파방지 및 응축기 냉각수량의 감소로 인한 응축압력 상승을 방지하는 역할을 한다.
※ 종류 : 단압식, 차압식, 수류식, 플루 스위치가 있다.

52 냉동에 대한 설명으로 가장 적합한 것은?

① 물질의 온도를 인위적으로 주위의 온도보다 낮게 하는 것을 말한다.
② 열이 높은데서 낮은 곳으로 흐르는 것을 말한다.
③ 물체 자체의 열을 이용하여 일정한 온도를 유지하는 것을 말한다.
④ 기체가 액체로 변화할 때의 기화열에 의한 것을 말한다.

해설 냉동(Refrigeration) : 자연계에 존재하는 물체(고체, 액체, 기체)로부터 열을 흡수하여 자연계의 온도(주위의 온도) 보다 낮게 유지시켜주는 조작

53 회전식(rotary) 압축기에 대한 설명으로 틀린 것은?

① 흡입밸브가 없다.
② 압축이 연속적이다.
③ 회전압축으로 인한 진동이 심하다.
④ 왕복동에 비해 구조가 간단하다.

해설 회전식 압축기 특징
• 왕복동 압축기에 비하여 부품수가 적고 구조가 간단하다.
• 대용량도 제작이 쉽고 진동이 적다.
• 고압축비를 얻을 수 있다.
• 흡입밸브가 없고, 토출밸브는 역지밸브 형식이며, 크랭크케이스 내는 고압이다.
• 압축이 연속적이고 고진공을 얻을 수 있어 진공펌프로 널리 사용
• 무부하기동이 가능하여 전력소비가 적다.

54 도선에 전류가 흐를 때 발생하는 열량으로 옳은 것은?

① 전류의 세기에 반비례한다.
② 전류의 세기에 제곱에 비례한다.
③ 전류의 세기에 제곱에 반비례한다.
④ 열량은 전류의 세기와 무관하다.

해설 전력 P, 전류 I, 전압 V이다.
$P = I \cdot V = I^2 \cdot R$이므로 전류의 제곱에 비례한다.

55 운전 중에 있는 냉동기의 압축기 압력계가 고압은 8kg/cm², 저압은 진공도 100mmHg를 나타낼 때 압축기의 압축비는?

① 약 6
② 약 8
③ 약 10
④ 약 12

해설
$$\text{압축비} = \frac{\text{토출측 절대압력}}{\text{흡입측 절대압력}}$$

㉠ 흡입측 절대압력
$\left(1 - \dfrac{100\text{mmHg}}{760\text{mmHg}}\right) \times 1.0332 \text{kg/cm}^2 = 0.897$

㉡ 토출측 절대압력 :
$8\text{kg/cm}^2 + 1.0332\text{kg/cm}^2 = 9.0332$

$\therefore \dfrac{9.0332}{0.897} = 10.07$

Answer 51. ④ 52. ① 53. ③ 54. ② 55. ③

56 공기에서 수분을 제거하여 습도를 낮추기 위해서는 어떻게 하여야 하는가?

① 공기의 유로 중에 가열코일을 설치한다.
② 공기의 유로 중에 공기의 노점온도보다 높은 온도의 코일을 설치한다.
③ 공기의 유로 중에 공기의 노점온도와 같은 온도의 코일을 설치한다.
④ 공기의 유로 중에 공기의 노점온도보다 낮은 온도의 코일을 설치한다.

해설 냉각식 제습기는 공기 중의 수증기를 물로 응축시켜 습기를 조절한다. 수증기를 응축시키기 위해서는 이슬점 이하로 공기의 온도를 내려야 한다.

57 온수 난방의 장점이 아닌 것은?

① 관 부식은 증기 난방보다 적고 수명이 길다.
② 증기 난방에 비해 배관지름이 작으므로 설비비가 적게 든다.
③ 보일러 취급이 용이하고 안전하며 배관열손실이 적다.
④ 온수 때문에 보일러의 연소를 정지해도 여열이 있어 실온이 급변하지 않는다.

해설 온수난방은 증기난방에 비해 배관지름이 커진다.

58 송풍기의 상사법칙으로 틀린 것은?

① 송풍기의 날개 직경이 일정할 때 송풍압력은 회전수 변화의 2승에 비례한다.
② 송풍기의 날개 직경이 일정할 때 송풍동력은 회전수 변화의 3승에 비례한다.
③ 송풍기의 회전수가 일정할 때 송풍압력은 날개직경 변화의 2승에 비례한다.
④ 송풍기의 회전수가 일정할 때 송풍동력은 날개직경 변화의 3승에 비례한다.

해설 송풍기 상사법칙

㉠ 풍량은 회전속도에 비례하여 변화한다.
$$Q_2 = Q_1 \left(\frac{N_2}{N_1}\right)$$

㉡ 풍압은 회전속도의 2제곱에 비례하여 변화한다.
$$P_2 = P_1 \left(\frac{N_2}{N_1}\right)^2$$

㉢ 동력은 회전속도의 3제곱에 비례하여 변화한다.
$$L_2 = L_1 \left(\frac{N_2}{N_1}\right)^3$$

㉣ 풍량은 송풍기 크기비의 3제곱에 비례하여 변화한다.
$$Q_2 = Q_1 \left(\frac{D_2}{D_1}\right)^3$$

㉤ 압력은 송풍기의 크기비의 2제곱에 비례하여 변화한다.
$$P_2 = P_1 \left(\frac{D_2}{D_1}\right)^2$$

㉥ 동력은 송풍기 크기비의 5제곱에 비례하여 변화한다.
$$L_2 = L_1 \left(\frac{D_2}{D_1}\right)^5$$

여기서, $N_1 \rightarrow N_2$: 회전속도변화
$D_1 \rightarrow D_2$: 송풍기 크기변화
$Q_1 \rightarrow Q_2$: 풍량변화
$P_1 \rightarrow P_2$: 압력변화
$L_1 \rightarrow L_2$: 동력변화

Answer 56. ④ 57. ② 58. ④

59 온풍난방에 대한 설명 중 옳은 것은?

① 설비비는 다른 난방에 비하여 고가이다.
② 예열부하가 크므로 예열시간이 길다.
③ 습도조절이 불가능하다.
④ 신선한 외기도입이 가능하여 환기가 가능하다.

해설 온풍난방의 특징 : 공기를 직접 가열하는 방식으로
  ㉠ 예열시간이 짧고 신속하게 목표온도에 도달할 수 있다.
  ㉡ 온수난방에 비하여 설치비용이 저렴하다.
  ㉢ 외기도입이 가능하며, 습도조절이 가능하다.

60 이중덕트 변풍량 방식의 특징으로 틀린 것은?

① 각 실내의 온도제어가 용이하다.
② 설비비가 높고 에너지 손실이 크다.
③ 냉풍과 온풍을 혼합하여 공급한다.
④ 단일덕트 방식에 비해 덕트 스페이스가 작다.

해설 단일덕트 방식에 비해 덕트 스페이스가 크다.

Answer 59. ④ 60. ④

공조냉동기계기능사 2000제 문제은행

CBT 시험대비
2015년 10월 10일 시행

01 가스 용접법의 특징으로 틀린 것은?
① 응용 범위가 넓다.
② 아크용접에 비해 불꽃의 온도가 높다.
③ 아크용접에 비해 유해 광선의 발생이 적다.
④ 온도 조절이 비교적 자유로워 박판 용접에 적당하다.

[해설] 가스용접 온도는 3200℃ 이하, 전기 및 아크용접 온도는 3500~6000℃로 가스용접온도가 아크용접온도에 비해 낮다.

02 전기용접 작업 시 전격에 의한 사고를 예방할 수 있는 사항으로 틀린 것은?
① 절연 홀더의 절연부분이 파손되었으면 바로 보수하거나 교체한다.
② 용접봉의 심선은 손에 접촉되지 않게 한다.
③ 용접용 케이블은 2차 접속단자에 접촉한다.
④ 용접기는 무부하 전압이 필요 이상 높지 않은 것을 사용한다.

[해설] 용접용 케이블을 2차 접속단자에 접촉하는 것은 용접기 설치의 일반적 사항으로 전격사고와는 관계없다.

03 산소용접 중 역화현상이 일어났을 때 조치방법으로 가장 적합한 것은?
① 아세틸렌 밸브를 즉시 닫는다.
② 토치 속의 공기를 배출한다.
③ 아세틸렌 압력을 높인다.
④ 산소압력을 용접조건에 맞춘다.

[해설] 가스용접시 역화현상 조치방법은 토치의 아세틸렌 밸브를 차단 후 산소밸브를 차단한다.

04 안전장치의 취급에 관한 사항으로 틀린 것은?
① 안전장치는 반드시 작업 전에 점검한다.
② 안전장치는 구조상의 결함유무를 항상 점검한다.
③ 안전장치가 불량할 때에는 즉시 수정한 다음 작업한다.
④ 안전장치는 작업 형편상 부득이한 경우에는 일시제거해도 좋다.

[해설] 안전장치를 작업이 불편하다 하여 제거해서는 안 된다.

Answer 1. ② 2. ③ 3. ① 4. ④

05 줄 작업시 안전관리 사항으로 틀린 것은?
① 칩은 브러시로 제거한다.
② 줄의 균열 유무를 확인한다.
③ 손잡이가 줄에 튼튼하게 고정되어 있는가 확인한 다음에 사용한다.
④ 줄 작업의 높이는 작업자의 어깨 높이로 하는 것이 좋다.

해설 ▶ 줄 작업시 공작물의 높이는 작업자의 어깨 높이 이하로 할 것

06 2단 압축 2단 팽창 냉동사이클을 모리엘 선도에 표시한 것이다. 각 상태에 대해 옳게 연결한 것은?

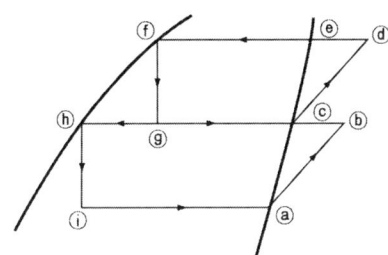

① 중간냉각기의 냉동효과 : ⓒ - ⓖ
② 증발기의 냉동효과 : ⓑ - ⓘ
③ 팽창변 통과 직후의 냉매위치 : ⓔ - ⓕ
④ 응축기의 방출열량 : ⓗ - ⓑ

해설 ▶ ㉠ 중간냉각기의 냉동효과 : ⓒ - ⓖ
㉡ 증발기의 냉동효과 : ⓐ - ⓘ
㉢ 팽창변 통과 직후의 냉매위치 : ⓕ - ⓖ, ⓗ - ⓘ
㉣ 응축기의 방출열량 : ⓓ - ⓕ

07 다음 중 플랜지 패킹류가 아닌 것은?
① 석면조인트 시트
② 고무패킹
③ 글랜드 패킹
④ 합성수지 패킹

해설 ▶ 플랜지 패킹종류
㉠ 고무패킹(기름에 침식)
㉡ 석면조인트 시트(450℃ 고온 배관 사용)
㉢ 합성수지 패킹(테프론 : -260~260℃의 내열성)
㉣ 오일실 패킹(한지를 내유가공한 것)
㉤ 금속패킹
글랜드패킹종류
㉠ 석면각형 패킹(대형 밸브 그랜드용)
㉡ 석면얀 패킹(소형 밸브 그랜드용)
㉢ 아마존 패킹(압축기 그랜드용)
㉣ 모울드 패킹(밸브, 펌프 그랜드용)

Answer 5. ④ 6. ① 7. ③

08 브라인 부식방지처리에 관한 설명으로 틀린 것은?

① 공기와 접촉하면 부식성이 증대하므로 가능한 공기와 접촉하지 않도록 한다.
② $CaCl_2$ 브라인 1L에는 중크롬산소다 1.6g을 첨가하고 중크롬산소다 100g마다 가성소다 27g의 비율로 혼합한다.
③ 브라인은 산성을 띠게 되면 부식성이 커지므로 pH 7.5~8.2 정도로 유지되도록 한다.
④ NaCl 브라인 1L에 대하여 중크롬산소다 0.9g을 첨가하고 중크롬산소다 100g마다 가성소다 1.3g씩 첨가한다.

해설
- 염화칼슘($CaCl_2$)브라인 : 브라인 1[l]에 대하여 중크롬산 나트륨($Na_2Cr_2O_7$) 1.6[g]을 용해하고 중크롬산 나트륨($Na_2Cr_2O_7$) 100[g]마다 가성소다(NaOH) 27[g]을 첨가한다.
- 염화나트륨(NaCl) 브라인 : 브라인 1[l]에 대하여 중크롬산 나트륨 3.2[g]을 용해시키고 중크롬산나트륨 100[g]마다 가성소다 27[g]을 첨가한다.

09 냉동기유에 대한 설명으로 옳은 것은?

① 암모니아는 냉동기유에 쉽게 용해되어 윤활불량의 원인이 된다.
② 냉동기유는 저온에서 쉽게 응고되지 않고 고온에서 쉽게 탄화되지 않아야 한다.
③ 냉동기유의 탄화현상은 일반적으로 암모니아 보다 프레온 냉동장치에서 자주 발생한다.
④ 냉동기유는 증발하기 쉽고, 열전도율 및 점도가 커야 한다.

해설 냉동기유 구비조건
㉠ 응고점, 유동점이 낮을 것
㉡ 인화점이 높을 것
㉢ 점도가 적당할 것
㉣ 항 유화성이 있을 것
㉤ 불순물이 적고 절연내력이 클 것
㉥ 냉매와 잘 분리될 것
㉦ 왁스 성분이 적고 저온에서 왁스 성분이 분리되지 않을 것
※ 암모니아 냉매는 윤활유와 용해하지 않음 (프레온 냉매는 윤활유와 잘 용해됨)

10 NH_3 냉매를 사용하는 냉동장치에서 일반적으로 압축기를 수냉식으로 냉각하는 주된 이유는?

① 냉매의 응축압력이 낮기 때문에
② 냉매의 증발 압력이 낮기 때문에
③ 냉매의 비열비 값이 크기 때문에
④ 냉매의 임계점이 높기 때문에

해설 암모니아 냉매는 비열비 값(1.31)이 냉매 중에 가장 크고, 압축 후 토출가스 온도가 높아져서 (표준 냉동 사이클에서 토출가스 온도가 가장 높다) 윤활유를 변질시키기 쉽다. 따라서 워터 재킷을 설치하여 실린더를 수냉각 시킨다.

Answer 8. ④ 9. ② 10. ③

11 가스용접 작업 중 일어나기 쉬운 재해로 가장 거리가 먼 것은?

① 화재　　② 누전
③ 가스중독　　④ 가스폭발

해설 누전은 전기용접 및 전기작업시 발생할 수 있는 재해

12 냉동 제조의 시설 중 안전유지를 위한 기술기준에 관한 설명으로 틀린 것은?

① 안전밸브에 설치된 스톱밸브는 특별한 수리등 특별한 경우 외에는 항상 열어둔다.
② 냉동설비의 설치공사가 완공되면 시운전 할 때 산소가스를 사용한다.
③ 가연성 가스의 냉동설비 부근에는 작업에 필요한 양 이상의 연소물질을 두지 않는다.
④ 냉동설비의 변경공사가 완공되어 기밀시험시 공기를 사용할 때에는 미리 냉매설비 중의 가연성가스를 방출한 후 실시한다.

해설 냉동설비의 기밀시험 및 시운전 시험 가스는 질소, 이산화탄소, 공기 등을 사용하며, 산소를 사용하지 않음

13 크레인의 방호장치로서 와이어 로프가 후크에서 이탈하는 것을 방지한 장치는?

① 과부하 방지장치
② 권과 방지장치
③ 비상정지장치
④ 해지 장치

해설
㉠ 과부하방지장치 : 크레인에 있어서 정격하중 이상의 하중이 부하되었을 때 자동적으로 상승이 정지되면서 경보를 발생하는 장치
㉡ 권과방지장치 : 권과를 방지하기 위하여 자동적으로 동력을 차단하고 작동을 제동하는 장치
㉢ 비상정지장치 : 이동 중 이상상태 발생시 급정지시킬 수 있는 장치
㉣ 후크해지장치 : 크레인의 방호장치로 후크에서 와이어 로프가 이탈하는 것을 방지하는 장치

14 일반적인 컨베이어의 안전장치로 가장 거리가 먼 것은?

① 역회전 방지장치
② 비상 정지장치
③ 과속 방지장치
④ 이탈방지장치

해설 과속방지장치 : 지게차나 호이스트의 조작 속도가 일정한 속도를 초과하였을 때 비상 브레이크를 작동하여 속도를 줄이고 일정한 속도를 초과하지 아니하도록 하는 장치

Answer 11. ② 12. ② 13. ④ 14. ③

15 위험물 취급 및 저장시의 안전조치 사항 중 틀린 것은?

① 위험물은 작업장과 별도의 장소에 보관하여야 한다.
② 위험물을 취급하는 작업장에는 너비 0.3m이상 높이 2m 이상의 비상구를 설치하여야한다.
③ 작업장 내부에는 위험물을 작업에 필요한 양만큼만 두어야 한다.
④ 위험물을 취급하는 작업장의 비상구 문은 피난 방향으로 열리도록 한다.

해설 위험물 취급 및 저장소의 비상구는 너비는 0.75미터 이상으로 하고, 높이는 1.5미터 이상으로 할 것

16 드릴 작업 중 유의할 사항으로 틀린 것은?

① 작은 공작물이라도 바이스나 크램을 사용하여 장착한다.
② 드릴이나 소켓을 척에서 해체 시킬 때에는 해머를 사용한다.
③ 가공 중 드릴 절삭부분에 이상음이 들리면 작업을 중지하고 드릴 날을 바꾼다.
④ 드릴의 탈착은 회전이 완전히 멈춘 후에 한다.

해설 드릴이나 소켓을 척에서 해체할 때 척 렌치 사용

17 다음 중 용융온도가 비교적 높아 전기 기구에 사용하는 퓨즈의 재료로 가장 부적당한 것은?

① 납　　② 주석
③ 아연　④ 구리

해설 퓨즈(fuse)재질 : 납과 주석, 아연과 주석의 합금(미소전류용 퓨즈 : 가는 텅스텐 선)

18 암모니아의 누설 검지 방법이 아닌 것은?

① 심한 자극성 냄새를 가지고 있으므로 냄새로 확인이 가능하다.
② 적색 리트머스 시험지에 물을 적셔 누설부위에 가까이 하면 누설시 청색으로 변한다.
③ 백색 페놀프탈레인 용지에 물을 적셔 누설 부위에 가까이 하면 누설시 적색으로 변한다.
④ 황을 묻힌 심지에 불을 붙여 누설 부위에 가져가면 누설시 홍색으로 변한다.

해설 NH_3(암모니아)누설 검사법
㉠ 자극성 냄새
㉡ 적색리트머스 시험지 → 청색변화
㉢ 백색 페놀프탈레인 시험지 → 적색변화
㉣ 네슬러시약 → 소량누설시 : 황색변화, 다량누설시 : 자색변화
㉤ 유황초를 누설 부분에 대면 흰 연기 발생

Answer 15. ②　16. ②　17. ④　18. ④

19 산업안전보건법의 제정 목적과 가장 거리가 먼 것은?

① 산업재해 예방
② 쾌적한 작업환경 조성
③ 산업안전에 관한 정책수립
④ 근로자의 안전과 보건을 유지·증진

해설 산업안전보건법 제정 목적 : 산업안전·보건에 관한 기준을 확립하고 그 책임 소재를 명확하게 하여, 산업재해를 예방하고, 쾌적한 작업환경을 조성함으로써 근로자의 안전과 보건을 유지·증진함을 목적으로 한다.

20 다음 중 압축기가 시동되지 않는 이유로 가장 거리가 먼 것은?

① 전압이 너무 낮다.
② 오버로드가 작동하였다.
③ 유압보호 스위치가 리셋되어 있지 않다.
④ 온도조절기 감온통의 가스가 빠져 있다.

해설 압축기 기동 불능원인 : 전압저하, 과부하(오버로드) 릴레이 작동, 냉매액 전자밸브 차단, 고·저압 차단스위치 작동, 유압보호스위치 작동 등

21 10A의 전류를 5분간 도체에 흘렸을 때 도선단면을 지나는 전기량은?

① 3C
② 50C
③ 3000C
④ 5000C

해설 1C : 1A의 전류가 1초 동안 흘렸을 때, 도선의 단면을 지나간 전하의 양
∴ 10 × 5min × 60sec/min = 3000C

22 다음 중 압력 자동 급수밸브의 주된 역할은?

① 냉각수온을 제어한다.
② 증발온도를 제어한다.
③ 과열도 유지를 위해 증발압력을 제어한다.
④ 부하변동에 대응하여 냉각수량을 제어한다.

해설 절수밸브(압력자동 급수밸브) : 수냉식 응축기의 부하변동에 따른 냉각수량 제어장치로, 응축압력을 안정시켜 냉각수량을 절약함

23 실제 증기압축 냉동사이클에 관한 설명으로 틀린 것은?

① 실제 냉동사이클은 이로 냉동사이클보다 열손실이 크다.
② 압축기를 제외한 시스템의 모든 부분에서 냉매배관의 마찰저항 때문에 냉매유동의 압력강하가 존재한다.
③ 실제 냉동사이클의 압축과정에서 소요되는 일량은 이론 냉동사이클보다 감소하게 된다.
④ 사이클의 작동유체는 순수물질이 아니라 냉매와 오일의 혼합물로 구성되어 있다.

해설 실제 냉동사이클의 압축일량이 이론 냉동사이클 보다 크다.

Answer 19. ③ 20. ④ 21. ③ 22. ④ 23. ③

24 혼합원료를 일정량씩 동결시키도록 하는 장치인 배치(batch)식 동결장치의 종류로 가장 거리가 먼 것은?

① 수평형　　② 수직형
③ 연속형　　④ 브라인식

해설) 접촉식 동결장치 : 냉각된 금속판을 피동결품에 접하게 하여 동결
㉠ 배치(batch)식 : 수평판식, 수직판식, 브라인(brine)식
㉡ 연속식

25 유기질 보온재인 코르크에 대한 설명으로 틀린 것은?

① 액체, 기체의 침투를 방지하는 작용을 한다.
② 입상(粒狀), 판상(版狀) 및 원통 등으로 가공되어 있다.
③ 굽힘성이 좋아 곡면시공에 사용해도 균열이 생기지 않는다.
④ 냉수・냉매배관, 냉각기, 펌프 등의 보냉용에 사용된다.

해설) 굽힘성이 좋아 곡면시공에 사용해도 균열이 생기지 않는 것은 기포성 수지이다.
※ 유기질 보온재 : 펠트, 코르크, 기포성 수지, 텍스류

26 가열원이 필요하며 압축기가 필요 없는 냉동기는?

① 터보 냉동기
② 흡수식 냉동기
③ 회전식 냉동기
④ 왕복동식 냉동기

해설) 흡수식 냉동기는 기계식 냉동방법에 비해 효율이 낮으므로 가열원으로서 폐열을 이용하거나, 발생기와 흡수기 사이에 열교환기를 설치하여 열효율을 향상시키며, 압축기가 필요 없다.

27 1냉동톤(한국 RT)이란?

① 65kcal/min　　② 1.92kcal/sec
③ 3320kcal/hr　　④ 55680kcal/day

해설) 냉동톤(한국RT) : 0[℃]의 물 1톤을 24시간에 0[℃]의 얼음으로 만드는데 제거해야 할 열량
㉠ 1냉동톤(RT) : 3320[kcal/h]
㉡ 1USRT(미국RT) : 3024[kcal/h]

28 다음 그림에서 고압 액관은 어느 부분인가?

① 가　　② 나
③ 다　　④ 라

해설) ・고압측 : 압축기 출구에서 팽창밸브 전(나~다)
・저압측 : 팽창밸브에서 압축기 입구(라~가)
・고압액관 : 응축기에서 팽창밸브 전(다)

Answer   24. ③   25. ③   26. ②   27. ③   28. ③

29 열펌프(heat pump)의 구성요소가 아닌 것은?

① 압축기　　② 열교환기
③ 4방 밸브　④ 보조 냉방기

해설 열펌프(Heat Pump) : 열을 온도가 낮은 곳에서 온도가 높은 곳으로 이동시킬 수 있는 장치. 사이클의 구성과 작동방법은 냉동기와 같으며 단지 저온열의 사용을 목적으로 하는 경우에는 냉동기, 고온열의 사용을 목적으로 하는 경우는 열펌프(Heat Pump)가 되는 것
※ 보조 냉방기는 냉동기에 필요한 장치

30 피스톤링이 과대 마모되었을 때 일어나는 현상으로 옳은 것은?

① 실린더 냉각
② 냉동능력 상승
③ 체적 효율 감소
④ 크랭크 케이스 내 압력 감소

해설 피스톤링 마모시 실린더 과열, 냉동능력 감소, 체적효율 감소, 크랭크 케이스내 압력 상승

31 다음 냉동장치에 대한 설명 중 옳은 것은?

① 고압차단 스위치는 조정 설정 압력보다 벨로스에 가해진 압력이 낮을 때 접점이 떨어지는 장치이다.
② 온도식 자동 팽창밸브의 감온통은 증발기의 입구측에 붙인다.
③ 가용전은 프레온 냉동장치의 응축기나 수액기 등을 보호하기 위하여 사용된다.
④ 파열판은 암모니아 왕복동 냉동장치에 만 사용된다.

해설
㉠ 가용전 : 프레온 냉동장치의 응축기, 수액기 등 냉매액과 증기가 공존하는 곳의 중기부분에 설치하여 일정온도 이상 상승시 용해하여 이상고압에 의한 용기파열방지 목적
 • 가용전(가용마개) 용융온도 : 68 ~ 75[℃] 이하
 • 가용전 성분 : 비스무트, 카드뮴, 납, 주석
㉡ 파열판 설치장소 : 주로 터보 냉동기 저압측

32 액백(Liquid back)의 원인으로 가장 거리가 먼 것은?

① 팽창밸브의 개도가 너무 클 때
② 냉매가 과충전되었을 때
③ 액분리기가 불량일 때
④ 증발기 용량이 너무 클 때

해설 리퀴드백 원인
① 냉동부하가 급격한 변동이 있을 경우
② 액분리기, 열교환기 기능이 불량한 경우
③ 증발기(용량부족시), 냉각관에 과대한 서리가 있을 시
④ 냉매 충전량 과다 시

Answer　29. ④　30. ③　31. ③　32. ④

33 압축비에 대한 설명으로 옳은 것은?

① 압축비는 고압 압력계가 나타내는 압력을 저압 압력계가 나타내는 압력으로 나눈값에 1을 더한 값이다.
② 흡입 압력이 동일할 때 압축비가 클수록 토출가스 온도는 저하된다.
③ 압축비가 적어지면 소요 동력이 증가한다.
④ 응축압력이 동일할 때 압축비가 커지면 냉동능력이 감소한다.

해설 응축압력이 동일할 때 압축비가 커지면 소요 동력 증가, 토출가스 온도 상승 등으로 냉동능력이 감소한다.

34 다음 표의 ( ) 안에 들어갈 말로 옳은 것은?

> 압축기의 체적 효율은 적간(Clearnce)의 증대에 의하여 (가) 하며, 압축비가 클수록 (나) 하게 된다.

① (가) 감소, (나) 감소
② (가) 증가, (나) 감소
③ (가) 감소, (나) 증가
④ (가) 증가, (나) 증가

해설 톱 클리어런스(상부간격)가 크면 : 압축비 증대, 토출 가스 온도상승, 실린더 과열, 오일의 탄화 및 열화, 체적효율 감소, 냉동능력이 감소한다.

35 프레온 냉매(할로겐화 탄화수소)의 호칭기호 결정과 관계없는 성분은?

① 수소　　② 탄소
③ 산소　　④ 불소

해설 프레온 냉매구성 원소 : 탄소(C), 수소(H_2), 염소(Cl_2), 불소(F)로 구성(HCFC계 냉매)

36 수냉식 응축기의 능력은 냉각수 온도와 냉각수량에 의해 결정되는데 응축기의 응축능력을 증대시키는 방법으로 가장 거리가 먼 것은?

① 냉각수량을 줄인다.
② 냉각수의 온도를 낮춘다.
③ 응축기의 냉각관을 세척한다.
④ 냉각수 유속을 적절히 조절한다.

해설 응축능력을 증대시키기 위해서는 냉각수량을 많게 한다.

37 탄성이 부족하여 석면 고무 금속 등과 조합하여 사용되며, 내열 −260 ~ 260℃ 정도로 기름에 침식되지 않는 것은?

① 고무패킹
② 석면조인트 시트
③ 합성수지 패킹
④ 오일 실 패킹

해설 합성수지 패킹을 일명 테프론이라 하며 내열 범위가 −260 ~ 260℃ 정도로 넓다.

Answer　33. ④　34. ①　35. ③　36. ①　37. ③

38 다음 설명 중 옳은 것은?

① 1kW는 760kcal/h이다.
② 증발열 응축열 승화열은 잠열이다.
③ 1kg의 얼음의 용해열은 860kcal이다.
④ 상대습도란 포합증기압을 증기압으로 나눈 것이다.

해설
㉠ 1[kW] = 860[kcal/h]
㉡ 얼음의 용해열 : 80kcal/kg
㉢ 상대습도 = $\dfrac{습공기중\ 수증기분압(P_w)}{동일온도의\ 포화수증기압(P_s)}$

39 왕복동식 냉동기와 비교하여 터보식 냉동기의 특징은?

① 회전수가 매우 빠르므로 동작 밸런스를 잡기 어렵기 때문에 진동이 크다.
② 일반적으로 고압 냉매를 사용하므로 취급이 어렵다.
③ 소용량의 냉동기에 적용하기에는 경제적이지 못하다.
④ 저온 장치에서도 압축단수가 적어지므로 사용도가 넓다.

해설 터보식 냉동기 특징
- 회전운동뿐이므로 동적 바란스 용이
- 진동이 적다.
- 흡입변, 토출변, 피스톤, 실린더, 크랭크축의 마찰부분이 없으므로 고장이 적고 마모에 의한 손상이나 성능의 저하가 없다.
- 보수 및 취급이 용이하며 기계적 수명이 길다.
- 대형화될수록 단위 냉동톤당 경제적이다.
- 냉동용량 제어가 용이하고, 비례제어가 가능하여 미소한 제어가 가능하다.

40 왕복 압축기에서 이론적 피스톤 압출량 (m^3/h)의 산출식으로 옳은 것은? (단, 기통수 N, 실린더 내경 D[m], 회전수 R[rpm], 피스톤행정 L[m]이다.)

① $V = D \cdot L \cdot R \cdot N \cdot 60$
② $V = \dfrac{\pi}{4} D \cdot L \cdot R \cdot N$
③ $V = \dfrac{\pi}{4} D \cdot L \cdot R \cdot N \cdot 60$
④ $V = \dfrac{\pi}{4} D^2 \cdot L \cdot N \cdot R \cdot 60$

해설
㉠ 왕복압축기 압축량식

$$V_a(m^3/h) = \dfrac{\pi}{4} D^2 \times L \times N \times R \times 60$$

여기서, D : 실린더 지름(m)
  L : 행정(m)
  N : 기통수
  R : 회전수(rpm)

㉡ 회전압축기 압축량식

$$V_a(m^3/h) = \dfrac{\pi}{4}(D^2 - d^2) \times t \times R \times 60$$

여기서, D : 실린더 지름(m)
  d : 로터지름(m)
  t : 실린더 두께(m)
  R : 회전수(rpm)

Answer 38. ② 39. ③ 40. ④

41 공기조화용 덕트 부속기기의 댐퍼 중 주로 소형 덕트의 개폐용으로 사용되며 구조가 간단하고 완전히 닫았을 때 공기의 누설이 적으나 운전 중 개폐 조작에 큰 힘을 필요로 하며 날개가 중간정도 열렸을 때 와류가 생겨 유량 조절용으로 부적당한 댐퍼는?

① 버터플라이 댐퍼
② 평행익형 댐퍼
③ 대향익형 댐퍼
④ 스플릿 댐퍼

해설 볼륨 댐퍼 종류 : 풍량조절, 폐쇄 역할용 댐퍼
㉠ 루버댐퍼 : 2개 이상의 날개를 가진 것으로 다익댐퍼. 대형 덕트용
㉡ 스플릿 댐퍼 : 분기부용
㉢ 버터플라이 댐퍼 : 소형덕트용, 유량 조절이 곤란

42 일정 풍량을 이용한 전공기 방식으로 부하변동의 대응이 어려워 정밀한 온습도를 요구하지 않는 극장, 공장 등의 대규모 공간에 적합한 공기조화 방식은?

① 정풍량 단일덕트 방식
② 정풍량 2중덕트 방식
③ 변풍량 단일덕트 방식
④ 변풍량 2중덕트 방식

해설 전공기방식
① 단일덕트 방식(정풍량, 변풍량)
② 2중덕트 방식(정풍량, 변풍량, 멀티존유닛)
③ 각층유닛 방식
※ 단일덕트 정풍량 방식은 중앙기계실에서 덕트를 통해 일정 풍량을 공급하기에 개별제어 및 온·습도 제어가 곤란하다.

43 1차 공조기로부터 보내온 고속공기가 노즐 속을 통과할 때의 유인력에 의하여 2차 공기를 유인하여 냉각 또는 가열하는 방식은?

① 패키지 유닛방식
② 유인유닛방식
③ 팬코일유닛방식
④ 바이패스방식

해설 유인 유닛방식 : 1차 공조기에서 나온 1차 공기를 고속 덕트로 각 실에 설치된 유인 유닛으로 보내어 노즐로부터 분출하는 1차공기의 유인 작용에 의해 2차 공기인 실내공기를 유인하여 공급하는 방식

44 건축물의 벽이나 지붕을 통하여 실내로 침입하는 열량을 계산할 때의 유인력에 의하여 2차 공기를 유인하여 냉각 또는 가열하는 방식은?

① 구조체의 면적
② 구조체의 열관류율
③ 상당외기 온도차
④ 차폐계수

해설
부하계산식 $Q = K \cdot A \cdot \Delta t$

여기서, K : 벽, 바닥등 열관류율(kcal/m²h℃)
A : 구조체 면적(m²)
Δt : 상당외기 온도차(℃)

Answer 41. ① 42. ① 43. ② 44. ④

45 송풍기의 종류 중 전곡형과 후곡형 날개 형태가 있으며 다익 송풍기, 터보 송풍기 등으로 분류되는 송풍기는?

① 원심 송풍기 ② 축류 송풍기
③ 사류 송풍기 ④ 관류 송풍기

해설 원심식 송풍기의 종류
㉠ 다익형(실로코형) : 전향날개형(날개 각도 > 90°)
㉡ 방사형(플레이트형) : 날개가 방사형(날개 각도 = 90°)
㉢ 터보형 : 후향날개형 (날개각도 < 90°)

46 실내의 현열부하가 52000kacl/h이고, 잠열부하가 25000kcal/h일 때 현열비(SHF)는?

① 0.72 ② 0.68
③ 0.38 ④ 0.25

해설 현열비 $SHF = \dfrac{\text{현열부하}}{\text{현열부하}+\text{잠열부하}}$

$SHF = \dfrac{52000}{52000+25000} = 0.68$

47 개별공조방식의 특징에 관한 설명으로 틀린 것은?

① 설치 및 철거가 간편하다.
② 개별제어가 어렵다.
③ 히트 펌프식은 냉·난방을 겸할 수 있다.
④ 실내 유닛이 분리되어 있지 않는 경우는 소음과 진동이 있다.

해설 개별공조방식 특징
㉠ 각 유닛마다 냉동기가 필요하다.
㉡ 소음, 진동이 크다.
㉢ 개별제어가 가능하다.
㉣ 외기냉방을 할 수 없다.
㉤ 설치 및 철거가 용이하다.

48 다음 설명 중 틀린 것은?

① 지구상에 존재하는 모든 공기는 건조공기로 취급한다.
② 공기 중에 수증기가 많이 함유될수록 상대습도는 높아진다.
③ 지구상의 공기는 질소, 산소, 아르곤, 이산화탄소 등으로 이루어졌다.
④ 공기 중에 함유될 수 있는 수증기의 한계는 온도에 따라 달라진다.

해설 공기는 건공기에 수증기가 포함되어 있는 습공기

49 공조용 취출구 종류 중 원형 또는 원추형 팬을 매달아 여기에 토출기류를 부딪치게 하여 천장면을 따라서 수평방향으로 공기를 취출하는 것으로 유인비 및 소음 발생이 적은 것은?

① 팬형 취출구
② 웨이형 취출구
③ 라인형 취출구
④ 아네모스탯형 취출구

해설 팬형 : 천장 취출구로 천장에 설치하여 수평방향으로 취출하며, 아네모스탯형의 콘 대신에 중앙에 원판 모양의 팬을 붙인 것으로 유인비, 소음 발생이 적다.

Answer 45. ① 46. ② 47. ② 48. ① 49. ①

50 다음 내용의 ( ) 안에 들어갈 용어로서 모두 옳은 것은?

> 송풍기 송풍량은 (㉮)이나 기기취득 부하에 의해 구해지며 (㉯)는(은) 이들 열 부하 외에 외기부하나 재열부하를 합해서 얻어진다.

① ㉮ 실내취득열량
   ㉯ 냉동기용량
② ㉮ 냉각탑방출열량
   ㉯ 배관부하
③ ㉮ 실내취득열량
   ㉯ 냉각코일용량
④ ㉮ 냉각탑방출열량
   ㉯ 송풍기부하

해설 송풍기풍량은 실내에서 취득된 열량이며, 냉각코일 용량은 실내취득열량 + 외기부하 + 재열부하의 합으로 결정된다.

51 저항이 50Ω인 도체에 100V의 전압을 가할 때 그 도체에 흐르는 전류는?

① 0.5A
② 2A
③ 5A
④ 5000A

해설

$$I(전류) = \frac{V(전압)}{R(저항)}$$

$$\therefore I(전류) = \frac{100}{50} = 2A$$

52 다음 그림과 같은 건조 증기 압축 냉동사이클의 성적 계수는? (단, 엔탈피 $a = 133.8$kcal/kg, $b = 397.1$kcal/kg, $c = 452.2$kcal/kg이다.)

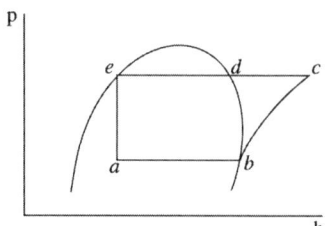

① 5.37   ② 5.11
③ 4.78   ④ 3.83

해설 성적계수(COP) = $\dfrac{397.1 - 133.8}{452.2 - 397.1} = 4.778 ≒ 4.78$

53 다음 설명 중 옳은 것은?

① 냉각탑의 입구수온은 출구수온 보다 낮다.
② 응축기 냉각수 출구온도는 입구온도 보다 낮다.
③ 응축기에서의 방출열량은 증발기에서 흡수하는 열량과 같다.
④ 증발기의 흡수열량은 응축열량에서 압축일량을 뺀 값과 같다.

해설 냉각탑의 입구 수온은 응축기의 냉각 수온으로 냉각탑 출구 수온보다 높고, 증발기 흡수열량 = 응축열량 - 압축일량이다.

Answer 50. ③ 51. ② 52. ③ 53. ④

54 동관접합 중 동관의 끝을 넓혀 압축 이음쇠로 접합하는 접합방법을 무엇이라고 표현하는가?

① 플랜지 접합
② 플레어 접합
③ 플라스턴 접합
④ 빅토리 접합

해설 동관 이음법
㉠ 플레어 이음(압축이음) : 동관 끝부분을 나팔관 모양으로 만들어 플레어 볼트 및 너트로 체결하여 동관의 점검, 보수시 용이한 이음법
㉡ 용접 이음(원리 : 모세관 현상)
㉢ 플랜지 이음

55 다음 중 모세관의 압력 강하가 가장 큰 것은?

① 직경이 작고 길이가 길수록
② 직경이 크고 길이가 짧을수록
③ 직경이 작고 길이가 짧을수록
④ 직경이 크고 길이가 길수록

해설 모세관의 구경이 작고, 길이가 길면 압력 강하가 크게 된다.

56 난방 설비에 대한 설명으로 옳은 것은?

① 상향 공급식이란 송수주관보다 방열기가 낮을 때 상향 분기한 배관이다.
② 배관방법 중 복관식은 증기관과 응축수관이 동일관으로 사용되는 것이다.
③ 리프트 이음은 진공펌프에 의해 응축수를 원할히 끌어올리기 위해 펌프 입구 쪽에 설치한다.
④ 하트포트 접속은 고압증기 냉방의 증기관과 환수관 사이에 저수위 사고를 방지하기 위한 균형관을 포함한 배관방법이다.

해설 ㉠ 상향공급식 : 송수주관보다 방열기가 높을 때 상향 분기한 배관
㉡ 단관식 : 증기관과 응축수관이 1개, 복관식 : 증기관과 응축수관이 각각 구분
㉢ 리프트 피팅 : 진공 펌프에 의해 응축수를 원활히 끌어올리기 위해서 펌프 입구측에 설치. 리프트 피팅의 높이는 1.5[m]이내 설치
㉣ 하트포트 접속 : 저압증기난방의 습식 환수방식에 있어 증기관과 환수관 사이에 저수위 사고 방지를 위해 표준수면에서 50[mm] 아래로 균형관 설치

Answer 54. ② 55. ① 56. ③

57 온풍난방기 설치 시 유의사항으로 틀린 것은?

① 기기점검, 수리에 필요한 공간을 확보한다.
② 인화성 물질을 취급하는 실내에는 설치하지 않는다.
③ 실내의 공기온도 분포를 좋게 하기 위하여 창의 위치 등을 고려하여 설치한다.
④ 배기통식 온풍난방기를 설치하는 실내에는 바닥 가까이에 환기구, 천장 가까이에는 연소공기 흡입구를 설치한다.

해설 바닥 가까이에 흡입구, 천장 가까이 환기구 설치

58 드럼 없이 수관만으로 되어 있으면 가동시간이 짧고 과열되어 파손되어도 비교적 안전한 보일러는?

① 주철제 보일러
② 관류 보일러
③ 원통형 보일러
④ 노통연관식 보일러

해설 관류보일러 : 긴 관으로 구성되어 드럼이 필요 없고, 증기 발생 시간이 빠르며, 보유수량이 적어 파열시 피해가 적다.

59 공조용 전열교환기에 관한 설명으로 옳은 것은?

① 배열회수에 이용하는 배기는 탕비실,주방등을 포함한 모든 공간의 배기를 포함한다.
② 회전형 전열교환기의 로터 구동 모터와 급배기 팬은 반드시 연동 운전할 필요가 없다.
③ 중간기 외기냉방을 행하는 공조시스템의 경우에도 별도의 덕트 없이 이용할수 있다.
④ 외기량과 배기량의 밸런스를 조정할 때 배기량은 외기량의 40%이상을 확보해야 한다.

해설 실내 오염된 공기를 배출하고, 청정한 공기를 공급하기 위해 배기량은 외기량의 40% 이상으로 한다.

60 표준 대기압 상태에서 100℃의 포화수 2kg을 100℃의 건포화증기로 만드는 데 필요한 열량은?

① 3320kcal
② 2435kcal
③ 1078kcal
④ 539kcal

해설 2kg×539kcal/kg℃ = 1078kcal
(물의 증발잠열 : 539kcal/kg℃)

Answer 57. ④ 58. ② 59. ④ 60. ③

공조냉동기계기능사 2000제 문제은행
CBT 시험대비
● 2016년 1월 24일 시행

01 가연성 가스가 있는 고압가스 저장실은 그 외면으로부터 화기를 취급하는 장소까지 몇 m 이상의 우회거리를 유지해야 하는가?

① 1m
② 2m
③ 7m
④ 8m

해설 ②, ④ 문제 이의 제기된 문제로 고압가스 저장 시설기준 : 가스설비 또는 저장설비는 그 외면으로부터 화기를 취급하는 장소까지 2m (가연성가스 또는 산소의 가스설비 또는 저장설비는 8m) 이상의 우회거리를 유지할 것

02 가연성 냉매가스 중 냉매설비의 전기설비를 방폭구조로 하지 않아도 되는 것은?

① 에탄
② 노말부탄
③ 암모니아
④ 염화메탄

해설 가연성가스의 전기 설비는 폭발을 방지하기 위하여 방폭구조로 할 것

03 일반 공구의 안전한 취급 방법이 아닌 것은?

① 공구는 작업에 적합한 것을 사용한다.
② 공구는 사용 전 점검하여 불안전한 공구는 사용하지 않는다.
③ 공구는 옆 사람에게 넘겨줄 때에는 일의 능률 향상을 위하여 던져 신속하게 전달한다.
④ 손이나 공구에 기름이 묻었을 때에는 완전히 닦은 후 사용한다.

해설 수공구는 옆 사람에게 던지지 말 것

04 사고 발생의 원인 중 정신적 요인에 해당되는 항목으로 맞는 것은?

① 불안과 초조
② 수면부족 및 피로
③ 이해부족 및 훈련미숙
④ 안전수칙의 미제정

해설 사고발생 간접원인으로 정신적 원인은 태만, 불만, 반항 등의 태도 불량, 불안, 초조, 긴장, 공포, 불화 등의 정신적 동요, 편협 등의 성격적인 결함, 백치 등의 지능적인 결함 등이 있다.

Answer 1. ②, ④ 2. ③ 3. ③ 4. ①

05 프레온 누설 검지에는 할라이드(halide) 토치를 이용한다. 이때, 프레온 냉매의 누설량에 따른 불꽃의 색깔 변화로 옳은 것은?
(단, '정상' – '소량 누설' – '다량 누설' 순으로 한다.)

① 청색 – 녹색 – 자색
② 자색 – 녹색 – 청색
③ 청색 – 자색 – 녹색
④ 자색 – 청색 – 녹색

해설 헤라이드 토치 불꽃색 검사
① 정상일 때 : 청색
② 소량 누설 : 녹색
③ 다량 누설 : 자색
④ 과량 누설 : 꺼짐

06 가스용접 장치에서 산소와 아세틸렌가스를 혼합 분출시켜 연소시키는 장치는?

① 토치
② 안전기
③ 안전 밸브
④ 압력 조정기

해설 용접 토치(welding torch)는 산소와 아세탈을 혼합하거나 팁에서 분출 가스를 연소해 용접하는 것

07 휘발유 등 화기의 취급을 주의해야 하는 물질이 있는 장소에 설치하는 인화성 물질 경고표지의 바탕은 무슨 색으로 표시하는가?

① 흰색
② 노란색
③ 적색
④ 흑색

해설 인화성 물질 경고표지 바탕색 : 노란색
기본 모형, 관련 부호 및 그림 : 검정색

08 양중기의 종류 중 동력을 사용하여 중량물을 매달아 상하 및 좌우로 운반하는 기계장치는?

① 크레인
② 리프트
③ 곤돌라
④ 승강기

해설 양중기의 종류
① 크레인 : 동력을 사용하여 중량물을 매달아 상하 및 좌우로 운반하는 기계장치
② 리프트 : 동력을 사용하여 사람이나 화물을 운반하는 기계설비
③ 곤돌라 : 와이어 로프 또는 달기강선에 의하여 달기 발판 또는 케이지가 전용의 승강장치에 의하여 상승 또는 하강하는 설비
④ 승강기 : 동력을 사용하여 운반하는 것으로서 가이드 레일을 따라 승강하는 운반구

09 다음 중 보일러에서 점화전에 운전원이 점검 확인하여야 할 사항은?

① 증기압력관리
② 집진장치의 매진처리
③ 노내 여열로 인한 압력상승
④ 연소실 내 잔류가스 측정

해설 보일러 점화전 연소실내 잔류(미연소)가스를 측정하여 역화에 의한 폭발사고를 방지한다.

Answer 5. ① 6. ① 7. ② 8. ① 9. ④

10 최신 자동화 설비는 능률적인 만큼 재해를 일으키는 위험성도 그만큼 높아지는 게 사실이다. 자동화 설비를 구입, 사용하고자 할 때 검토해야 할 사항으로 가장 거리가 먼 것은?

① 단락 또는 스위치나 릴레이 고장 시 오동작
② 밸브 계통의 고장에 따른 오동작
③ 전압 강하 및 정전에 따른 오동작
④ 운전 미숙으로 인한 기계설비의 오동작

해설 재해는 기계설비의 구조적 결함과 취급상 결함에 의해 일어나는데 자동화설비의 운전미숙으로 인한 오동작은 취급상 재해를 일으키는 원인이다.

11 안전관리의 목적으로 가장 적합한 것은?

① 사회적 안정을 기하기 위하여
② 우수한 물건을 생산하기 위하여
③ 최고 경영자의 경영관리를 위하여
④ 생산성 향상과 생산원가를 낮추기 위하여

해설 안전관리의 목적
① 인명의 존중
② 사회복지의 증진
③ 생산성의 향상
④ 경제성의 향상

12 기계 운전 시 기본적인 안전 수칙에 대한 설명으로 틀린 것은?

① 작업 중에는 작업 범위 외의 어떤 기계도 사용할 수 있다.
② 방호장치는 허가 없이 무단으로 떼어놓지 않는다.
③ 기계 운전 중에는 기계에서 함부로 이탈할 수 없다.
④ 기계 고장 시는 정지, 고장표시를 반드시 기계에 부착해야 한다.

해설 작업 중에는 작업 범위 외의 기계를 사용하지 말고, 내용을 모르는 작업에 함부로 손대지 말 것, 모든 기계는 담당자 이외에 손대지 말 것

13 산업재해 예방을 위한 필요한 사항을 지켜야 하며, 사업주나 그 밖의 관련 단체에서 실시하는 산업재해 방지에 관한 조치를 따라야 하는 의무자는?

① 근로자
② 관리감독자
③ 안전관리자
④ 안전보건관리책임자

해설 근로자의 의무 : 산업안전보건법과 이 법에 따른 명령으로 정하는 산업재해 예방을 위한 기준을 지켜야 하며, 사업주나 그 밖의 관련 단체에서 실시하는 산업재해 방지에 관한 조치에 따라야 한다.

Answer 10. ④ 11. ④ 12. ① 13. ①

14 신규 검사에 합격된 냉동용 특정설비의 각인 사항과 그 기호의 연결이 올바르게 된 것은?

① 내용적 : TV
② 용기의 질량 : TM
③ 최고 사용 압력 : FT
④ 내압 시험 압력 : TP

해설 각인기호
① 내용적 : V[ℓ]
② 용기질량 : W[kg]
③ 최고사용압력 : FP [MPa]
④ 내압시험압력 : TP[MPa]

15 다음 기계 작업 중 반드시 운전을 정지하고 해야 할 작업의 종류가 아닌 것은?

① 공작기계 정비 작업
② 냉동기 누설 검사 작업
③ 기계의 날 부분 청소 작업
④ 원심기에서 내용물을 꺼내는 작업

해설 냉동기 누설 검사 작업은 운전 중에도 할 수 있다.

16 브라인에 관한 설명으로 틀린 것은?

① 무기질 브라인 중 염화나트륨이 염화칼슘보다 금속에 대한 부식성이 더 크다.
② 염화칼슘 브라인은 공정점이 낮아 제빙, 냉장 등으로 사용된다.
③ 브라인 냉매의 pH값은 7.5~8.2(약알칼리)로 유지하는 것이 좋다.
④ 브라인은 유기질과 무기질로 구분되며 유기질 브라인의 금속에 대한 부식성이 더 크다.

해설 무기질 브라인과 유기질 브라인비교

무기질 브라인	유기질 브라인
C(탄소)가 포함되지 않는 브라인	C(탄소)가 포함된 브라인
부식성이 강하다.	부식성이 적다.
가격이 싸다.	가격이 비싸다.

17 수동나사 절삭 방법으로 틀린 것은?

① 관 끝은 절삭날이 쉽게 들어갈 수 있도록 약간의 모따기를 한다.
② 관을 파이프 바이스에서 약 150mm 정도 나오게 하고 관이 찌그러지지 않게 주의하면서 단단히 물린다.
③ 나사가 완성되면 편심 핸들을 급히 풀고 절삭기를 뺀다.
④ 나사 절삭기를 관에 끼우고 래칫을 조정한 다음 약 30°씩 회전시킨다.

해설 나사가 완성되면 편심 핸들을 천천히 풀고 절삭기를 뺀다.

Answer 14. ④ 15. ② 16. ④ 17. ③

18 냉동장치에서 압력과 온도를 낮추고 동시에 증발기로 유입되는 냉매량을 조절해 주는 장치는?

① 수액기 ② 압축기
③ 응축기 ④ 팽창밸브

해설 팽창밸브 : 수액기 또는 응축기로부터 응축된 고온고압의 액냉매를 교축작용(throttling)에 의해 저온저압으로 단열팽창시켜 증발기로 보내고, 증발기 부하에 따라 냉매량을 조절한다.

19 냉동능력이 29980kcal/h인 냉동장치에서 응축기의 냉각수 온도가 입구온도 32℃, 출구 온도 37℃일 때, 냉각수 수량이 120L/min이라고 하면 이 냉동기의 동력은? (단, 열손실은 없는 것으로 가정한다.)

① 5kW ② 6kW
③ 7kW ④ 8kW

해설 $\dfrac{[120\times 60\times 1\times (37-32)-29980]}{860}=7\text{kw}$

20 2원 냉동장치에 대한 설명으로 틀린 것은?

① 주로 약 -80℃ 정도의 극저온을 얻는데 사용된다.
② 비등점이 높은 냉매는 고온측 냉동기에 사용된다.
③ 저온부 응축기는 고온부 증발기와 열교환을 한다.
④ 중간 냉각기를 설치하여 고온측과 저온측을 열교환시킨다.

해설 2원 냉동장치 : 2단 또는 다단 압축냉동시스템으로 -70℃ 이하의 저온을 얻기 위해 서로 다른 냉매를 사용하여 각각 독립된 냉동사이클을 온도적으로 2단계 분리한 장치로 캐스케이드 콘덴서로 조합하여 고온측 증발기로 저온측 응축기 냉매를 냉각시켜 초저온을 얻음
※ 캐스케이드 열교환기(콘덴서) : 저온측 응축기와 고온측 증발기를 열교환
▶ 2(다)원 냉동장치에만 있다.
※ 중간냉각기가 있는 것은 2단 압축 냉동사이클

21 강관에서 나타내는 스케줄 번호(schedule number)에 대한 설명으로 틀린 것은?

① 관의 두께를 나타내는 호칭이다.
② 유체의 사용 압력에 비례하고 배관의 허용응력에 반비례 한다.
③ 번호가 클수록 관 두께가 두꺼워진다.
④ 호칭지름이 같은 관은 스케줄 번호가 같다.

해설 스케줄번 호(Sch) : 관의 두께를 나타내는 번호
▶ $10\times \dfrac{P}{S}$
(P : 사용압력 kg/cm²
S : 허용응력kg/mm²=$\dfrac{\text{인장강도}}{\text{안전율}(4)}$)
※ 호칭지름이 같더라도 약간 얇게 한 다른 관은 Sch 번호뒤에 S를 붙여 구별한다.

Answer 18. ④ 19. ③ 20. ④ 21. ④

22 2단 압축 냉동사이클에서 중간 냉각을 행하는 목적이 아닌 것은?

① 고단 압축기가 과열되는 것을 방지한다.
② 고압 냉매액을 과냉시켜 냉동효과를 증대 시킨다.
③ 고압측 압축기의 흡입가스 중 액을 분리시킨다.
④ 저단측 압축기의 토출가스를 과열시켜 체적효율을 증대시킨다.

해설 2단 압축냉동 사이클 중간 냉각기 역할
① 고단압축기 과열방지
② 고압액 과냉각으로 성적계수 향상
③ 고단압축기 액압축방지
④ 저단측 압축기 토출가스 냉각

23 기체의 용해도에 대한 설명으로 옳은 것은?

① 고온·고압일수록 용해도가 커진다.
② 저온·저압일수록 용해도가 커진다.
③ 저온·고압일수록 용해도가 커진다.
④ 고온·저압일수록 용해도가 커진다.

해설 기체의 용해도는 온도에 반비례하고, 압력에 비례하여 온도가 낮을수록, 압력이 높을수록 용해도가 크다.

24 전류계와 측정범위를 넓히는데 사용되는 것은?

① 배율기 ② 분류기
③ 역률기 ④ 용량분압기

해설
※ 배율기 : 전압계의 측정범위를 넓히기 위해 직렬 연결
※ 분류기 : 전류계의 측정범위를 넓히기 위해 병렬 연결

25 어떤 회로에 220V의 교류전압으로 10A의 전류를 통과시켜 1.8kW의 전력을 소비하였다면 이 회로의 역률은?

① 0.72 ② 0.81
③ 0.96 ④ 1.35

해설 역률 : 피상전력에 대한 유효전력의 비율 즉 전체 입력되는 전력분 중에 실제로 일을 하는 전력의 비

$$※ 역률 = \frac{소비전력}{전원입력} = \frac{유효전력}{피상전력} = \frac{유효전력}{전압 \times 전류}$$

$$\therefore \frac{1800}{220 \times 10} = 0.818$$

26 유분리기의 설치 위치로서 적당한 곳은?

① 압축기와 응축기 사이
② 응축기와 수액기 사이
③ 수액기와 증발기 사이
④ 증발기와 압축기 사이

해설 유분리기 설치위치 : 압축기와 응축기 사이
① NH_3 냉동장치 : 응축기 가까운 토출관(압축기와 응축기 사이의 3/4 지점)에 설치
② 프레온 냉동장치 : 압축기 가까운 토출관(압축기와 응축기 사이의 1/4 지점)에 설치, 응축기나 수액기 보다 높게 설치

Answer 22. ④ 23. ③ 24. ② 25. ② 26. ①

27 강관의 전기용접 접합 시의 특징(가스용접에 비해)으로 옳은 것은?

① 유해 광선의 발생이 적다.
② 용접속도가 빠르고 변형이 적다.
③ 박판용접에 적당하다.
④ 열량조절이 비교적 자유롭다.

해설 ▶ 전기용접이 가스용접 보다 용접속도가 빠르고, 열변형이 적다.

28 다음 중 공비혼합물 냉매는?

① R-11   ② R-123
③ R-717   ④ R-500

해설 ▶ 공비혼합냉매 : 서로 다른 2종의 냉매를 혼합하면 전혀 다른 성질의 냉매를 말하며, 냉매번호 R-500번대(R-500, R-501, R-502, R-503)

29 관의 지름이 다를 때 사용하는 이음쇠가 아닌 것은?

① 부싱   ② 레듀서
③ 리턴 밴드   ④ 편심이경 소켓

해설 ▶ 리턴밴드는 관의 방향을 바꿀 때 사용하는 이음쇠

30 KS규격에서 SPPW는 무엇을 나타내는가?

① 배관용 탄소강 강관
② 압력배관용 탄소강 강관
③ 수도용 아연도금 강관
④ 일반구조용 탄소강 강관

해설 ▶ ① 배관용 탄소강관(SPP)
② 압력배관용 탄소강관(SPPS)
③ 수도용 아연도금 강관(SPPW)
④ 구조용 합금강관(STA)

31 다음 냉동장치의 제어장치 중 온도제어 장치에 해당되는 것은?

① T.C   ② L.P.S
③ E.P.R   ④ O.P.S

해설 ▶ ① 온도제어(temperature control ; T.C)
② 저압차단스위치(low pressure cut out switch ; L.P.S)
③ 증발압력조정밸브(evaporator pressure regulator ; E.P.R)
④ 유압보호스위치(oil protection switch ; O.P.S)

32 공기 냉각용 증발기로서 주로 벽 코일 동결실의 선반으로 사용되는 증발기의 형식은?

① 만액식 쉘 앤 튜브식 증발기
② 보데로 증발기
③ 탱크식 증발기
④ 캐스케이드식 증발기

해설 ▶ 공기냉각용 증발기로
① 관코일 증발기
② 판형 증발기
③ 캐스케이드 증발기
캐스케이드 증발기는 액냉매 순환과정이 액헤더 → 가스헤더 → 냉각관 → 액유입관 순의 흡입되는 형식으로 주로 벽 코일 동결실의 선반에 사용

Answer 27. ② 28. ④ 29. ③ 30. ③ 31. ① 32. ④

33 CA냉장고의 주된 용도는?

① 제빙용　　② 청과물보관용
③ 공조용　　④ 해산물보관용

해설 CA(Controlled Atmosphere Cold Storage) 냉장고
냉장실의 온도를 제어함과 동시에 공기 조성도 함께 제어하여 냉장하는 방법으로, 주로 청과물(특히 사과)의 저장에 많이 사용

34 전기장의 세기를 나타내는 것은?

① 유전속 밀도　　② 전하 밀도
③ 정전력　　④ 전기력선 밀도

해설 전기장의 세기는 전기력선의 밀도에 비례한다.

35 고속다기통 압축기에 관한 설명으로 틀린 것은?

① 고속이므로 냉동능력에 비하여 소형 경량이다.
② 다른 압축기에 비하여 체적효율이 양호하며, 각 부품 교환이 간단하다.
③ 동적 밸런스가 양호하여 진동이 적어 운전 중 소음이 적다.
④ 용량제어가 타기에 비하여 용이하고, 자동운전 및 무부하 기동이 가능하다.

해설 고속다기통 압축기 특징
① 소형이며 경량이다.
② 동적 밸런스가 양호하다.
③ 용량제어가 용이하다.
④ 무부하 기동이 가능하다.
⑤ 강제윤활 방식으로 윤활작용이 양호하다.
⑥ 윤활유 온도가 높아지기 쉬우며 열화.
⑦ 탄화가 빠르다.
⑧ 고장 발견이 어렵다,
⑨ 베어링 등 마찰부의 마찰저항이 커 마모가 빠르다,
⑩ 체적효율이 나쁘다.

36 논리곱 회로라고 하며 입력신호 A, B가 있을 때 A, B 모두가 "1" 신호로 됐을 때만 출력 C가 "1" 신호로 되는 회로는? (단, 논리식은 A · B = C이다.)

① OR 회로　　② NOT 회로
③ AND 회로　　④ NOR 회로

해설 논리회로

명칭	논리 기호	설명
AND 회로 (논리곱)	$X = A \cdot B$	2개의 입력 A와 B가 모두 1일 때만 출력이 1이 되는 회로
OR회로 (논리합)	$X = A + B$	입력 A 또는 B의 어느 한 쪽이든가 양자가 1일 때 출력이 1인 회로
NOT 회로 (논리부정)	$X = \overline{A}$	입력이 1일 때 출력은 0, 입력이 0일 때 출력이 1인 회로
NAND 회로 (논리곱부정)	$X = \overline{A \cdot B}$	AND 회로에 NOT 회로를 접속한 회로 입력신호가 모두 1일 때만 출력신호가 0인 회로
NOR 회로 (논리합부정)	$X = \overline{A + B}$	OR 회로에 NOT 회로를 접속한 회로

Answer 33. ②　34. ④　35. ②　36. ③

37 30℃에서 2Ω의 동선이 온도 70℃로 상승하였을 때, 저항은 얼마가 되는가? (단, 동선의 저항온도 계수는 0.0042이다.)

① 2.3Ω   ② 3.3Ω
③ 5.3Ω   ④ 6.3Ω

해설 $R_2 = R_1[1+\alpha_0(t_2-t_1)]$
$= 2\Omega[1+0.0042(70-30)]$
$\therefore R_2 = 2.336\Omega$

38 단열압축, 등온압축, 폴리트로픽 압축에 관한 사항 중 틀린 것은?

① 압축일량은 등온압축이 제일 작다
② 압축일량은 단열압축이 제일 크다.
③ 압축가스 온도는 폴리트로픽 압축이 제일 높다.
④ 실제 냉동기의 압축 방식은 폴리트로픽 압축이다.

해설
① **등온압축**: 압축 전후에 있어 온도를 일정하게 하는 압축 (압축 후 온도상승, 소요일량, 압력 상승이 가장 작음)
② **단열압축**: 실린더를 완전히 단열하여 열이 외부로 방출되지 않게 하는 압축(압축 후 온도 상승, 소요일량, 압력상승이 가장 큼)
③ **폴리트로픽 압축**: 실제적인 압축 방식(등온과 단열의 중간 형태로 열량, 온도 상승, 압력 상승도 중간)

39 다음 설명 중 틀린 것은?

① 냉동능력 2kW는 약 0.52 냉동톤(RT)이다.
② 냉동능력 10kW, 압축기 동력 4kW인 냉동장치의 응축부하는 14kW이다.
③ 냉매증기를 단열 압축하면 온도는 높아지지 않는다.
④ 진공계의 지시값이 10cmHg인 경우, 절대 압력은 약 0.9kg$_f$/cm^{2}이다.

해설 냉매증기를 단열 압축하면 온도상승이 등온 압축이나 폴리트로픽 압축 보다 높아진다.
① $2 \times 860kcal = 1720kcal$
$\therefore \frac{1720kcal}{3320kcal} = 0.518$
② 응축부하(14kW) = 냉동능력(10kw) + 압축기 소요동력(4kW)
④ $P = 1.0332kg/cm^2 \times \left(1 - \frac{10cmHg}{76cmHg}\right)$
$= 0.897kg/cm^2$

40 P-h선도의 등건조도선에 대한 설명으로 틀린 것은?

① 습증기 구역 내에서만 존재하는 선이다.
② 건도가 0.2는 습증기 중 20%는 액체, 80%는 건조 포화증기를 의미한다.
③ 포화액의 건도는 0이고 건조포화증기의 건도는 1이다.
④ 등건조도선을 이용하여 팽창밸브 통과 후 발생한 플래시가스량을 알 수 있다.

해설 등건조도선: 습증기 구간에 존재하며 포화액선에선 X=0이며, 건포화 증기선에서 X=1이다. (건조도 0.2: 액체가 80%, 건증기 20%를 의미)

Answer 37. ① 38. ③ 39. ③ 40. ②

41 펌프의 캐비테이션 방지대책으로 틀린 것은?

① 양흡입 펌프를 사용한다.
② 흡입관경을 크게 하고 길이를 짧게 한다.
③ 펌프의 설치 위치를 낮춘다.
④ 펌프 회전수를 빠르게 한다.

해설 캐비테이션 방지방법
① 펌프 회전수를 낮추어 유속을 느리게 한다.
② 펌프 위치를 수원과 가깝게 하여 흡입 양정을 작게 한다.
③ 가급적 만곡부를 줄인다.
④ 펌프를 2단(양흡입 펌프) 이상 설치한다.
⑤ 흡입관 손실 수두를 줄인다.

42 왕복동식과 비교하여 회전식 압축기에 관한 설명으로 틀린 것은?

① 잔류가스의 재팽창에 의한 체적효율의 감소가 적다.
② 직결구동에 용이하며 왕복동에 비해 부품수가 적고 구조가 간단하다.
③ 회전식 압축기는 조립이나 조정에 있어 정밀도가 요구되지 않는다.
④ 왕복동식에 비해 진동과 소음이 적다.

해설 마찰부의 가공, 조립, 조정에 정밀도와 내마모성이 요구되며 신뢰도만 확보되면 고압축비를 얻을 수 있다.

43 원심식 냉동기의 서징 현상에 대한 설명 중 옳지 않은 것은?

① 흡입가스 유량이 증가되어 냉매가 어느 한계치 이상으로 운전될 때 주로 발생한다.
② 서징현상 발생 시 전류계의 지침이 심하게 움직인다.
③ 운전 중 고·저압의 차가 증가하여 냉매가 임펠러를 통과할 때 역류하는 현상이다.
④ 소음과 진동을 수반하고 베어링 등 운동 부분에서 급격한 마모현상이 발생한다.

해설 서징현상은 흡입가스 유량이 적을 때(압력이 너무 낮을 때) 일어나며 맥동과 진동을 발생시켜 불완전한 운전이 되는 현상을 말함

44 다음 중 응축기와 관계가 없는 것은?

① 스월(swirl)
② 셸 앤 튜브(shell and tube)
③ 로우핀 튜브(low finned tube)
④ 감온통(thermo sensing bulb)

해설 감온통은 증발기 출구측, 압축기 흡입관 수평부에 설치하여 팽창밸브의 열림 정도를 결정함

Answer 41. ④ 42. ③ 43. ① 44. ④

45 흡수식 냉동장치에 설치되는 안전장치의 설치 목적으로 가장 거리가 먼 것은?

① 냉수 동결방지
② 흡수액 결정방지
③ 압력 상승방지
④ 압축기 보호

해설 흡수식 냉동장치는 압축기가 필요없는 냉동장치로 압축기 안전장치가 없다.

46 다음 중 효율은 그다지 높지 않고 풍량과 동력의 변화가 비교적 많으며 환기·공조 저속덕트용으로 주로 사용되는 송풍기는?

① 시로코 팬
② 축류 송풍기
③ 에어 포일팬
④ 프로펠러형 송풍기

해설 원심식 송풍기로 풍량과 동력변화가 비교적 크고, 전향날개형(날개 각도 > 90°), 환기, 공조, 저속덕트용으로 사용되는 송풍기는 다익(시로코)형

47 히트펌프 방식에서 냉·난방 절환을 위해 필요한 밸브는?

① 감압 밸브
② 2방 밸브
③ 4방 밸브
④ 전동 밸브

해설 히트펌프에서 냉·난방 절환을 위해 4방 밸브를 사용한다.

48 실내 취득 감열량이 35000kcal/h이고, 실내로 유입되는 송풍량이 9000m³/h일 때 실내의 온도를 25℃로 유지하려면 실내로 유입되는 공기의 온도를 약 몇 ℃로 해야 되는가? (단, 공기의 비중량은 1.29kg/m³, 공기의 비열은 0.24kcal/kg℃로 한다.)

① 9.5℃
② 10.6℃
③ 12.6℃
④ 148℃

해설 $\dfrac{35000}{0.24 \times 1.29 \times (25-X)} = 9000$

∴ $X = 12.6℃$

49 냉각코일의 종류 중 증발관 내에 냉매를 팽창시켜 그 냉매의 증발잠열을 이용하여 공기를 냉각시키는 것은?

① 건코일
② 냉수코일
③ 간접팽창코일
④ 직접팽창코일

해설 ※ 직접팽창식 코일 : 냉매을 증발관 내에 공급하여 팽창 시켜 그 잠열로 냉각하는 방식
※ 간접팽창식 코일 : 열교환 된 물이나 브라인을 공급하여 열교환 하는 방식(냉동기나 온·냉매가 냉수나 브라인과 열교환 후 냉수코일로 전달되는 방식)

Answer 45. ④ 46. ① 47. ③ 48. ③ 49. ④

50 다음 중 상대습도를 맞게 표시한 것은?

① ϕ =(습공기수증기분압 / 포화수증기압) $\times 100$

② ϕ =(포화수증기압 / 습공기수증기분압) $\times 100$

③ ϕ =(습공기수증기중량 / 포화수증기압) $\times 100$

④ ϕ =(포화수증기중량 / 습공기수증기중량) $\times 100$

해설 상대습도 : 습공기의 수증기 분압과 그 온도와 같은 온도의 포화증기의 수증기압과의 비를 백분율로 표시한 것

$$= \frac{습공기중\ 수증기분압(P_w)}{동일온도의\ 포화수증기압(P_s)} \times 100\%$$

$$= \frac{습공기 1[m^3]\ 중\ 수분의\ 중량}{포화습공기 1[m^3]\ 중\ 수분의\ 중량} \times 100\%$$

51 팬형 가습기에 대한 설명으로 틀린 것은?

① 가습의 응답속도가 느리다.
② 팬속의 물을 강제적으로 증발시켜 가습한다.
③ 패키지형의 소형 공조기에 많이 사용한다.
④ 가습장치 중 효율이 가장 우수하며, 가습량을 자유로이 변화시킬 수 있다.

해설 팬형 가습기 : 저렴하고, 취급간단, 제어성이 느리고, 증기가 없고 조잡한 제어로 주로 패키지용으로 소형 공조기에 사용하며 효율이 떨어진다.
가습효율이 가장 높은 것은 증기 분수 가습기이다.

52 건물의 바닥, 천정, 벽 등에 온수를 통하는 관을 구조체에 매설하고 아파트, 주택 등에 주로 사용되는 난방방법은?

① 복사난방   ② 증기난방
③ 온풍난방   ④ 전기히터난방

해설 복사난방(방사난방) : 중앙난방 방법으로 천정이나 벽, 바닥 등에 코일을 매설하여 온수 등 열매체를 이용하여 복사열에 의해 아파트나, 주택 등에 난방하는 방식

53 어떤 방의 체적이 2×3×2.5m이고, 실내온도를 21℃로 유지하기 위하여 실외온도 5℃의 공기를 3회/선로 도입할 때 환기에 의한 손실열량은? (단, 공기의 비열은 0.24kcal/kg·℃, 비중량은 1.2kg/m³이다.)

① 207.4kcal/h   ② 381.2kcal/h
③ 465.7kcal/h   ④ 727.2kcal/h

해설 $Q = 2 \times 3 \times 2.5m \times (21-5)℃ \times 0.24kcal/kg℃ \times 1.2kg/m^3 \times 3회/h$
$= 207.36kcal/h$

54 환수주관을 보일러 수면보다 높은 위치에 배관하는 것은?

① 강제순환식   ② 건식환수관식
③ 습식환수관식 ④ 진공환수관식

해설 ※건식 환수관 : 환수관이 보일러 수면보다 높은 위치에 배관하는 방법으로 응축수가 체류 할 곳에 열동식 트랩을 설치한다.
※습식 환수관 : 환수관을 보일러 수면 보다 낮게 배관

Answer 50. ① 51. ④ 52. ① 53. ① 54. ②

55 온풍난방에 사용되는 온풍로의 배치에 대한 설명으로 틀린 것은?

① 덕트 배관은 짧게 한다.
② 굴뚝의 위치가 되도록이면 가까워야 한다.
③ 온풍로의 후면(방문쪽)은 벽에 붙여 고정한다.
④ 습기와 먼지가 적은 장소를 선택한다.

해설 ▶ 온풍로 후면을 벽에서 이격하여 설치하고 고정하지 않음

56 공기조화 방식의 중앙식 공조방식에서 수-공기방식에 해당되지 않는 것은?

① 이중 덕트방식
② 유인 유닛방식
③ 팬 코일 유닛방식(덕트병용)
④ 복사 냉난방 방식(덕트병용)

해설 ▶ 공기조화 방식 분류

구 분		방 식
중앙식	전공기 방식	단일 덕트 방식(정풍량, 변풍량)
		2중덕트방식(정풍량, 변풍량, 멀티존유닛)
		각층 유닛 방식
	수-공기 방식	덕트 병용 팬 코일 유닛 방식
		유인 유닛 방식
		복사 냉난방 방식
	수방식	팬 코일 유닛 방식
개별식	냉매방식	룸 쿨러 방식
		패키지 방식
		멀티유닛 방식

57 다음 중 대기압 이하의 열매증기를 방출하는 구조로 되어 있는 보일러는?

① 무압 온수보일러
② 콘덴싱 보일러
③ 유동층 연소보일러
④ 진공식 온수보일러

해설 ▶ 진공온수보일러 : 대기압 이하의 진공상태에서 열매체에 의해 물을 100℃ 이하 온도에서 끓여 증발하는 원리에 따라 난방 및 급탕의 온수를 발생시켜 사용

58 실내오염 공기의 유입을 방지해야 하는 곳에 적합한 환기법은?

① 자연환기법
② 제1종환기법
③ 제2종환기법
④ 제3종환기법

해설 ▶ 제2종환기(압입식) : 급기팬+자연배기(실내 압은 정압), 실내 오염공기의 유입을 방지하고, 반도체 무균실, 소규모변전실, 창고 등에 적용

59 배관 및 덕트에 사용되는 보온 단열재가 갖추어야 할 조건이 아닌 것은?

① 열전도율이 클 것
② 안전 사용 온도 범위에 적합할 것
③ 불연성 재료로서 흡습성이 작을 것
④ 물리·화학적 강도가 크고 시공이 용이할 것

해설 ▶ 단열재 구비조건 중 열전도율이 작을 것

Answer 55. ③ 56. ① 57. ④ 58. ③ 59. ①

60 냉열원기기에서 열교환기를 설치하는 목적으로 틀린 것은?

① 압축기 흡입가스를 과열시켜 액 압축을 방지시킨다.
② 프레온 냉동장치에서 액을 과냉각시켜 냉동효과를 증대시킨다.
③ 플래시 가스 발생을 최소화 한다.
④ 증발기에서의 냉매 순환량을 증가시킨다.

해설 열교환기는 증발기 냉매 순환량과 관계없다.

Answer 60. ④

공조냉동기계기능사 2000제 문제은행

CBT 시험대비
▶ 2016년 4월 2일 시행

01 용접기 취급상 주의사항으로 틀린 것은?
① 용접기는 환기가 잘되는 곳에 두어야 한다.
② 2차측 단자의 한쪽 및 용접기의 외통은 접지를 확실히 해 둔다.
③ 용접기는 지표보다 약게 낮게 두어 습기의 침입을 막아 주어야 한다.
④ 감전의 우려가 있는 곳에서는 반드시 전격방지기를 설치한 용접기를 사용한다.

해설 용접기는 지표보다 약간 높게 두어 습기 침입을 막는다.

02 냉동기 검사에 합격한 냉동기에는 다음 사항을 명확히 각인한 금속박판을 부착하여야 한다. 각인할 내용에 해당되지 않는 것은?
① 냉매가스의 종류
② 냉동능력(RT)
③ 냉동기 제조자의 명칭 또는 약호
④ 냉동기 운전조건(주위온도)

해설 냉동기 각인 사항
① 냉동기제조자 명칭 또는 약호
② 냉매가스 종류
③ 냉동능력(RT). 다만, 압력용기의 경우 내용적(L)
④ 원동기소요전력 및 전류(kW, A)
⑤ 제조번호
⑥ 검사에 합격한 연월
⑦ 내압시험압력(TP)
⑧ 최고사용압력(DP)

03 냉동장치를 정상적으로 운전하기 위한 유의사항이 아닌 것은?
① 이상고압이 되지 않도록 주의한다.
② 냉매부족이 없도록 한다.
③ 습 압축이 되도록 한다.
④ 각 부의 가스 누설이 없도록 유의한다.

해설 습압축이 되면 냉동기 효율도 저하하는 것은 물론 압축기에서 액압축이 일어날 위험이 있기에 피해야 할 압축방식이다.

Answer 1. ③ 2. ④ 3. ③

04 전동공구 작업 시 감전의 위험성을 방지하기 위해 해야 하는 조치는?

① 단전
② 감지
③ 단락
④ 접지

해설 접지 목적 : 누전전류에 의한 감전방지

05 냉동장치를 설비 후 운전할 때 〈보기〉의 작업순서로 올바르게 나열된 것은?

> ㉠ 냉각운전   ㉡ 냉매충전
> ㉢ 누설시험   ㉣ 진공시험
> ㉤ 배관의 방열공사

① ㉢ → ㉣ → ㉡ → ㉤ → ㉠
② ㉣ → ㉤ → ㉢ → ㉡ → ㉠
③ ㉢ → ㉤ → ㉣ → ㉡ → ㉠
④ ㉣ → ㉡ → ㉢ → ㉤ → ㉠

해설 냉동장치 운전 순서
① 설치 후 누설시험
② 진공시험
③ 냉매충전
④ 배관의 방열(단열)공사
⑤ 냉동기(냉각) 운전 순으로 한다.

06 배관 작업 시 공구 사용에 대한 주의사항으로 틀린 것은?

① 파이프 리머를 사용하여 관 안쪽에 생기는 거스러미 제거 시 손가락에 상처를 입을 수 있으므로 주의해야 한다.
② 스패너 사용 시 볼트에 적합한 것을 사용해야 한다.
③ 쇠톱 절단 시 당기면서 절단한다.
④ 리드형 나사절삭기 사용 시 조(jaw) 부분을 고정시킨 다음 작업에 임한다.

해설 쇠톱 절단은 밀면서 절단한다.

07 다음 중 소화방법으로 건조사를 이용하는 화재는?

① A급   ② B급
③ C급   ④ D급

해설 화재 분류 및 적응 소화기

구분 분류	종류	소화기 색상	내용	적용 소화기
일반 화재	A급	백색	목재, 종이 등 일반 화재	산·알칼리, 포, 주수(물)
유류 화재	B급	황색	유류, 가스, 이화성 물질화재	CO_2, 하론, 분말, 포말
전기 화재	C급	청색	전기합선 화재	CO_2
금속 화재	D급	무색	Mg, Al 분말화재	마른 모래 (건조사)

Answer 4. ④ 5. ① 6. ③ 7. ④

08 해머 작업 시 안전수칙으로 틀린 것은?

① 사용 전에 반드시 주위를 살핀다.
② 장갑을 끼고 작업하지 않는다.
③ 담금질된 재료는 강하게 친다.
④ 공동해머 사용 시 호흡을 잘 맞춘다.

해설 해머 작업 시 담금질된 재료는 서서히 친다.

09 기계설비의 본질적 안전화를 위해 추구해야 할 사항으로 가장 거리가 먼 것은?

① 풀 프루프(foll proof)의 기능을 가져야 한다.
② 안전 기능이 기계설비에 내장되어 있지 않도록 한다.
③ 조작상 위험이 가능한 없도록 한다.
④ 페일 세이프(fail safe)의 기능을 가져야 한다.

해설 기계설비의 본질적 안전화를 위해 안전 기능이 기계설비에 내장되어 있을 것

10 산업안전보건기준에 관한 규칙에 의하면 작업장의 계단의 폭은 얼마 이상으로 하여야 하는가?

① 50cm
② 100cm
③ 150cm
④ 200cm

해설 작업장 계단의 폭은 100cm 이상으로 할 것

11 안전모와 안전대의 용도로 적당한 것은?

① 물체 비산 방지용이다.
② 추락재해 방지용이다.
③ 전도 방지용이다.
④ 용접작업 보호용이다.

해설 안전모와 안전대의 용도는 추락재해 방지용으로 사용한다.

12 공구의 취급에 관한 설명으로 틀린 것은?

① 드라이버에 망치질을 하여 충격을 가할 때에는 관통 드라이버를 사용하여야 한다.
② 손 망치는 타격의 세기에 따라 적당한 무게의 것을 골라서 사용하여야 한다.
③ 나사 다이스는 구멍에 암나사를 내는데 쓰고, 핸드탭은 수나사를 내는데 사용한다.
④ 파이프 렌치의 입에는 이가 있어 상처를 주기 쉬우므로 연질 배관에는 사용하지 않는다.

해설 나사 다이스(체이서)는 수나사를 내고, 핸드탭은 암나사를 내는데 사용한다.

Answer 8. ③ 9. ② 10. ② 11. ② 12. ③

13 가스보일러의 점화 시 착화가 실패하여 연소실의 환기가 필요한 경우, 연소실 용적의 약 몇 배 이상 공기량을 보내어 환기를 행해야 하는가?

① 2
② 4
③ 8
④ 10

해설 가스보일러 정화 시 주의사항 중 연소실 내의 용적 4배 이상의 공기로 충분히 환기를 행할 것

14 컨베이어 등을 사용하여 작업할 때 작업시작 전 점검사항으로 해당되지 않는 것은?

① 원동기 및 풀리 기능의 이상 유무
② 이탈 등의 방지장치 기능의 이상 유무
③ 비상정지장치 기능의 이상 유무
④ 작업면의 기울기 또는 요철 유무

해설 컨베이어 작업전 점검사항
① 원동기 및 풀리 기능의 이상 유무
② 이탈 등의 방지장치 기능의 이상 유무
③ 비상정지장치 기능의 이상 유무
④ 원동기, 회전축, 기어 및 풀리 등의 덮개 또는 울 등의 이상 유무

15 산소 압력 조정기의 취급에 대한 설명으로 틀린 것은?

① 조정기를 견고하게 설치한 다음 가스누설여부를 비눗물로 점검한다.
② 조정기는 정밀하므로 충격이 가해지지 않도록 한다.
③ 조정기는 사용 후에 조정나사를 늦추어서 다시 사용할 때 가스가 한꺼번에 흘러나오는 것을 방지한다.
④ 조정기의 각부에 작동이 원활하도록 기름을 친다.

해설 조정기의 설치구 나사부나 각 부에 기름이나 그리스(grease)를 도포하지 말 것

16 1kg 기체가 압력 200kPa, 체적 $0.5m^3$의 상태로부터 압력 600kPa, 체적 $1.5m^3$로 상태변화 하였다. 이 변화에서 기체 내부의 에너지변화가 없다고 하면 엔탈피의 변화는?

① 500kJ만큼 증가
② 600kJ만큼 증가
③ 700kJ만큼 증가
④ 800kJ만큼 증가

해설 H(엔탈피) = u(내부에너지) + PV(외부에너지)
∴ $(600 \times 1.5) - (200 \times 0.5) = 800$

Answer 13. ② 14. ④ 15. ④ 16. ④

17 냉동장치의 냉매배관의 시공상 주의점으로 틀린 것은?

① 흡입관에서 두 개의 흐름이 합류하는 곳은 T이음으로 연결한다.
② 압축기와 응축기가 같은 위치에 있는 경우 토출관은 일단 세워 올려 하향구배로 한다.
③ 흡입관의 입상이 매우 길 때는 약 10m마다 중간에 트랩을 설치한다.
④ 2대 이상의 압축기가 각각 독립된 응축기에 연결된 경우 토출관 내부에 가능한 응축기 입구 가까이에 균압관을 설치한다.

해설 두 개의 흐름이 합류하는 곳은 T이음으로 하지 말고, 분배기로 연결한다.

18 냉동장치의 냉매계통 중에 수분이 침입하였을 때 일어나는 현상을 열거한 것으로 틀린 것은?

① 프레온 냉매는 수분에 용해되지 않으므로 팽창밸브를 동결 폐쇄시킨다.
② 침입한 수분이 냉매나 금속과 화학 반응을 일으켜 냉매계통의 부식, 윤활유의 열화 등을 일으킨다.
③ 암모니아는 물에 잘 녹으므로 침입한 수분이 동결하는 장애가 적은 편이다.
④ R-12는 R-22보다 많은 수분을 용해하므로, 팽창밸브 등에서의 수분동결의 현상이 적게 일어난다.

해설 R-12, R-22 모두 프레온 냉매로 수분에 용해하지 않아 팽창밸브 등에서 수분동결의 현상이 일어난다.

19 프레온계 냉매의 특성에 관한 설명으로 틀린 것은?

① 열에 대한 안정성이 좋다.
② 수분과의 용해성이 극히 크다.
③ 무색, 무취로 누설 시 발견이 어렵다.
④ 전기 절연성이 우수하므로 밀폐형 압축기에 적합하다.

해설 프레온계 냉매는 수분에 용해하지 않는다.

20 만액식 증발기에서 냉매측 전열을 좋게 하는 조건으로 틀린 것은?

① 냉각관이 냉매에 잠겨 있거나 접촉해 있을 것
② 열전달 증가를 위해 관 간격이 넓을 것
③ 유막이 존재하지 않을 것
④ 평균 온도차가 클 것

해설 만액식 증발기 냉매측 전열을 좋게 하는 조건
① 냉각관이 냉매에 잠겨 있거나 접촉해 있을 것
② 관 간격이 좁을 것
③ 유막이 존재하지 않을 것
④ 평균 온도차가 클 것
⑤ 관면이 거칠거나 핀이 부착되어 있을 것

Answer 17. ① 18. ④ 19. ② 20. ②

21 냉동장치의 배관 설치 시 주위사항으로 틀린 것은?

① 냉매의 종류, 온도 등에 따라 배관 재료를 선택한다.
② 온도변화에 의한 배관의 신축을 고려한다.
③ 기기 조작, 보수, 점검에 지장이 없도록 한다.
④ 굴곡부는 가능한 적게 하고 곡률 반경을 작게 한다.

해설 굴곡부는 가능한 적게 하고, 곡를 반경을 크게 한다.

22 흡입배관에서 압력손실이 발생하면 나타나는 현상이 아닌 것은?

① 흡입압력의 저하
② 토출가스 온도의 상승
③ 비체적 감소
④ 체적효율 저하

해설 흡입배관에서 압력손실이 발생하면 비체적은 증가하여 토출가스 온도상승 및 체적효율을 저하시킨다.

23 흡수식 냉동사이클에서 흡수기와 재생기는 증기 압축식 냉동사이클의 무엇과 같은 역할을 하는가?

① 증발기
② 응축기
③ 압축기
④ 팽창밸브

해설 흡수식과 증기압축식 냉동기 구성요소 비교

흡수식	증기 압축식
흡수기	압축기
고온재생기	
응축기	응축기
저온재생기	팽창밸브
증발기	증발기

24 어떤 저항 R에 100V의 전압이 인가해서 10A의 전류가 1분간 흘렀다면 저항 R에 발생한 에너지는?

① 70000J
② 60000J
③ 50000J
④ 40000J

해설 $H = I^2 RT$ 에서
∴ $h = 10^2 \times 60 = 60000J$

Answer 21. ④ 22. ③ 23. ③ 24. ②

25 임계점에 대한 설명으로 옳은 것은?

① 어느 압력 이상에서 포화액이 증발이 시작됨과 동시에 건포화 증기로 변하게 되는데, 포화액선과 건포화 증기선이 만나는 점
② 포화온도 하에서 증발이 시작되어 모두 증발하기까지의 온도
③ 물이 어느 온도에 도달하면 온도는 더 이상 상승하지 않고 증발이 시작하는 온도
④ 일정한 압력하에서 물체의 온도가 변화하지 않고 상(相)이 변화하는 점

해설 임계점(Critical point) : 증기의 압력을 올리면 잠열은 감소하는데 어느 압력에 도달하면 잠열이 0이 되어, 액체와 기체의 구별이 없어지며 포화액선과 건포화 증기선이 만나는 점을 임계점이라 하며, 이때의 온도를 임계온도(374.15℃), 이때의 압력을 임계압력(225.65kg/cm²)이라 함.

26 관의 직경이 크거나 기계적 강도가 문제될 때 유니온 대용으로 결합하여 쓸 수 있는 것은?

① 이경소켓
② 플랜지
③ 니플
④ 부싱

해설 플랜지 이음 : 관의 직경이 비교적 크거나 기계적 강도를 요 할 때 보수, 점검을 위한 관의 해체, 교환에 사용하는 이음쇠(관경 65A 이상 : 플랜지 이음, 관경 50A 이하 : 유니온 이음)

27 동관 작업 시 사용되는 공구와 용도에 관한 설명으로 틀린 것은?

① 플레어링 툴 세트 – 관을 압축 접합할 때 사용
② 튜브벤더 – 관을 구부릴 때 사용
③ 익스팬더 – 관 끝을 오므릴 때 사용
④ 사이징 툴 – 관을 원형으로 정형할 때 사용

해설 익스팬더 – 관 끝을 확관(넓힘) 때 사용하는 공구

28 액 순환식 증발기에 대한 설명으로 옳은 것은?

① 오일이 체류할 우려가 크고 제상 자동화가 어렵다.
② 냉매량이 적게 소요되며 액펌프, 저압수액기 등 설비가 간단하다.
③ 증발기 출구에서 액은 80% 정도이고 기체는 20%정도 차지한다.
④ 증발기가 하나라도 여러 개의 팽창밸브가 필요하다.

해설 액 순환식 증발기 특징
① 증발기 출구 냉매액(80%), 가스(기체, 20%)로 냉매액이 펌프로 순환
② 펌프는 저압수액기와 증발기입구 사이에 설치
③ 전열이 좋고, 대용량에 적합하며, 급속 동결용

Answer 25. ① 26. ② 27. ③ 28. ③

29 팽창밸브에 대한 설명으로 옳은 것은?

① 압축 증대장치로 압력을 높이고 냉각시킨다.
② 액봉이 쉽게 일어나고 있는 곳이다.
③ 냉동부하에 따른 냉매액의 유량을 조절한다.
④ 플래시 가스가 발생하지 않는 곳이며, 일명 냉각장치라 부른다.

해설 팽창밸브(expansion valve) : 수액기 또는 응축기로부터 응축된 고온고압의 액냉매를 교축작용(throttling)에 의해 저온저압으로 단열팽창시켜 증발기로 보내고, 증발기 부하에 따라 냉매액의 유량을 조절한다.

30 증기 압축식 냉동장치의 냉동원리에 관한 설명으로 가장 적합한 것은?

① 냉매의 팽창열을 이용한다.
② 냉매의 증발잠열을 이용한다.
③ 고체의 승화열을 이용한다.
④ 기체의 온도차에 의한 현열변화를 이용한다.

해설 증기 압축식 냉동장치 : NH₃, 프레온냉매 등 1차 냉매를 사용하여 압축, 응축, 팽창, 증발하는 4대 구성요소로 이루어진 냉동기로 냉매의 증발잠열을 이용한다.

31 정현파 교류에서 전압의 실효값(V)을 나타내는 식으로 옳은 것은? (단, 전압의 최대값을 V_m, 평균값을 V_a라고 한다.)

① $V = \dfrac{V_a}{\sqrt{2}}$ ② $V = \dfrac{V_m}{\sqrt{2}}$

③ $V = \dfrac{\sqrt{2}}{V_m}$ ④ $V = \dfrac{\sqrt{2}}{V_a}$

해설 ① 최대값 : $V_m = \sqrt{2} \times V$ (실효값)

② 실효값 : $V = \dfrac{V_m}{\sqrt{2}}$ (최대값 : V_m)

32 용적형 압축기에 대한 설명으로 틀린 것은?

① 압축실 내의 체적을 감소시켜 냉매의 압력을 증가시킨다.
② 압축기의 성능은 냉동능력, 소비동력, 소음, 진동값 및 수명 등 종합적인 평가가 요구된다.
③ 압축기의 성능을 측정하는데 유용한 두 가지 방법은 성능계수와 단위 냉동능력당 소비동력을 측정하는 것이다.
④ 개방형 압축기의 성능계수는 전동기와 압축기의 운전효율을 포함하는 반면, 밀폐형 압축기의 성능계수에는 전동기 효율이 포함되지 않는다.

해설 성능계수 $= \dfrac{냉동효과}{압축기\ 소요일량}$ 으로 개방형, 밀폐형 압축기에 운전 효율 및 전동기 효율이 포함된다.

Answer 29. ③ 30. ② 31. ② 32. ④

33 냉매 건조기(dryer)에 관한 설명으로 옳은 것은?

① 암모니아 가스관에 설치하여 수분을 제거한다.
② 압축기와 응축기 사이에 설치한다.
③ 프레온은 수분에 잘 용해되지 않으므로 팽창밸브에서의 동결을 방지하기 위하여 설치한다.
④ 건조제로는 황산, 염화칼슘 등의 물질을 사용한다.

해설 ▶ 냉매 건조기(Dryer) : 암모니아 냉매는 수분과 친화력이 있어 용해됨으로 건조기를 설치하지 않고, 프레온 냉매에 설치하여 팽창밸브에서의 동결을 방지하기 위하여 설치한다.
※ 건조제 : 실리카겔, 활성알루미나, 몰리큘러시브, 소바비드 등
※ 설치위치 : 수액기 → 투시경 → 건조기 → 전자밸브 → 팽창밸브

34 스윙(swing)형 체크밸브에 관한 설명으로 틀린 것은?

① 호칭치수가 큰 관에 사용된다.
② 유체의 저항이 리프트(lift)형보다 적다.
③ 수평배관에만 사용할 수 있다.
④ 핀을 축으로 하여 회전시켜 개폐한다.

해설 ▶ 체크밸브 : 유체 흐름의 역류 방지 목적
※ 스윙식 : 수직, 수평 배관 모두 사용 가능
※ 리프트식 : 수평 배관만 사용 가능

35 냉동사이클 내를 순환하는 동작유체로서 잠열에 의해 열을 운반하는 냉매로 가장 거리가 먼 것은?

① 1차 냉매   ② 암모니아(NH_3)
③ 프레온(freon)   ④ 브라인(brine)

해설 ▶ 브라인(Brine) 냉매 : 간접냉매인 브라인은 증발기에서 증발하는 냉매의 냉동력에 의해 냉각된 후 다시 피냉각 후, 다시 피냉각 물질을 냉각하는데 쓰이는 2차 냉매로 일종의 부동액, 상 변화없이 현열 형태로 열을 운반하는 냉매

36 직접 식품에 브라인을 접촉시키는 것이 아니고 얇은 금속판 내에 브라인이나 냉매를 통하게 하여 금속판의 외면과 식품을 접촉시켜 동결하는 장치는?

① 접촉식 동결장치
② 터널식 공기 동결장치
③ 브라인 동결장치
④ 송풍 동결장치

해설 ▶ 열전달 매체에 따른 동결방법
※ 공기동결 : 공기가 열전달 매체로 사용되며, 대류작용에 의한 동결방법(일반 가정용 냉장고)
※ 접촉식동결 : 금속판 내에 브라인이나 냉매를 통하게 하여 금속판의 외면과 식품을 접촉시켜 동결하는 방법
※ 송풍동결 : 공기 순환을 위한 송풍기가 열전달 매체로 송풍기가 설치된 방이나 터널에서 찬 공기로 송풍하여 동결(가장 일반적 방법)
※ 액체냉매냉동 : 열전달 매체를 적당한 포장용기로 싼 다음 저온의 소금물이나 글리세롤, 프로필렌 글리콜 등 액체 냉매에 담그거나 액체냉매를 분무하여 동결하는 방법

Answer 33. ③ 34. ③ 35. ④ 36. ①

37 냉동 부속 장치 중 응축기와 팽창 밸브사이의 고압관에 설치하며 증발기의 부하 변동에 대응하여 냉매 공급을 원활하게 하는 것은?

① 유분리기 ② 수액기
③ 액분리기 ④ 중간 냉각기

해설 수액기 역할 : 응축기에서 액화된 고온, 고압의 냉매 액을 저장하는 용기로 응축기와 팽창 밸브사이의 고압관에 설치하며 내용적의 3/4(75%) 이하로 충전하고, 증발기의 부하 변동에 대응하여 냉매 공급을 원활하게 하며 냉동기 저압측 수리시 냉매회수 용도로 사용한다(펌프다운).

38 냉매의 구비 조건으로 틀린 것은?

① 증발잠열이 클 것
② 표면장력이 작을 것
③ 임계온도가 상온보다 높을 것
④ 증발압력이 대기압보다 낮을 것

해설 증발압력이 대기압 보다 높을 것

39 비열비를 나타내는 공식으로 옳은 것은?

① 정적비열/비중
② 정압비열/비중
③ 정압비열/정적비열
④ 정적비열/정압비열

해설 비열비 $\left(\dfrac{C_P}{C_V}\right)$: 정압비열과 정적비열의 비
▶ 값이 항상 1보다 크다. $(C_P) > (C_V)$

40 LNG 냉열이용 동결장치의 특징으로 틀린 것은?

① 식품과 직접 접촉하여 급속 동결이 가능하다.
② 외기가 흡입되는 것을 방지한다.
③ 공기에 분산되어 있는 먼지를 철저히 제거하여 장치 내부에 눈이 생기는 것을 방지한다.
④ 저온공기의 풍속을 일정하게 확보함으로써 식품과의 열전달계수를 저하시킨다.

해설 저온공기와의 풍속을 일정하게 확보함으로써 일정한 열전달을 확보할 수 있다.

41 열에너지를 효율적으로 이용할 수 있는 방법 중 하나인 축열장치의 특징에 관한 설명으로 틀린 것은?

① 저속 연속운전에 의한 고효율 정격 운전이 가능하다.
② 냉동기 및 열원설비의 용량을 감소할 수 있다.
③ 열회수 시스템의 적용이 가능하다.
④ 수질관리 및 소음관리가 필요 없다.

해설 수질관리 및 소음관리가 필요하다.

Answer 37. ② 38. ④ 39. ③ 40. ④ 41. ④

42 암모니아 냉동장치에서 팽창밸브 직전의 온도가 25℃, 흡인가스의 온도가 -10℃인 건조포화 증기인 경우, 냉매 1kg당 냉동효과가 350kcal이고, 냉동능력 15RT가 요구될 때의 냉매순환량은?

① 139kg/h
② 142kg/h
③ 189kg/h
④ 176kg/h

해설 냉매순환량 = $\dfrac{냉동능력}{냉동효과}$

$= \dfrac{15RT \times 3320(\text{kcal/h})}{350\text{kcal}}$

$= 142.28\text{kg/h}$

43 흡수식 냉동기에서 냉매순환과정을 바르게 나타낸 것은?

① 재생(발생)기 → 응축기 → 냉각(증발)기 → 흡수기
② 재생(발생)기 → 냉각(증발)기 → 흡수기 → 응축기
③ 응축기 → 재생(발생)기 → 냉각(증발)기 → 흡수기
④ 냉각(증발)기 → 응축기 → 흡수기 → 재생(발생)기

해설 흡수식 냉동기 냉매 순환과정
재생(발생)기 → 응축기 → 냉각(증발)기 → 흡수기

44 증발기내의 압력에 의해서 작동하는 팽창밸브는?

① 저압축 플로트 밸브
② 정압식 자동팽창 밸브
③ 온도식 자동팽창 밸브
④ 수동 팽창 밸브

해설 정압식 자동팽창 밸브
① 벨로우즈에 의한 증발압력을 항상 일정하게 한다(증발기내 압력에 의해 작동).
② 증발온도가 일정한 냉장고와 같은 부하변동이 적은 소용량에 적합
③ 냉수, 브라인 동결방지용에 사용

45 2단 압축 냉동사이클에서 중간냉각기가 하는 역할로 틀린 것은?

① 저단압축기의 토출가스 온도를 낮춘다.
② 냉매가스를 과냉각시켜 압축비를 상승시킨다.
③ 고단압축기로의 냉매액 흡입을 방지한다.
④ 냉매액을 과냉각시켜 냉동효과를 증대시킨다.

해설 2단압축 냉동사이클 중간 냉각기 기능
① 저압 압축기의 토출 가스 온도 강하
② 냉매가스를 과냉각시켜 압축비를 줄인다.
③ 고압 압축기에 흡입되는 냉매가스와 액을 분리(리퀴드백방지)
④ 증발기에 공급되는 냉매액을 과냉각시켜 냉동효과 증대

Answer 42. ② 43. ① 44. ② 45. ②

46 어떤 상태의 공기가 노점온도보다 낮은 냉각코일을 통과하였을 때 상태변화를 설명한 것으로 틀린 것은?

① 절대습도 저하
② 상대습도 저하
③ 비체적 저하
④ 건구온도 저하

해설 공기가 노점온도보다 낮은 냉각코일 통과시 상태
상대습도는 증가, 절대습도 저하, 비체적 저하, 건구온도 저하

47 팬의 효율을 표시하는데 있어서 사용되는 전압효율에 대한 올바른 정의는?

① $\dfrac{축동력}{공기동력}$
② $\dfrac{공기동력}{축동력}$
③ $\dfrac{회전속도}{송풍기\ 크기}$
④ $\dfrac{송풍기\ 크기}{회전속도}$

해설 전압효율 $= \dfrac{공기동력}{축동력}$

48 다음 중 일반적으로 실내공기의 오염정도를 알아보는 지표로 사용하는 것은?

① CO_2 농도
② CO 농도
③ PM 농도
④ H 농도

해설 실내공기의 오염정도를 알아보는 지표는 CO_2 농도이다.

49 덕트에서 사용되는 댐퍼의 사용 목적에 관한 설명으로 틀린 것은?

① 풍량조절 댐퍼 – 공기량을 조절하는 댐퍼
② 배연 댐퍼 – 배연덕트에서 사용되는 댐퍼
③ 방화 댐퍼 – 화재시에 연기를 배출하기 위한 댐퍼
④ 모터 댐퍼 – 자동제어 장치에 의해 풍량조절을 위해 모터로 구동되는 댐퍼

해설 ※ 방화댐퍼(FD : fire damper) : 화재발생시 덕트를 통해 화재가 번지는 것을 방지하기 위한 댐퍼
※ 방화댐퍼 종류
① 루버형 : 대형의 4각 덕트용으로 퓨즈 이용 72[℃] 용융)
② 피벗(pivot)형
③ 슬라이드형
④ 스윙형

50 실내 현열 손실량이 5000kcal/h일 때, 실내온도를 20℃로 유지하기 위해 36℃ 공기 몇 m^3/h를 실내로 송풍해야 하는가? (단, 공기의 비중량은 $1.2kg_f/m^3$, 정압비열은 0.24kcal/kg·℃이다.)

① $985 m^3/h$
② $1085 m^3/h$
③ $1250 m^3/h$
④ $1350 m^3/h$

해설 송풍량 $= \dfrac{5000}{0.24 \times 1.2 \times (36-20)} = 1085.06$

Answer 46. ② 47. ② 48. ① 49. ③ 50. ②

51 공기세정기에서 유입되는 공기를 정화시키기 위해 설치하는 것은?

① 루버　　② 댐퍼
③ 분무노즐　　④ 엘리미네이터

해설 루버 : 공기세정기에서 유입되는 공기를 정화시키기 위해 설치하며, 또는 격자형으로써 눈, 비의 침입을 방지하기 위해 물막이가 붙어 있는 것

52 단일덕트 정풍량 방식의 특징으로 옳은 것은?

① 각 실마다 부하변동에 대응하기가 곤란하다.
② 외기도입을 충분히 할 수 없다.
③ 냉풍과 온풍을 동시에 공급할 수가 있다.
④ 변풍량에 비하여 에너지 소비가 적다.

해설 단일덕트 정풍량 방식 : 공조기에서 조화된 냉풍 또는 온풍을 실내 부하 변동에 따른 온도를 조절하여 하나의 덕트를 통해 풍량을 공급하는 방식으로 중앙기계실에서 덕트를 통해 일정풍량을 공급하기에 개별제어 및 온습도 제어가 곤란하다.

53 보일러에서 배기가스의 현열을 이용하여 급수를 예열하는 장치는?

① 절탄기
② 재열기
③ 증기 과열기
④ 공기 가열기

해설
① 과열기 : 연소가스의 여열을 이용하여 포화증기를 과열증기로 변환시켜주는 장치
② 재열기(과열기와 역할 동일) : 연소가스의 여열을 이용하여 증기의 건조도를 높여주는 것
③ 절탄기 : 연소가스의 예열을 이용하여 급수를 예열해주는 장치
④ 공기 예열기 : 연도에서 배출되는 가스의 여열을 이용해서 공기를 가열하여 보일러 연소실에 공급하는 장치

54 감습장치에 대한 설명으로 옳은 것은?

① 냉각식 감습장치는 감습만을 목적으로 사용하는 경우 경제적이다.
② 압축식 감습장치는 감습만을 목적으로 소요동력이 커서 비경제적이다.
③ 흡착식 감습장치는 액체에 의한 감습법보다 효율이 좋으나 낮은 노점까지 감습이 어려워 주로 큰 용량의 것에 적합하다.
④ 흡수식 감습장치는 흡착식에 비해 감습효율이 떨어져 소규모 용량에만 적합하다.

해설 감습장치 종류
① 압축감습 : 공기를 압축하여 수분을 응축 제거하는 방법으로 감습만을 목적으로 소요동력이 커서 비경제적이다.
② 냉각감습 : 냉각코일, 공기 세정기 사용
③ 흡착감습 : 고체 흡착제(실리카겔, 활성알루미나)에 의한 감습
④ 흡수감습 : 액체 흡수제(트리에틸렌글리콜, 염화리튬)에 의한 방법

Answer 51. ①　52. ①　53. ①　54. ②

55 실내 상태점을 통과하는 현열비선과 포화곡선과의 교점을 나타내는 온도로서 취출 공기가 실내 잠열부하에 상당하는 수분을 제거하는데 필요한 코일표면 온도를 무엇이라 하는가?

① 혼합온도
② 바이패스 온도
③ 실내 장치노점온도
④ 설계온도

해설 실내 장치노점온도 : 취출 공기가 실내 잠열부하에 상당하는 수분을 제거하는데 필요한 코일표면 온도

56 다음 중 개별식 공조방식에 해당되는 것은?

① 팬코일 유닛 방식(덕트병용)
② 유인 유닛 방식
③ 패키지 유닛 방식
④ 단일 덕트 방식

해설 개별 공기조화 방식은 룸쿨러 방식, 패키지 유닛 방식, 멀티 유닛 방식이 있다.

57 증기난방에 사용되는 부속기기인 감압밸브를 설치하는데 있어서 주의사항으로 틀린 것은?

① 감압밸브는 가능한 사용개소에 가까운 곳에 설치한다.
② 감압밸브로 응축수를 제거한 증기가 들어오지 않도록 한다.
③ 감압밸브 앞에는 반드시 스트레이너를 설치하도록 한다.
④ 바이패스는 수평 또는 위로 설치하고 감압밸브의 구경과 동일 구경으로 하거나 1차측 배관지름보다 한 치수 적은 것으로 한다.

해설 감압밸브 앞에는 반드시 기수분리기 및 증기 트랩으로 응축수를 제거한 증기가 유입되도록 한다.

58 회전식 전열교환기의 특징에 관한 설명으로 틀린 것은?

① 로터의 상부에 외기공기를 통과하고 하부에 실내공기가 통과한다.
② 열교환은 현열뿐 아니라 잠열도 동시에 이루어진다.
③ 로터를 회전시키면서 실내공기의 배기공기와 외기공기를 열교환 한다.
④ 배기공기는 오염물질이 포함되지 않으므로 필터를 설치할 필요가 없다.

해설 배기공기도 오염물질을 제거하기 위해 필터를 설치한다.

Answer 55. ③ 56. ③ 57. ② 58. ④

59 온풍난방에 대한 장점이 아닌 것은?

① 예열시간이 짧다.
② 실내 온습도 조절이 비교적 용이하다.
③ 기기설치 장소의 선정이 자유롭다.
④ 단열 및 기밀성이 좋지 않은 건물에 적합하다.

해설 단열 및 기밀성이 좋은 건물에 적합하다.

60 다음 설명 중 틀린 것은?

① 대기압에서 0℃ 물의 증발잠열은 약 597.3kcal/kg이다.
② 대기압에서 0℃ 공기의 정압비열은 약 0.44kcal/kg이다.
③ 대기압에서 20℃의 공기 비중량은 약 1.2kg$_f$/m^{3}이다.
④ 공기의 평균 분자량은 약 28.96kg/kmol이다.

해설 대기압에서 0℃ 공기의 정압비열은 약 0.24 kcal/kg, 수증기 정압비열이 0.44kcal/kg이다.

Answer 59. ④ 60. ②

공조냉동기계기능사 2000제 문제은행

CBT 시험대비
▶ 2016년 7월 10일 시행

01 기계 설비에서 일어나는 사고의 위험요소로 가장 거리 먼 것은?
① 협착점 ② 끼임점
③ 고정점 ④ 절단점

해설 위험점(요소)의 종류
① 협착점 : 왕복운동 부분과 고정부분 사이에 형성되는 위험점(프레스(press))
② 끼임점 : 고정부분과 회전운동 부분 사이에 형성되는 위험점(연삭기와 작업대)
③ 절단점 : 목공기계 회전톱에 의한 절단

02 산소-아세틸렌 용접 시 역화의 원인으로 가장 거리가 먼 것은?
① 토치 팁이 과열 되었을 때
② 토치에 절연장치가 없을 때
③ 사용가스의 압력이 부적당할 때
④ 토치 팁 끝이 이물질로 막혔을 때

해설 아세틸렌 용접시 역화원인
① 토치팁이 과열 되었을 때
② 산소공급이 과다할 때
③ 사용가스의 압력이 부적당할 때
④ 토치 팁 끝이 이물질로 막혔을 때

03 정(chisel)의 사용 시 안전관리에 적합하지 않은 것은?
① 비산 방지판을 세운다.
② 올바른 치수와 형태의 것을 사용한다.
③ 칩이 끊어져 나갈 무렵에는 힘주어서 때린다.
④ 담금질한 재료는 정으로 작업하지 않는다.

해설 정 사용 시 칩이 끊어져 나갈 무렵에는 힘을 주어 때리지 않는다.

04 다음 발화온도가 낮아지는 조건 중 옳은 것은?
① 발열량이 높을수록
② 압력이 낮을수록
③ 산소농도가 낮을수록
④ 열전도도가 높을수록

해설 발화온도가 낮아지는 조건 : 발열량이 높을수록, 압력이 높을수록, 산소농도가 많을수록, 열전도도가 낮을 수(열전도가 낮으면 열이 축적되어 발화온도가 낮아진다)

Answer 1. ③ 2. ② 3. ③ 4. ①

05 해머(hammer)의 사용에 관한 유의사항으로 가장 거리가 먼 것은?

① 쐐기를 박아서 손잡이가 튼튼하게 박힌 것을 사용한다.
② 열간 작업 시에는 식히는 작업을 하지 않아도 계속해서 작업할 수 있다.
③ 타격면이 닳아 경사진 것은 사용하지 않는다.
④ 장갑을 끼지 않고 작업을 진행한다.

해설 해머로 열간 작업시 식히는 작업을 하면서 한다.

06 안전관리 관리 감독자의 업무로 가장 거리가 먼 것은?

① 작업 전·후 안전점검 실시
② 안전작업에 관한 교육훈련
③ 작업의 감독 및 지시
④ 재해 보고서 작성

해설 작업 전·후 안전점검 실시는 작업자 업무

07 보일러 운전 중 수위가 저하되었을 때 위해를 방지하기 위한 장치는?

① 화염검출기
② 압력 차단기
③ 방폭문
④ 저수위 경보장치

해설 저수위 경보장치 : 보일러 수위가 안전 저수위 이하로 감소 시 자동적으로 경보가 울리면서 (연료차단 50~100초 전) 연료를 차단하여 저수위로 인한 과열 사고를 방지하기 위한 장치

08 재해 예방의 4가지 기본원칙에 해당되지 않는 것은?

① 대책선정의 원칙
② 손실우연의 원칙
③ 예방가능의 원칙
④ 재해통계의 원칙

해설 재해 예방의 4원칙
① 손실 우연의 원칙 : 사고의 결과 손실의 유무 또는 대소는 사고당시의 조건에 따라 우연적으로 발생한다.
② 원인계기의 원칙 : 사고에는 반드시 원인이 있고 대부분 복합적 계기원인이다.
③ 예방가능의 원칙 : 천재지변을 제외한 모든 인재는 예방이 가능하다.
④ 대책선정의원칙 : 기술적, 교육적, 규제적 대책을 선정하여 실시한다.

09 줄 작업 시 안전사항으로 틀린 것은?

① 줄의 균열 유무를 확인한다.
② 부러진 줄은 용접하여 사용한다.
③ 줄은 손잡이가 정상인 것만을 사용한다.
④ 줄 작업에서 생긴 가루는 입으로 불지 않는다.

해설 용접한 줄은 부러지기 쉬우므로 사용하지 않는다.

Answer 5. ② 6. ① 7. ④ 8. ④ 9. ②

10 보일러 취급 부주의로 작업자가 화상을 입었을 때 응급처치 방법으로 적당하지 않은 것은?

① 냉수를 이용하여 화상부위 화기를 빼도록 한다.
② 물집이 생겼으면 터트리지 않고 상처부위를 보호한다.
③ 기계유나 변압기유를 바른다.
④ 상처부위를 깨끗이 소독한 다음 상처를 보호 한다.

해설 기계유나 변압기유를 인체에 바르는 것은 위험하다.

11 안전사고의 원인으로 불안전한 행동 (인적원인)에 해당하는 것은?

① 불안전한 상태 방치
② 구조재료의 부적합
③ 작업환경의 결함
④ 복장 보호구의 결함

해설 재해 발생원인에 따른 직접원인중
① 물적원인(불안전상태) : 물자체결함, 안전보호장치 결함, 복장보호구결함, 작업장소 결함
② 인적원인(불안전행동) : 안전장치기능 제거, 복장. 보호구 잘못사용, 불안전한 자세 및 동작
∴ 구조재료의 부적합, 작업환경의 결함. 복장 보호구의 결함은 불안전한상태(물적원인)

12 보호구를 선택 시 유의사항으로 적절하지 않은 것은?

① 용도에 알맞아야 한다.
② 품질이 보증된 것이어야 한다.
③ 쓰기 쉽고 취급이 쉬워야 한다.
④ 겉모양이 호화스러워야 한다.

해설 보호구 선택 시 주의사항
① 사용목적에 맞는 보호구
② 산업규격에 맞고, 보호성능이 보장되는 것
③ 착용이 용이하고 사용자에 편리할 것
④ 작업행동에 방해 되지 않을 것
⑤ 필요한 수량 이상일 것(동시에 작업하는 근로자의수 이상일 것)

13 가스 용접 작업 시 유의사항으로 적절하지 못한 것은?

① 산소병은 60℃ 이하 온도에서 보관하고 직사광선을 피해야 한다.
② 작업자의 눈을 보호하기 위해 차광안경을 착용해야 한다.
③ 가스누설의 점검을 수시로 해야 하며 점검은 비눗물로 한다.
④ 가스용접장치는 화기로부터 일정 거리 이상 떨어진 곳에 설치해야 한다.

해설 산소병은 40℃ 이하 온도에서 보관하고 직사광선을 피할 것

Answer 10. ③ 11. ① 12. ④ 13. ①

14 보일러 취급시 주의사항으로 틀린 것은?

① 보일러의 수면계 수위는 중간위치를 기준 수위로 한다.
② 점화전에 미연소가스를 방출 시킨다.
③ 연료 계통의 누설 여부를 수시로 확인한다.
④ 보일러 저부의 침전물 배출은 부하가 가장 클 때 하는 것이 좋다.

해설 보일러 저부의 침전물 배출(수저분출)은 부하가 적을 때, 점화전, 고수위시. 관수의 농축이 지나칠 때 프라이밍, 포밍발생시 한다.

15 아크 용접 작업 기구 중 보호구와 관계없는 것은?

① 용접용 보안면 ② 용접용 앞치마
③ 용접용 홀더   ④ 용접용 장갑

해설 용접용 보호구종류 : 보안면, 앞치마, 장갑, 안전화 등

16 냉동 사이클에서 증발온도를 일정하게 하고 응축온도를 상승시켰을 경우의 상태변화로 옳은 것은?

① 소요 동력 감소
② 냉동능력 증대
③ 성정계수 증대
④ 토출가스 온도 상승

해설 응축온도, 응축압력 상승시 현상 : 소요동력 증대, 냉동능력 감소, 성적계수 감소, 토출가스 온도상승, 윤활유 탄화, 체적효율감소, 실린더 과열 등

17 저단측 토출가스의 온도를 냉각시켜 고단측 압축기가 과열되는 것을 방지하는 것은?

① 부스터
② 인터쿨러
③ 팽창탱크
④ 콤파운드 압축기

해설 2단압축에서 인터쿨러(Inter-cooler)(중간냉각기)의 기능
① 저단 압축기의 토출가스 온도 강하
② 증발기에 공급되는 냉매액을 과냉각시켜 냉동효과를 증대
③ 고단 압축기 과열을 방지하기위해 흡입되는 냉매 가스와 액을 분리(리퀴드 백방지)

18 냉동 장치에 수분이 침입 되었을 때 에멀전 현상이 일어나는 냉매는?

① 황산
② R-12
③ R-22
④ NH_3

해설 에멀전현상 : NH_3 냉동장치에서 크랭크 케이스내에 다량의 수분이 혼입되면 NH_3와 작용하여 수산화암모늄(NH_4OH)을 생성하게 되고 이 암모늄(NH_4OH)는 오일을 미립자로시켜 윤활유색이 우유빛으로 변하고 윤활유의 점도가 저하되는 현상

Answer 14. ④ 15. ③ 16. ④ 17. ② 18. ④

19 저항이 250Ω이고 40W인 전구가 있다. 점등 시 전구에 흐르는 전류는?

① 0.1A   ② 0.4A
③ 2.5A   ④ 6.2A

해설 전력$(W) = I^2R = VI = \dfrac{V^2}{R}$ 에서

$40 = I^2 \times 250$, $I^2 = \dfrac{40}{250}$

$\therefore I = 0.4A$

20 축봉장치(shaft seal)의 역할로 가장 거리가 먼 것은?

① 냉매 누설 방지
② 오일 누설 방지
③ 외기 침입 방지
④ 전동기의 슬립 (slip)방지

해설 축봉장치 : 크랭크케이스를 관통하는 곳에 냉매나 오일의 누설, 공기 침입을 방지하기 위함

21 관 절단 후 절단부에 생기는 거스러미를 제거하는 공구로 가장 적절한 것은?

① 클립
② 사이징 툴
③ 파이프 리머
④ 쇠 톱

해설 파이프 리머 : 관 절단부에 생기는 거스러미를 제거하는 공구

22 냉동 장치에서 가스 퍼져(purger)를 설치할 경우 가스의 인입선은 어디에 설치해야 하는가?

① 응축기와 증발기 사이에 한다.
② 수액기와 팽창 밸브 사이에 한다.
③ 응축기와 수액기의 균압관에 한다.
④ 압축기의 토출관으로부터 응축기의 3/4 되는 곳에 한다.

해설 냉동 장치의 냉매계통에 공기 등 불응축가스가 존재하면 냉동능력 감소, 소비동력증가, 압축기 실린더 과열 등 악영향이 있으므로 고압부(응축기나 수액기)에 고이게 되어 응축기나 수액기 균압관에서 에어퍼지밸브로 퍼지한다.

23 냉동장치에 사용하는 윤활유인 냉동기유의 구비조건으로 틀린 것은?

① 응고점이 낮아 저온에서도 유동성이 좋을 것
② 인화점이 높을 것
③ 냉매와 분리성이 좋을 것
④ 왁스(wax) 성분이 많을 것

해설 냉동기 윤활유 구비조건
① 응고점, 유동점이 낮을 것
② 인화점이 높을 것
③ 점도가 적당할 것
④ 항 유화성이 있을 것
⑤ 불순물이 적고 절연내력이 클 것
⑥ 냉매와 잘 분리될 것
⑦ 왁스 성분이 적고 저온에서 왁스 성분이 분리되지 않을 것

Answer 19. ②   20. ④   21. ③   22. ③   23. ④

24 자기유지 (self holding)에 관한 설명으로 옳은 것은?

① 계전기 코일에 전류를 흘러서 여자 시키는 것
② 계전기 코일에 전류를 차단하여 자화 성질을 잃게 되는 것
③ 기기의 미소 시간 동작을 위해 동작되는 것
④ 계전기가 여자 된 후에도 동작 기능이 계속해서 유지되는 것

해설 자기유지 (self holding) : 계전기가 여자 된 후에 도 동작 기능이 계속 유지되는 것

25 불연속 제어에 속하는 것은?

① ON-OFF 제어
② 비례 제어
③ 미분 제어
④ 적분 제어

해설 제어동작분류
① 불연속제어 : 2 위치제어(on-off 제어), 다위치제어, 불연속 속도제어
② 연속제어 : 비례 제어, 미분 제어, 적분 제어

26 열전 냉동법의 특징에 관한 설명으로 틀린 것은?

① 운전부분으로 인해 소음과 진동이 생긴다.
② 냉매가 필요 없으므로 냉매 누설로 인한 환경오염이 없다.
③ 성적계수가 증기 압축식에 비하여 월등히 떨어진다.
④ 열전소자의 크기가 작고 가벼워 냉동기를 소형, 경량으로 만들 수 있다.

해설 열전 냉동법 (전자냉동기) : 성질이 다른 두 금속을 접속 시켜 직류전류를 흐르게 하면 접합부에서 열의 방출과 흡수가 일어나는 현상을 이용하여 저온을 얻는 방법(펠티어효과를 이용한 것)으로 소음과 진동이 없다

27 주파수가 60Hz인 상용 교류에서 각속도는?

① 141 rad/s
② 171 rad/s
③ 377 rad/s
④ 623 rad/s

해설 $w = 2 \cdot \pi \cdot f = 2 \times 3.14 \times 60 = 376.8 [rad/s]$

28 왕복식 압축기 크랭크축이 관통하는 부분에 냉매나 오일이 누설되는 것을 방지하는 것은?

① 오일링
② 압축링
③ 축봉장치
④ 실린더 재킷

해설 축봉장치 : 크랭크케이스를 관통하는 곳에 냉매나 오일의 누설, 공기 침입을 방지하기 위함

Answer 24. ④ 25. ① 26. ① 27. ③ 28. ③

29 프레온 냉동장치의 배관에 사용되는 재료로 가장 거리가 먼 것은?

① 배관용 탄소강 강관
② 배관용 스테인리스 강관
③ 이음매 없는 동관
④ 탈산 동관

해설 프레온 냉동장치에서 전열을 양호하기 위해 동관 및 스테인리스제를 사용하며, 암모니아 냉동장치는 동관을 부식시키기에 배관용 탄소강 강관을 사용한다.

30 역카르노 사이클에 대한 설명으로 옳은 것은?

① 2개의 압축과정과 2개의 증발과정으로 이루어져 있다.
② 2개의 압축과정과 2개의 응축과정으로 이루어져 있다.
③ 2개의 단열과정과 2개의 등온과정으로 이루어져 있다.
④ 2개의 단열과정과 2개의 응축과정으로 이루어져 있다.

해설 ① 카르노 사이클(carnot cycle) : 이상적인 열기관 사이클로 2개의 등온선과 2개의 단열선으로 구성
② 역카르노 사이클(refrigeration cycle) : 2개의 등온선과 2개의 단열선으로 구성 되어 카르노사이클의 역으로 냉동사이클

31 증기분사 냉동법에 관한 설명으로 옳은 것은?

① 융해열을 이용하는 방법
② 승화열을 이용하는 방법
③ 증발열을 이용하는 방법
④ 펠티어 효과를 이용하는 방법

해설 증기분사 냉동기(증기 이젝터 사용) : 증발현상(증발열이용)에 의한 냉각방법

32 흡수식 냉동기에 관한 설명으로 틀린 것은?

① 압축식에 비해 소음과 진동이 적다.
② 증기, 온수 등 배열을 이용할 수 있다.
③ 압축식에 비해 설치면적 및 중량이 크다.
④ 흡수식은 냉매를 기계적으로 압축하는 방식이며 열적으로 압축하는 방식은 증기 압축식이다.

해설 흡수식 냉동기 : 흡수제와 냉매를 사용한 온도가 낮아진 물을 냉동목적에 사용하는 방법

Answer 29. ① 30. ③ 31. ③ 32. ④

33. 표준냉동사이클의 모리엘(P-h)선도에서 압력이 일정 하고, 온도가 저하되는 과정은?

① 압축과정 ② 응축과정
③ 팽창과정 ④ 증발과정

해설 표준냉동사이클

냉동사이클	변화 과정
압축과정	압력상승, 온도상승, 비체적감소, 엔트로피일정, 엔탈피증가
과열제거과정	압력일정, 온도저하, 비체적감소, 엔탈피감소
응축과정	압력일정, 온도일정, 엔탈피감소, 건조도감소
과냉각과정	압력일정, 온도저하, 엔탈피감소
팽창과정	압력저하, 온도저하, 엔탈피일정, 비체적증대
증발과정	압력일정, 온도일정, 엔탈피증가

34. 암모니아(NH₃) 냉매에 대한 설명으로 틀린 것은?

① 수분에 잘 용해된다.
② 윤활유에 잘 용해된다.
③ 독성, 가연성, 폭발성이 있다.
④ 전열 성능이 양호하다.

해설 암모니아 냉매는 윤활유와는 용해하지 않고, 프레온 냉매가 윤활유에 용해된다.

35. 다음 중 프로세스 제어에 속하는 것은?

① 전압 ② 전류
③ 유량 ④ 속도

해설 자동 제어 방식의 하나로 제어하는 양이 공업 프로세스에 있어서의 상태량인 압력, 온도, 유량 등의 제어 방식이며, 목표값이 일정한 제어방식으로 목표값이 시간적으로 변화되지 않는 정치 제어가 일반적이다

36. 다음의 P-h (모리엘) 선도는 현재 어떤 상태를 나타내는 사이클인가?

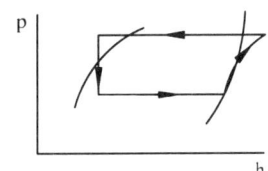

① 습냉각
② 과열압축
③ 습압축
④ 과냉각

해설
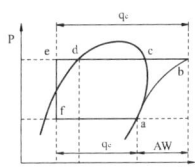

P-h(i)선도	냉동 사이클
a→b	압축과정
b→c	과열제거과정
c→d	응축과정
d→e	과냉각과정
e→f	팽창과정
f→a	증발과정

과냉각구역 : 좌측의 포화액선보다 d~e구간이 과냉각됨

Answer 33. ② 34. ② 35. ③ 36. ④

37 냉동기에 냉매를 충전하는 방법으로 틀린 것은?

① 액관으로 충전한다.
② 수액기로 충전한다.
③ 유분리기로 충전한다.
④ 압축기 흡입측에 냉매를 기화시켜 충전한다.

해설 냉매 충전방법
① 고압측(수액기)으로 직접 액냉매를 충전하는 방법(최초의 냉매 충전시)
② 액관으로 액냉매를 충전하는 방법
③ 압축기 흡입측(저압)으로 가스를 충전하는 방법

38 배관의 신축 이음쇠의 종류로 가장 거리가 먼 것은?

① 스위블형   ② 루프형
③ 트랩형   ④ 벨로즈형

해설 신축 이음 종류 : 루프(곡관)형, 벨로즈형, 슬리브형, 스위블형 등

39 다음 중 제빙 장치의 주요 기기에 해당되지 않는 것은?

① 교반기   ② 양빙기
③ 송풍기   ④ 탈빙기

해설 ① 교반기 : 냉열을 골고루 잘 퍼지게 젓는 장치
② 양빙기 : 물을 얼리는 장치
③ 탈빙기 : 얼음과 빙관을 떼어내는 장치

40 바깥지름 54mm, 길이 2.66m, 냉각관 수 28개로 된 응축기가 있다. 입구 냉각수온 22℃, 출구 냉각수온 28℃이며 응축온도는 30℃이다. 이 때 응축부하는? (단, 냉각관의 열통과율은 900kcal/m² · h · ℃이고, 온도차는 산술 평균 온도차를 이용한다.)

① 25300kcal/h   ② 43700kcal/h
③ 56859kcal/h   ④ 79682kcal/h

해설 $Q = K \cdot A \cdot \Delta tm$
$= 900 \times (\pi \times 0.054m \times 2.66m \times 28)$
$\times \left(30 - \dfrac{22+28}{2}\right) = 56858.55$

41 증발열을 이용한 냉동법이 아닌 것은?

① 압축기체 팽창 냉동법
② 증기분사식 냉동법
③ 증기 압축식 냉동법
④ 흡수식 냉동법

해설 증발열을 이용한 냉동법 : 증기 압축식 냉동법, 흡수식 냉동법, 증기 분사식 냉동법

42 브라인을 사용할 때 금속의 부식방지법으로 틀린 것은?

① 브라인 pH를 7.5~8.2 정도로 유지한다.
② 공기와 접촉시키고, 산소를 용입시킨다.
③ 산성이 강하면 가성소다로 중화시킨다.
④ 방청제를 첨가한다.

해설 공기와 접촉하면 부식성이 증대하므로 가능한 공기와 접촉하지 않도록 한다.

Answer 37. ③ 38. ③ 39. ③ 40. ③ 41. ① 42. ②

43 배관의 중간이나 밸브, 각종 기기의 접속 및 보수점검을 위하여 관의 해체 또는 교환시 필요한 부속품은?

① 플랜지   ② 소켓
③ 밴드   ④ 바이패스관

해설 플랜지이음 : 배관의 중간이나 밸브, 각종 기기의 접속 및 보수, 점검을 위한 관의 해체, 교환에 사용(관경65A이상은 플랜지이음, 관경 50A 이하는 유니언이음)

44 흡입압력 조정밸브(SPR)에 대한 설명으로 틀린 것은?

① 흡입압력이 일정압력 이하가 되는 것을 방지 한다.
② 저전압에서 높은 압력으로 운전될 때 사용 한다.
③ 종류에는 직동식, 내부 파이롯트 작동식, 외부 파이롯트 작동식 등이 있다.
④ 흡입압력의 변동이 많은 경우에 사용한다.

해설 흡입압력조정밸브(suction pressure regulator : S.P.R) : 증발기와 압축기 사이 흡입관에 설치하며, 압축기 흡입압력이 일정압력 이상 되는 것을 방지하며, 전동기 과부하를 방지함

45 냉동기에서 열교환기는 고온유체와 저온유체를 직접혼합 또는 원형동관으로 유체를 분리하여 열교환하는데 다음 설명 중 옳은 것은?

① 동관 내부를 흐르는 유체는 전도에 의한 열 전달이 된다.
② 동관 내벽에서 외벽으로 통과할 때는 복사에 의한 열전달이 된다.
③ 동관 외벽에서는 대류에 의한 열전달이 된다.
④ 동관 내부에서 동관 외벽까지 복사, 전도, 대류의 열전달이 된다.

해설 열관류 계수
① 동관 내부를 흐르는 유체 : 대류에 의한 열전달
② 동관 내벽에서 외벽으로 통과할 때 : 전도에 의한 열전달
③ 동관 외벽에서는 대류에 의한 열전달
④ 동관 내부에서 동관 외벽까지는 전도, 대류의 열전달

46 프로펠러의 회전에 의하여 축 방향으로 공기를 흐르게 하는 송풍기는?

① 관류 송풍기
② 축류 송풍기
③ 터보 송풍기
④ 크로스 플로우 송풍기

해설 축류식 송풍기(axial fan) : 프로펠러의 회전에 의하여 날개를 경사지게 설치한 구조로 축 방향으로 공기를 흐르게 하는 송풍기

Answer 43. ① 44. ① 45. ③ 46. ②

47 외기온도가 32.3℃, 실내온도가 26℃이고, 일사를 받은 벽의 상당온도차가 22.5℃, 벽체의 열관류율이 3kcal/m²·h·℃일 때, 벽체의 단위면적당 이동하는 열량은?

① 18.9kcal/m²·h
② 67.5kcal/m²·h
③ 96.9kcal/m²·h
④ 101.8kcal/m² h

해설 $Q = K \cdot A \cdot EDT$(상당온도차)
∴ $3 \times 22.5 = 67.5 \text{Kcal/m}^2 \cdot h$

48 가습방식에 따른 분류로 수분무식 가습기가 아닌 것은?

① 원심식 ② 초음파식
③ 모세관식 ④ 분무식

해설 가습장치 종류
① 수분무식 : 물을 공기중에 직접 분무하는 방식(원심식, 초음파식, 분무식)
② 증기발생식 : 무균의 청정실, 습도제어 요구되는 곳(전열식, 적외선식, 전극식)
③ 증기공급식 : 증기를 가습용으로 사용(과열증기식, 분무식)
④ 증발식 : 높은 습도 요구되는 경우 (적하식, 모세관식, 기화식)

49 축류형 송풍기의 크기는 송풍기의 번호로 나타내는데, 회전날개의 지름(mm)을 얼마로 나눈 것을 번호(NO)로 나타내는가?

① 100 ② 150
③ 175 ④ 200

해설 송풍기 크기 : 송풍기 번호(No)로 나타냄
① 원심식(No) = $\dfrac{\text{임펠러(회전날개)지름[mm]}}{150[\text{mm}]}$
② 축류식(No) = $\dfrac{\text{임펠러(회전날개)지름[mm]}}{100[\text{mm}]}$

50 환기방법 중 제1종 환기법으로 옳은 것은?

① 자연급기와 강제배기
② 강제급기와 자연배기
③ 강제급기와 강제배기
④ 자연급기와 자연배기

해설 강제 환기방식 종류
① 제1종환기(병용식) : 강제급기와 강제배기
② 제2종환기(압입식) : 강제급기와 자연배기
③ 제3종환기(흡출식) : 자연급기 + 강제배기
④ 제4종환기(자연식) : 자연급기 + 자연배기

51 공기조화시스템의 열원장치 중 보일러에 부착되는 안전장치로 가장 거리가 먼 것은?

① 감압밸브
② 안전밸브
③ 화염검출기
④ 저수위 경보장치

해설 감압밸브는 송기장치

Answer 47. ② 48. ③ 49. ① 50. ③ 51. ①

52 개별 공조방식의 특징이 아닌 것은?

① 취급이 간단하다.
② 외기 냉방을 할 수 있다.
③ 국소적인 운전이 자유롭다.
④ 중앙방식에 비해 소음과 진동이 크다.

해설 개별 공조방식 특징
① 설치 및 취급이 간단하며, 개별제어 및 국소운전이 가능하고, 각 유닛마다 냉동기가 필요하다.
② 실내공기의 오염이 크며, 소음, 진동이 크다.
③ 외기냉방을 할 수 없다.
④ 유닛이 분산되어 관리가 불편하다.

53 외기온도 -5℃일 때 공급공기를 18℃로 유지하는 열펌프로 난방을 한다. 방의 총 열손실이 50000kcal/h 일 때 외기로부터 얻은 열량은?

① 43500kcal/h
② 46047kcal/h
③ 50000kcal/h
④ 53255kcal/h

해설 히트 펌프 성적계수

$$COP = \frac{Q_1}{AW} = \frac{Q_1}{Q_1 - Q_2} = \frac{T_1}{T_1 - T_2}$$

$$Q_2 = Q_1 - \frac{Q_1(T_1 - T_2)}{T_1} =$$

$$50,000 - \frac{50,000(291 - 268)}{291} = 46048$$

54 다음 중 건조 공기의 구성요소가 아닌 것은?

① 산소   ② 질소
③ 수증기 ④ 이산화탄소

해설 공기구성은 질소 78%, 산소 21%, 아르곤 0.6%, 탄산가스 0.03%, 수증기 1%로 수증기는 습공기

55 송풍기의 풍량 제어 방식에 대한 설명으로 옳은 것은?

① 토출댐퍼 제어 방식에서 토출댐퍼를 조이면 송풍량은 감소하나 출구 압력이 증가한다.
② 흡입 베인 제어 방식에서 흡입측 베인을 조금씩 닫으면 송풍량 및 출구 압력이 모두 증가한다.
③ 흡입 댐퍼 제어 방식에서 흡입 댐퍼를 조이면 송풍량 및 송풍 압력이 모두 증가한다.
④ 가변피치 제어 방식에서 피치각도를 증가시키면 송풍량은 증가하지만 압력은 감소한다.

해설 토출댐퍼 제어 방식은 토출댐퍼를 조이면 송풍량이 감소하고 출구 압력이 상승한다.

Answer 52. ② 53. ② 54. ③ 55. ①

56 쉘 앤 튜브(shell & tube)형 열교환기에 관한 설명으로 옳은 것은?

① 전열관 내 유속은 내식성이나 내마모성을 고려하여 약 1.8m/s 이하가 되도록 하는 것이 바람직하다.
② 동관을 전열관으로 사용할 경우 유체 온도는 200℃ 이상이 좋다.
③ 증기와 온수의 흐름은 열교환 측면에서 병행 류가 바람직하다.
④ 열관류율은 재료와 유체의 종류에 상관없이 거의 일정하다.

해설 쉘 앤 튜브(shell & tube)형 열교환기는 원통(shell) 내부는 냉매가 관(tube)에 냉각수가 흐름르는 구조이고, 전열관 내 유속은 내식성이나 내마모성을 고려하여 1.8m/s 이하가 되도록 한다.

57 공조방식 중 각층 유닛방식의 특징으로 틀린 것은?

① 각 층의 공조기 설치로 소음과 진동의 발생이 없다.
② 각 층별로 부분 부하운전이 가능하다.
③ 중앙기계실의 면적을 적게 차지하고 송풍기 동력도 적게 든다.
④ 각층 슬래브의 관통 덕트가 없게 되므로 방재상 유리하다.

해설 각층유닛방식 : 각 층마다 유닛(2차 공조기)을 설치하고, 냉각 및 가열 코일에 중앙기계실로부터 냉·온수, 증기를 공급받아 각층마다 운전하는 방식(대규모 건물, 다층인 경우사용)
▶ 특징
① 외기용 공조기가 있는 경우 습도제어 용이, 외기도입 용이
② 1차공조용 중앙장치나 덕트가 작아도 되고. 각 층마다 부분운전 가능하다.
③ 각 층에 공조기 분산되므로 관리 불편, 각층 소음, 진동, 누수우려 있다.

58 보일러에서 공기 예열기 사용에 따라 나타나는 현상으로 틀린 것은?

① 열효율 증가
② 연소 효율 증대
③ 저질탄 연소 가능
④ 노내 연소속도 감소

해설 공기 예열기 사용에 따른 현상 : 보일러 열효율 증대, 연소효율 증대, 노내 연소속도 증가, 저질탄 연소도 가능

59 물질의 상태는 변화하지 않고, 온도만 변화시키는 열을 무엇이라고 하는가?

① 현열   ② 잠열
③ 비열   ④ 융해열

해설 현열 : 물질의 상태 변화없이 온도만 변화시키는데 필요한 열

Answer 56. ① 57. ① 58. ④ 59. ①

60 (가), (나), (다)와 같은 관로의 국부저항계수(전압기준)가 큰 것부터 작은 순서로 나열한 것은?

(가)   (나)

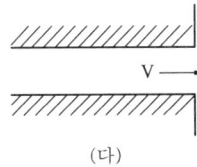

(다)

① (가) > (나) > (다)
② (가) > (다) > (나)
③ (나) > (다) > (가)
④ (다) > (나) > (가)

해설 관로의 국부저항계수는 직관보다 곡관부분, 분기관, 합류관 기타 단면변화가 있는 곳은 와류현상 및 관마찰손실 등에 의해 압력손실이 크다.
국부저항 손실수두 큰 순서 : (다) > (나) > (가)

Answer 60. ④

Craftsman Air-Conditioning and Refrigerating Machinery

공조냉동기계기능사 2000제 문제은행

CBT 시험대비
● CBT 5회 기출복원 문제

• **기출복원 문제란?**
2016년 5회부터 반영되는 CBT시행에 따라 저자께서 수검자들의 도움으로 최대한 유형에 가깝게 복원한 문제입니다. 앞으로도 높은 적중률을 위해 노력하겠습니다.

01 안전점검의 종류에 대한 설명이 바르지 않는 것은?
① 임시점검은 일상 발견 시 또는 재해 발생 시 실시하는 점검이다.
② 수시점검은 작업 전, 작업 중, 작업 후에 수시로 실시하는 검점이다.
③ 정기점검은 작업전에 실시하는 점검이다.
④ 특별점검은 기계기구의 신설, 변경, 수리 등에 의해 부정기적으로 실시하는 점검이다.

해설 정기점검 : 정해진 시간(주,월,분기) 등 정기적으로 실시하는 점검

02 다음 중 불안전한 상태라 볼 수 없는 것은?
① 안전교육의 미숙
② 위험물의 방치
③ 환기 불량
④ 기계기구의 정비 불량

해설 안전교육의 미숙으로 인한 불안전한 행동이다.

03 전기의 접지 목적에 해당되지 않는 것은?
① 화재 방지
② 기기 손상 방지
③ 감전 방지
④ 설비 증설 방지

해설 전기접지목적 : 전위상승으로 인한 인체감전, 기기손상, 잡음발생, 오동작 등 장해를 방지하고 최소화하 하기 위함

04 프레온계 냉매액이 피부에 묻었을 때에 대한 가장 적당한 조치는?
① 진한 염산으로 중화시킨다.
② 암모니아, 황산나트륨 포화용액으로 살포한다.
③ 레몬쥬스 또는 20%의 식초를 바른다.
④ 물로 씻고 피크린산용액을 바른다.

해설 프레온 냉매액이 피부에 묻었을 때 조치사항 NH_3냉매와 같은 방법으로 물로 씻고 피크린산용액을 바른다.
※ 눈에 들어갔을 때 : 살균된 광물유를 적하하여 세안, 회붕산 용액세안, 염화나트륨(2% 이하의 살균 식염수)으로 세안

Answer 1. ③ 2. ① 3. ④ 4. ④

05 추락을 방지하기 위해 작업발판을 설치해야 하는 높이는 몇 m 이상인가?
① 2
② 3
③ 4
④ 5

해설 작업발판설치기준
고소에서 추락이나 발이 빠질 위험이 있는 장소에 높이 2m 이상인 작업장에 작업발판 설치. 발판폭 : 40cm 이상, 두께 3.5cm 이상, 길이 3.6m 이하, 발판을 겹쳐서 이을 때는 장선 위에서 이음을하고, 겹침길이는 20cm 이상, 건물벽체와 작업발판과의 간격은 30cm 이내설치

06 다음에서 연삭숫돌을 고속회전시켜 공작물의 표면을 깎아내는 연삭작업 시 안전수칙으로 옳지 않은 것은?
① 작업시작 전에 1분 이상 시운전한다.
② 연삭숫돌을 교체한 후 에는 2분 이상 시운전한다.
③ 측면을 사용하는 것을 목적으로 하는 연삭숫돌이외의 연삭숫돌은 측면을 사용하도록 하여서는 안 된다.
④ 연삭숫돌의 최고 사용회전속도를 초과하여 사용하도록 하여서는 안 된다.

해설 연삭숫돌 작업 시 안전수칙
연삭숫돌 교체시는 3분 이상, 작업시 작전 1분 이상 시 운전후 작업한다.

07 방폭성능을 가진 전기기기의 구조 분류에 해당 되지 않는 것은?
① 내압 방폭구조
② 유입 방폭구조
③ 압력 방폭구조
④ 자체 방폭구조

해설 방폭구조종류
① 내압(耐壓)방폭구조(d)
② 유입(油入)방폭구조(O)
③ 압력(壓力)방폭구조(P)
④ 안전증(安全增)방폭구조(e)
⑤ 본질안전(本質安全)방폭구조(ia,ib)
⑥ 특수(特殊)방폭구조(S)

08 안전에 관한 정보를 제공하기 위한 안내표지의 구성 색으로 맞는 것은?
① 녹색과 흰색
② 적색과 흑색
③ 노란색과 흑색
④ 청색과 흰색

해설 ① 녹색에 흰색 : 안내표지
② 적색과 흑색 : 금지표지
③ 황색에 흑색 : 경고표지
④ 청색에 흰색 : 지시표지

09 목재화재 시에는 물을 소화제로 이용하는데 주된 소화효과는?
① 제거효과   ② 질식효과
③ 냉각효과   ④ 억제효과

해설 냉각효과는 물의 증발잠열을 이용한 냉각원리

Answer 5. ① 6. ② 7. ② 8. ① 9. ③

10 보일러 점화 직전 운전원이 반드시 제일 먼저 점검해야할 사항은?

① 공기온도 측정
② 보일러 수위 확인
③ 연료의 발열량 측정
④ 연소실의 잔류가스 측정

해설 보일러 점화전 점검 사항
① 수면계의 수위조정
② 분출장치의 점검 및 방출
③ 연소장치와 통풍장치의 점검
④ 자동제어장치의 점검
⑤ 노 및 연도 내의 환기점검
⑥ 압력계의 점검

11 냉동장치 안전운전을 위한 주의사항 중 틀린 것은?

① 압축기와 응축기 간에 스톱밸브가 닫혀있는 것을 확인한 후 압축기를 가동할 것
② 주기적으로 유압을 체크할 것
③ 동절기(휴지기)에는 응축기 및 수배관의 물을 완전히 뺄 것
④ 압축기를 처음 가동 시에는 정상으로 가동되는가를 확인할 것

해설 압축기 가동시는 압축기와 응축기 사이 스톱밸브가 열려있는가를 확인한다.

12 위험물 취급 및 저장시의 안전조치 사항중 틀린 것은?

① 위험물은 작업장과 별도의 장소에 보관하여야한다.
② 위험물을 취급하는 작업장에는 너비 0.3m이상 높이 2m 이상의 비상구를 설치하여야한다.
③ 작업장 내부에는 위험물을 작업에 필요한 양만큼만 두어야한다.
④ 위험물을 취급하는 작업장의 비상구 문은 피난 방향으로 방향으로 열리도록 한다.

해설 위험물 취급 및 저장소의 비상구는 너비는 0.75미터 이상으로 하고, 높이는 1.5미터 이상으로 할 것

13 암모니아의 누설 검지 방법이 아닌 것은?

① 심한 자극성 냄새를 가지고있으므로 냄새로 확인이 가능하다.
② 적색 리트머스 시험지에 물을 적셔 누설부위에 가까이 하면 누설시 청색으로 변한다.
③ 백색 페놀프탈레인 용지에 물을 적셔 누설 부위에 가까이 하면 누설시 적색으로 변한다.
④ 황을 묻힌 심지에 불을 붙여 누설 부위에 가져가면 누설시 홍색으로 변한다.

해설 NH_3(암모니아)누설 검사법
① 자극성냄새
② 적색리트머스 시험지 → 청색변화
③ 백색 페놀프탈레인 시험지 → 적색변화

Answer 10. ② 11. ① 12. ②

④ 네슬러시약 → 소량누설시 : 황색변화
다량누설시 : 자색변화
⑤ 유황초를 누설부분에 대면 흰 연기 발생

14 수공구 사용에 대한 안전사항 중 틀린 것은?

① 공구함에 정리를 하면서 사용한다.
② 결함이 없는 완전한 공구를 사용한다.
③ 작업완료 시 공구의 수량과 훼손 유무를 확인 한다.
④ 불량공구는 사용자가 임시 조치하여 사용한다.

해설 불량공구는 사용하지말 것

15 냉동기 검사에 합격한 냉동기 용기에 반드시 각인해야 할 사항은?

① 제조업체의 전화번호
② 용기의 번호
③ 제조업체의 등록번호
④ 제조업체의 주소

해설 냉동기 용기 각인 사항
냉매가스의 종류
내용적(단위 : ℓ)
용기제조번호
내압시험에 합격한 연월일
내압시험압력(기호 : TP, 단위 : kg/cm^2)
최고사용압력(기호 : DP, 단위 : kg/cm^2)

16 응축기 방열량 Q_1, 증발기의 흡수 열량 Q_2, 압축소요 열당량 AW 이라면 올바른 관계식은?

① $AW = Q_1 + Q_2$　② $AW = Q_1 - Q_2$
③ $AW = Q_2 - Q_1$　④ $AW = Q_1 / Q_2$

해설 압축소요 열당량(Aw) : 저압 냉매증기 1[kg]을 압축기에 흡입하여 응축 압력까지 압축하는 일의 열당량으로 증발기에서 흡수한 열량을 응축기로 이동시키는데 필요한 열량

17 저단축 토출가스의 온도를 냉각시켜 고단측 압축기가 과열되는 것을 방지하는 것은?

① 부스터
② 인터쿨러
③ 팽창탱크
④ 콤파운드 압축기

해설 2단압축에서 인터쿨러(Inter-cooler)(중간냉각기)의 기능
① 저단 압축기의 토출가스 온도 강하
② 증발기에 공급되는 냉매액을 과냉각시켜 냉동효과를 증대
③ 고단 압축기 과열을 방지하기위해 흡입되는 냉매 가스와 액을 분리(리퀴드 백방지)

18 냉동 장치에 수분이 침입 되었을 때 에멀전 현상이 일어나는 냉매는?

① 황산　② R-12
③ R-22　④ NH_3

해설 에멀전현상
NH_3 냉동장치에서 크랭크 케이스 내에 다량의 수분이 혼입되면 NH_3와 작용하여 수산화 암모늄(NH_4OH)을 생성하게 되고 이 암모늄(NH_4OH)는 오일을 미립자로시켜 윤활유색이 우유빛으로 변하고 윤활유의 점도가 저하되는 현상

Answer 13. ④　14. ④　15. ②　16. ②　17. ②　18. ④

19 2단 압축장치의 구성 기기가 아닌 것은?

① 고단 압축기
② 증발기
③ 팽창 밸브
④ 캐스케이드 압축기

해설 ▶ 캐스케이드 콘덴서는 2원 냉동장치에 필요한 장치로 저온측 냉동기의 응축기와 고온측의 증발기를 조합시켜 열교환을 하게 함으로써 고온 냉동기의 증발기에 의해 저온쪽 냉동기의 응축기를 냉각시키도록 한 것임

20 다음 회로 내에 흐르는 전류는 몇 A 인가?

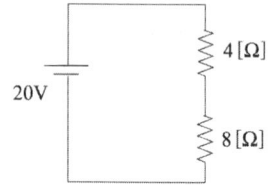

① 1A   ② 2A
③ 3A   ④ 4A

해설 ▶
$$I = \frac{V}{R} = \frac{V}{R_1 + R_2} [A]$$

∴ $\frac{20}{4+6} = 2A$

21 냉매가 냉동기유에 다량으로 융해되어 압축기 기동 시 크랭크케이스내의 압력이 급격히 낮아 지면서 발생하는 현상은?

① 오일흡착 현상
② 오일에멀전 현상
③ 오일포밍 현상
④ 오일케비테이션 현상

해설 ▶ 오일포밍(oil foaming)
압축기가 정지하고 있는 동안 크랭크케이스 내 압력이 높아지고 온도가 저하하면 오일은 그 압력과 온도에 상당하는 양의 냉매를 용해하고 있다가 압축기 재기동시 크랭크 케이스 내 압력이 급격히 떨어지면 오일과 냉매가 급격히 분리되는데, 이때 유면이 약동하고 심하게 거품이 일어나는 현상(오일 해머의 우려, 응축기, 증발기 등에 오일이 유입되어 전열 방해, 크랭크 케이스 내의 오일 부족 현상 초래, 윤활불량으로 활동부 마모 및 소손 우려)

22 역카르노 사이클에 대한 설명으로 옳은 것은?

① 2개의 압축과정과 2개의 증발과정으로 이루어져 있다.
② 2개의 압축과정과 2개의 응축과정으로 이루어져 있다.
③ 2개의 단열과정과 2개의 등온과정으로 이루어져 있다.
④ 2개의 단열과정과 2개의 응축과정으로 이루어져 있다.

해설 ▶ ① 카르노 사이클(carnot cycle) : 이상적인 열기관 사이클로 2개의 등온선과 2개의 단열선으로 구성
② 역카르노 사이클(refrigeration cycle) : 2개의 등온선과 2개의 단열선으로 구성 되어 카르노사이클의 역으로 냉동사이클

Answer   19. ④   20. ②   21. ③   22. ③

23. 냉동장치에 사용하는 윤활유인 냉동기유의 구비조건으로 틀린 것은?

① 응고점이 낮아 저온에서도 유동성이 좋을 것
② 인화점이 높을 것
③ 냉매와 분리성이 좋을 것
④ 왁스(wax) 성분이 많을 것

해설 냉동기 윤활유 구비조건
① 응고점, 유동점이 낮을 것
② 인화점이 높을 것
③ 점도가 적당할 것
④ 항 유화성이 있을 것
⑤ 불순물이 적고 절연내력이 클 것
⑥ 냉매와 잘 분리 될 것
⑦ 왁스 성분이 적고 저온에서 왁스 성분이 분리되지 않을 것

24. 자기유지(self holding)에 관한 설명으로 옳은 것은?

① 계전기 코일에 전류를 흘려서 여자 시키는 것
② 계전기 코일에 전류를 차단하여 자화 성질을 잃게 되는 것
③ 기기의 미소 시간 동작을 위해 동작되는 것
④ 계전기가 여자 된 후에도 동작 기능이 계속해서 유지되는 것

해설 자기유지(self holding) : 계전기가 여자 된 후에도 동작 기능이 계속 유지되는 것

25. 흡수식냉동기에서 냉매순환과정을 바르게 나타낸 것은?

① 재생(발생)기 → 응축기 → 냉각(증발)기 → 흡수기
② 재생(발생)기 → 냉각(증발)기 → 흡수기 → 응축기
③ 응축기 → 재생(발생)기 → 냉각(증발)기 → 흡수기
④ 냉각(증발)기 → 응축기 → 흡수기 → 재생(발생)기

해설 흡수식냉동기 냉매순환과정 : 재생(발생)기 → 응축기 → 냉각(증발)기 → 흡수기

26. 다음 모리엘 선도에서의 성적계수는 약 얼마인가?

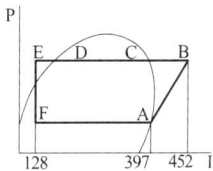

① 2.4　　② 4.9
③ 5.4　　④ 6.3

해설
$$성적계수 = \frac{397 - 128}{452 - 397} = 4.89$$

27. 시트 모양에 따라 삽입형, 홈꼴형, 랩형 등으로 구분되는 배관의 이음방법은?

① 나사 이음　② 플레어 이음
③ 플랜지 이음　④ 납땜 이음

해설 플랜지는 시트 모양에 따라 삽입형, 홈꼴형,

Answer　23. ④　24. ④　25. ①　26. ②　27. ③

유합(랩 : lap)형 등이 있고, 재질에 따라 황동제, 포금제, 단조 제품 등이 있다.

28 냉동장치의 온도 관계에 대한 사항 중 올바르게 표현한 것은? (단, 표준냉동 사이클을 기준으로 할 것)

① 응축온도는 냉각수 온도보다 낮다.
② 응축온도는 압축기 토출가스 온도와 같다.
③ 팽창밸브 직후의 냉매온도는 증발온도보다 낮다.
④ 압축기 흡입가스 온도는 증발온도와 같다.

해설 냉동장치 온도 관계
① 응축온도는 냉각수 온도보다 높다.
② 응축온도는 압축기 토출가스 온도보다 낮다.
③ 팽창밸브 직후의 냉매온도는 증발온도보다 높다.
④ 압축기 흡입가스 온도는 증발온도와 같다.

29 증발식 응축기의 엘리미네이트에 대한 설명으로 맞는 것은?

① 물의 증발을 양호하게 한다.
② 공기의 흡수하는 장치다.
③ 물이 과냉각되는 것을 방지한다.
④ 냉각관에 분사되는 냉각수가 대기 중에 비산되는 것을 막아주는 장치.

해설 엘리미네이트 : 냉각관에 분사되는 냉각수가 대기중에 비산되는 것을 막아주는 장치

30 냉동기의 냉동능력이 24000kcal/h, 압축일 5kcal/kg 응축열량이 35kcal/kg일 경우 냉매 순환량은 얼마인가?

① 600kg/h
② 800kg/h
③ 700kg/h
④ 4000kg/h

해설
$$냉매순환량 = \frac{냉동능력}{냉동효과}$$

$$\therefore \frac{24000}{(35-5)} = 800kg/h$$

31 만액식 냉각기에 있어서 냉매측의 열전달률을 좋게 하기 위한 방법이 아닌 것은?

① 냉각관이 액 냉매에 접촉하거나 잠겨 있을 것
② 관 간격이 좁을 것
③ 유막이 존재하지 않을 것
④ 관면이 매끄러울 것

해설 만액식 냉각기 열전달률 향상시키는 방법
① 관경이 작고 관 간격이 좁을 것
② 관면이 거칠거나 핀을 부착할 것
③ 평균온도차가 크고 유속이 적당할 것

Answer 28. ④ 29. ④ 30. ② 31. ②

32 압축기의 축봉장치에 대한 설명으로 옳은 것은?

① 냉매나 윤활유가 외부로 새는 것을 방지한다.
② 축의 회전을 원활하게 하는 베어링 역할을 한다.
③ 축이 빠지는 것을 막아주는 역할을 한다.
④ 윤활유를 냉각하는 장치이다.

해설 축봉장치 : 크랭크케이스를 관통하는 곳에 냉매나 윤활유의 누설, 공기 침입을 방지하기 위함
※ 종류 : 축상형 축봉장치, 기계적 축봉장치

33 개방식 냉각탑의 종류로 가장 거리가 먼 것은?

① 대기식 냉각탑
② 자연 통풍식 냉각탑
③ 강제 통풍식 냉각탑
④ 증발식 냉각탑

해설 ① 개방식 냉각탑 : 냉각수가 냉각탑 내에서 대기에 노출되는 개방회로방식으로, 공기조화에서는 대부분 이 방식이 사용된다.
31. ②② 밀폐식 냉각탑 : 냉각수 배관이 밀폐된 것으로서 순환수의 오염을 방지하고, 냉매가스를 대류작용 및 증발잠열로 응축하는 형식으로 증발식 냉각탑 등

34 프레온 누설 검사 중 헬라이드 토치 시험에서 냉매가 다량으로 누설될 때 변화된 불꽃의 색깔은?

① 청색　② 녹색
③ 노랑　④ 자색

해설 헤라이드 토치의 불꽃색 검사
① 정상일 때 : 청색
② 소량누설 : 녹색
③ 다량누설 : 자색
④ 과량누설 : 꺼짐
※ 헤라이드 토치 사용연료 : 알콜, 프로판, 아세틸렌, 부탄

35 광명단 도료에 대한 설명 중 틀린 것은?

① 밀착력이 강하고 도막도 단단하여 풍화에 강하다.
② 연단에 아마인유를 배합한 것이다.
③ 기계류의 도장 밑칠에 널리 사용된다.
④ 은분이라고도 하며, 방청효과가 매우 좋다.

해설 은분은 알루미늄 도료로 열반사 특성이 양호하여방열기에 사용된다.

36 완전 기체에서 단열압축 과정 동안 나타나는 현상은?

① 비체적이 커진다.
② 전열량의 변화가 없다.
③ 엔탈피가 증가한다.
④ 온도가 낮아진다.

해설 완전 기체에서 단열압축 과정은 압력 상승, 온도상승, 비체적 감소, 엔트로피 불변, 엔탈피 증가

Answer　32. ②　33. ④　34. ④　35. ④　36. ③

37 냉매 건조기(Dryer)에 관한 설명중 맞는 것은?

① 암모니아 가스관에 설치하여 수분을 제거한다.
② 압축기와 응축기 사이에 설치한다.
③ 프레온은 수분에 잘 용해하지 않으므로 팽창밸브에서의 동결을 방지하기 위하여 설치한다.
④ 건조제로는 황산, 염화칼슘 등의 물질을 사용한다.

해설 냉매 건조기(Dryer) : 암모니아 냉매는 수분과 친화력이 있어 용해됨으로 건조기를 설치하지 않고, 프레온냉매에 설치하여 팽창밸브에서의 동결을 방지하기 위하여 설치한다.
※ 건조제 : 실리카겔, 활성알루미나, 몰리큘러시브, 소바비드등
※ 설치위치 : 수액기 → 투시경 → 건조기 → 전자밸브 → 팽창밸브

38 가스엔진 구동형 열펌프(GHP)의 특징이 아닌 것은?

① 폐열의 유효이용으로 외기온도 저하에 따른 난방능력의 저하를 보충한다.
② 소음 및 진동이 없다.
③ 제상운전이 필요 없다.
④ 난방 시 기동 특성이 빨라 쾌적 난방이 가능하다.

해설 ① GHP의 특징 : 난방능력이 외부기온에 따라 변하기 때문에 동절기 및 피크시간대에도 안정적인 난방이 가능하다, 토출되는 열풍의 온도가 높다, 제상작업 공정이 없다, 초기 난방의 속도가 빠르다(30분), 운전소음이 적다.

② EHP의 특징 : 난방능력이 외부의 기온에 직접적인 영향을 받는다. 특히 외부의 기온이 0℃ 이하인 경우에는 영향이 크다, 토출되는 열풍의 온도가 낮다,
증발기의 열효율을 높이기 위해서 제상작업 필요, 초기난방이 이루어지는 시간이 많이 걸린다, 운전소음이 높다.

39 사용 압력이 $30kg_f/cm^2$, 관의 허용응력이 $10kg_f/cm^2$일 때의 스케줄 번호는?

① 30   ② 40
③ 100   ④ 80

해설 스케줄번호(SCH) = $10 \times (30/10) = 30$

40 다음 중 응축기와 관계가 없는 것은?

① 스월(swirl)
② 쉘 앤 튜브(shell and tube)
③ 로핀 튜브(low finned tube)
④ 감온통(thermo sensing bulb)

해설 감온통은 증발기 출구측, 압축기 흡입관 수평부에 설치하여 팽창밸브의 열림정도를 결정함

Answer 37. ③ 38. ② 39. ① 40. ④

41 펌프의 캐비테이션 방지대책으로 틀린 것은?

① 양흡입 펌프를 사용한다.
② 흡입관경을 크게 하고 길이를 짧게 한다.
③ 펌프의 설치 위치를 낮춘다.
④ 펌프 회전수를 빠르게 한다.

해설 ▶ 캐비테이션 방지방법
① 펌프 회전수를 낮추어 유속을 느리게 한다.
② 펌프 위치를 수원과 가깝게 하여 흡입 양정을 작게 한다.
③ 가급적 만곡부를 줄인다.
④ 펌프를 2단(양흡입 펌프) 이상 설치한다.
⑤ 흡입관 손실 수두를 줄인다.

42 냉동장치의 배관 설치 시 주위사항으로 틀린 것은?

① 냉매의 종류, 온도 등에 따라 배관 재료를 선택한다.
② 온도변화에 의한 배관의 신축을 고려한다.
③ 기기 조작, 보수, 점검에 지장이 없도록 한다.
④ 굴곡부는 가능한 적게 하고 곡률 반경을 작게 한다.

해설 ▶ 굴곡부는 가능한 적게 하고, 곡률 반경을 크게 한다.

43 증발기의 성에부착을 제거하기 위한 제상 방법이 아닌 것은?

① 전열제상
② 핫 가스제상
③ 산 살포제상
④ 부동액 살포제상

해설 ▶ 제상방법 : 전열제상, 핫가스제상, 부동액 살포제상, 압축기정지제상, 온수살포제상 등

44 온도가 다른 두 물체를 접촉시키면 열은 고온에서 저온의 물체로 이동한다. 이것은 어떤 법칙인가?

① 주울의 법칙
② 열역학 제 2법칙
③ 헤스의 법칙
④ 열역학 제 1법칙

해설 ▶ ① 열역학 제1법칙(에너지보존의 법칙) : 열은 일로, 일은 열로 상호 쉽게 교환시킬 수 있는 법칙
② 열역학 제2법칙(에너지흐름의 법칙) : 일은 쉽게 열로 바뀌나 열은 쉽게 일로 바뀔 수 없다는 법칙(에너지 변환의 방향성을 표시한 것)

45 다음 중 계전기 b 접점을 나타낸 것은?

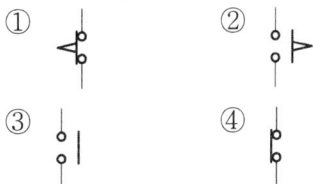

해설 ▶ ① 한시복귀 a 접점, ② 한시동작 a 접점
③ 계전기 a 접점

Answer 41. ④ 42. ④ 43. ③ 44. ② 45. ④

46 인체가 느끼는 온열 감각에 대한 온도, 습도, 기류의 영향을 하나로 모아서 만든 쾌감지표는?

① 실내건구온도　② 실내습구온도
③ 상대습도　　　④ 유효온도

해설 유효온도(감각온도,실효온도) : 사람이 느끼는 추위와 더위의 감각을 기온, 습도, 풍속의 세 요소의 조합에 의해 나타낸 것으로 사람이 쾌적하게 느끼는 온도상태를 쾌감대 라고 하는데, 보통 17~22℃가 이에 해당

47 어떤 실내의 취득 현열량을 구하였더니 30000Kcal/h, 잠열이 10000Kcal/h 이었다. 실내를 25℃, 50% 유지하기 위해 취출온도차 10℃로 송풍하고자 한다. 이때 현열비는?

① 0.7　　　　② 0.75
③ 0.8　　　　④ 0.85

해설 현열비(SHF : sensible heat factor)
$$SHF = \frac{q_S}{q_S + q_L} = \frac{30000}{30000 + 10000} = 0.75$$

48 다음 중 송풍량을 결정하는 것은?

① 실내취득 열량 + 기기내 취득열량
② 실내취득 열량 + 재열량
③ 기기내 취득열량 + 외기부하
④ 재열량 + 외기부하

해설 송풍량 결정 : 실내취득열량, 기기내취득열량

49 다음 중 공조방식 중에서 개별 공기조화 방식에 해당되는 것은?

① 팬코일 유닛 방식
② 2중덕트 방식
③ 복사 냉난방식
④ 패키지 유닛 방식

해설 1) 개별공기조화방식 : 패키지 유닛 방식, 룸쿨러방식, 멀티유닛방식
2) 중앙식 : 팬코일유닛방식, 2중덕트방식, 복사냉난방식, 단일덕트방식, 덕트병용팬코일유닛방식

50 공기 여과기의 분류에 해당하지 않는 것은?

① 건식 공기 여과기
② 습식 공기 여과기
③ 점착식 공기 여과기
④ 가스 중력 집진기

해설 공기 여과기 분류 : 충돌점착식, 건성여과식, 습식여과식(활성탄흡착식), 전기식

51 외기온도가 32.3℃, 실내온도가 26℃이고, 일사를 받은 벽의 상당온도차가 22.5℃, 벽체의 열관류율이 3Kcal/m²·h·℃일 때, 벽체의 단위면적당 이동하는 열량은?

① 18.9Kcal/m²·h
② 67.5Kcal/m²·h
③ 96.9Kcal/m²·h
④ 101.8Kcal/m²·h

해설 Q = K · A · EDT(상당온도차)
∴ 3×22.5 = 67.5Kcal/m²·h

Answer 46.④　47.②　48.①　49.④　50.④　51.②

52 다음 중 건조 공기의 구성요소가 아닌 것은?
① 산소 ② 질소
③ 수증기 ④ 이산화탄소

해설 공기구성은 질소 78%, 산소 21%, 아르곤 0.6%, 탄산가스 0.03%, 수증기 1%로 수증기는 습공기

53 주철제 보일러의 특징이 아닌 것은?
① 내식성 및 내열성이 좋다.
② 내압강도 및 열 충격에 강하다.
③ 복잡한 구조도 제작이 용이하다.
④ 조립식으로 반입 또는 해체가 용이하다.

해설 내압강도 및 열 충격에 약하다.

54 다음 밸브 중 유체의 역류방지용으로 사용되는 것은?
① 게이트 밸브(gate valve)
② 글로브 밸브(globe valve)
③ 앵글 밸브(angle valve)
④ 체크 밸브(check valve)

해설 체크밸브 : 유체의 역류방지목적

55 다음 중 일반적으로 실내공기의 오염정도를 알아보는 지표로 사용하는 것은?
① CO_2 농도 ② CO 농도
③ PM 농도 ④ H 농도

해설 실내공기의 오염정도를 알아보는 지표는 CO_2 농도이다

56 회전식 전열교환기의 특징에 관한 설명으로 틀린 것은?
① 로터의 상부에 외기공기를 통과하고 하부에 실내공기가 통과한다.
② 열교환은 현열뿐 아니라 잠열도 동시에 이루어진다.
③ 로터를 회전시키면서 실내공기의 배기공기와 외기공기를 열교환 한다.
④ 배기공기는 오염물질이 포함되지 않으므로 필터를 설치할 필요가 없다.

해설 배기공기도 오염물질을 제거하기위해 필터를 설치한다.

57 환수주관을 보일러 수면보다 높은 위치에 배관하는 것은?
① 강제순환식
② 건식환수관식
③ 습식환수관식
④ 진공환수관식

해설 ※ 건식 환수관 : 환수관이 보일러 수면보다 높은 위치에 배관하는 방법으로 응축수가 체류할 곳에 열동식 트랩을 설치한다.
※ 습식 환수관 : 환수관을 보일러 수면 보다 낮게 배관

Answer 52.③ 53.③ 54.④ 55.① 56.④ 57.②

58 다음 중 상대습도를 맞게 표시 한 것은?

① $\varphi =$ (습공기수증기분압/포화수증기압) $\times 100$

② $\varphi =$ (포화수증기압/습공기수증기분압) $\times 100$

③ $\varphi =$ (습공기수증기중량/포화수증기압) $\times 100$

④ $\varphi =$ (포화수증기중량/습공기수증기중량) $\times 100$

해설 상대습도 : 습공기의 수증기 분압과 그 온도와 같은 온도의 포화증기의 수증기압과의 비를 백분율로 표시한 것

$$= \frac{\text{습공기중 수증기분압}(P_w)}{\text{동일온도의 포화수증기압}(P_s)} \times 100\%$$

$$= \frac{\text{습공기}1[m^3] \text{ 중 수분의 중량}}{\text{포화습공기}1[m^3] \text{ 중 수분의 중량}} \times 100\%$$

59 습공기 선도에서 표시되어 있지 않은 값은?

① 건구온도
② 습구온도
③ 엔탈피
④ 엔트로피

해설 ※ 습공기 선도구성 : 건구온도, 습구온도, 노점온도, 상대습도, 절대 습도, 엔탈피, 비체적, 현열비, 열수분비, 수증기 분압 등을 표시

60 환기방법 중 제1종 환기법으로 옳은 것은?

① 자연급기와 강제배기
② 강제급기와 자연배기
③ 강제급기와 강제배기
④ 자연급기와 자연배기

해설 강제 환기방식 종류
① 제1종환기(병용식) : 강제급기와 강제배기
② 제2종환기(압입식) : 강제급기와 자연배기
③ 제3종환기(흡출식) : 자연급기 + 강제배기
④ 제4종환기(자연식) : 자연급기 + 자연배기

Answer 58. ① 59. ④ 60. ③

CBT 시험대비
공조냉동기계기능사 2000제 문제은행

초 판 인쇄 | 2017년 1월 5일
초 판 발행 | 2017년 1월 10일

저 자 | 국가기술자격시험연구회
발행인 | 조규백
발행처 | **도서출판 구민사**
　　　　　(07299) 서울특별시 영등포구 당산로2길 12. 1004호
전화 (02) 701-7421(~2)
팩스 (02) 3273-9642
홈페이지 www.kuhminsa.co.kr

등 록 | 제14-29호 (1980년 2월 4일)
ISBN | 979-11-5813-372-6　13500

값 16,000원

※ 낙장 및 파본은 구입하신 서점에서 바꿔드립니다.
※ 본서를 허락없이 부분 또는 전부를 무단복제, 게재행위는 저작권법에 저촉됩니다.